普通高等教育“十一五”国家级规划教材

材料近代分析测试方法（第4版）

主　编　常铁军　刘喜军

哈爾濱工業大學出版社

内容提要

本书介绍了近代材料学科常用的几种分析测试方法，全书力求把原理、方法、应用融为一体，简明而实用。内容包括 X 射线衍射技术、电子光学微观分析技术、材料表面分析技术、扫描探针显微镜技术、材料热分析技术、红外光谱与拉曼光谱技术和色谱及色质联机技术等。

本书可作为高等学校材料学科各专业本科生教材，研究生教学参考书，也可作为从事材料研究及分析测试方面工作的技术人员参考。

图书在版编目(CIP)数据

材料近代分析测试方法/常铁军，刘喜军主编. —4 版. —哈尔滨：哈尔滨工业大学出版社，2010.3(2015.2 重印)

材料科学与工程系列—

ISBN 978-7-5603-1387-0

Ⅰ.①材… Ⅱ.①常… ②刘… Ⅲ.①工程材料-分析方法 ②工程材料-测试技术 Ⅳ.①TB3

中国版本图书馆 CIP 数据核字(2009)第 239849 号

责任编辑 张秀华
封面设计 卞秉利
出版发行 哈尔滨工业大学出版社
社 址 哈尔滨市南岗区复华四道街 10 号 邮编 150006
传 真 0451-86414749
网 址 http://hitpress.hit.edu.cn
印 刷 黑龙江省地质测绘印制中心印刷厂
开 本 787mm×1092mm 1/16 印张 18.5 字数 430 千字
版 次 2010 年 3 月第 4 版 2015 年 2 月第 13 次印刷
书 号 ISBN 978-7-5603-1387-0
定 价 30.00 元

序　言

材料科学与工程系列教材是由哈尔滨工业大学出版社组织国内部分高等院校的专家学者共同编写的一套大型系列教学丛书,其中第一系列和第二系列已分别被列为新闻出版总署“九五”、“十五”国家重点图书出版计划。第一系列共计10种已于1999年后陆续出版。编写本套丛书的基本指导思想是:总结已有、通向未来、面向21世纪,以优化教材链为宗旨,依照为培养材料科学人才提供一个较为广泛的知识平台的原则,并根据培养目标,确定书目和编写大纲及主干内容。为了确保图书品位体现较高水平,编审委员会全体成员对国内外同类教材进行了细致的调查研究,广泛征求各参编院校第一线任课教师的意见,认真分析教育部新的学科专业目录和全国材料工程类专业教学指导委员会第一届全体会议的基本精神,进而制定了具体的编写大纲。在此基础上,聘请国内一批知名专家对本系列教材书目和编写大纲审查认定,最后确定各册的体系结构。

经过全体编审人员的共同努力,第二系列21种和第三系列11种也都已出版发行。值得欣慰的是系列丛书几经修订再版在该领域已经有了广泛的基础,像《材料物理性能》、《材料合成与制备方法》等10余种图书被选入教育部普通高等教育“十一五”国家级规划教材。我们热切地期望这套大型系列丛书能够满足国内高等院校材料工程类专业教育改革发展的部分需要,并且在教学实践中得以不断总结、充实、完善和发展。

在大型系列丛书的编写过程中,我们注意突出了以下几方面的特色:

1. 根据科学技术发展的最新动态和我国高等学校专业学科归并的现实需求,坚持面向一级学科、加强基础、拓宽专业面、更新教材内容的基本原则。

2. 注重优化课程体系,探索教材新结构,即兼顾材料工程类学科中金属材料、无机非金属材料、高分子材料、复合材料共性与个性的结合,实现多学科知识的交叉与渗透。

3. 反映当代科学技术的新概念、新知识、新理论、新技术、新工艺,突出反映教材内容的现代化。

4. 注重协调材料科学与材料工程的关系,既加强材料科学基础的内容,又强调材料工程基础,以满足培养宽口径材料学人才的需要。

5. 坚持体现教材内容深广度适中、够用为原则,增强教材的适用性和针对性。

6. 在系列教材编写过程中,进行了国内外同类教材对比研究,吸取了国内外同类教材的精华,重点反映新教材体系结构特色,把握教材的科学性、系统性和适用性。

此外,本套系列教材还兼顾了内容丰富、叙述深入浅出、简明扼要、重点突出等特色,能充分满足少学时教学的要求。

参加本套系列丛书编审工作的单位有:清华大学、哈尔滨工业大学、东北大学、山东大学、装甲兵工程学院、北京理工大学、哈尔滨工程大学、合肥工业大学、燕山大学、北京化工大学、中国海洋大学、上海大学等50多所院校近200多名专家学者。他们为本套系列教材编审付出了大量的心血，在此，编审委员会对这些同志无私的奉献致以崇高的敬意。

同时，编审委员会特别鸣谢中国科学院院士肖纪美教授、中国工程院院士徐滨士少将、中国工程院院士杜善义和才鸿年教授、全国材料工程类专业教学指导委员会主任吴林教授，感谢他们对本套系列丛书编审工作的指导与大力支持。

限于编审者的水平，疏漏和错误之处在所难免，欢迎同行和读者批评指正。

材料科学与工程系列教材
编审委员会
2007年7月

修订版前言

《材料近代分析测试方法》一书自出版以来深得广大读者的喜爱，同时也对本书的缺点和不足提出了许多宝贵的批评和意见。为此，借本书修订再版之机对使用本书及对本书提出批评和建议的读者表示衷心的感谢，并希望您一如既往，对本书的不足之处提出更宝贵的意见和建议，编者将不胜感激。

本书2003年2月第一次修订再版的内容有：

1. 将“光学金相分析技术”、“超声波检测技术”两部分内容全部删除；

2. 将“X射线分析技术”进行了重新改写，内容更加简明易懂，更有利于教学的顺利进行和读者的自学；

3. 增加了“红外光谱与拉曼光谱”和“聚合物分子量及分子分布测定”两部分内容，以增强高分子材料测试方法的力度。

本书经过几年的教学实践环节，并针对当前教学要求和教学改革后的课程设置情况，继2003年2月修订之后，本次编者又对全书的内容进行了大规模的修订，增加了最新的科学研究和科学发展成果。例如，增加了“扫描探针显微镜”的内容，并用较大篇幅对其使用技术进行了介绍。结合社会需要和生产实际对一些应用性较强的测试技术、测试方法进行了补充。例如：“材料表面分析技术”一章论述较为详细；将“色谱及色质联机技术”的内容更换了“聚合物分子量及分子分布测定”的内容，其目的是使本书更利于读者自学，更利于提高理论应用于实际的能力，使读者掌握更新更多的测试技术和测试方法。本书由常铁军和刘喜军主编，常铁军编写第1～第10章，刘喜军编写第11～第15章。

教育和教学改革是中国改革之路的重要组成部分，也是关系到民族兴衰的头等大事，能够编写出一部适应21世纪人材培养的教材，不仅是编者的最大心愿，也是广大读者的心愿，让我们共同努力，共同耕耘，使本书能够不断满足教学的要求，不断满足读者的需求。

编　者

2005年8月

E-mail：changtiejun@hrbeu.edu.cn

目　　录

第1章　X射线物理学基础

1.1　X射线的本质

1895年德国物理学家伦琴(W.K.Rontyen)在研究阴极射线时,发现了一种新的射线,X射线。后人为纪念发现者,也称之为"伦琴射线"。

X射线被发现以后,短短的几个月就被应用于医学的诊断,后来人们又用来进行金属材料及机械零件的探伤,X射线技术在医学界和工业界得到普遍的应用,使得"X射线透视学"迅速发展成为一门十分有用的技术。1912年德国物理学家劳埃(M.von.Laue)发现了X射线在晶体中的衍射现象,这一发现奠定了"X射线衍射学"(又称"X射线晶体学")的基础,"X射线晶体学"的诞生,极大地推动了20世纪"晶体学"的发展,尤其在金属微结构、固态相变、形变的许多基本理论方面的贡献均功不可没,与此同时"金属X射线学"也应运而生。"金属X射线学"是"X射线晶体学"的一个分支,是系统地研究金属材料的物相分析、材料的精细结构和晶体取向等基础理论和实际应用的科学。该学科是20世纪发展最快,对人类文明发展贡献最大的学科之一。

实验表明,高速运动的电子被物质(如阳极靶)阻止时,伴随电子动能的消失与转化,会产生X射线。可见,要想得到X射线须具备如下条件:①产生自由电子的电子源,如加热钨丝发射热电子;②设置自由电子撞击靶子,如阳极靶,用以产生X射线;③施加在阴极和阳极之间的高压,用以加速自由电子朝阳极靶方向加速运动,如高压发生器;④将阴、阳极封闭在 $>10^{-3}$Pa 的高真空中,保持两极纯洁,促使加速电子无阻地撞击到阳极靶上。上述条件构成了X射线发生装置的基本原理,如图1-1所示。

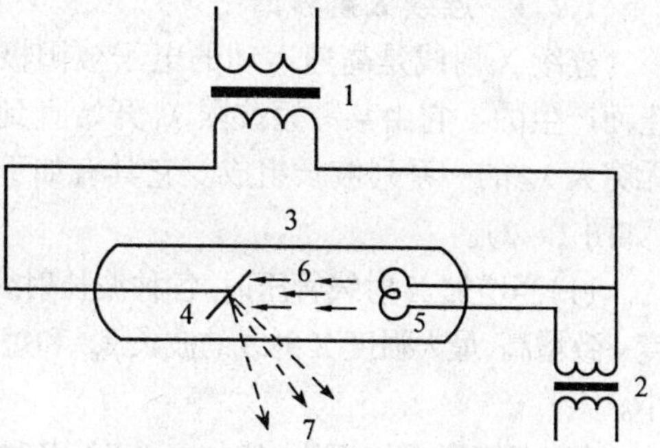

图1-1　X射线产生装置示意图

1—高压变压器;2—钨丝变压器;3—X射线管;4—阳极;5—阴极;6—电子;7—X射线

X射线的波动性与粒子性是X射线具有的客观属性。1912年,劳厄(M.V.Laue)等利用晶体作为产生X射线衍射的光栅,使X射线产生衍射,证实了X射线本质上是一种电磁波。X射线以光速沿直线传播,其电场强度矢量 $\boldsymbol{E}$ 和磁场强度矢量 $\boldsymbol{H}$ 相互垂直,并位于重直于X射线传播方向的平面上。通常,X射线波长范围为0.001~10nm。在X射线金属学中,常用的波长约在0.05~0.25nm之间,用于材料探伤的X射线波长在0.005~0.1nm之间,一般波长短的X射线称为硬X射线,反之称为软X射线。

X射线和无线电波、可见光、紫外线、γ射线等，本质上同属电磁波，只不过彼此的波长不同。X射线也和电子、中子、质子等基本粒子一样，具有波粒二象性，也就是说，当X射线之间相互作用用时表现出波动的特征，当X射线与电子、质子、中子间相互作用时，则表现出粒子的特征。描述X射线波动性质的物理量，如频率ν、波长λ和描述粒子特征的光量子能量ε、动能P之间，遵循爱因斯坦关系式

$$\varepsilon = h\nu \text{ 或 } \varepsilon = h\frac{c}{\lambda} \tag{1-1}$$

式中，h是普朗克常数，$h = 6.63\times10^{-34}\text{J}\cdot\text{s}$；$\nu$和$\lambda$分别为光量子的频率和波长。每个光量子的能量$h\nu$是X射线的最小能量单位。当它和其他元素的原子或电子交换能量时只能一份一份地以最小能量单位被原子或电子吸收。由式(1-1)可见，对不同频率ν或波长λ的X射线，光量子的能量是不同的。

此外，X射线具有很强的穿透物质的能力，经过电场和磁场时不发生偏转，当穿过物质时X射线可被偏振化，可被吸收而使强度减弱，它能使空气或其他气体电离，能激发荧光效应，使胶片感光，并能杀死生物细胞与组织。由于它具有上述特性，使它成为研究晶体结构，进行元素分析，以及医疗透射照相和工业探伤等问题的有力工具。

1.2 X射线谱

X射线谱指的是X射线的强度I随波长λ变化的关系曲线。X射线强度大小由单位时间内通过与X射线传播方向垂直的单位面积上的光量子数决定。实验表明，X射线管中阳极靶发射出的X射线谱分为两类：连续X射线谱和特征X射线谱。

1.2.1 连续X射线谱

连续X射线是高速运动的电子被阳极靶突然阻止而产生的。它由某一短波限λ_0开始直到波长等于无穷大λ_∞的一系列波长组成。它具有如下实验规律(如图1-2)。

(1)当增加X射线管压时，各种波长射线的相对强度一致增高，最大强度X射线的波长λ_m和短波限λ_0变小。

(2)当管压保持恒定、增加管流时，各种波长X射线的相对强度一致增高，但λ_m和λ_0数值大小不变。

(3)当改变阳极靶元素时，各种波长的相对强度随靶元素的原子序数增加而增加。

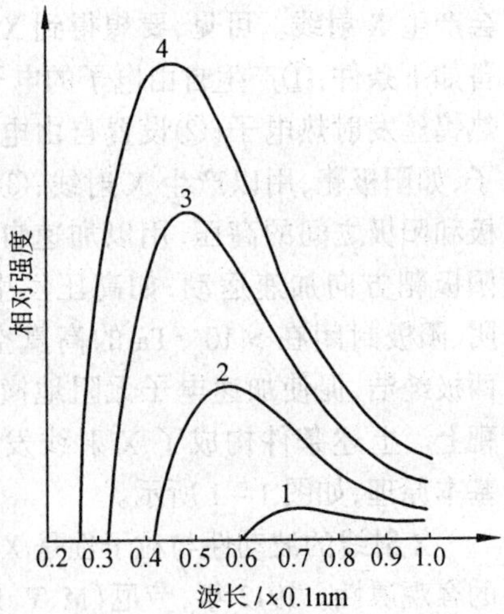

图1-2 在不同管电压下钨阳极靶发射的连续X射线谱示意图
1—20kV；2—30kV；3—40kV；4—50kV

这些实验规律可以用电动力学和量子力学的知识解释。当X射线管中高速运动的电子和阳极靶碰撞时，产生极大的负加速度，电子周围的电磁场将发生急剧的变化，辐射出电磁波。由于大量电子轰击阳极靶的时间和条件不完全相同，辐射出的电磁波具有

各种不同的波长，因而形成了连续 X 射线谱。

根据量子力学观点，能量为 eV 的电子和阳极靶碰撞时产生光子，从数值上看光子的能量应该小于或最多等于电子的能量。因此，光子能量有一频率上限 ν_{max} 或短波限 λ_0 与它相对应，可以表示为

$$eV = h\nu_{max} = h\frac{c}{\lambda_0} \tag{1-2}$$

式中，e 为电子的电荷，等于 4.803×10^{-10} 静电单位（1 静电单位的电压降等于 300V）；V 为加在管子两极上的电压（以千伏为单位）；h 为普朗克常数；c 为光子在真空中的传播速度；将这些值代入上式得

$$\lambda_0 = \frac{hc}{eV} = \frac{1.24}{V}(\text{nm}) \tag{1-3}$$

这说明，连续 X 射线谱有短波限 λ_0 存在，且与电压成反比。但是，在被加速电子中的大多数高速电子与阳极靶撞击时，其部分能量 ε' 要消耗在电子对阳极靶的各种激发作用上，所以转化为 X 射线光量子的能量要小于加速电子的全部能量，即 $\varepsilon = eV - \varepsilon'$。此外，一个电子有时要经过几次碰撞才能转换成光量子，或者一个电子转换为几个光量子，这说明大多数辐射的波长均应大于短波极限 λ_0，因而组成了连续 X 射线谱。

库伦坎普弗（Kulenkampff）综合各种连续 X 射线强度分布的实验结果，得出一个经验公式

$$I_\lambda \mathrm{d}\lambda = ZKI\frac{1}{\lambda^2}\left(\frac{1}{\lambda_0} - \frac{1}{\lambda}\right)\mathrm{d}\lambda \tag{1-4}$$

式中，$I_\lambda \mathrm{d}\lambda$ 表示波长在 $\lambda + \mathrm{d}\lambda$ 之间 X 射线的强度（I_λ 称为对于波长 λ 的 X 射线谱的强度密度）；Z 是阳极靶元素的原子序数；I 是 X 射线管的电流强度；K 为常数。对式（1-4），从 λ_0 到 λ_∞ 进行积分就得到在某一实验条件下发出的连续 X 射线的衍射总强度

$$I_{连} = \int_{\lambda_0}^{\lambda_\infty} I_\lambda \mathrm{d}\lambda = KIZV^2 \tag{1-5}$$

式中，K 为常数，此实验测得 $K = (1.1 \sim 1.5)\times10^{-9}$。此式说明，连续谱的衍射总强度与管电流强度 I、靶的原子序数 Z 以及管电压 V 的平方成正比。

X 射线管的效率 η 定义为 X 射线强度与 X 射线管功率的比值，即

$$\eta = \frac{KZIV^2}{IV} = KZV \tag{1-6}$$

当用钨阳极管 $Z = 74$，管电压为 100kV 时，X 射线管的效率为 1% 或者更低，这是由于 X 射线管中电子的能量绝大部分在和阳极靶碰撞时产生热能而损失，只有极少部分能量转化为 X 射线能。所以 X 射线管工作时必须以冷却水冲刷阳极，达到冷却阳极的目地。

1.2.2 特征 X 射线谱

对一定元素的靶，当管压小于某一限度时，只激发连续谱，随着管压的增高，射线谱曲线只向短波方向移动，总强度增高，本质上无变化。但当管电压超过某一临界值 $V_{激}$ 后（如对钼靶超过 20kV），强度分布曲线将产生显著的变化，即在连续 X 射线谱某几个特定波长的地方，强度突然显著地增大，如图 1-3 所示。由于它们的波长反映了靶材料的特征，因此称为特征 X 射线，并由它们构成了特征 X 射线谱。

图 1－3 中两个强度特别高的窄峰称为钼的 K 系 X 射线，波长为 0.063nm 的是 K_β 射线，波长为 0.071nm 的是 K_α 射线。K_α 线又可细分为 K_{α_1} 和 K_{α_2} 两条线，其波长相差约为 0.000 4nm，K_{α_1} 和 K_{α_2} 射线的强度比约为 2:1，而 K_α 和 K_β 的强度比约为 5:1。当用原子序数较高的金属作阳极靶时，除去 K 系射线外，还可得到 L，M 等系的特征 X 射线。在通常的 X 射线衍射中，一般均采用强而窄的 K_α 谱线，如管电压约为 30kV 时，CuK_α 谱线的强度约为连续谱及邻近射线强度的 90 倍，而且半高宽度 < 0.000 1nm。继续提高管电压时，图中各特征 X 射线的强度不断增高，但其波长不变。

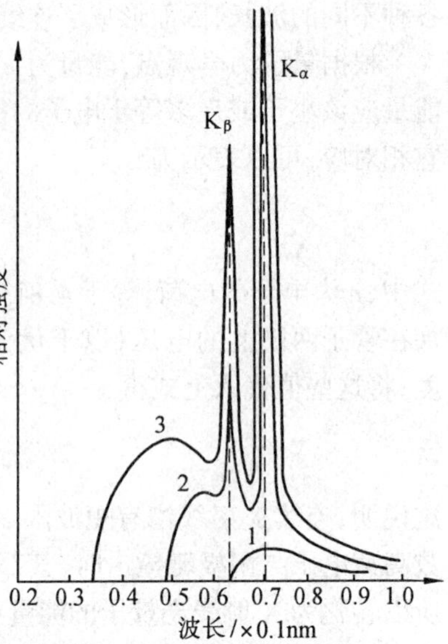

图 1－3　钼阳极管发射的 X 射线谱

1—20kV；2—25kV；3—35kV

特征的 X 射线波长取决于阳极靶的元素的原子序数。实验证明：

(1)阳极靶元素的特征谱按照波长增加的次序分为 K、L、M…等若干谱系，每个谱系又分若干亚系。例如，K 系内每一条谱线按波长减小的次序分别称之为 K_α，K_β，K_γ…等谱线。每一谱线对应一定的激发电压，只有当管电压超过激发电压时才能产生该靶元素的特征谱线，且靶元素的原子序数越大其激发电压越高。表 1－1 给出常用靶的 K 系特征 X 射线波长、激发电压和工作电压。

表 1－1　衍射分析中常用阳极靶的数据

元素	原子序数	波长/$\times 10^{-2}$nm				K 吸收限 $\lambda_K/\times 10^{-2}$nm	激发电压 V_k/kV	适用电压 /kV
		$K_{\alpha 1}$	$K_{\alpha 2}$	K_α	$K_{\beta 1}$			
Ag	47	5.594 1	5.638 0	5.608 4	4.970 9	4.859	25.52	55～60
Mo	42	7.093 0	7.135 9	7.107 3	6.322 9	6.198	20.00	50～55
Cu	29	15.405 6	15.443 9	15.418 4	13.922 2	13.806	8.98	35～40
Ni	28	16.579 1	16.617 5	16.591	15.001 4	14.881	8.33	30～35
Co	27	17.889 7	17.928 5	17.902 6	16.207 9	16.082	7.71	30
Fe	26	19.360 4	19.399 8	19.373 5	17.566 1	17.435	7.11	25～30
Cr	24	22.897 1	22.936 1	22.910 0	20.848 7	20.702	5.99	20～25

(2)每个特征谱线都对应一个特定的波长，不同阳极靶元素的特征谱波长不同。如管电流 I 与管电压 V 的增加只能增强特征 X 射线的强度，而不改变波长。它的规律为

$$I_{特} = cI(V - V_{激})^n \tag{1-7}$$

式中，c 为比例常数；$V_{激}$ 为阳极靶元素特征 X 射线激发电压；n 值对 K 系谱线取 1.5，对 L 系取 2。

(3)不同阳极靶元素的原子序数与特征谱波长之间的关系由莫塞莱(Mosley)定律确定

$$\sqrt{\frac{1}{\lambda}} = K(Z - \sigma) \tag{1-8}$$

式中，λ 为特征谱线的波长；K 和 σ 均为常数；Z 为阳极物质的原子序数。

上述实验规律可以用电子与原子相互作用时原子内部能态的变化来解释。为提高峰背比，通常 X 射线的工作电压应为激发电压的 3～5 倍。当使用单色器时，则可不遵守此原则。

1.3　X 射线与物质相互作用

1.3.1　经典散射与经典散射强度

X 射线是一种电磁波，当它通过物质时，在入射电场的作用下，物质原子中的电子将被迫围绕其平衡位置振动，同时向四周辐射出与入射 X 射线波长相同的散射 X 射线，称之为经典散射。由于散射波与入射波的频率或波长相同，位相差恒定，在同一方向上各散射波符合相干条件，又称为相干散射。

按电动力学理论，当一束非偏振的 X 射线照射到质量为 m、电荷为 e 的电子上时，在与入射线呈 2θ 角度方向上距离为 R 处的某点，由电子引起的散射 X 射线的强度为

$$I_e = I_0 \frac{e^4}{R^2 m^2 c^4}\left(\frac{1 + \cos^2 2\theta}{2}\right) \tag{1-9}$$

此式为汤姆逊(Thomson)公式，它表示一个电子散射 X 射线的强度。式中 $f_e = e^2/mc^2$ 称为电子散射因子；$(1 + \cos^2 2\theta)/2$ 称为极化因子或偏振因子，它是由入射波非偏振化引起的。如将电子的电荷 e，电子的质量 m 和光速 c 数值代入上式，可得

$$I_e = I_0 \frac{7.9 \times 10^{-26}}{R^2}\left(\frac{1 + \cos^2 2\theta}{2}\right) \tag{1-10}$$

由此可见：

(1)在各方向上散射波的强度不同，在 $2\theta = 0°$处即入射方向上强度最强，而在入射线垂直方向 $2\theta = 90°$处强度最弱。

(2)散射波的强度与入射波频率无关。

(3)散射强度与 R^2 成反比，如 $R = 1\text{cm}$，散射波的强度仅为原强度的 10^{-26}，这表明实测散射强度只能是大量电子散射波干涉的结果。

(4)散射强度与电子的质量平方的倒数成正比，可见，重粒子的原子核散射的强度与电子散射强度相比，可以忽略不计。因此晶体中散射的基本单元是电子，X 射线在空间散射强度的分布直接反映了电子在空间的分布。在结构分析中，任何物质的散射因子就定义为相当于汤姆逊公式散射的电子数(绝对单位)。

1.3.2　非相干散射

当 X 射线光量子冲击束缚较松的电子或自由电子，会产生一种反冲电子，这种新的散射现象是由康普顿(A.H·Compton)及我国物理学家吴有训等首先发现的，故称之为康普顿散射或康普顿－吴有训散射。为解释这一散射现象，必须把一束 X 射线看成是由光量子组成的粒子流，其中每个光量子的能量为 $h\nu_1$。当每个光子与一个束缚较松的电子

发生弹性碰撞时，电子被碰到一边，成为反冲电子，同时在 α 角度下产生一个新光子，由于入射光子一部分能量转化成为电子的动能，因此，新光子的能量必然较碰撞前的能量 $h\nu_1$ 为小。散射辐射的波长 λ_2 应略较入射光束的波长 λ_1 为长，其变化根据能量及动量守恒定律有

$$\Delta\lambda = \lambda_2 - \lambda_1 = 0.002\,43(1 - \cos\alpha)(\text{nm}) \tag{1-11}$$

由此看出，波长的增量 $\Delta\lambda$ 取决于散射角 α，散射位相与入射波位相之间不存在固定关系，故这种散射是不相干的，称之为非相干散射。非相干散射波分布在各个方向上，强度很低，且随 $\sin\alpha/\lambda$ 的增加而增大，它随着入射线的波长变短、散射角 α 的增大而增强。非相干散射不能参与衍射，也无法避免产生，从而使衍射图像背底变黑，给衍射工作带来不利影响。

1.3.3 二次特征辐射

当X射线光量子具有足够高的能量时，可以将被照射物质原子中内层电子激发出来，使原子处于激发状态，通过原子中壳层上的电子跃迁，辐射出X射线特征谱线。这种利用X射线激发作用而产生的新的特征谱线叫做二次特征辐射，也称为荧光辐射。显然，入射X射线光量子的能量 $h\nu$ 必须等于或大于将此原子某一壳层的电子激发出所需要的脱出功，例如，激发K系荧光辐射的入射X射线光量子的能量最小值为 $h\nu_K = hc/\lambda_K \geqslant eV_K$ 或者波长必须满足

$$\lambda_K \leqslant \frac{1.24}{V_K}(\text{nm}) \tag{1-12}$$

式中，V_K 为K系辐射的激发电压；λ_K 为产生K系激发的最长波长，称为K系辐射的激发限。对L、M系也有类似情况。

当激发二次特征辐射时，原入射X射线光量子的能量被激发出的电子所吸收，而转变为电子的动能，使电子逸出原子之外，这种电子称光电子，也称光电效应。此时，物质将大量吸收入射X射线的能量，使原X射线强度明显减弱。二次特征辐射造成衍射图像漫散背底增强，这是在选靶时要注意避免的。

此外，原子中一个K层电子被激发出以后，L层的一个电子跃入K层填补空白，剩下的能量不是以辐射光量子能量辐射出来，而是促使L层的另一个电子跳到原子之外，即K层的一个空白被L层的两个空位所代替，此过程称为俄歇(Auger)效应。它也造成原X射线的减弱，但也被利用于材料表面物理的研究。

1.3.4 X射线的衰减

X射线穿过物质时，其强度要衰减，见图1-4，通过厚度为 dx 的无穷小薄层物质时，X射线强度衰减量 dI 正比于入射线强度 I 和厚层 dx，即

$$dI = I dx \text{ 或 } dI\alpha = -\mu_l I dx \tag{1-13}$$

式中，μ_1 为比例常数，与入射线的波长及物质有关，负号表示强度的变化由强变弱。将上式积分

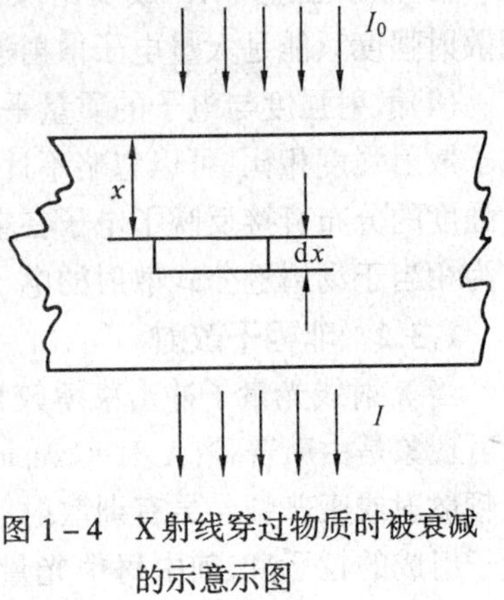

图1-4 X射线穿过物质时被衰减的示意图

$$\int \frac{dI}{I} = -\int \mu_l dx \tag{1-14}$$

当 $x = 0$ 时，$I = I_0$，得到

$$\frac{I}{I_0} = e^{-\mu_l x} \text{ 或 } I = I_0 e^{-\mu_l x} \tag{1-15}$$

式中，I_0 为入射 X 射线强度；I 为穿透厚度为 x 的物质的 X 射线强度；μ_l 为线衰减系数。

对 X 射线衰减的研究表明，由于散射引起的衰减和由于激发电子及热振动等引起的真吸收遵循着不同的规律，即真吸收部分随 X 射线波长和物质元素的原子序数而显著地变化，散射部分则几乎和波长及元素的原子序数无关。因此，可以将线衰减系数 μ_l 分解为 τ 与 σ 两部分

$$\mu_l = \tau + \sigma \tag{1-16}$$

式中，τ 称为吸收系数；σ 称为散射系数。一般情况吸收系数 τ 远远超过散射系数 σ，所以 σ 项往往可以忽略不计，于是 $\mu_l \approx \tau$。线吸收系数 μ_l 的物理意义为 X 射线通过 1 cm^3 物质时强度的相对衰减量。线吸收系数 μ_l 对同一物质正比于它的密度，物质的密度越大，X 射线遇到的原子越多，散射和吸收也就越厉害，从而衰减越甚，引入

$$\mu_m = \frac{\mu l}{\rho} \tag{1-17}$$

为质量吸收系数，它与物质的密度无关。其物理意义为每克物质引起的相对衰减量，因为密度为 ρ 的每立方厘米物质为 ρ 克。质量吸收系数在很大程度上取决于物质的化学成分和被吸收的入射线波长。假定物质是由单一元素组成的，则 μ_m 与其原子序数 Z 及 X 射线波长 λ 有明显的关系。实验表明，μ_m 值大致与波长 λ 的三次方及元素原子序数 Z 的三次方成正比

$$\mu_m \propto \lambda^3 Z^3 \tag{1-18}$$

当波长减小到 λ_K 时，质量吸收系数产生一个突变（增大），这是由于入射线光子能量 $h\nu$ 达到了激发该元素 K 层电子的数值，从而大量地被吸收或消耗在这种激发上面，并同时引起特征辐射。发生突变吸收的波长 λ_K 为吸收限，其值由 $\lambda_{激K} = 1.24/V_K$ 决定，质量吸收系数在此突变处增大了 7 ~ 10 倍。

当 X 射线通过多种元素组成的物质时，X 射线的衰减是受到了组成该物质的各种元素的影响，由被照射物质原子本身的性质决定，而与这些原子间的结合方式无关。多种元素组成的物质的质量吸收系数由

$$\mu_m = \sum_{i=1}^{N} (\mu_l/\rho)_i W_i \tag{1-19}$$

决定，$(\mu_l/\rho)_i$ 为第 i 种元素的质量吸收系数；W_i 为各元素的质量分数（%）；N 表示该物质是由 N 种元素组成的。

1.3.5 吸收限的应用

1. 滤波片的选择

在 X 射线衍射分析中，大多数情况下都希望利用接近于“单色”即波长较单一的 X 射线。然而，K 系特征谱线包括 K_α、K_β 两条谱线，它们会在晶体中同时发生衍射产生出两套

衍射花样，使分析工作受到干扰。因此，总希望从 K_α、K_β 两条谱线中滤掉一条，得到"单色"的入射 X 射线。

质量吸收系数为 μ_m、吸收限为 λ_K 的物质，可以强烈地吸收 $\lambda \leqslant \lambda_K$ 这些波长的入射 X 射线，而对于 $\lambda > \lambda_K$ 的 X 射线吸收很少，这一特性可以给我们提供一个有效的手段。可以选择 λ_K 刚好位于辐射源的 K_α 和 K_β 之间的金属薄片作为滤波片，放在 X 射线源与试样之间。这时滤波片对 K_β 射线产生强烈的吸收，而对 K_α 却吸收很少，经这样滤波的 X 射线如图 1－5 所示，几乎只剩下 K_α 辐射了。

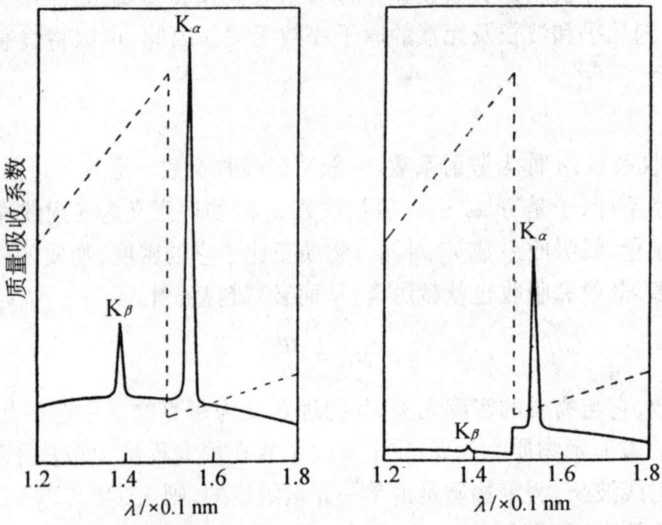

图 1－5　铜辐射在通过镍滤波片以前(a)和以后(b)的强度比较
(虚线所示为镍的质量吸收系数)

滤波片的厚度对滤波质量也有影响。滤波片太厚，对 K_α 的吸收也增加，对实验不利。实践表明，当 K_α 线的强度被吸收到原来的一半时，K_β/K_α 将由滤波前的 1/5 提高为 1/500 左右，这可以满足一般的衍射工作。在选定了滤波片材料后，其厚度可利用式(1－15)计算。常用滤波片数据列于表 1－2。

表 1－2　几种元素的 K 系射线波长及常用的滤波片

阳极靶元素	原子序数	K_α 波长 /nm	K_β 波长 /nm	滤波片				
				材料	原子序数	λ_K	厚度* /mm	$I/I_0(K_\alpha)$
Cr	24	0.22909	0.20848	V	23	0.22690	0.016	0.50
Fe	26	0.19373	0.17565	Mn	25	0.18694	0.016	0.46
Co	27	0.17902	0.16207	Fe	26	0.17429	0.018	0.44
Ni	28	0.16591	0.15001	Co	27	0.16072	0.013	0.53
Cu	29	0.15418	0.13922	Ni	28	0.14869	0.021	0.40
Mo	42	0.07107	0.06323	Zr	40	0.06888	0.108	0.31
Ag	47	0.05609	0.04970	Rh	45	0.05338	0.079	0.29

* 滤波后 K_β/K_α 的强度比为 1/600

滤波片的材料是根据靶元素确定的。由表 1-2 的数据可总结出下列规律，设靶物质原子序数为 $Z_{靶}$，所选滤波片物质原子序数为 $Z_{片}$，则当靶固定以后应满足

$$当\ Z_{靶} < 40\ 时，则\ Z_{片} = Z_{靶} - 1$$

$$当\ Z_{靶} \geqslant 40\ 时，则\ Z_{片} = Z_{靶} - 2$$

2. 阳极靶的选择

在 X 射线衍射实验中，若入射 X 射线在试样上产生荧光 X 射线，则只增加衍射花样的背底强度，对衍射分析不利。针对试样的原子序数，可以调整靶材的种类，避免在试样上产生荧光辐射。若试样的 K 系吸收限为 λ_K，应选择靶的 K_α 波长稍稍大于 λ_K，并尽量靠近 λ_K，这样不产生 K 系荧光，而且吸收又最小。一般应满足以下经验公式

$$Z_{靶} \leqslant Z_{试样} + 1$$

例如，分析 Fe 试样时，应该用 Co 靶或 Fe 靶，如果用 Ni 靶时，会产生较高的背底水平。这时因为 Fe 的 $\lambda_K = 0.17429\text{nm}$，而 Ni 靶的 K_α 射线波长 $\lambda_{K\alpha} = 0.16591\text{nm}$，故刚好大量地产生真吸收，造成严重非相干散射背底。

第 2 章　X 射线运动学衍射理论

2.1　X 射线衍射方向

观察一下由图 2-1(a)所示的两个波，波前为圆形，随着传播距离增加，波前变成近似垂直于传播方向的平面波。现在只考虑 A 方向的波，两个波在出发点位相相同，到达 S 处以后互相之间有 ΔA 的波程差，也就是第二个波多走了 ΔA 的距离。当 $\Delta A = n\lambda$（$n = 0,1,2,3,\cdots$）时，两个波的位相完全一致，所以在这个方向上两个波相互加强。即两个波的合成振幅等于两个波的原振幅的叠加。显然，上述波程差随方向不同而不同。比如在 B 的方向上，如图 2-1(b)所示，由于波程差 $\Delta B = (n + 1/2)\lambda$（$n = 0,1,2,\cdots$），所以在远处第一个波的波峰和第二个波的波谷相重叠，合成波振幅为零。也就是在这个方向上由于两个波的位相不同而相互抵消。自然，在 A 和 B 的中间方向上可以得到如图 2-1(c)所示的合成波，其振幅大小介于 A 方向和 B 方向合成波振幅的中间值。通过以上的讨论，我们可以得到下面的结论：两个波的波程不一样就会产生位相差；随着位相差变化，其合成振幅也变化。

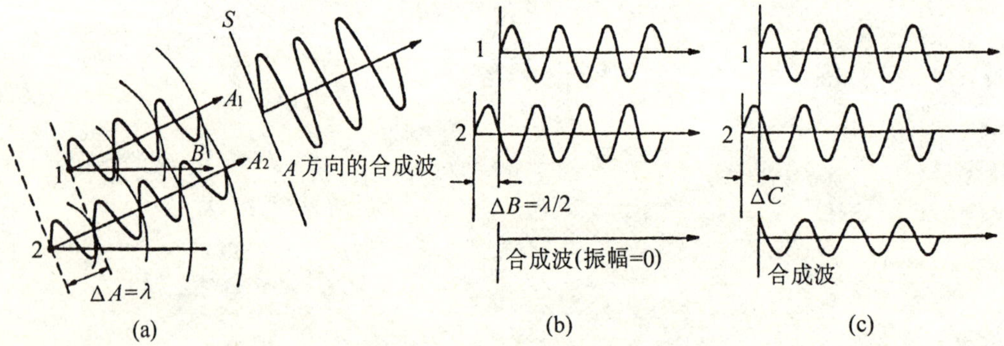

图 2-1　波的合成示意图

现在把上述原理应用到 X 射线衍射中去。图 2-2 为晶体的一个截面，原子排列在与纸面垂直并且相互平行的一组平面 $A, B, C\cdots$上，设晶体面间距为 d'，X 射线波长为 λ，而且是完全平行的单色 X 射线，以入射角 θ 入射到晶面上（须注意，X 射线学中入射角与反射角的含义与一般光学的有所不同）。如果在 X 射线前进方向上有一个原子，那么 X 射线必然被这个原子向四面八方散射。现在从这些散射波中挑选出与入射线成 2θ 角的那个方向上的散射波。首先观察波 1 和 $1a$。它们分别被这个原子和 P 原子向四面八方散射。但是在 $1'$ 和 $1a'$ 方向上射线束散射波的位相相同，所以互相加强。这是因为波前 XX' 和 YY' 之间的波程差 $QK - PR = PK\cos\theta - PK\cos\theta = 0$ 的缘故。同样，A 晶面上的所有原子在 1′方向上的散射线的位相都是相同的，所以互相加强。当波 1 和 2 分别被 K 和 L 原子散射时，$1K1'$ 和 $2L2'$ 之间的波程差为

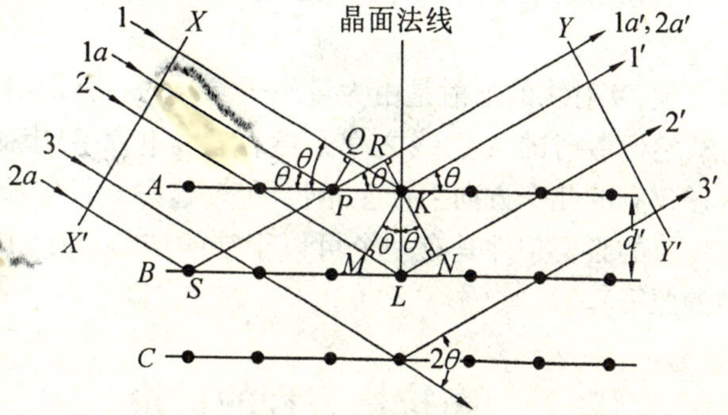

图 2－2　晶体对 X 射线的衍射

$$ML + NL = d'\sin\theta + d'\sin\theta = 2d'\sin\theta$$

如果波程差 $2d'\sin\theta$ 为波长的整数倍，即

$$2d'\sin\theta = n\lambda\ (n = 0,1,2,3,\cdots) \tag{2-1}$$

时散射波 1′、2′的位相完全相同，所以互相加强。上式就是布拉格定律，它是 X 射线衍射的最基本的定律。式中 n 为整数，称为反射级数。反射级数的大小有一定限制，因为 $\sin\theta$ 不能大于 1。对一定的 λ 和 d'，存在可以产生衍射的若干个角 $\theta_1,\theta_2,\theta_3,\cdots$分别对应于 $n=1,2,3,\cdots$。在 $n=1$ 的情形下称为第一级反射，波 1′和 2′之间的波程差为波长的一倍；而 1′和 3′的波程差为波长的两倍，1′与 4′的波程差为波长的三倍……以此类推，参见图 2－2。至此，我们可以认为，凡是在满足(2－1)式的方向上的所有晶面上的所有原子散射波的位相完全相同，其振幅互相加强。这样，在与入射线成 2θ 角的方向上就会出现衍射线。而在其它方向上的散射线的振幅互相抵消，X 射线的强度减弱或者等于零。我们把强度相互加强的波之间的作用称为相长干涉，而强度互相抵消的波之间的作用称为相消干涉。图 2－3 表示从各原子散射出来的球面波，在特定的方向上被加强的情形。可以看到，在 0 级、1 级、2 级方向上出现衍射束。

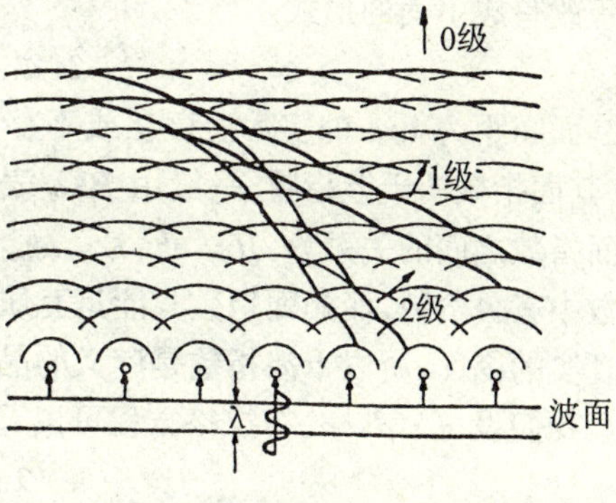

图 2－3　衍射现象示意图

通过图 2－2 的说明我们发现 X 射线衍射现象和可见光的镜面反射现象相似。例如，无论在哪种情形中，入射束、反射面法线、反射束均处于同一平面上，而且入射角和反射角相等。所以，人们也习惯地把 X 射线的衍射称之为 X 射线的反射。但是衍射和反射至少在下述三个方面有本质的区别：

(1) 被晶体衍射的 X 射线是由入射线在晶体中所经过路程上的所有原子散射波干涉的结果，而可见光的反射是在极表层上产生的，可见光反射仅发生在两种介质的界面上；

(2) 单色 X 射线的衍射只在满足布拉格定律的若干个特殊角度上产生(选择衍射)，而可见光的反射可以在任意角度产生；

(3) 可见光在良好的镜面上反射,其效率可以接近 100%,而 X 射线衍射线的强度比起入射线强度却微乎其微。

还需注意的是 X 射线的反射角不同于可见光反射角,X 射线的入射线与反射线的夹角永远是 2θ。

综上所述,本质上说,X 射线的衍射是由大量原子参与的一种散射现象。原子在晶面上是呈周期排列的,被它们散射的 X 射线之间必然存在位相关系,因而在大部分方向上产生相消干涉,只有在仅有的几个方向上产生相长干涉,这种相长干涉的结果形成了衍射束。这样,产生衍射现象的必要条件是有一个可以干涉的波(X 射线)和有一组周期排列的散射中心(晶体中的原子)。

2.2　布拉格方程的讨论

2.2.1　产生衍射的条件

衍射只产生在波的波长和散射中间距为同一数量级或更小的时候,因为

$$n\lambda/2d' = \sin\theta < 1 \tag{2-2}$$

所以,$n\lambda$ 必须小于 $2d'$。由于产生衍射时的 n 的最小值为 1,故

$$\lambda < 2d' \tag{2-3}$$

大部分金属的 d' 为 0.2 ~ 0.3 nm,所以 X 射线的波长也是在这样的范围为宜,当 λ 太小时,衍射角变得非常小,甚至于很难用普通手段测定。

2.2.2　反射级数与干涉指数

布拉格方程 $2d'\sin\theta = n\lambda$ 表示面间距为 d' 的(hkl)晶面上产生了几级衍射,但衍射线出来之后,我们关心的是光斑的位置而不是级数,级数也难以判别,故我们可以把布拉格方程改写成下面的形式

$$2(d'/n)\sin\theta = \lambda \tag{2-4}$$

这是面间距为 $1/n$ 的实际上存在或不存在的假想晶面的一级反射。将这个晶面叫干涉面,其面指数叫干涉指数,一般用 HKL 表示。根据晶面指数的定义可以得出干涉指数与晶面指数之间的关系为:$H = nh, K = nk, L = nl$。干涉指数与晶面指数的明显差别是干涉指数中有公约数,而晶面指数只能是互质的整数,当干涉指数也互为质数时,它就代表一族真实的晶面,所以干涉指数是广义的晶面指数。习惯上经常将 HKL 混为 hkl 来讨论问题。我们设 $d = d'/n$,布拉格方程可以写成

$$2d\sin\theta = \lambda \tag{2-5}$$

图 2-4 为上述分析的说明。首先考虑 2-4(a)的(100)晶面的二级反射,邻近两个晶面的波程差 ABC 必须为波长的两倍才能构成(100)的二次反射。尽管在(100)晶面之间本来没有别的晶面,但假想还有一个(200)面的话,两个邻近的(200)晶面之间的波程差 DEF 为波长的一倍,恰好构成了(200)晶面的一级反射,称为 200 反射(注意,此处不加括弧)。同样,可以把 300、400 反射看作是(100)晶面的第三级、第四级反射。推而广之,面间距为 d' 的(hkl)晶面的第 n 级反射,可以看作是晶面间距为 $d = d'/n$ 的($nh\ nk\ nl$)晶面的第一级反射。

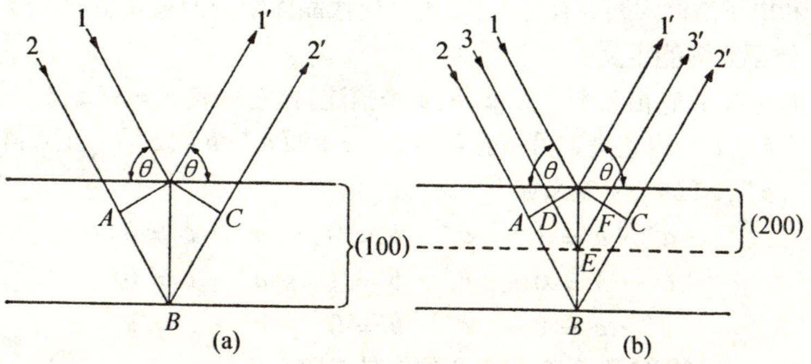

图 2-4　2 级(100)反射(a)和 1 级(200)反射(b)的等同性

2.2.3　布拉格方程的应用

上述布拉格方程在实验上有两种用途。首先,利用已知波长的特征 X 射线,通过测量 θ 角,可以计算出晶面间距 d。这种工作叫做结构分析,是本书所要论述的主要内容。其次,利用已知晶面间距 d 的晶体,通过测量 θ 角,从而计算出未知 X 射线的波长。后一种方法就是 X 射线光谱学。图 2-5 为 X 射线光谱仪的原理图。S 为试样位置,它将被一次 X 射线照射并放出二次特征 X 射线判定其波长便可确定试样的原子序数。二次特征 X 射线到达分光晶体 C 被衍射,通过计数管 D 进行检测,以确定 2θ 值,最后进行波长分析。如果 S 处为 X 射线管,一次 X 射线直接照射到晶体 C,那么还可以测定出一次 X 射线的波长。图 1-5 的特征 X 射线曲线以及附录中的特征 X 射线的波长就是用这个方法求得的。

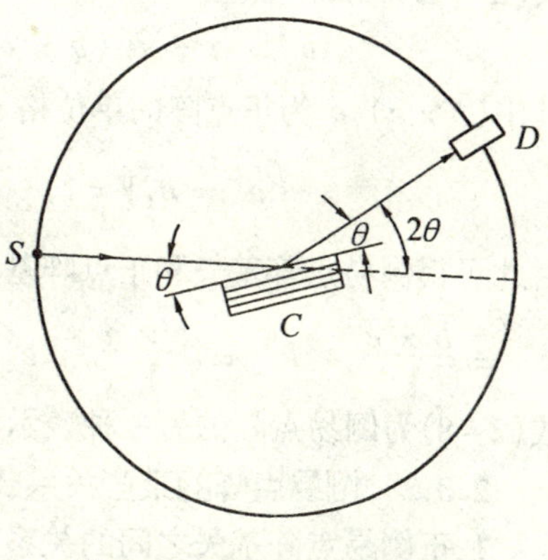

图 2-5　X 射线光谱仪原理

2.2.4　衍射方向

对于一种晶体结构总有相应的晶面间距表达式。将布拉格方程和晶面间距公式联系起来,就可以得到该晶系的衍射方向表达式。对于立方晶系可以得到

$$\sin^2\theta = \frac{\lambda^2}{4a^2}(h^2 + k^2 + l^2) \tag{2-6}$$

式(2-6)就是晶格常数为 a 的$\{h\,k\,l\}$晶面对波长为 λ 的 X 射线的衍射方向公式。上式表明,衍射方向决定于晶胞的大小与形状。反过来说,通过测定衍射束的方向,可以测出晶胞的形状和尺寸。至于原子在晶胞内的位置,要通过分析衍射线的强度才能确定。

2.3　倒易点阵

随着晶体学的发展,为了更清楚地说明晶体衍射现象和晶体物理学方面的某些问题,埃瓦尔德(P.P.Ewald)在 1920 年首先引入了倒易点阵的概念。倒易点阵是一种虚点阵,它是由晶体内部的点阵按照一定的规则转化而来的。倒易点阵的概念现已发展成为解释

各种 X 射线和电子衍射问题的有力工具，也是现代晶体学中的重要组成部分。

2.3.1　倒易点阵的定义

设有一正点阵 S，它由三个点矢 $\boldsymbol{a},\boldsymbol{b},\boldsymbol{c}$ 来描述，把它写成 $S=S(\boldsymbol{a},\boldsymbol{b},\boldsymbol{c})$。现引入三个新基矢 $\boldsymbol{a}^*,\boldsymbol{b}^*,\boldsymbol{c}^*$，由它决定另一套点阵 $S^*=S^*(\boldsymbol{a}^*,\boldsymbol{b}^*,\boldsymbol{c}^*)$。正点阵基矢 $\boldsymbol{a},\boldsymbol{b},\boldsymbol{c}$ 与新基矢 $\boldsymbol{a}^*,\boldsymbol{b}^*,\boldsymbol{c}^*$ 的关系定义如下

$$\begin{matrix} \boldsymbol{a}^*\cdot\boldsymbol{a}=1 & \boldsymbol{a}^*\cdot\boldsymbol{b}=0 & \boldsymbol{a}^*\cdot\boldsymbol{c}=0 \\ \boldsymbol{b}^*\cdot\boldsymbol{a}=0 & \boldsymbol{b}^*\cdot\boldsymbol{b}=1 & \boldsymbol{a}^*\cdot\boldsymbol{c}=0 \\ \boldsymbol{c}^*\cdot\boldsymbol{a}=0 & \boldsymbol{c}^*\cdot\boldsymbol{b}=0 & \boldsymbol{c}^*\cdot\boldsymbol{c}=1 \end{matrix} \tag{2-7}$$

由新基矢决定的新点阵 S^* 称作正点阵 S 的倒易点阵。

从上式看出，$\boldsymbol{a}^*$ 矢量垂直于 $\boldsymbol{b}$ 和 $\boldsymbol{c}$，故 $\boldsymbol{a}^*$ 矢量与 $\boldsymbol{b}\times\boldsymbol{c}$ 矢量同方向，见图 2-6，即 $\boldsymbol{a}^*=\alpha_1(\boldsymbol{b}\times\boldsymbol{c})$，根据倒易点阵定义（$\boldsymbol{a}^*\cdot\boldsymbol{a}=1$），则成立

$$\boldsymbol{a}^*\cdot\boldsymbol{a}=\alpha_1(\boldsymbol{b}\times\boldsymbol{c})\cdot\boldsymbol{a}=1$$

其中 $(\boldsymbol{b}\times\boldsymbol{c})\cdot\boldsymbol{a}$ 为正点阵的单位格子体积（$\boldsymbol{V}$），因此

$$\boldsymbol{a}^*=a_1V=1,\quad a_1=\frac{1}{V}$$

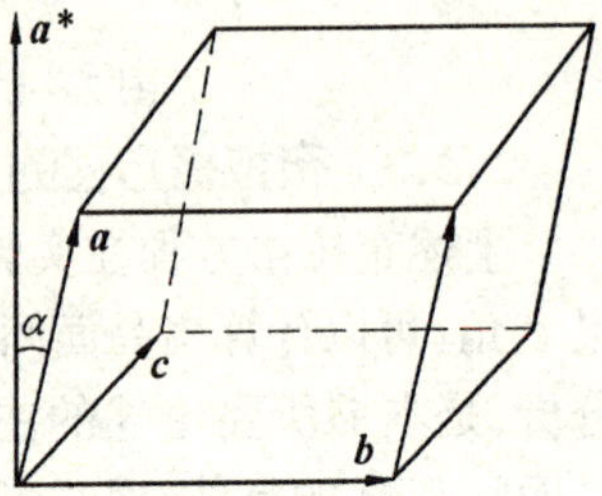

图 2-6　证明 $\boldsymbol{a}^*=\dfrac{\boldsymbol{b}\times\boldsymbol{c}}{\boldsymbol{V}}$

由此可得倒易点阵基矢和正点阵基矢的关系

$$\boldsymbol{a}^*=\frac{\boldsymbol{b}\times\boldsymbol{c}}{\boldsymbol{V}},\quad \boldsymbol{b}^*=\frac{\boldsymbol{c}\times\boldsymbol{a}}{\boldsymbol{V}},\quad \boldsymbol{c}^*=\frac{\boldsymbol{a}\times\boldsymbol{b}}{\boldsymbol{V}} \tag{2-8}$$

式(2-8)为倒易点阵的另一种表示形式。

2.3.2　倒易点阵的某些关系式

1. 正倒易点阵基矢之间的关系

事实上，基矢 $\boldsymbol{a}^*,\boldsymbol{b}^*,\boldsymbol{c}^*$ 与基矢 $\boldsymbol{a},\boldsymbol{b},\boldsymbol{c}$ 之间的关系是互为倒易的，式(2-8)的逆转式也同样成立

$$\boldsymbol{a}=\frac{\boldsymbol{b}^*\times\boldsymbol{c}^*}{\boldsymbol{V}^*},\boldsymbol{b}=\frac{\boldsymbol{c}^*\times\boldsymbol{a}^*}{\boldsymbol{V}^*},\boldsymbol{c}=\frac{\boldsymbol{a}^*\times\boldsymbol{b}^*}{\boldsymbol{V}^*} \tag{2-9}$$

其中　$V^*=\boldsymbol{a}^*\cdot(\boldsymbol{b}^*\times\boldsymbol{c}^*)=\boldsymbol{b}^*\cdot(\boldsymbol{c}^*\times\boldsymbol{a}^*)=\boldsymbol{c}^*\cdot(\boldsymbol{a}^*\times\boldsymbol{b}^*)$

2. 正倒点阵基矢的交角之间的关系

设正点阵基矢的交角为 $\hat{ab}=\gamma$，　$\hat{bc}=\alpha$，　$\hat{ca}=\beta$，则有

$$|\boldsymbol{b}\times\boldsymbol{c}|=bc\sin\alpha,\quad |\boldsymbol{c}\times\boldsymbol{a}|\ ca\sin\beta,\quad |\boldsymbol{a}\times\boldsymbol{b}|\ ab\sin\gamma$$

则可以写出基矢 $\boldsymbol{a}^*,\boldsymbol{b}^*,\boldsymbol{c}^*$ 的模 $|\boldsymbol{a}^*|,|\boldsymbol{b}^*|,|\boldsymbol{c}^*|$ 的表达式

$$\begin{aligned} |\boldsymbol{a}^*| &= bc\sin\alpha/V \\ |\boldsymbol{b}^*| &= ca\sin\beta/V \\ |\boldsymbol{c}^*| &= ab\sin\gamma/V \end{aligned} \tag{2-10}$$

同理

$$\begin{aligned} |\boldsymbol{a}| &= b^*c^*\sin\alpha^*/V^* \\ |\boldsymbol{b}| &= c^*a^*\sin\beta^*/V^* \\ |\boldsymbol{c}| &= a^*b^*\sin\gamma^*/V^* \end{aligned} \tag{2-11}$$

上式中

$$\cos\alpha^* = \frac{\cos\beta\cos\gamma - \cos\alpha}{\sin\beta\sin\gamma}$$

$$\cos\beta^* = \frac{\cos\gamma\cos\alpha - \cos\beta}{\sin\gamma\sin\alpha} \qquad (2-12)$$

$$\cos\gamma^* = \frac{\cos\alpha\cos\beta - \cos\gamma}{\sin\alpha\sin\beta}$$

利用上述关系,由正点阵单位格子出发,可以求得相应在倒易格子的三个基矢长度及交角的数值,反之亦然。正倒点阵是一一对应的。如当正交晶系时,基矢间的交角关系为 $\alpha = \beta = \gamma = 90°$,代入公式(2-12)得

$$\alpha^* = \beta^* = \gamma^* = 90°$$

代入公式(2-10),得到

$$|\boldsymbol{a}^*| = \frac{1}{\boldsymbol{a}}, \quad |\boldsymbol{b}^*| = \frac{1}{\boldsymbol{b}}, \quad |\boldsymbol{c}^*| = \frac{1}{\boldsymbol{c}}$$

当单斜晶系时,基矢间的交角关系为

$$\alpha = \gamma = 90°, \quad \beta \neq 90°$$

代入公式(2-12),得到

$$\alpha^* = \gamma^* = 90°, \quad \beta^* = 180° - \beta$$

单斜晶系的单位格子体积为 $\boldsymbol{V} = \boldsymbol{bca}\sin\beta$,代入式(2-10)得

$$|\boldsymbol{a}^*| = \frac{1}{\boldsymbol{a}\sin\beta}, \quad |\boldsymbol{b}^*| = \frac{1}{\boldsymbol{b}}, \quad |\boldsymbol{c}^*| = \frac{1}{\boldsymbol{c}\sin\beta}$$

可见,当正点阵中某一基矢的模越大,则在倒易点阵中相应的基矢模越小。

2.3.3 倒易点阵的性质

设 $\boldsymbol{H}_{hkl}$为倒易点阵中任一矢量

$$\boldsymbol{H}_{hkl} = h\boldsymbol{a}^* + k\boldsymbol{b}^* + l\boldsymbol{c}^*$$

式中,h, k, l 为任意整数,则 $\boldsymbol{H}_{hkl}$ 必垂直于正点阵的(hkl)晶面,且满足关系 $\boldsymbol{H}_{hkl} = \dfrac{1}{d_{hkl}}$,称 $\boldsymbol{H}_{hkl}$ 为倒易点阵中的一个倒易矢量。

证 设 ABC 平面是正点阵中平行晶面(hkl)组中距原点最近的平面,见图(2-7),它在三个晶轴上的截距分别为$\dfrac{\boldsymbol{a}}{h}$、$\dfrac{\boldsymbol{b}}{k}$、$\dfrac{\boldsymbol{c}}{l}$。平面中矢量 $\boldsymbol{AB}$ 可以表示为

$$\boldsymbol{AB} = \frac{\boldsymbol{a}}{h} - \frac{\boldsymbol{b}}{k}$$

则有

$$\boldsymbol{H}_{hkl} \cdot \boldsymbol{AB} = (h\boldsymbol{a}^* + k\boldsymbol{b}^* + l\boldsymbol{c}^*) \cdot \left(\frac{\boldsymbol{b}}{k} - \frac{\boldsymbol{a}}{h}\right) = 0$$

所以

$$\boldsymbol{H}_{hkl} \perp \boldsymbol{AB}$$

同理可以证明

$$\boldsymbol{H}_{hkl} \perp \boldsymbol{BC}$$

故 $\boldsymbol{H}_{hkl} \perp \boldsymbol{ABC}$ 平面;即 $\boldsymbol{H}_{hkl} \perp (hkl)$晶面。

设 $\boldsymbol{n}$ 为沿着 $\boldsymbol{H}_{hkl}$方向的单位矢量,则

$$\boldsymbol{n} = \frac{\boldsymbol{H}_{hkl}}{|\boldsymbol{H}_{hkl}|}$$

同时，d_{hkl}等于$\frac{\boldsymbol{a}}{h}$在$\boldsymbol{n}$方向的投影，即

$$d_{hkl} = \frac{\boldsymbol{a}}{h} \cdot \boldsymbol{n} = \frac{\boldsymbol{a}}{h} \cdot \frac{(h\boldsymbol{a}^* + k\boldsymbol{b}^* + l\boldsymbol{c}^*)}{|\boldsymbol{H}_{hkl}|} = \frac{1}{|\boldsymbol{H}_{hkl}|}$$

最后得 $$|\boldsymbol{H}_{hkl}| = \frac{1}{d_{hkl}}$$

倒易点阵的这两个性质是十分重要的，它清楚地表明了倒易点阵的几何意义：正点阵中的每组平行晶面（hkl）相当于倒易点阵中的一个倒易点，此点必须处在这组晶面的公共法线上，即倒易矢量方向上；它至原点的距离为该组晶面间距的倒数（$\frac{1}{d_{hkl}}$）。由无数倒易点组成的点阵即为倒易点阵。因此，若已知某一正点阵，就可以作出相应的倒易点阵。

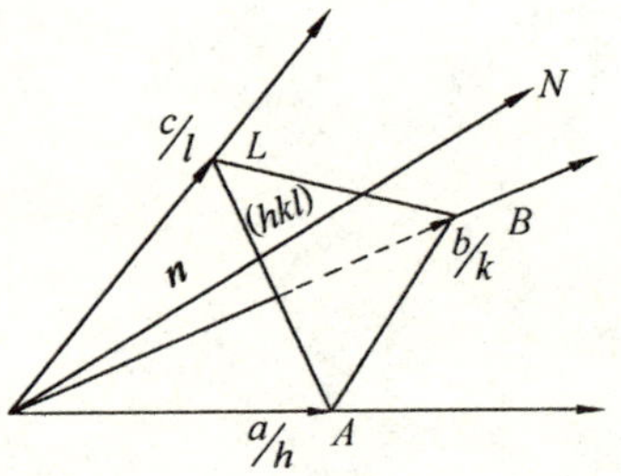

图 2－7　任一倒易矢量与晶面之间关系的示意图

2.4　X射线衍射强度

2.4.1　结构因子

前面曾提到，晶胞内原子的位置不同，X 射线衍射强度将发生变化。从图 2－8 所示的两种不同晶胞就很容易地看出这一点。这两种晶胞都是具有两个同种原子的晶胞，它们的区别仅在于其中有一个原子移动了向量$\frac{1}{2}\boldsymbol{c}$的距离。

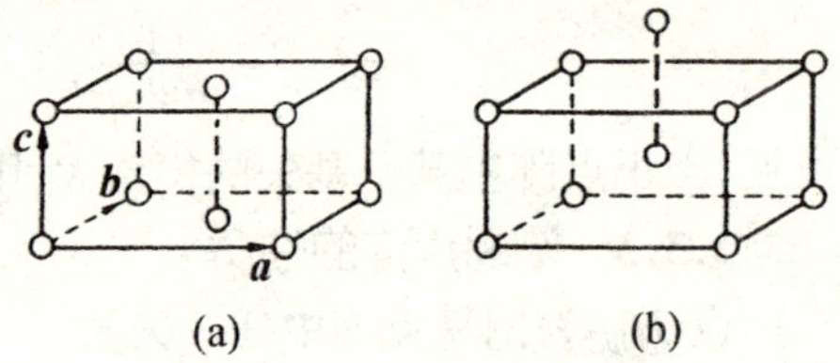

图 2－8　底心晶胞（a）与体心斜方晶胞（b）的比较

现在考察底心晶胞（001）面的衍射情况。如图 2－9（a），如果散射波 1′和 2′的波程差 $AB + BC = \lambda$，则在 θ 方向上产生衍射束。对于体心斜方晶胞的（001）面，如图 2－8（b），与底心晶胞相比，由于中间多了一个（002）原子面，（002）面上的原子的反射线 3′与 1′的波程差（$DE + EF$）只有 $\lambda/2$，故产生相消干涉而互相抵消，同理，由于晶面的重复性还会有衍射线 2′和 4′相消。如果考虑到晶体［001］方向足够厚的话，这种相消干涉可以持续下去，直至 001 反射强度变为零。

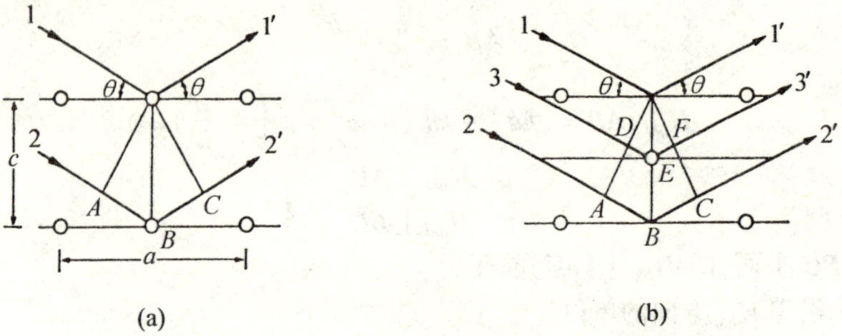

图 2－9　底心晶胞（a）和体心斜方晶胞（b）（001）面的衍射

可以发现，晶体中的原子仅仅改变了一点排列方式，就使原有的衍射线束消失了。一般地说，晶胞内原子位置发生变化，将使衍射强度减小甚至消失，这说明布拉格方程是反射的必要条件，而不是充分条件。事实上，若 A 原子换为另一种类的 B 原子，由于 A、B 原子种类不同，对 X 射线散射的波振幅也不同，所以，干涉后强度也要减小，在某些情况下甚至衍射强度为零，衍射线消失。我们把因原子在晶体中位置不同或原子种类不同而引起的某些方向上的衍射线消失的现象称之为“系统消光”。根据系统消光的结果以及通过测定衍射线的强度的变化就可以推断出原子在晶体中的位置。定量表征原子排布以及原子种类对衍射强度影响规律的参数称为结构因子，即晶体结构对衍射强度的影响因子。对结构因子的本质上的理解可以按照下述层次逐步分析：X 射线在一个电子上的散射强度、在一个原子上的散射强度以及在一个晶胞上的散射强度。

1. 一个电子对 X 射线的散射

根据电磁波理论，原子对 X 射线的散射主要是由核外电子而不是原子核引起的，因为原子核的质量很大，相比之下电子更容易受到激发产生振动。假设一束偏振 X 射线的路径上有一电子 e，在 X 射线电场的作用下，有一种情况是电子绕其平衡位置产生受迫振动，放出与入射线波长相同的电磁波。也就是说 X 射线在电子上产生了波长不变的散射，称之为具有干涉性质的散射，这是因为入射线和散射线的位相差是恒定的。这就是相干散射或叫弹性散射。

被电子散射的 X 射线是射向四面八方的，其强度 I 的大小与入射束的强度 I_0 和散射的角度有关。一个电子将 X 射线散射后，在距电子为 R 处的强度可表示为

$$I_e = I_0\left(\frac{r_e}{R}\right)^2 \times \left[\frac{1+(\cos 2\theta)^2}{2}\right] \tag{2-13}$$

式中，r_e 为经典电子半径，$r_e = \frac{e^2}{4\pi\varepsilon_0 mc^2} = 2.817938 \times 10^{-15}\text{m}$；$I_0$ 为入射 X 射线强度；e 为电子电荷；m 为电子质量；c 为光速；ε_0 为真空介电常数；2θ 为电场中任一点 P 到原点连线与入射 X 射线方向的夹角；R 为电场中任一点 P 到发生散射的电子的距离。

这便是一个电子对 X 射线散射的汤姆孙(J. J. thomsom)公式。分析式(2－13)可以看出，电子对 X 射线散射的特点是：(1)散射线强度很弱，约为入射强度的几十分之一；(2)散射线强度与到观测点距离的平方成反比，可以算出，在距离电子为 1cm 处，I_e/I_0 仅为 7.94×10^{-26}；(3)在 $2\theta = 0$ 处，因为 $\left[\frac{1+(\cos 2\theta)^2}{2}\right] = 1$，所以散射强度最强，也只有这些波才符合相干散射的条件。在 $2\theta \neq 0$ 处散射线的强度减弱，在 $2\theta = 90°$ 时，因为 $\left[\frac{1+(\cos 2\theta)^2}{2}\right] = \frac{1}{2}$，所以在与入射线垂直的方向上减弱得最多，为 $2\theta = 0$ 方向上的一半。在 $\theta = 0, \pi$ 时 $I_e = 1$；在 $\theta = \frac{1}{2}\pi, \frac{3}{2}\pi$ 时 $I_e = \frac{1}{2}$，这说明一束非偏振的 X 射线经过电子散射后其散射强度在空间的各个方向上变得不相同了，被偏振化了，偏振化的程度取决于 2θ 角。所以称 $\frac{1+(\cos 2\theta)^2}{2}$ 一项为偏振因子，也叫极化因子。在所有强度计算中都要使用这一项因子。

一个电子对 X 射线的散射强度是 X 射线散射强度的自然单位，以后所有对散射强度

的定量处理都是基于这一约定的。汤姆孙公式给出了散射线强度的绝对值,单位为 $J/(m^2 \cdot s)$。绝对数值的计算和测量都是很困难的,万幸的是,所有处理衍射问题的时候,取强度的相对值已经足够用。一般情况下,除极化因子外式中其余各项在实验条件一定的情况下均为定值,可以设法除去。

电子对 X 射线的散射还有另外一种完全不同的方式,即第 1 章所述及的康普顿－吴有训效应。例如,当 X 射线量子 $h\nu_1$ 与结合比较弱的电子 e 发生弹性碰撞时,把一份能量传递给电子使其具有动能,自己则变成能量为 $h\nu_2$ 的量子并与原来的方向偏离 2θ 角。$h\nu_2 < h\nu_1$,显然,散射 X 射线的波长比起入射 X 射线的波长要长。这两个波长之差为:$\Delta\lambda = \lambda' - \lambda \approx 0.0024(1-\cos2\theta)$(nm)。可见碰撞后的波长只决定于散射角,$2\theta = 0$ 时,$\Delta\lambda = 0$(原向散射),$2\theta = 180°$时(背向散射),$\Delta\lambda = 0.005$ nm。

把上述散射 X 射线称为康普顿变频 X 射线,由于散射 X 射线的波长与入射 X 射线不符合干涉条件,所以不可能产生衍射现象。把这种散射称为非相干散射或者非弹性散射。这种散射的存在将给衍射图相带来有害的背底,所以应设法避免它的产生,但是在实际工作中是很难做到的。

2.一个原子对 X 射线的散射

原子核也具有电荷,所以 X 射线也应该在原子核上产生散射。但是,从(2－13)式可知,散射强度与引起散射的粒子质量的平方成反比,原子核的质量是电子的 1 800 多倍,所以原子核引起的散射线的强度极弱,可以忽略不计。

在讨论 X 射线的衍射方向时,我们假定原子中的电子是集中于一点的,事实上 X 射线的波长与晶胞中各原子的距离在同一数量级,因此在讨论衍射强度问题时这种假设已显得过分粗略了。原子散射波是原子中各个电子散射波合成的结果,原子序数为 Z 的原子中 Z 个电子是按照电子云分布规律分布在原子空间的不同位置上的,所以,在某个方向上同一原子中的各个电子的散射波的位相不可能完全一致。图 2－10 示意说明了原子对 X 射线的散射情况。为简明起见,将各个电子按经典原子模型分层排列。入射 X 射线分别照射到原子中任意两个电子 A 和 B,观察在 XX' 方向上($2\theta = 0$)的散射波,由于在散射前后所经过的路程相同,故合成波振幅等于各电子散射波振幅之和。但是在其它的任意方向,如 YY' 方向上不同的电子散射的 X 射线存在光程差,又由于原子半径的尺度比 X 射线波长 λ 的尺度要小,所以又不可能产生波长整数倍的位相差,这就导致了电子波合成要有所损耗,即原子散射波强度 $I_a < ZI_e$。为评价原子散射本领,引入系数 $f(f \leqslant Z)$,称系数 f 为原子散射因子,它是考虑了各个电子散射波的位相差之后原子中所有电子散射波合成的结果。数值上,它是在相同条件下,原子散射波与一个电子散射波的波振幅之比或强度之比

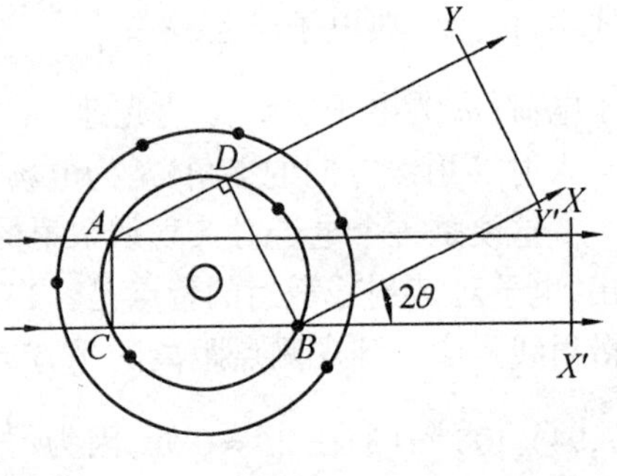

图 2－10　X 射线受一个原子的散射

$$f = \frac{A_a}{A_e} = \left(\frac{I_a}{I_e}\right)^{\frac{1}{2}} \tag{2-14}$$

式中 A_a、A_e 分别表示为原子散射波振幅和电子散射波振幅。对 f 也可以理解为是以一个电子散射波振幅为单位度量的一个原子的散射波振幅,所以有时也叫原子散射波振幅。反映的是一个原子将X射线向某个方向散射时的散射效率,它与 $\sin\theta$ 和 λ 有关,如图2-11所示。当 $\sin\theta/\lambda$ 值减小时,f 增大;在$\sin\theta=0$时,$f=Z$,一般情况下 $f\leqslant Z$。

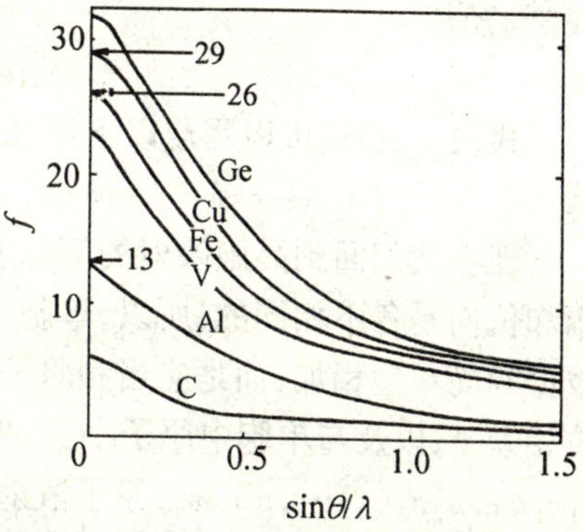

图2-11 原子散射因数曲线

需要指出的是,产生相干散射的同时也存在非相干散射。这两种散射强度的比值与原子中结合力弱的电子所占的比例有密切关系。后者所占比例越大,非相干散射和相干散射的强度比增大。所以,原子序数 Z 越小,非相干散射越强。实验中很难得到含有碳、氢、氧等轻元素有机化合物满意的衍射花样,理由就在于此。实验表明,不相干散射X射线的强度随 $\sin\theta/\lambda$ 增大而增大,其变化规律与相干散射线相反。

3.一个晶胞对X射线的散射

作为预备知识先回顾一下波的合成原理。图2-12中所示为两个衍射X射线的波前电场强度随时间变化的情况,其频率(波长)相同而位相和振幅不同,它们的方程式可以用正弦周期函数表示

$$E_1=A_1\sin(2\pi\nu t-\phi_1) \qquad (2-15)$$

$$E_2=A_2\sin(2\pi\nu t-\phi_2) \qquad (2-16)$$

$$A\cos\phi+Ai\sin\phi \qquad (2-17)$$

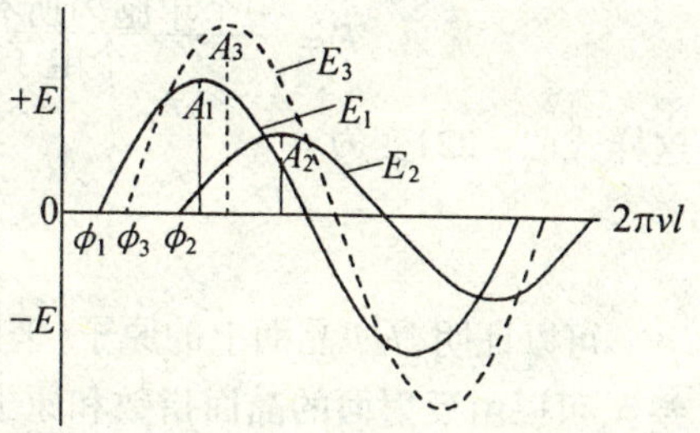

图2-12 位相和振幅不同的正弦波的合成

从图中可看到点线所示的合成波也是一种正弦波,但振幅和位相发生了变化。振幅和位相不同的波的合成用向量作图很方便(参看图2-13)。如果用复数方法进行解析运算就更简单了。可以像图2-14所示的那样在复平面上画出波向量,波的振幅和位相分别表示为向量的长度 A 和向量与实轴的夹角 ϕ,于是波的解析表达式可用三角式表示。

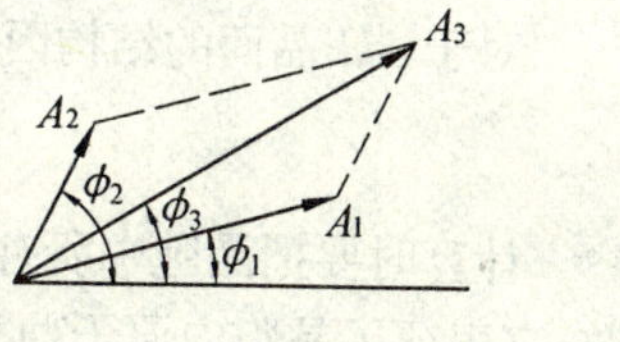

图2-13 波的向量合成方法

考虑 e^{ix}、$\cos x$、$\sin x$ 的幂级数的展开式,可以有如下关系

$$e^{ix}=\cos x+i\sin x \qquad (2-18)$$

比较上述讨论,波动可以用复指数形式表示,即

$$Ae^{i\phi}=A\cos\phi+iA\sin\phi \qquad (2-19)$$

多个向量的和可以写成

$$\sum Ae^{i\phi}=\sum(A\cos\phi+iA\sin\phi) \qquad (2-20)$$

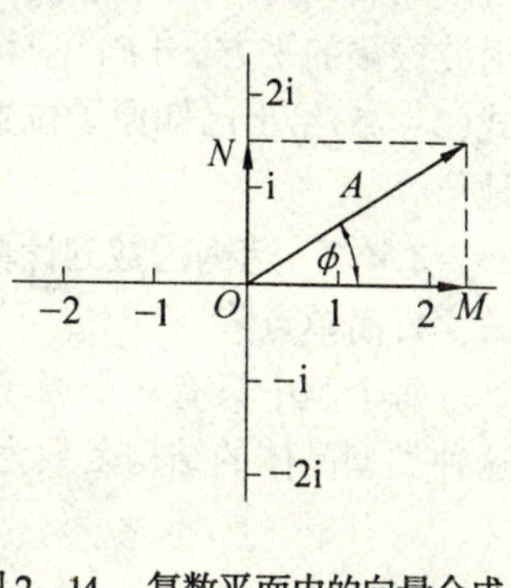

图2-14 复数平面内的向量合成

波的强度正比于振幅的平方,当波用复数的形式表示的时候,这一数值为复数乘以共轭复数,$Ae^{i\phi}$的共轭复数为

$Ae^{-i\phi}$,所以

$$|Ae^{i\phi}|^2 = Ae^{i\phi}Ae^{-i\phi} = A^2 \tag{2-21}$$

式(2-21)还可以写成以下形式

$$A(\cos\phi + i\sin\phi)A(\cos\phi - i\sin\phi) = A^2(\cos^2\phi + \sin^2\phi) = A^2$$

现在我们回到晶胞散射的问题上来。设单胞中有 N 个原子,各个原子的散射波的振幅和位向是各不相同的,所以,单胞中所有原子散射波的合成振幅不可能等于各原子散射波振幅简单地相加,而是应当和原子自身的散射能力(原子散射因子 f)、与原子相互间的位相差 ϕ,以及与单胞中原子个数 N 有关。如果单位晶胞的原子 1,2,3,…,n 的坐标为 $u_1v_1w_1, u_2v_2w_2, \cdots, u_nv_nw_n$,原子散射因子分别为 $f_1, f_2, f_3, \cdots, f_n$,各原子的散射波与入射波的位相差分别为 $\phi_1, \phi_2, \phi_3, \cdots, \phi_n$,则晶胞内所有原子相干散射波的合成波振幅 A_b 为

$$A_b = A_e(f_1e^{i\phi_1} + f_2e^{i\phi_2} + \cdots + f_ne^{i\phi_n}) = A_e\sum_{j=1}^{n}f_je^{i\phi_j} \tag{2-22}$$

单位晶胞中所有原子散射波叠加的波即为结构因子,用 F 表示。定义 F 是以一个电子散射波振幅为单位所表征的晶胞散射波振幅,即

$$F = \frac{\text{一个单胞内所有原子散射的相干散射波振幅}}{\text{一个电子散射的相干散射波振幅}} = \frac{A_b}{A_e}$$

这样式(2-22)变为

$$F = \frac{A_b}{A_e} = \sum_{j=1}^{n}f_je^{i\phi_j} \tag{2-23}$$

可以证明,hkl 晶面上的原子(坐标为 uvw)与原点处原子的经 hkl 晶面反射后的位相差 ϕ,可以由反射面的晶面指数和原子坐标 uvw 来表示

$$\phi = 2\pi(hu + kv + lw) \tag{2-24}$$

这一公式对任何晶系都是适用的。

对于 hkl 晶面的结构因子为

$$F_{hkl} = \sum_{1}^{N}f_je^{2\pi i(hu_j + kv_j + lw_j)} \tag{2-25}$$

计算时要把晶胞中所有原子考虑在内进行。一般的情况下,式(2-25)中的 F 为复数,它表征了晶胞内原子种类、原子个数、原子位置对衍射强度的影响。

显然,在符合布拉格定律的方向上的散射线的强度应正比于 $|F|^2$,也就是正比于散射波振幅的平方。$|F|^2$ 应该用式(2-25)的 F 表达式乘以其共轭复数的方法求得。由于式(2-25)给出已知原子位置的 hkl 晶面的反射线强度,所以在 X 射线晶体学中占有重要地位。

2.4.2 结构因数的计算

1. 简单点阵

每个胞中只有一个原子 a,其位置在原点上,坐标为(000),f_a 为其原子散射因数 。这种类型晶体的结构因数为

$$F = f_ae^{2\pi i(0)} = f_a$$

$$|F|^2 = f_a^2 \tag{2-26}$$

这表明 $|F|^2$ 与晶面指数无关,所有晶面均有反射,具有相同的结构因数,与这些反射面对

应的倒易点组成了一个初基的倒易格子。

2. 体心点阵

单位晶胞中有两个原子，坐标分别为(000)，$(\frac{1}{2}\frac{1}{2}\frac{1}{2})$

$$F = f_a e^{2\pi i(0)} + f_a e^{2\pi i(\frac{h+k+l}{2})} = f_a[1 + e^{2\pi i(h+k+l)}]$$

当$(h + k + l)$ = 偶数时，由于 $e^{2\pi i} = e^{4\pi i} = e^{6\pi i} = 1$

所以

$$F = f_a(1 + 1) = 2f_a$$

$$|F|^2 = 4f_a^2$$

当$(h + k + l)$ = 奇数时，由于 $e^{\pi i} = e^{3\pi i} = e^{5\pi i} = -1$

所以

$$F = f_a(1 - 1) = 0$$

$$|F^2| = 0$$

因此，(110)，(200)，(211)，(220)，(310)，(222)，…均有反射，而(100)，(111)，(210)，(221)…无反射。与这些反射面对应的倒易点组成了一个面心的倒易点阵，如图 2-15(a)。

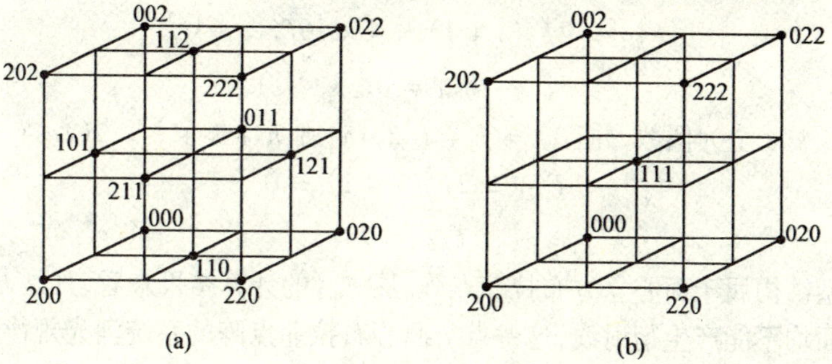

图 2-15　(a)面心倒易点阵；(b)体心倒易点阵

3. 面心点阵

单位晶胞中有四个原子，其坐标分别为(000)，$(\frac{1}{2}\ \frac{1}{2}\ 0)$，$(\frac{1}{2}\ 0\ \frac{1}{2})$，$(0\ \frac{1}{2}\ \frac{1}{2})$，所以

$$F = f_a e^{2\pi i(0)} + f_a e^{2\pi i(\frac{h+k}{2})} + f_a e^{2\pi i(\frac{k+l}{2})} + f_a e^{2\pi i(\frac{l+k}{2})} = f_a[1 + e^{\pi i(h+k)} + e^{\pi i(k+l)} + e^{\pi i(l+k)}]$$

当 h, k, l 为全奇或全偶时，$(h + k)(k + l)$ 和$(h + l)$ 必为偶数，故

$$F = 4f_a$$

$$|F|^2 = 16{f_a}^2$$

当 h, k, l 中有两个奇数或两个偶数时，则在$(h + k)$，$(k + l)$ 和$(l + h)$ 中必有两项为奇数，一项为偶数，所以

$$F = f_a(1 + 1 - 1 - 1) = 0$$

$$|F|^2 = 0$$

因为在面心立方的晶体中，(111)，(200)，(220)，(311)…有反射，而(100)，(110)，(112)，

(221)等均无反射。与这些反射面对应的倒易点组成了一个体心的倒易点阵，如图 2-15(b)。

4.金刚石型结构

每个晶胞中有八个同类原子，其坐标为：(000)，$(\frac{1}{2}\ \frac{1}{2}\ 0)$，$(\frac{1}{2}\ 0\ \frac{1}{2})$，$(0\ \frac{1}{2}\ \frac{1}{2})$，$(\frac{1}{4}\ \frac{1}{4}\ \frac{1}{4})$，$(\frac{3}{4}\ \frac{3}{4}\ \frac{1}{4})$，$(\frac{3}{4}\ \frac{1}{4}\ \frac{3}{4})$，$(\frac{1}{4}\ \frac{3}{4}\ \frac{3}{4})$。原子散射因子为 f_a。

$$F_{hkl}^2 = F_f^2\left[2 + 2\cos\frac{\pi}{2}(h + k + l)\right] = 2F_f^2\left[1 + \cos\frac{\pi}{2}(h + k + l)\right]$$

(1) 当 h、k、l 为异性数(奇偶混杂)时

由于 $F_f = 0$，所以

$$F_{hkl}^2 = 0,\quad F_{hkl} = 0$$

(2) 当 h、k、l 全为奇数时

$$F_{hkl}^2 = 2F_f^2 = 2 \times 16f_a^2 = 32f_a^2$$

$$F_{hkl} = \sqrt{32}f_a$$

(3) 当 h、k、l 全为偶数，并且 $h + k + l = 4n$ 时(其中 n 为任意整数)

$$F_{hkl}^2 = 2F_f^2(1 + 1) = 4 \times 16f_a^2 = 64f_a^2$$

$$F_{hkl} = 8f_a$$

(4) 当 h、k、l 全为偶数，并且 $h + k + l \neq 4n$，则 $h + k + l = 2(2n + 1)$

$$F_{hkl}^2 = 2F_f^2(1 - 1) = 0$$

$$F_{hkl} = 0$$

金刚石型结构属于面心立方布拉菲点阵。从 F_{hkl} 的计算结果来看，凡是 h、k、l 不为同性数的反射面均不能产生衍射线，这一点与面心布拉菲点阵的系统消光规律是一致的。但是，由于金刚石型结构的晶胞中有八个原子，比一般的面心立方结构多出四个原子，因此，需要引入附加的系统消光条件(2)、(3)、(4)。

5.密排六方结构

每个平行六面体晶胞中有 2 个同类原子，其坐标为：(000)，$(\frac{1}{3}\ \frac{2}{3}\ \frac{1}{2})$。原子散射因子为 f_a。

$$F_{hkl}^2 = f_a^2\left[2 + 2\cos 2\pi(\frac{1}{3}h + \frac{2}{3}k + \frac{1}{2}l)\right] = 2f_a^2\left[1 + \cos 2\pi(\frac{1}{3}h + \frac{2}{3}k + \frac{1}{2}l)\right]$$

根据公式 $\cos 2x = 2\cos^2 x - 1$，将上式改写为

$$F_{hkl}^2 = 2f_a^2\left[1 + 2\cos^2\pi(\frac{1}{3}h + \frac{2}{3}k + \frac{1}{2}l) - 1\right] = 4f_a^2\cos^2\pi(\frac{h + 2k}{3} + \frac{l}{2})$$

(1) 当 $h + 2k = 3n$，l = 奇数 $= 2n + 1$ 时(n 为任意整数)

$$F_{hkl}^2 = 4f_a^2\cos^2\pi(n + \frac{2n + 1}{2}) = 4f_a^2\cos^2\frac{\pi}{2}(4n + 1) = 0$$

(2) 当 $h + 2k = 3n$，l = 偶数 $= 2n$ 时

$$F_{hkl}^2 = 4f_a^2\cos^2 2n\pi = 4f_a^2$$

(3) 当 $h+2k=3n\pm1, l=2n+1$ 时

$$F_{hkl}^2=4f_a^2\cos^2\pi(n+\frac{1}{3}+n+\frac{1}{2})=4f_a^2\cos^2\pi(2n+\frac{5}{6})=4f_a^2\cos^2(\frac{5}{6}\pi)=$$

$$4f_a^2\cos^2 150°=4f_a^2\cos^2 30°=4f_a^2(\frac{\sqrt{3}}{2})^2=3f_a^2$$

或

$$F_{hkl}^2=4f_a^2\cos^2\pi(n-\frac{1}{3}+n+\frac{1}{2})=4f_a^2\cos^2\pi(2n+\frac{1}{6})=$$

$$4f_a^2\cos^2(\frac{\pi}{6})=4f_a^2(\frac{\sqrt{3}}{2})^2=3f_a^2$$

(4) 当 $h+2k=3n\pm1, l=2n$ 时

$$F_{hkl}^2=4f_a^2\cos^2\pi(n\pm\frac{1}{3}+n)=4f_a^2\cos^2\pi(2n\pm\frac{1}{3})=4f_a^2\cos^2(\pm\frac{\pi}{3})=4f_a^2(\frac{1}{2})^2=f_a^2$$

6. $AuCu_3$ 有序固溶体

在 395℃ 左右的临界温度以上时，$AuCu_3$ 中的金原子和铜原子具有完全无序的面心立方点阵。在合金点阵的每一个结点上金原子或铜原子存在的几率等于其各自的原子百分数(0.25Au,0.75Cu)，因此从统计观点来看，可以认为每个结点上有一个(0.75Cu + 0.25Au)平均原子，其原子散射因子为：$f_{平均}=0.75f_{Cu}+0.25f_{Au}$。在临界温度以下呈完全有序状态，金原子仅占据阵胞的角顶，而铜原子则占据其面心。

有序化过程发生原子排列的变化，必然会引起衍射线强度的变化。因此，我们可以通过计算每一种原子排列的结构因子，来确定这些变化的本质。

(1) 完全无序　每个晶胞中含有四个(0.75Cu + 0.25Au)平均原子，其坐标为：(000)，$(\frac{1}{2}\frac{1}{2}0)$，$(\frac{1}{2}0\frac{1}{2})$，$(0\frac{1}{2}\frac{1}{2})$。

$$F_{hkl}=f_{平均}[1+e^{\pi i(h+k)}+e^{\pi i(h+l)}+e^{\pi i(k+l)}]$$

当 h、k、l 全为奇数或全为偶数时，$F_{hkl}=4f_{平均}=(f_{Au}+3f_{Cu})$；

当 h、k、l 混杂时，$F_{hkl}=0$。

因此，在合金处于完全无序状态时，它的衍射花样与任何面心立方金属相类似，在衍射花样中不存在奇偶混杂指数的反射。

(2) 完全有序　在这种情况下，金原子占据 000 坐标位置，而铜原子则占据$(\frac{1}{2}\frac{1}{2}0)$，$(\frac{1}{2}0\frac{1}{2})$，$(0\frac{1}{2}\frac{1}{2})$的坐标位置。

$$F_{hkl}=f_{Au}+f_{Cu}[1+e^{\pi i(h+k)}+e^{\pi i(h+l)}+e^{\pi i(k+l)}]$$

当 h、k、l 全为奇数或全为偶数时，$F_{hkl}=f_{Au}+3f_{Cu}$；

当 h、k、l 奇偶混杂时，$F_{hkl}=f_{Au}-f_{Cu}$。

由此可见，有序化合金对于所有的 hkl 值都能产生衍射线，它的衍射花样与简单立方相似。换句话说，有序化时使布拉菲点阵产生了变化，无序合金的布拉菲点阵为面心立方，而有序合金则为简单立方。来自指数为全奇或全偶晶面的衍射线称为基本线条，因为不论在有序或无序合金的衍射花样中，它们都在同样的位置上，并以同样的强度出现。有序合金的衍射花样中出现的由奇偶混杂指数晶面反射的额外线条，称为超点阵(或超结构)线条。超点阵线条的存在是有序的确凿证据。当合金处于完全有序状态时，超点阵线条的强

度最强，而当完全无序时，超点阵线条消失。部分有序时，使超点阵线条的强度变弱。因此，可以根据超点阵线条强度的变化来测定合金的长程有序度。

从结构因子的表达式(2 – 25)可以看出，点阵常数并没有参与结构因子的计算公式。这说明结构因子只与原子在晶胞中的位置有关，而不受晶胞的形状和大小的影响。例如，对体心晶胞，不论是立方晶系、正方晶系还是斜方晶系的体心晶胞的系统消光规律都是相同的。由此可见，系统消光规律的适用性是较广泛的。它可以演示布拉菲点阵与其衍射花样之间的具体联系。

表2 – 1是最基本的由同类原子组成的晶体的系统消光规律，对于那些晶胞中原子数目较多的晶体以及由异类原子所组成的晶体，还要引入附加的系统消光条件。

表2 – 1　常见晶体结构的消光条件

晶体结构	下述情况衍射不出现
简单立方	对指数无限制，均产生衍射。
FCC	h、k、l 奇偶混合
BCC	$h+k+l=$ 奇数
HCP	$h+2k=3n$，同时 $l=$ 奇数（n 任意整数）
复杂立方（如 ZnS）	h、k、l 奇偶混合
Nacl 型	h，k，l 奇偶混合（h、k、l 全偶时，衍射强度高，全奇时，强度弱。）
BCT（体心四方）	$h+k+l=$ 奇数
金钢石型	h、k、l 全偶，同时 $h+k+l$ 不能被4整除，或 h、k、l 奇偶混合

若仅从布拉格反射条件来讨论射线的衍射问题，任一(hkl)晶面都可以得到反射，但对某些点阵格子形式(非初基格子)和实际晶体结构(存在微观对称元素)而言，在某些晶面上由于反射振幅 – 结构因数等于零而不能得到反射，这种现象称为系统消光。

2.4.3　粉末多晶的积分强度公式

1. 粉末多晶的反射几率

与粉末多晶中的每一{hkl}晶面族相应的倒易点在倒空间组成了一个倒易球面，当晶粒完全无规取向时，使倒易球面上的干涉函数值成为均匀分布。由于实际晶粒中存在嵌块结构，致使倒易球具有一定厚度，这样，由反射球与倒易球相交割形成的衍射锥也具有一定厚度，加上光谱宽度等因素，造成了衍射线具有一定的宽度($r\Delta\theta$)，见图2 – 16。显然，只有当反射晶面法线处在宽度为 $r\Delta\theta$ 的环带(图中阴影部分)内的晶粒才发生衍射。所以，参与反射的晶粒数目占总的晶粒数的百分比(反射几率)；可用宽度为 $r\Delta\theta$ 的环带面积和整个球面积之比来表示

$$\Delta N/N = r\cdot\Delta\theta\cdot 2\pi r\sin(90^\circ-\theta_0)/(4\pi r^2) = \Delta\theta\cos\theta_0/2 \qquad (2-27)$$

2. 单位长度衍射环的积分强度

由于多晶衍射强度均匀分布于整个德拜衍射环上，而实际测量的是单位长度上的衍射强度，如图2 – 17，所以又引进一个影响积分强度的几何因数

$$I_{单位} = I_{积}\cdot\frac{1}{2\pi r\sin 2\theta_0} \qquad (2-28)$$

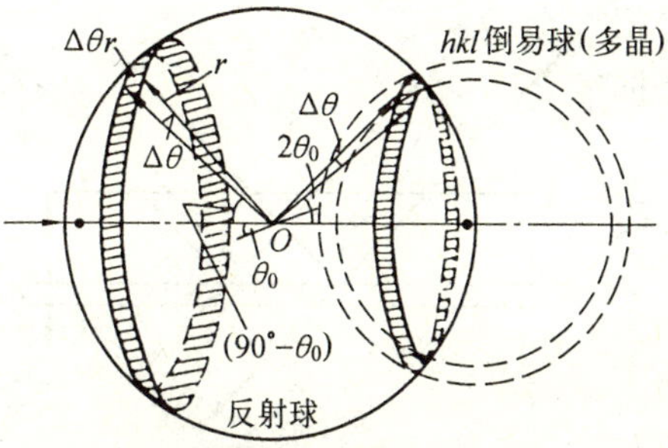

图 2-16　粉末多晶的反射几率

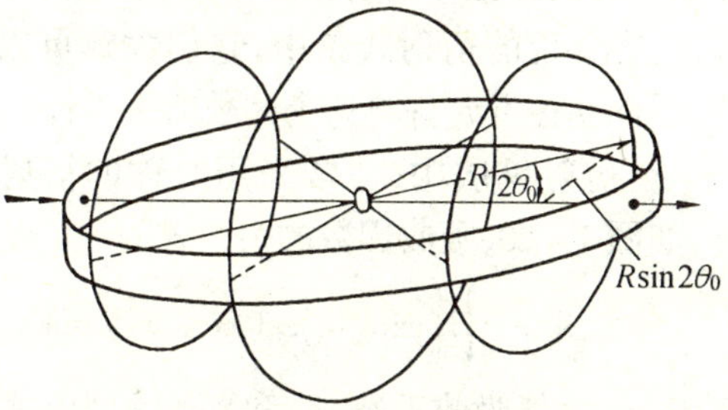

图 2-17　单位长度衍射环的积分强度

把式(2-27)和(2-28)中有关影响强度的角度因数归并一起,称为洛伦茨因数,即

$$\frac{1}{\sin 2\theta_0}\cdot(\cos\theta_0)\cdot\left(\frac{1}{\sin 2\theta_0}\right)$$

若再把它与偏振因数合在一起,并略去 1/8,统称为洛伦茨-偏振因数

$$L_P = \frac{(1+\cos^2 2\theta_0)}{\sin^2\theta_0\cos\theta_0}$$

作为 θ 的函数,如图 2-18 所示。

3. 吸收因数

由于入射线和衍射线在通过样品时被吸收而使衍射强度下降,所以在积分强度公式中必须引入一吸收因数 $A(A\leqslant 1)$。对于粉末多晶照相法,常用的试样是圆柱形的,A 值决定于衍射角(θ)、试样吸收系数(μ_m)及试样半径 r。图 2-19(a)为一般情况下的吸收,显然,θ 越小吸收越大。当材料吸收系数很大时,只有那些从试样两边的衍射线才有可能到达底片,严重时,一条拜德线分裂成两条,而此时背反射线仅来自试样后表层(见图 2-19(b))。吸收因数的普遍表达式为

$$A = \frac{1}{V}\int \exp[-\mu_m\rho(AB+BC)]\mathrm{d}V$$

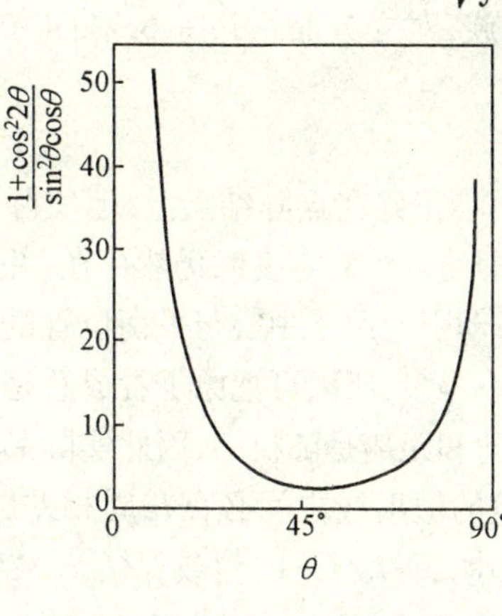

图 2-18　$\dfrac{(1+\cos^2 2\theta)}{\sin^2\theta\cos\theta}\sim\theta$ 曲线

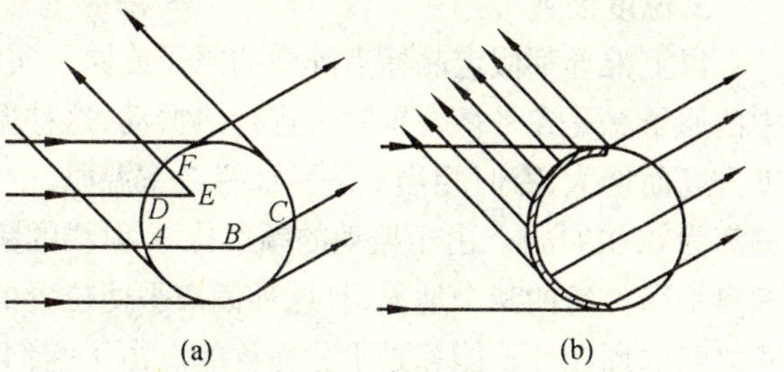

图 2-19　德拜法中试样的吸收
(a)一般情况;(b)吸收大的情况

式中,A 是一个无量纲的因数;V 为试样被照射的体积;AB,BC 的意义见图 2-19(a)。圆柱形试样的吸收需要复杂的计算。幸好,在照相法中,由于吸收因数与温度因数随 θ 角

度改变的趋势正好是逆反的，虽然它们并不正好相等，但在邻近的衍射线条中，它们大致可以相互抵消，因此往往可允许将这个因数略去不计。

在衍射仪法中，通常采用对称的衍射几何布置，如图 2-20，吸收因数的表达式为

$$A = \frac{1}{V}\int \exp[-\mu_L(x_1 + x_2)]\mathrm{d}V$$

式中，μ_L 为线吸收系数，x_1 和 x_2 分别为入射线束和衍射线束在试样中经过的路程，且均等于 $x/\sin\theta$，

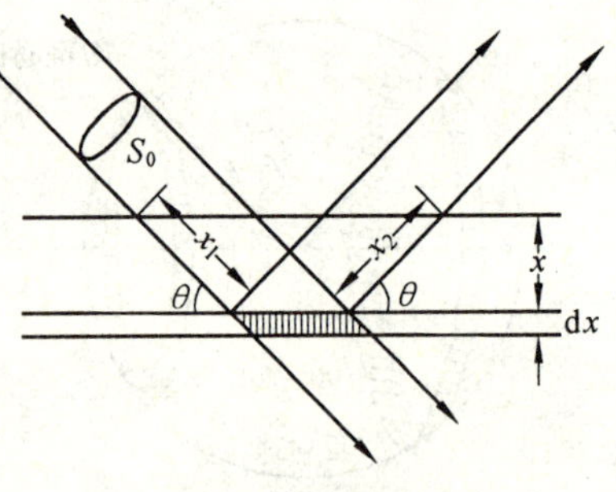

图 2-20　对称衍射时的吸收因素计算

而 $\mathrm{d}v$ 等于$\frac{S_0\mathrm{d}x}{\sin\theta}$。$S_0$ 为入射线束以 θ 角投射到板状试样的表面积。现考察表面下 x 深度处的一晶体的衍射能量有吸收因数

$$A = \exp[-\mu_L(x \mid \sin\theta + x \mid \sin\theta)]S_0/\sin\theta\mathrm{d}x$$

所以平均吸收因数为

$$A = \frac{1}{V}\int_0^{\infty} \exp[-\mu_L(2x/\sin\theta)]S_0/\sin\theta\mathrm{d}x = \frac{S_0}{2\mu_L V}$$

式中 S_0 和 V 是实验常数。可见，吸数因数与衍射角无关，这是因为当半衍射角不同时，参加衍射的体积及射线在试样中所经路程始终相同。

4. 多重因数

凡属同一晶面族{hkl}中的各个等同晶面，其间距 d_{hkl} 相同。因此，它们的倒易点都分布在以同一 $|H_{hkl}|$ 为半径的倒易球面上。显然，当粉末多晶试样中的某一晶面族{hkl}的晶面越多，倒易球面上倒易点的面密度越大，它与反射球相交而产生的衍射强度越大。所以，常称同一晶面族{hkl}中的等同晶面数为多重因数，在强度公式中记为 P。不同晶面族{hkl}中的 P 值大小决定于晶体的对称性(属那个晶系)和具体的晶面指数{hkl}。对相同的{hkl}，晶系的对称性越高，P 值越大，如{100}晶面族，对立方晶系 $P = 6$，对四方晶系 $P = 4$，对正交晶系 $P = 2$。

5. 温度因数

以上推导都假定晶体点阵中的原子或原子集团中心正好在点阵结点上，但实际晶体中的原子总是在平衡位置附近进行热振动，这种振动即使在绝对零度时仍然存在，并随温度升高而增大，有时相当显著。如铝在室温时，由热振动引起原子中心与平衡位置的平均偏离为 0.0174nm。由于振动的频率比 X 射线的频率小得多，所以可把原子看成总是处在偏离平衡位置的某个地方，且这种偏离平衡位置的方向和距离是随机的，因此实际晶体原子之间的周期性不能算是十分完善的。由于它们发生的散射线之间必存在周相差，所以其衍射强度总比由理想点阵(原子在结点上)算得的小，即 $I_t/I = \mathrm{e}^{-2M}$或$f_t/f_0 = \mathrm{e}^{-M}$，其中，$f_0$ 是绝对零度时的原子散射因数；e^{-M}为校正原子散射因数的温度因数；M 是与晶体热振动性质有关的参数，其表达式为

$$M = B\frac{\sin^2\theta}{\lambda^2} = \frac{6h^2T}{m_a k\Theta^2}\left\{\phi(x) + \frac{x}{4}\right\}\frac{\sin^2\theta}{\lambda^2}$$

式中，h 为普朗克常数，$h = 6.630 \times 10^{-34}\,\mathrm{J \cdot s}$；$m_a$ 为原子质量，$m_a = 1.660 \times 10^{-27} A$（A 为元素的原子量）kg；$k$ 为波耳兹曼常数，$k = 1.380 \times 10^{-23}\,\mathrm{J/K}$；Ⓗ为特征温度的平均值，$\text{Ⓗ} = \frac{h\nu_m}{k}$（$\nu_m$ 为原子热振动频谱中最大频率）；X 等于$\text{Ⓗ}/T$（均为绝对温度）；$\phi(X)$称为德拜函数，其值可由国际射线 X 晶体学表中查出。

在计算 M 时，先根据衍射物质查附录得Ⓗ，由试验温度 T 和Ⓗ计算 $X(=\text{Ⓗ}/T)$，根据 X 值查附录得到 $\phi(x)$和 $\phi(x)+\frac{x}{4}$的值。再按物质的原子量计算 m_a，代入下列公式得到 B

$$B = \frac{6h^2 T}{m_a k \text{Ⓗ}^2}\left\{\phi(x) + \frac{x}{4}\right\}$$

根据 B 和 $\sin\theta/\lambda$ 可算得到 e^{-M}。

根据理论推导

$$M = 8\pi^2 \bar{u}^2 \frac{\sin^2\theta}{\lambda^2}$$

其中，$\bar{u}^2$为原子中心与其平衡位置在垂直于衍射面方向上的位移的均方偏差，因此

$$e^{-2M} = e^{16\pi^2 \bar{u}^2 (\frac{\sin\theta}{\lambda})^2} = e^{-4\pi^2 (\frac{n}{d})^2 \bar{u}^2}$$

由此可见，当反射晶面的晶面间距 d 越小，或衍射级数 n 越大时，温度因数的影响也越大；在同一实验中，半衍射角 θ 越大，衍射强度降低越大，所损失的衍射能量将导致产生漫散的背景。

综合以上各个因数，粉末法衍射线条单位长度的积分强度公式为

$$I_{积} = \frac{I_0}{32\pi R}\left[\left(\frac{\mu_0}{4\pi}\right)^2 \frac{e^4}{m_2}\right]\lambda^3 \cdot N^2 \mid F \mid^2 \cdot e^{-2M} \frac{1+\cos^2 2\theta}{\sin^2\theta\cos\theta} \cdot P \cdot A \cdot V \quad (2-29)$$

在实际工作中，只需比较各衍射线的相对强度。在同一衍射谱中，I_0，λ，R 均为常数，故其相对强度可表达为

$$I_{相对} = N^2 \mid F \mid^2 \cdot e^{-2M} \cdot L_P \cdot P \cdot A \cdot V \quad (2-30)$$

其中

$$L_P = \frac{1+\cos^2 2\theta}{\sin^2\theta\cos\theta}$$

第3章　X射线衍射方法

最基本的衍射实验方法有三种:粉末法、劳厄法和转晶法。粉末法的样品是粉末多晶体,其样品容易取得,衍射花样可提供丰富的晶体结构信息,通常作为一种常用的衍射方法。劳厄法和转晶法采用单晶体作为样品,应用较少。

3.1　粉末照相法

3.1.1　粉末法成像原理

粉末法的样品是由数目极多的微小晶粒组成,这些晶粒的取向完全是无规则的。这种粉末多晶中的某一组平行晶面在空间的分布,与一在空间绕着所有各种可能的方向转动的单晶体中同一组平行晶面在空间分布是等效的。当用倒易点阵来描写这种分布时,因单晶中某一组平行晶面(hkl)对应于倒易点阵中的一个倒易点,不言而喻,与粉末多晶中的一组平行晶面(hkl)相对应的必是以倒易点阵原点中心,以$|\boldsymbol{H}_{hkl}| = 1/d_{hkl}$为半径的一个倒易点绕各种可能的方向转动而形成的一个倒易球,如图3-1。显然,当以波长为λ的单色辐射线照射多晶粉末样品时,并非所有的晶面都能参加衍射,仅那些处在倒易球与半径为$\frac{1}{\lambda}$的反射球相交割的圆环上的倒易点所对应的晶面能参加衍射。这个圆环称为衍射环。对于一系列间距不等的晶面来说,相应存在一系列半径不等的倒易球,它们分别与反射球相互交割而形成一系列相应的衍射环。对于某一组平行晶面(hkl)来说,它们所有可能的衍射线都躺在以A点为顶点,2θ为半顶角的圆锥面上,此圆锥称为衍射锥,如图3-2所示。

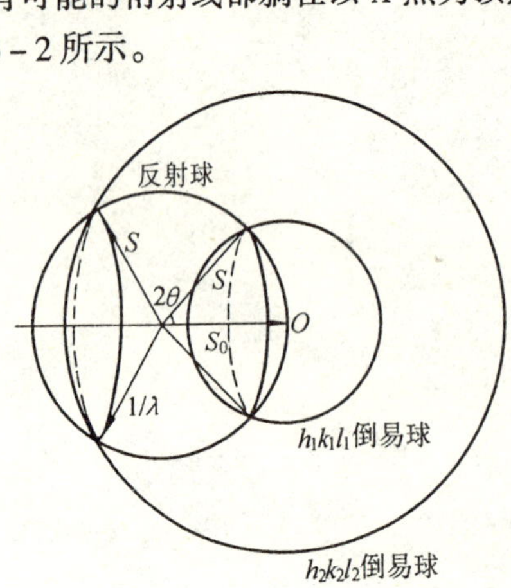

图3-1　粉末法的成像原理

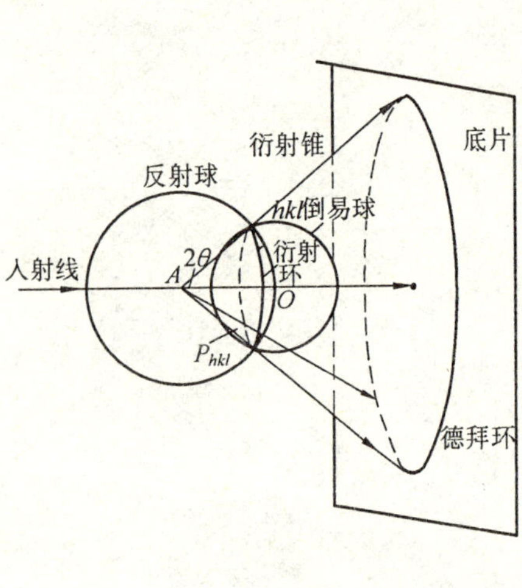

图3-2　粉末照相法中的指射和射环

3.1.2 德拜-谢勒法

1.照相机

德拜相机如图 3-3 所示。这种相机是圆筒形的，筒里四周贴着软片，在相机中心有一可以安置试样的中心轴，并各有调节机构，使试样中心与相机中心轴线一致而且绕其中心旋转。入射线经光阑射至试样处，穿透试样后的入射线进入后光阑，经过一层黑纸及荧光屏后被铅玻璃吸收。

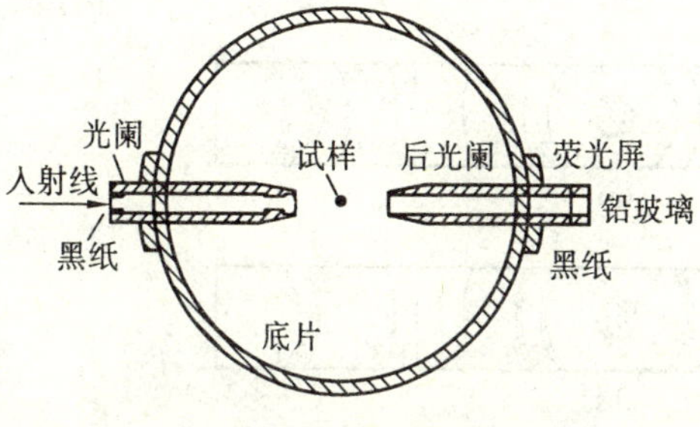

图 3-3 德拜相机示意图

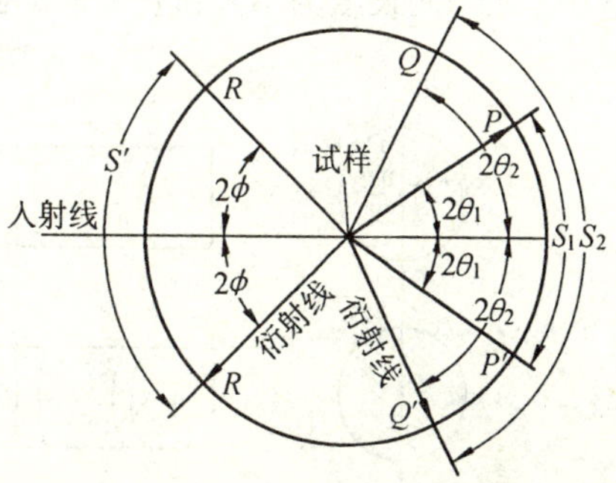

图 3-4 德拜法的衍射几何

常用德拜相机直径（指内径）为 57.3mm，114,6mm，190mm 等。用 57.3 及 114.6 直径相机的优点是底片上每 1mm 的距离分别相当于 2°或 1°的圆心角，对于解释衍射花样时很方便 。在图 3-4 中，R 是照相机半径，S 是一对相应衍射弧线的间距 PP'（或 QQ'），则 $S = R\cdot 4\theta$（θ 用 rad 表示），$S = 4R\theta/57.3$（θ 用°表示），当 $2R = 57.3$mm 时，上式化为 $S = 2\theta$（S 以 mm 表示，θ 以°表示），同理，当 $2R = 114.6$mm 时，$S = 4\theta$，在背射区（$2\theta > 90°$），$S' = R\cdot 4\phi$（ϕ 以 rad 表示），$S' = R\cdot 4\phi/57.3$（ϕ 以°表示）。式中，$2\phi = 180° - 2\theta$，$\phi = 90° - \theta$。

2.试样的制备

最常用的试样是细圆柱状的粉末集合体，圆柱直径小于 0.8mm，当进行较精确测定时应小于 0.5mm。

各类待测物质事先粉碎后再用研钵磨细，为了消除样品的加工应力，粉末样品应在真空或保护气氛下进行退火。为使衍射线光滑而连续，粉末最好能全部通过 325 目的筛孔。特别在作相分析时，若试样中某相比另一相较脆，则该相也一定较另一相容易碎而被过筛，而部分过筛的粉末已不代表试样中的相成分状态。如粉末的粒度太大，则因参与反射的晶粒数目减小而使衍射线呈不连续的斑点。如粒度太细，将使衍射条变宽。由粉末制成细圆柱试样常有以下几种方法：①在很细的玻璃丝上涂以一层薄胶水或其他有机粘结剂，然后在粉末中滚动，得到所要求的试样；②将粉末填充于硼酸锂玻璃或醋酸纤维制成的细管中；③直接利用金属丝作试样，因有择优取向，所得衍射线条往往是不连续的。这在注释谱线时应予注意。

试样作好后即可安装于试样夹头上，通过调节机构，使试样轴正好与照相机中心轴重合。试样转动可以增加晶粒反射的几率，避免因晶粒度稍大而使衍射线条呈不连续状。

3.底片的装置方法

(1)正装法　如图 3-5(a)，底片中部有一孔洞，放于后光阑位置，衍射线呈对称弧段分布，

低 θ 在中间,高 θ 在两边,衍射线对间的距离离 S 和 θ 之间的关系为 $4\theta R = S$(θ 的单位为 rad),或 $4\theta R/57.3 = S$(θ 的单位为°)

(2)倒装法　如图 3-5(b),底片安置正好和正装法相反,衍射线也呈对称弧段分布,高 θ 在中间,低 θ 在两边,衍射线对间的距离 S 和 θ 之间的关系为 $(2\pi - 4\theta)R = S$(θ 单位为 rad)。

在精确测定中,考虑到底片的长度受各种因素影响而引起的误差(例如,底片在显影定影过程中的收缩等),为此,在底片两边固定两片刀边,使底片在曝光过程中留下两条边缘,若刀边之间的长度为 S_K,和它对应的圆心角为 $4\theta_K$(相机常数),下列关系式成立

$$\theta/\theta_K = S/S_K \tag{3-1}$$

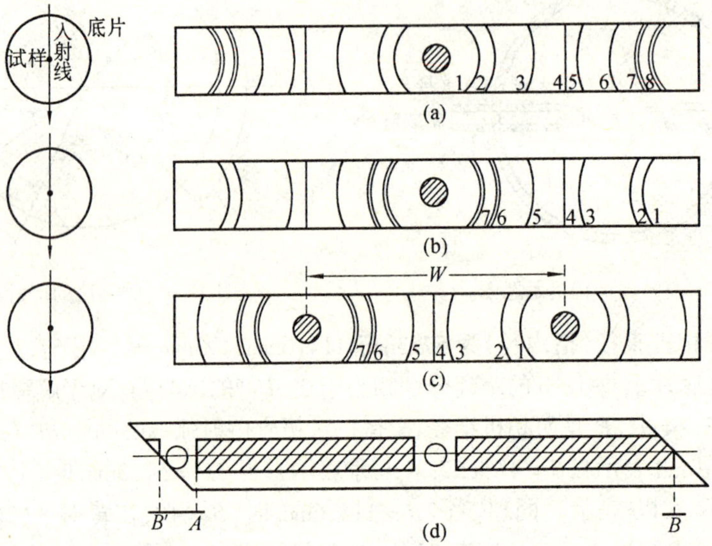

图 3-5　德拜法中的底片装置方式:(a)正装法;(b)倒装法;(c)不对称法;(d)45°对接法

标定对称型照相机的较好方法是裁取一条 X 射线照相底片,两端各切成 45°角,当弯成柱面时,其长度要略短于照相机圆周长度以免重叠。胶片在光线的入射和出射光阑处各冲一圆孔,经曝光后,图 3-5(d)中阴影线部分为胶片感光部分,A、B 两边是刀边。标定时,B 与 B' 应在圆柱体的同一母线上,因此下式成立

$$2\pi/BB' = 4\theta_K/AB$$

其中 θ_K 为刀边常数,由于这种标定只用了一个绝对常数 π,所以它比用标准样品或直接量度要正确。

(3)不对称法　如图 3-5(c),底片上有两个孔,一个供安置前光阑,一个供安置后光阑,低 θ 在右边,高 θ 在左边,这时衍射线对间距离 S 与对应的 θ 角的关系为

$$2\theta/\pi = S/2W$$

式中,W 的长度可以从底片上直接量出,因此不必用刀边来校正半径。它的缺点是衍射线的分布不如上述两种方法那样对称,须仔细分辨出高低 θ 的位置。

德拜-谢勒法的优点在于所需样品极少,而由试样发出的所有衍射线条,除很小一部分外,几乎能全部同时记录在一张底片上。再者,此法可以调整试样的吸收系数,使整个

照片的衍射强度比较均匀，同时还保持相当高的测量精度，这些都是其他衍射方法所不能同时兼得的。

3.2 X 射线衍射仪

3.2.1 衍射仪的构造及几何光学

照相法是较原始的方法，有其自身的优缺点，如摄照时间长，根据入射束的功率和样品的反射能力从 30 min 到数十小时不等；衍射线强度靠照片的黑度来估计，准确度不高；但设备简单，价格便宜，在试样非常少的时候，如 1mg 左右时也可以进行分析，而衍射仪则至少要 0.5g；可以记录晶体衍射的全部信息，需要迅速确定晶体取向、晶粒度等时候尤为有效；另外在试样太重不便于用衍射仪时照相法也是必不可少的。相比之下，衍射仪法的优点较多，如速度快、强度相对精确、信息量大、精度高、分析简便、试样制备简便等。衍射仪对衍射线强度的测量是利用电子计数器（计数管）(electronic counter)直接测定的。计数器的种类有很多，但是其原理都是将进入计数器的衍射线变换成电流或电脉冲，这种变换电路可以记录单位时间内的电流脉冲数，脉冲数与 X 射线的强度成正比，于是可以较精确地测定衍射线的强度。

从历史发展看，首先是有劳埃相机，再有了德拜相机，在此基础上发展了衍射仪。衍射仪的思想最早是由布拉格(W. L. Bragg)提出的，原始叫 X 射线分光计(x-ray spectrometer)。可以设想，在德拜相机的光学布置下，若有个仪器能接收到 X 射线并作记录，那么让它绕试样旋转一周，同时记录转角 θ 和 X 射线强度 I 就可以得到等同于德拜像的效果。其实，考虑到衍射圆锥的对称性，只要转半周即可。

这里关键要解决的技术问题是：①X 射线接收装置——计数管；②衍射强度必须适当加大，为此可以使用板状试样；③相同的(hkl)晶面也是全方向散射的，所以要聚焦；④计数管的移动要满足布拉格条件。这些问题的解决关键是由几个机构来实现的：①X 射线测角仪——解决聚焦和测量角度的问题；②辐射探测仪——解决记录和分析衍射线能量问题。这里重点介绍 X 射线测角仪的基本构造。

1. 测角仪的构造

测角仪是衍射仪的核心部件，相当于粉末法中的相机。基本构造如图 3-6 所示。

(1)样品台 H　位于测角仪中心，可以绕 O 轴旋转，O 轴与台面垂直，平板状试样 C 放置于样品台上，要与 O 轴重合，误差≤0.1mm。

(2)X 射线源　X 射线源是由 X 射线管的靶 T 上的线状焦点 S 发出的，S 也垂直

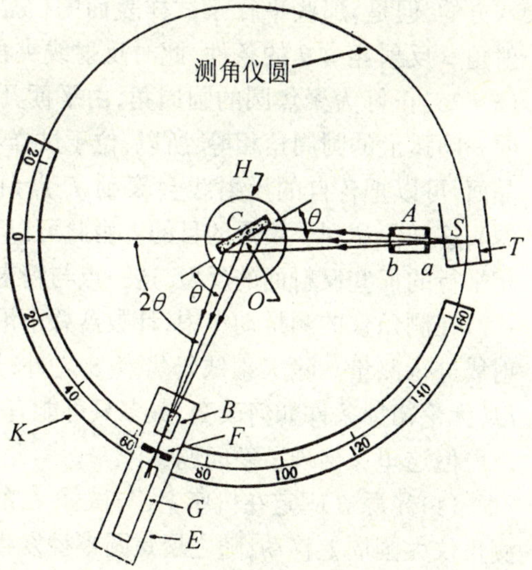

图 3-6　测角仪构造示意图

于纸面，位于以 O 为中心的圆周上，与 O 轴平行。

(3)光路布置　发散的X射线由 S 发出，投射到试样上，衍射线中可以收敛的部分在光阑 F 处形成焦点，然后进入计数管 G。A 和 B 是为获得平行的入射线和衍射线而特制的狭缝，实质上是只让处于平行方向的X线通过，将其余的遮挡住。光学布置上要求 S、G(实际是 F)位于同一圆周上，这个圆周叫测角仪圆。若使用滤波片，则要放置在衍射光路而不是入射线光路中，这是为了一方面限制 K_β 线强度，另一方面也可以减少由试样散射出来的背底强度。

(4)测角仪台面　狭缝 B、光阑 F 和计数管 G 固定于测角仪台 E 上，台面可以绕 O 轴转动(即与样品台的轴心重合)，角位置可以从刻度盘 K 上读取。

(5)测量动作　样品台 H 和测角仪台 E 可以分别绕 O 轴转动，也可机械连动，机械连动时样品台转过 θ 角时计数管转 2θ 角，这样设计的目的是使X射线在板状试样表面的入射角经常等于反射角，常称这一动作为 $\theta-2\theta$ 连动。在进行分析工作时，计数管沿测角仪圆移动，逐一扫描整个衍射花样。计数器的转动速率可在0.125°/min～2°/min之间根据需要调整，衍射角测量的精度为0.01°，测角仪扫描范围在顺时针方向 2θ 为165°，逆时针时为100°。

2.测角仪的衍射几何

图3-7所示为测角仪衍射几何的示意图。衍射几何的关键问题是一方面要满足布拉格方程反射条件，另一方面要满足衍射线的聚焦条件。为达到聚焦目的，使X射线管的焦点 S、样品表面 O、计数器接收光阑 F 位于聚焦圆上。在理想情况下，试样是弯曲的，曲率与聚焦圆相同。对于粉末多晶体试样，在任何方位上总会有一些(hkl)晶面满足布拉格方程产生反射，而且反射是向四面八方的，但是，那些平行于试样表面的(hkl)晶面满足入射角=反射角=θ 的条件，此时反射线夹角为($\pi-2\theta$)，($\pi-2\theta$)正好为聚焦圆的圆周角，由平面几何可知，位于同一圆弧上的圆周角相等，所以，位于试样不同部位 M、O、N 处平行于试样表面的(hkl)晶面，可以把各自的反射线会聚到 F 点(由于 S 是线光源，所以 F 点得到的也是线光源)，这样便达到了聚焦的目的。由此可以看出，衍射仪的衍射花样均来自于与试样表面相平行的那些反射面的反射，这一点与粉末照相法是不同的。

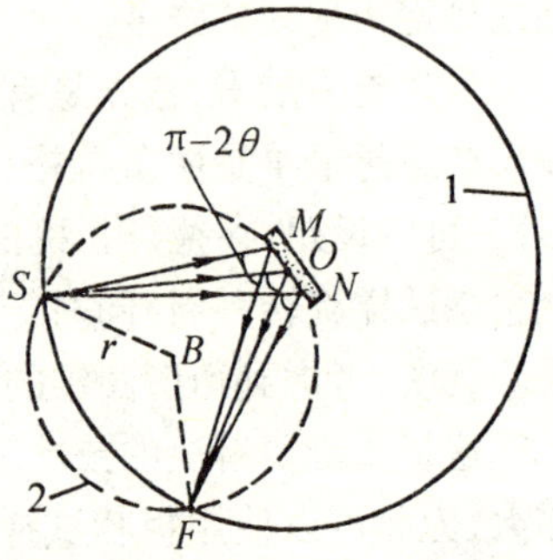

图3-7　测角仪的聚焦几何
1—测角仪圆；　2—聚焦圆

在测角仪的测量动作中，计数器并不沿聚焦圆移动，而是沿测角仪圆移动逐个地对衍射线进行测量。除X射线管焦点 S 之外，聚焦圆与测角仪圆只能有一个公共交点 F，所以，无论衍射条件如何改变，最多只可能有一个(hkl)衍射线聚焦到 F 点接受检测。

但这里又出现了新问题：

(1)光源 S 固定在机座上，与试样 C 的直线位置不变，而计数管 G 和接收光阑 F 在测角仪大圆周上移动，随之聚焦圆半径发生改变。2θ 增加时，弧 SF 接近，聚焦圆半径 r 减小；反之，2θ 减小时 弧 SF 拉远，r 增加。可以证明

$$r = \frac{R}{2\sin\theta} \tag{3-2}$$

其中 R 为测角仪半径。由式(3-2),当 $\theta = 0$ 时,聚焦圆半径为 ∞;$\theta = 90°$ 时,聚焦圆直径等于测角仪圆半径,即 $2r = R$。较前期的衍射仪聚焦通常存在误差 $\Delta\theta$,而较新式衍射仪可使计数管沿 FO 方向径向运动,并与 $\theta - 2\theta$ 连动,使 F 始终在焦点上。

(2)按聚焦条件的要求,试样表面应永远保持与聚焦圆有相同的曲率。但是聚焦圆的曲率半径在测量过程中是不断改变的,而试样表面却难以实现这一点。因此,只能作为近似而采用平板试样,要使试样表面始终保持与聚焦圆相切,即聚焦圆的圆心永远位于试样表面的法线上。为了做到这一点,还必须让试样表面与计数器保持一定的对应关系,即当计数器处于 2θ 角的位置时,试样表面与入射线的掠射角应为 θ。为了能随时保持这种对应关系,衍射仪应使试样与计数器转动的角速度保持 1:2 的速度比,这便是 $\theta \sim 2\theta$ 连动的主要原因之一。

3. 测角仪的光学布置

测角仪的光学布置如图 3-8 所示。测角仪光学布置要求与 X 射线管的线状焦点的长边方向与测角仪的中心轴平行。X 射线管的线焦点 S 的尺寸一般为 1.5 mm × 10 mm,但靶是倾斜放置的,靶面与接受方向夹角为 3°,这样在接受方向上的有效尺寸变为 0.08 mm × 10 mm。采用线焦点可使较多的入射线能量照射到试样。但是,在这种情况下,如果只采用通常的狭缝光阑,便无法控制沿窄缝长边方向的发散度,从而会造成衍射圆环宽度的不均匀性。为了排除这种现象,在测角仪中采用由窄缝光阑与梭拉光阑组成的联合光阑系统。如图 3-8 中所示,在线焦点 S 与试样之间采用由一个梭拉光阑 S_1 和两个窄缝光阑 a 和 b 组成的入射光阑系统。在试样与计数器之间采用由一个梭拉光阑 S_2 一个窄缝光阑组成的接收光阑系统,有时还在试样与梭拉光阑 S_2 之间再安置一个狭缝光阑(防寄生光阑),以遮挡住除由试样产生的衍射线之外的寄生散射线。光路中心线所决定的平面称为测角仪平面,它与测角仪中心轴垂直。

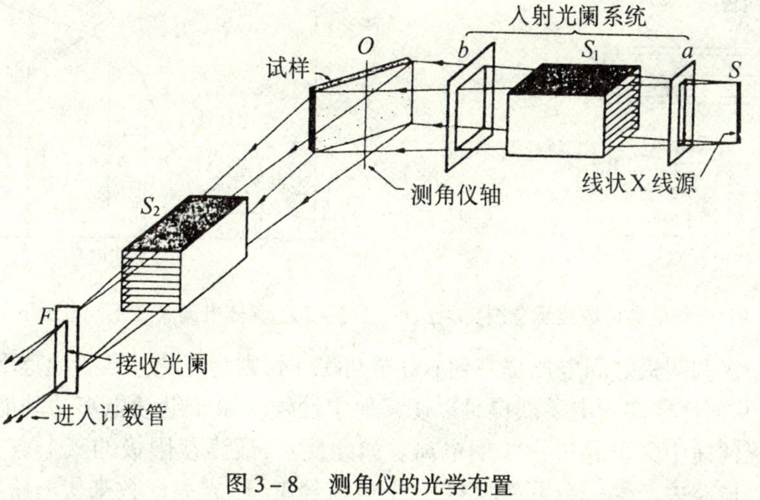

图 3-8　测角仪的光学布置

梭拉光阑是由一组互相平行、间隔很密的重金属(Ta 或 Mo)薄片组成。它的代表性尺寸为:长 32mm,薄片厚 0.05mm,薄片间距 0.43mm。安装时,要使薄片与测角仪平面平行。这样，梭拉光阑可将倾斜的X射线遮挡住，使垂直测角仪平面方向的X射线束的发散度控制在1.5°左右。狭缝光阑 a 的作用是控制与测角仪平面平行方向的X射线束的发散度。狭缝光阑 b 还可以控制入射线在试样上的照射面积。从图3－8可以看出，在当 θ 很小时入射线与试样表面的倾斜角很小，所以只要求较小的入射线发散度，例如，采用1°的狭缝光阑在 $2\theta=18°$ 时可获得20mm照射宽度。而 θ 角增加时，试样表面被照射的宽度增加，需要3°～4°的狭缝光阑。但是，在实际测量时，只能采用一种发散度的狭缝光阑，此时要保证在全部 2θ 范围内入射线的照射面积均不能超出试样的工作表面。狭缝光阑 F 是用来控制衍射线进入计数器的辐射能量，选用较宽的狭缝时，计数器接收到的所有衍射线的确定度增加，但是清晰度减小。另外，衍射线的相对积分强度与光阑缝隙大小无关，因为影响衍射线强度的因素很多，如管电流等，但是，一个因素变化后，所有衍射线的积分强度都按相同比例变化，这一点是需要注意的。

3.2.2 探测器(deteetor)

X射线辐射探测器主要有气体电离计数器、闪烁计数器和半导体计数器。目前主要以前二者为主。

1.气体电离计数器

图3－9是充气电离计数器的示意图，它由一个充气圆柱形金属套管作为阴极，中心的细金属丝作为阳极所组成。套管一端用云母或铍作为窗口，射线通过，另一端用绝缘体封闭。若在阳极与阴极之间保持电压低于200V左右，当X光子射入窗口时，除一小部分直接穿透外，其中大部分光子与管内气体分子撞击，产生光电子及反冲电子，这些电子在电场作用下向阳极丝运动，而带电的气体离子则飞向阴极套管。因而当X射线的强度恒定时，便有一个微弱而恒定的电流(10^{-12}A)通过电阻 R_1，以这种方式来度量X射线衍射强度的计数器叫电离室。但由于灵敏度过低，目前已被淘汰。

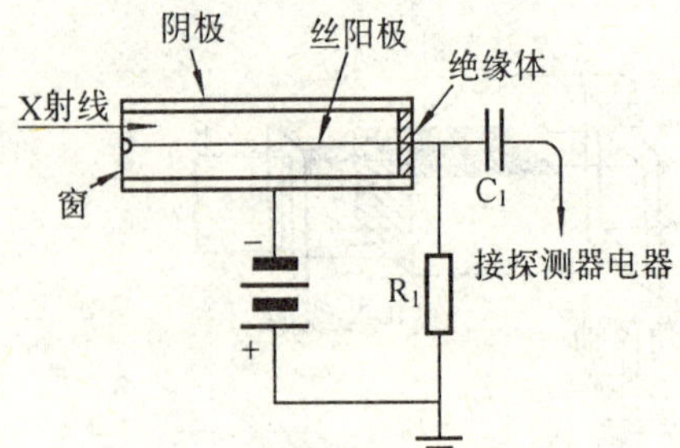

图3－9　充气电离计数器示意图

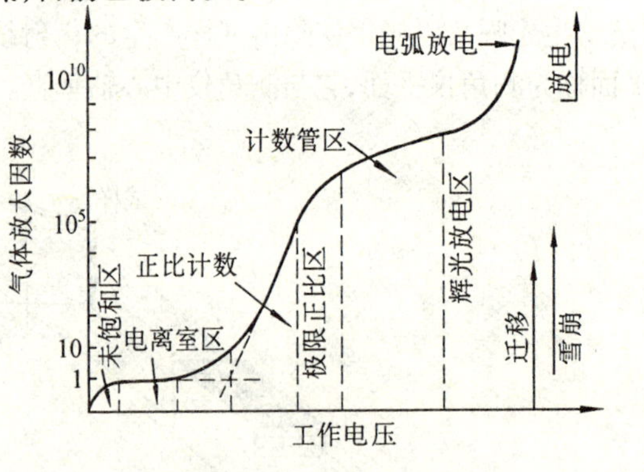

图3－10　气体电离管在不同电压下的放大倍数

若将阳极和阴极之间电压提高到600至900V时，则为正比计数管的范围。由于电场强度较高，从而使电离的电子获得足以使其他中性气体原子继续电离的动能，这样，在电子飞向阳极的途中又引起进一步的电离。如此反复，最终在阳极的某个点上形成一"雪崩"，而在外电路中产生一个电流脉冲，这个电流经 R_1 形成一个数毫伏电压脉冲，再通过耦合电容 C_1 输入到检测回路的前置放大器中。由于正比计数管中存在多次电离过程，从而使计数管具有"气体放大作用"。相应于某一电压的放大倍数称之为气体放大因数 A。

当一个 X 光子引起初次电离原子数为 n 时，则最终将获得的电离原子数为 nA。图 3-10 为气体放大因数与管压之间的关系。在电离室情况下，$A=1$，即没有气体放大作用。因为由一个 X 光子造成的 n 个初次电离原子未能获得足够的动能造成多次电离。当电压处于正比计数器工作电压范围时，A 的数值可达 10^3 至 10^5。在一定电压下，其脉冲大小与每个 X 光子所形成的初次电离原子数 n 成正比，从而得名正比计数器。例如，吸收一个 CuKα 光子（$h\nu=9$keV）产生 1mV 的电压脉冲，而吸收一个 MoKα 光子（$h\nu=20$keV）时，便产生 2.2mV 的电压脉冲。这是正比计数器的一个重要特点。

正比计数器是一个非常快速计数器，它能分辨输入速率高达 10^6/s 的分离脉冲。其所以具有此种性能是由于管中多次电离进行得十分迅速（约在 0.2～0.5μs 内完成）且每次“雪崩”仅发生在局部区域内（长度小于 0.1mm），不会沿阴极丝的纵向蔓延。这是正比计数器的另一个重要特点。

2.闪烁计数器(SC)

这是目前最常用的一种计数器，它是利用 X 射线能在某些固体物质（磷光体）中产生的波长在可见光范围内的荧光，这种荧光再转换为能够测量的电流。由于输出的电流和计数器吸收的 X 光子能量成正比，因此可以用来测量衍射线的强度。

图 3-11 是闪烁计数器的构造示意图，其中的磷光体为一种透明的晶体，最常用的是加入少许铊（Tl）作为活化剂的碘化钠（NaI）晶体。当晶体中吸收一个 X 射线光子时，便会在其中产生一个闪光，这个闪光射到光敏阴极上，并由此激发出许多电子（图中表示一个

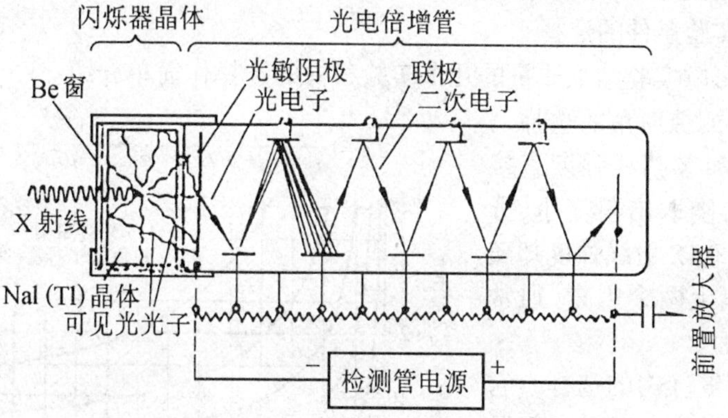

图 3-11　闪烁计数器的构造示意图

电子）。在光电倍增管中装有好几对联极，每一对联极之间加上一定的正电压，最后一个联极接到测量电路上。由光敏阴极上发出的电子经过一系列联极的倍增，至最后一个联极可以得到大量的电子，所以，在闪烁计数器的输出端产生一个几毫伏的脉冲。由于这种倍增作用十分迅速，整个过程还不到 1μs，因此，闪烁计数器可以在高达 10^5 次/s 的速率下使用不会有计数损失。但这种计数器的能量分辨率远不如正比计数器好，同时，由于光敏阴极中热电子发射致使噪声背景较高，当 X 射线的波长大于 0.3nm 时，信号的波高同噪声几乎相等而难于分辨。

3.2.3　计数电路

图 3-12 是计数电路的方框图。探测器将 X 射线光子转换成电脉冲后，经前置放大

器作阻抗变换,再经过主放大器放大。放大的脉冲进入波高分析器进行脉冲选择,滤去过高和过低的脉冲,然后以二进制或十进制的形式将脉冲输入计数率仪或定标器。在计数率仪中将脉冲信号转化为正比于单位时间内脉冲数的直流电压,最后的计数结果可用数码显示,也可由数字打印或 *X-Y* 绘图仪记录下来。

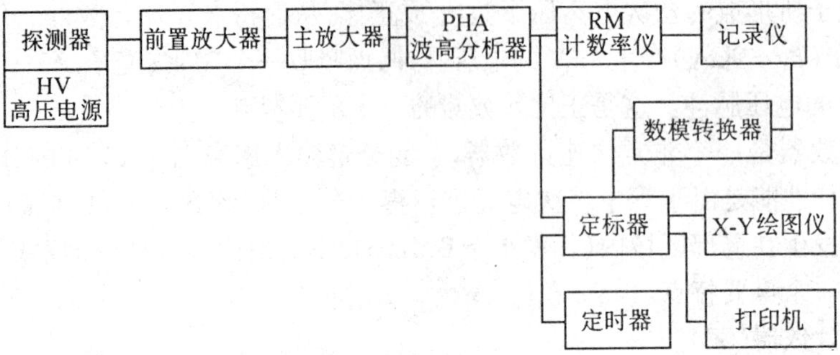

图 3-12　计数电路方框图

当以一定时间内记录到的脉冲数来衡量 X 射线衍射强度时,则通过定标器可能测定预置时间内的累计脉冲数或达到预置脉冲数的计数时间。前者为定时计数方式,后者为定数计时方式。由定标器取得的计数值以数字的形式输至 X-Y 绘图仪和数码管上,并由打印机打印。

3.2.4　实验条件选择及试样制备

1.测角器实验条件的选择

下面仅就影响实验结果质量的几个实验条件的选择作简单介绍。

(1)取出角或掠射角的选择　分辨率的大小和 X 射线强度直接与取出角有关,随取出角变小,分辨率相应提高,但 X 射线强度却随之减小,兼顾以上两个因素,通常取出角以 6°为宜。

(2)发散狭缝(DS)的选择　它是为了限制 X 射线在试样上辐照的宽度。图 3-13 表示了采用不同发散角(β)狭缝时入射线在试样上辐照宽度与衍射角的关系。当使用过大的发散狭缝时,入射线的强度虽然随之增加,但在低角范围由于入射线在试样上辐照宽度过大而使部分射线照在试样框上。所以在定量分析时,为了获得强而恒定的入射线,需根据试样扫描范围合理选择发散狭缝。通常,在定性分析时选用 1°发散狭缝,对于研究某些低角度出现的衍射峰时,选择 1°/2(或 1°/6)为宜。

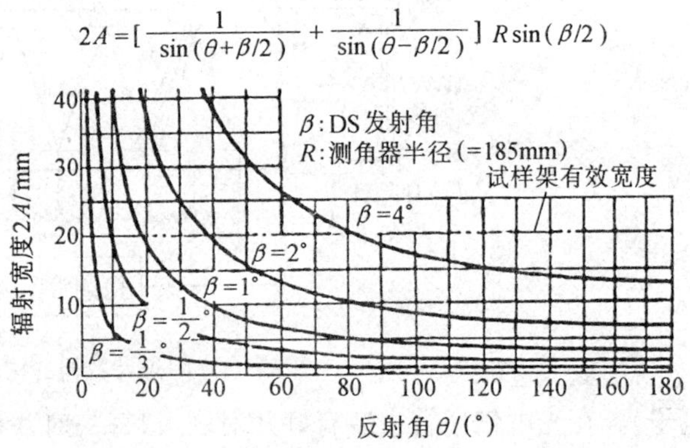

图 3-13　发散角(β)与辐照宽度(2A)的关系

(3)接收狭缝(RS)的选择　接收狭缝的大小决定衍射谱线的分辨率,随着接收狭缝变狭,分辨率提高,而衍射强度下降,如图 3-14 所示。通常,在定性分析时选用 0.3mm,

但当分析有机化合物的复杂谱线时，为了获得较高分辨率，宜采用 0.15mm 接收狭缝为好。

(4)防散射狭缝(SS)的选择　防散射狭缝是为了防止空气等物质的散射线进入探测器而设置的，其角宽度与相应的发散狭缝角宽度相同。

(5)扫描速度的选择　一般物相分析采用 2°/min 至 4°/min 的扫描速度，在点阵常数测定中，定量分析或微量相分析时，应采用较小的扫描速度，例如 0.5°/min 或 0.25°/min。

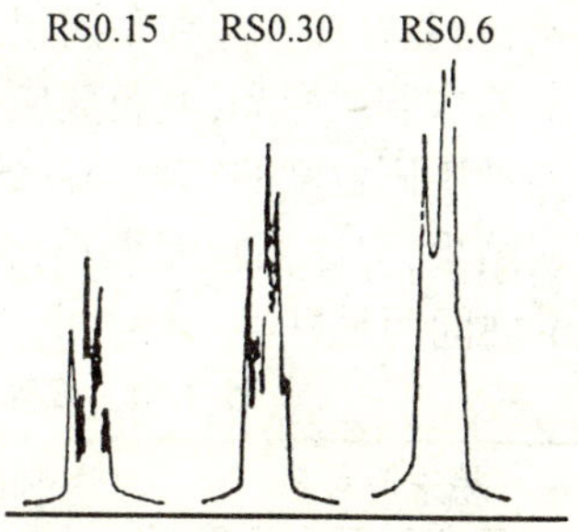

图 3-14　不同宽度接收狭缝的衍射峰(石英的五条重叠衍射线)

2.记录仪条件选择

(1)走纸速度　走纸速度是指每分钟记录纸所推进的长度(mm)，在物相分析时，取每度(2θ)的走纸长度为 10mm；在点阵常数测定，线形分析和定量分析时，应取每度走纸长度为 40～80mm。

(2)时间常数　增大时间常数可使记录纸上的强度波动趋于平滑，但同时降低了强度和分辨率，并使衍射峰向扫描方向偏移，造成衍射线宽化，如图 3-15(a)、(b)所示。通常，时间常数可根据下列公式来决定

在物相分析时

$$\omega\tau/r<10 \tag{3-3}$$

在点阵常数测定和线形分析时

$$\omega\tau/r\approx2$$

式中，r 为接收狭缝宽度(mm)；ω 为扫描速度(°/min)；τ 为时间常数(s)。

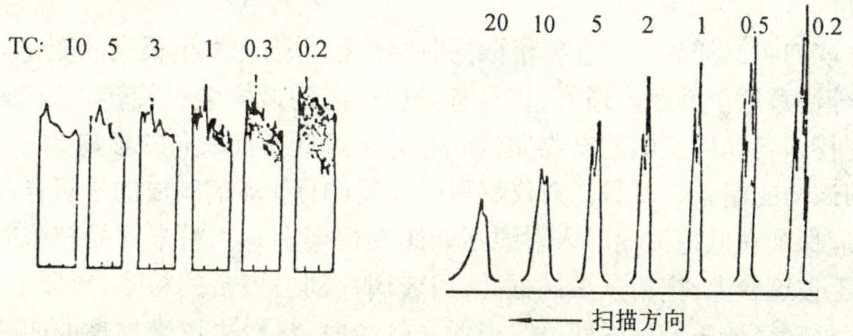

(a) 时间常数对强度波动的影响；　(b) 不同时间常数时的衍射峰形

图 3-15　时间常数对强度波动和衍射峰的影响

(3)满刻度量程　满刻度量程是指计数率的记录范围。当进行物相分析时，将量程调到使主要相的 2～3 条衍射峰超出量程为宜。当作微量相分析时可将衍射峰局部放大。

(4)记录方式　连续扫描是最常用的一种记录方式，随着测角器连续扫描，记录仪同时记录衍射谱线。另一种方式是利用定标器依次在不同角度下测量衍射峰的脉冲数，称为阶梯扫描，这种方式的特点是利用定标器测定一定时间内的脉冲数，以利于电子计算机处理数据，估计统计数据误差以及实现自动化。

3.试样制备

在 X 射线衍射仪分析中，粉末样品的制备及安装对衍射峰的位置和强度有很大影响，通常应注意：

(1)晶粒尺寸　在衍射仪分析中,由于试样的粉末实际不动,故需要用比德拜法细得多的粉末制成样品,其粒度应控制在 5μm 左右,太大或太小都会影响试验结果。表 3-1 为四种不同粒度的衍射强度的重现性。由此可见,粉末尺寸过大会严重影响衍射强度的测量结果,但如果粒度太小,当小于 1μm 时,会引起衍射线宽化。因此,粉末粒度在 1~5μm 之间为最好。

表 3-1　四种不同粒度石英粉末试样的衍射强度的重现性试样

粉末尺寸	15~50μm	5~50μm	5~15μm	<5μm
强度相对标准偏差	24.4%	12.6%	4.3%	1.4%

(2)试样厚度　理论上的衍射强度认为是无限厚的样品所贡献的,但实际上,入射线和衍射线在穿入试样表面很薄一层以后,其强度即被强烈的衰减,所以只有表面很薄一层物质才对衍射峰作出有效贡献。若把射线的有效穿透深度定义为,当某深度内所贡献的衍射强度是总的衍射强度的 95%时,此深度为 X 射线的有效穿透深度。即当

$$G_x = \int_0^x \mathrm{d}I_D \Big/ \int_0^\infty \mathrm{d}I_D = 1 - \exp(-2\mu x/\sin\theta) = 95\%$$

$$x = -\frac{\sin\theta}{2\mu}\ln(1 - G_x) \simeq 1.5\sin\theta/\mu \qquad (3-4)$$

式中,μ 是试样的线吸收系数;θ 为布拉格角。可见,当 μ 很小时,X 射线的有效穿透深度很大,如果试样制备很薄,将会使衍射强度激烈下降。反之,当 μ 很大时,很薄的试样也会得到很高的强度。

(3)择优取向　当样品中存在择优取向时会使衍射强度发生很大的变化,因此在制备样品时应十分注意这个问题。通常,将具有择优取向的试样装在旋转-振动试样台上进行试验,或者掺入各向同性的粉末物质(如 MgO)来降低择扰取向的影响。

(4)平面试样的制备　多数衍射仪都附有金属(Al)和玻璃制成的平板样品架,框孔和凹槽的大小应保证在低掠射角时入射线不能照在框架上。当粉末样品较多时,先将试样正向紧贴在毛玻璃台上,把粉末填满框孔,用玻璃片刮去多余的粉末,再蒙上一张清洁的薄纸,用手将纸轻轻地压紧试样即可。当粉末较少时,将粉末填满玻璃的凹槽中,然后用玻璃片轻轻地压平。当制备微量样品时,可用粘结剂调和粉末后涂在玻璃片上。此外,多晶的金属板(或片)可直接作为样品进行试验。

3.2.5　单色器联用

在某些分析工作中需要极其纯净的单色 X 射线,这时可将晶体单色器和衍射仪联用。为了有效地降低由试样产生的康普顿散射,荧光辐射和空气对连续谱的散射,大多将单色器安装在衍射束路径中,如图3-16所示。

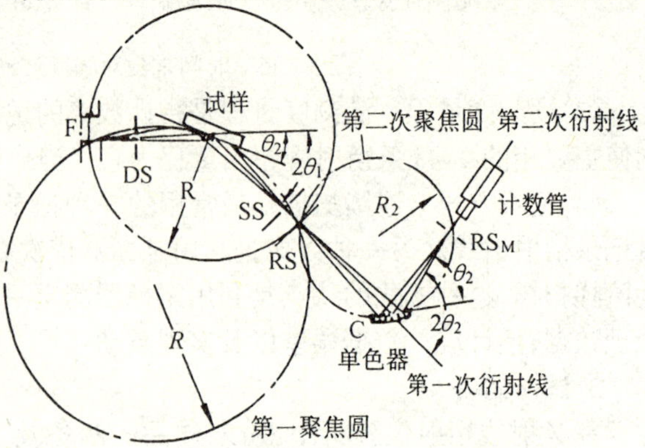

图 3-16　单色器与衍射仪联用

第 4 章　多晶体的物相分析

X 射线物相分析的任务是利用 X 射线衍射方法，对试样中由各种元素形成的具有固定结构的化合物(其中也包括单质元素和固溶体)，即所谓物相，进行定性和定量分析。X 射线物相分析给出的结果，不是试样化学成分，而是由各种元素组成的固定结构的化合物(即物相)的组成和含量。

4.1　物相的定性分析

4.1.1　基本原理

任何一种结晶物质(包括单质元素、固溶体和化合物)都具有特定的晶体结构(包括结构类型，晶胞的形状和大小，晶胞中原子、离子或分子的品种、数目和位置)。在一定波长的 X 射线照射下，每种晶体物质都给出自己特有的衍射花样(衍射线的位置和强度)。每一种物质和它的衍射花样都是一一对应的，不可能有两种物质给出完全相同的衍射花样。如果在试样中存在两种以上不同结构的物质时，每种物质所特有的衍射花样不变，多相试样的衍射花样只是由它所含物质的衍射花样机械叠加而成。

在进行定性相分析时，为了便于对比和存储，通常用 d(晶面间距 d 表征衍射线位置)和 I(衍射线相对强度)的数据组代表衍射花样。这也就是说，用 $d-I$ 数据组作为定性相分析的基本判据。

定性相分析的方法，是将由试样测得的 $d-I$ 数据组(即衍射花样)与已知结构物质的标准 $d-I$ 数据组(即标准衍射花样)进行对比，从而鉴定出试样中存在的物相。为此，就必须收集大量的已知结构物质的 $d-I$ 衍射数据组，作为被测试样 $d-I$ 数据组的对比依据。

J.D.Hanawalt 等人于 1938 年首先发起，以 $d-I$ 数据组代替衍射花样，制备衍射数据卡片的工作。1942 年“美国材料试验协会(ASTM)”出版了大约 1 300 张衍射数据卡片，称为 ASTM 卡片。这种卡片的数量逐年增加，到 1963 年共出版了 13 集，以后每年出版一集，1969 年成立了“粉末衍射标准联合委员会”，简称 JCPDS 的国际性组织，由它负责编辑和出版粉末衍射卡片，称为 PDF 卡片。现已出版了 36 集，4 万多张卡片。

4.1.2　PDF 卡片

图 4-1 是一张碳化钼(Mo_2C)的 PDF 卡片。为了便于说明，将卡片分为 10 个部分(图 4-2)来介绍它的内容。

(1)1a,1b,1c 三个位置上的数据是衍射花样中前反射区($2\theta<90°$)三条最强衍射线对应的面间距，1d 位置上的数据是最大面间距。

(2)2a,2b,2c,2d 就是上述各衍射线的相对强度，其中最强线的强度为 100。

(3)实验条件　Rad 为辐射种类(如 CuKα);λ 为波长;Filter 为滤波片;Dia 为相机直径;Cut Off 为相机或测角仪能测得的最大面间距;Coll 为光阑尺寸;I/I_1 为衍射强度的测量方法;D. corr. abs? 为所测直径 d 值是否经过吸收校正;Ref 为参考资料。

(4)晶体学数据　Sys 为晶系;S. G 为空间群;$a_0, b_0, c_0, \alpha, \beta, \gamma$ 为晶胞参数;$A = a_0/b_0, c = c_0/b_0$,Z为晶胞中原子或分子的数目,Ref 为参考资料。

13 - 372

3276 d 1 - 11　4	2.28	1.50	1.35	2.60	Mo_2C Molybdenum Carbide
I/I_1 1 - 1188	100	35	35	29	

Rad.　λ　0.709　Coll. ZrO_2
Dia. 16inches Cut off Filter
I/I_1 Colibrated Strips D. corr. abs. ?
Ref.

Sys. Hexagonal　S.G.
a_0　2.994　b_0　$c_0$4.722　A　C　1.576
α　β　γ　Z_1
Ref.

εα　– nωβ　εγSign
2V　D　mn. Color
Ref.

dA	I/I_1	hkl	dA	I/I_1	hkl
2.60	29		0.98	3	
2.36	24		0.97	19	
2.28	100		0.73	9	
1.75	24		0.91	5	
1.50	35		0.89	5	
1.35	35		0.87	4	
1.30	3				
1.27	35		0.84	8	
1.26	35		0.82	2	
1.18	4				
1.14	6				
1.08	4				
1.01	7				

图 4 - 1　Mo_2C 的 PDF 卡片

10

d	1a	1b	1c	1d	7	8
I/I_1	2a	2b	2c	2d		

Rad.　A　Filter.
Din.　Cut off　3　Coll.
I/I_1　d corr. abs?
Ref.

Sys.　S.G.
a_0　b_0　c_0　4　$\frac{A}{Z}$　C
α　β　γ
Ref

εα　nωβ　εγ　Sign
2V　D　mp　5　Color
Ref.

6

dA	I/I_1	hkl	dA	I/I_1	hkl
	9			9	

图 4 - 2　PDF 卡片示意图

(5)光学性质　εα, nωβ, εγ 为折射率;Sign 为光性正负;2V 为光轴夹角;D 为密度;

mp 为熔点；Color 为颜色；Ref 为参考资料。

(6)试样来源，制备方法，化学分析　有时亦注明升华点(S.P.)，分解温度(D.T.)，转变点(T.P.)，摄照温度等。

(7)物相的化学式和名称　在化学式之后常有一个数字和大写英文字母的组合说明。数字表示单胞中的原子数；英语字母表示布拉菲点阵类型：C 为简单立方；B 为体心立方；F 为面心立方；U 为体心正方；R 为简单菱方；H 为简单六方；O 为简单斜方；P 为体心斜方；Q 为底心斜方；M 为简单单斜；N 为底心单斜；Z 为简单三斜。

(8)矿物学名称　右上角的符号标记表示：★为数据高度可靠；i 为已指标化和估计强度，但可靠性不如前者；o 为可靠性较差；c 为衍射数据来自理论计算。

(9)晶面间距　相对强度和干涉指数。

(10)卡片的顺序号　例如：22-1445，表示第 22 集中的第 1445 号卡片。

4.1.3　PDF 卡片索引

PDF 卡片索引是一种能帮助实验者从数万张卡片中迅速查到所需的 PDF 卡片工具书。由 JCPDS 编缉出的 PDF 卡片检索手册有：Hanawalt 无机物检索手册(Powder Diffraction File Search Manual Hanawalt Method Inorganic)，有机相检索手册(Powder Diffraction File Organic Phases Search Manual Hanawalt Alphabetical Formulae)，无机相字母索引(Powder Diffraction File Alqphabetical Index Inorganic Phases)，Fink 无机索引(Fink Inorganic Index To The Phases)，Fink(Fink Inorganic Index To The Powder Diffraction File)，矿物检索手册(Mineral Powder Diffraction File Search Manual Chemical Name. Hanawalt. Fink. Mineral Name)等品种。

这里仅以 Hanawalt 无机物数值索引和无机相字母索引为例，简要地介绍其结构和使用。

1. Hanawalt 无机相数值索引

这种索引的编排方法是，每个相作为一个条目，在索引中占一横行。每个条目中的内容包括：衍射花样中八条强线的面间距和相对强度，按相对强度递减顺序列在前面，随后，依次排列着化学式、卡片编号、参比强度(I/I_c)。下面选列了几个相的条目。

★2.09_x　2.55_9　1.60_8　3.48_8　1.37_5　1.74_5　2.38_4　1.40_3　Al_2O_3　10-173　1.00

3.60_x　6.01_8　4.36_8　3.00_6　4.15_4　2.74_4　2.00_2　1.81_2　Fe_2O_3　21-920

12.08_x　2.21_8　1.56_6　1.39_5　1.37_2　4.63_2　1.87_2　6.93_1　(Ti_2Cu_3)10T　14-459

★3.34_x　4.26_4　1.82_2　1.54_2　2.46_1　2.28_1　1.38_1　2.13_1　α-SiO_2　54-490

每个条目中，衍射线的相对等级分为 10 个等级，最强线为 100 用 X 表示，其余者均以小于 10 倍的数字表示，写在面间距 d 值的右下角处。参比强度 I/I_c 是被测相与刚玉(α-Al_2O_3)按 1:1 质量配比时，被测相最强相峰高与刚玉最强线(六方晶系，113 衍射线)峰高之比(衍射线的峰高比近似地等于积分强度比)。

整个手册将面间距 d 值，从大于 1nm 到 0.1nm 分成 45 组(1982 年版本)，每组的 d 值范围连同它的误差标写在每页的顶部。每个条目由第一个面间距 d_1 值决定它属于哪一组。每组内按 d 值递减顺序编排条目。对 d_2 值相同的条目，则按 d_1 值递减顺序编排。不同 d 值的对应误差列于表 4-1。

由于试样制备和实验条件的差异,往往使被测相的最强线并不一定是 PDF 卡片的最强线。在这种情况下,如果每个相在索引中只出现一次,就会给检测带来困难。为了解决这个问题,19 80 年以前的索引中,每个相的三强线 d 值以 $d_1d_2d_3$,$d_2d_3d_1$,$d_3d_2d_1$ 的排列顺序(其余 5 个 d 值顺序不变)在不同 d 值组中重复出现三次。这样,就使条目数为相数的三倍。1980年版本作了改进,它的编排规则为:① 对 $I_3/I_2 \leqslant 0.75$ 的相,d_1d_2 的编排顺序出现一次;② 对 $I_3/I_2 > 0.75$ 和 $I_2/I_1 \geqslant 10.75$ 的相,以 d_1d_2 和 d_1d_3 的编排顺序出现两次;③ 对 $I_3I_2 > 0.75$ 和 $I_2/I_1 < 0.75$ 的相,以 d_1d_2,d_1d_3 和 d_2d_3 的编排顺序出现三次。

1982 年版本又作了进一步改进,它的编排规则为:① 所有的相最少都以 d_1d_2 的编排顺序出现一次;② 对 $I_2/I_1 > 0.75$ 和 $I_3/I_1 \leqslant 0.75$ 的相,以 d_1d_2 和 d_2d_1 的编排顺序出现二次;③ 对于 $I_3/I_1 > 0.75$ 和 $I_4/I_1 \leqslant 0.75$ 的相,以 d_1d_2,d_2d_1 和 d_3d_1 的排顺序出现三次;④ 对 $I_4/I_1 > 0.75$ 的相,以 d_2d_1,d_2d_1,d_3d_1 和 d_4d_1 的编排顺序出现四次。按这种编排规则,每个相平均占有 1.7 个条目。例如,在前面选列的四个相中,10 - 173(Al_2O_3)号卡片出现四次;21 - 920(Fe_2O_3)号卡片出现三次;14 - 495(Ti_2Cu_3)号卡片出现两次;5 - 490(α-SiO_2)号卡片只出现一次。

表 4-1　不同 d 值的对应误差

d		1	2	3	4	5
ϕ114mm 德拜相机	$\pm\Delta d$	0.002	0.004	0.010	0.018	0.025
ϕ114mm 纪尼叶相机	$\pm\Delta d$	0.001	0.002	0.003	0.005	0.007

2.无机相字母索引

这种索引是按照物相英文名称的第一个字母为顺序编排条目。每个条目占一横行。物相的英文名称写在最前面,其后,依次排列着化学式,三强线的 d 值和相对强度,卡片编号,最后是参比强度(I/I_c)。下面选列了几个条目的编排格式。

★Aluminum	Oxide:	1Corundum	Syn	Al_2O_3	2.09_x	2.55_9	1.60_8	10-173	1.00
Iron	Oxide			Fe_2O_3	3.60_x	6.01_8	4.36_8	21-920	
Titanium	Copper			(Ti_2Cu_3)	2.08_x	2.21_8	1.56_6	14 - 459	
				10T					
★Silicon	Oxide:	1Quartz,	low	α-SiQ_2	3.34_x	4.26_4	1.82_2	5-490	3.60

4.1.4　分析方法

定性相分析一般要经过以下步骤:

(1)获得衍射花样　可以用德拜照相法,透射聚焦照相法和衍射仪法。从提高精确度和灵敏度出发,最好使用透射聚焦照相法和衍射仪法。

(2)计算面间距 d 值和测定相对强度 I/I_1 值(I_1 为最强线的强度)　定性分析以 $2\theta < 90°$ 的衍射线为主要依据。要求 d 值有足够的精度,2θ 角和 d 值分别给出 0.010°和 0.001 位有

效数字。

(3)检索 PDF 卡片　对所计算的 d 值给出适当的误差 $\pm\Delta d$ 之后，用三强线的 $d-I/I_1$ 值在 PDF 卡片索引的相应 d 值组中查到被测相的条目，核对八强线的 $d-I/I_1$ 值。当八强线基本符合时，根据该条目指出的卡片编号取出 PDF 卡片，将其中的全部 $d-I/I_1$ 值与被测的衍射花样核对，给出与被测相对应的 PDF 卡片。检索 PDF 卡片可以用人工检索，也可以用计算机自动检索。

(4)最后判定　有时经初步检索和对卡后不能给出惟一准确的卡片，可能给出数个乃至更多的候选卡片，这就需要实验者有其它方面的相关资料和实践经验，判定对被测相惟一准确的 PDF 卡片。

图 4-3 给出的是定性相分析的流程图。

图 4-4 给出的是用衍射仪做出的测试粉末样品的衍射谱。

首先，定出各衍射线的峰位，求出相应的晶面间距 d 值，并估算各衍射线的相对强度 I/I_1，d 值由大到小排列成表(见表 4-2)。目前先进的 X 射线衍射仪，在给出谱图的同时，自动地在峰位处标上 d 值。

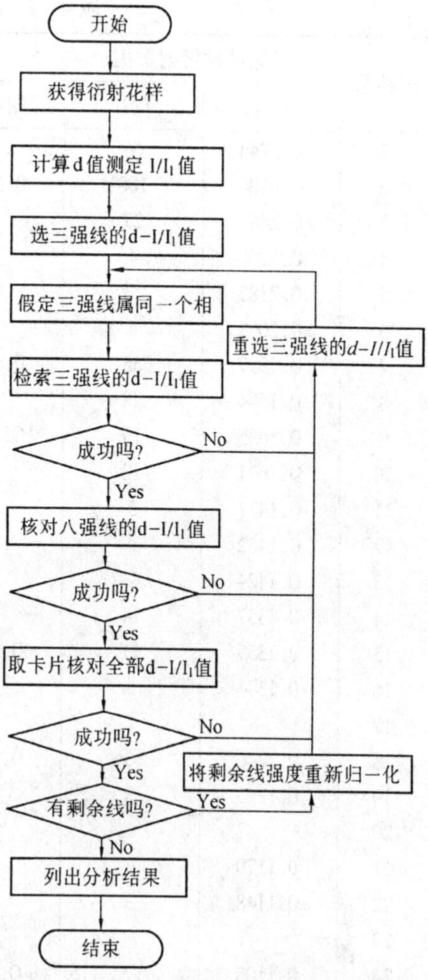

图 4-3　定性相分析流程图

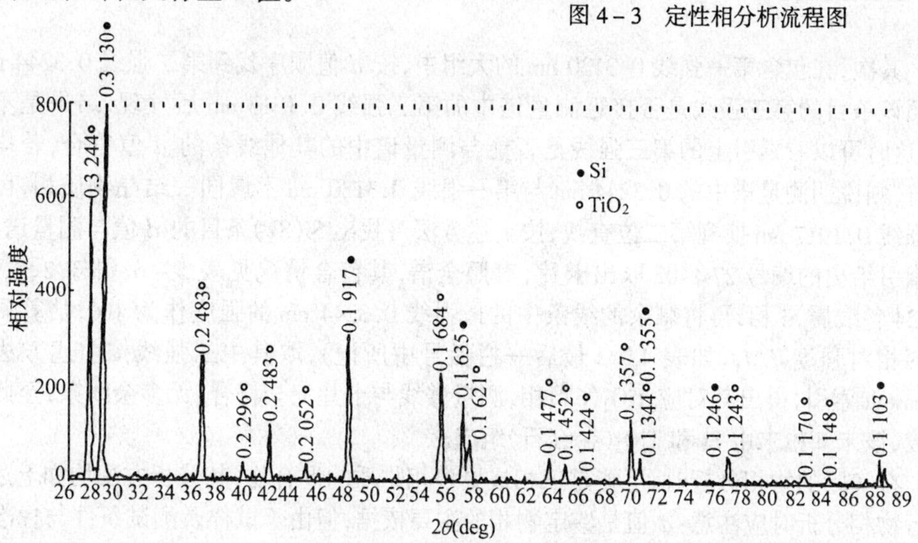

图 4-4　待测试样的衍射谱(Cu 靶，单色器)

表 4-2　定性分析数据表

谱线号	待测试样衍射数据		Si(8F)27-1402		TiO_2(金红石)21-1276	
	d/nm	I/I_1	d/nm	I/I_1	d/nm	I/I_1
1	0.3244	66			0.3250	100(100)
2	0.3130	100	0.3135	100		
3	0.2483	27			0.2487	50(41)
4	0.2296	4			0.2297	8(6)
5	0.2183	13			0.2188	25(20)
6	0.2052	4			0.2054	10(6)
7	0.1917	35	0.1920	55		
8	0.1684	28			0.1687	60(42)
9	0.1635	19	0.1637	30		
10	0.1621	12			0.1624	20(18)
11	0.1477	5			0.1479	10(8)
12	0.1452	4			0.1453	10(6)
13	0.1424	2			0.1424	2(3)
14	0.1357	14			0.1359	20(21)
15	0.1355	11	0.1357	6		
16	0.1344	5			0.1346	12(8)
17					0.1304	2(0)
18	0.1246	6	0.1246	11		
19	0.1243	5			0.1244	4(8)
20					0.1201	2(0)
21	0.1170	3			0.1170	6(5)
22	0.1148	3			0.1148	4(5)
23					0.1114	2(0)
24	0.1108	7	0.1109	12		

其次，在包含第一强线 0.3130 nm 的大组中，按 d 值顺序找到第二强线 0.3244 nm，在对照该条目的第三强线是否接近测量谱中的第三强线 0.1917 nm 后发现，结果是不能对上，这时可以看索引上的第三强线是否能与测量谱中的其他线条的 d 值符合，若均不能相符，则说明测量谱中的 0.3244 nm 与第一强线 0.3130 nm 不属同一结晶物质相，可将第三强线 0.1917 nm 换到第二位查找，按上述方法可找出 Si(8F)条目的 d 值与测量谱符合，按索引给出的编号 27-1402 取出卡片，对照全谱，其符合情况见表 5-6，得知 2、7、9、15、18、24 各线属 Si 相；再将剩余的线条中的最强线 0.3244 nm 的强度作为 100，估算剩余线条的相对强度 I/I_1（如表 4-2 最后一栏括号中所记），取其中三强线按前述方法查对 Hanawalt 索引，得出其对应 TiO_2(6T)相，测量谱线与卡片完全符合，无多余线条，至此定性完成，该未知粉末由 Si 和 TiO_2(金红石)组成。

在实际的物相分析时，可能是三相或更多相物质的混合物，其分析方法均如上述。在进行物相分析时应注意：d 值是鉴定物相的主要依据，但由于试样及测试条件与标准状态的差异，所得 d 值一般有一定的偏差；因此，将测量数据与卡片对照时，要允许 d 值有差别，此偏差虽一般应小于 0.002 nm，但当被测物相中含有固溶元素时，即当有掺杂离子进入被测物相的晶格时，差值可能较显著，这就有赖于测试者根据试样本身的情况加以判断。从实际工作的角度考虑，应尽可能提高 d 值的测量精度，在必要时，可用点阵常数精确测定的方法。

衍射强度是对试样物理状态和实验条件很敏感的因素，即使采用衍射仪获得较为准确的强度测量值，也往往与卡片上的数据存在差异。当测试所用辐射波长与卡片上的不同时，相对强度的差别更为明显。所以，在定性分析时，强度是较次要的指标。织构的存在以及不同物质相的衍射线条可能出现的重叠对强度都有很明显的影响，分析时应注意这些问题。

用 X 射线衍射分析方法来鉴定物相有它的局限性，单从 d 值和 I/I_1 数据进行鉴别，有时会发生误判或漏判。有些物质的晶体结构相同，点阵参数相近，其衍射花样在允许的误差范围内可能与几张卡片相符，这时就需分析其化学成分，并结合试样来源、试样的工艺过程及热处理和其冷热加工条件，根据材料科学方面的有关知识(如相图等)，在满足结果的合理性和可能性条件下，判定物相的组成。复杂物相(如多相混合物)的定性分析是十分冗长繁琐的工作。随着材料科学的发展，新材料日新月异，对定性分析提出了更高的要求。自 20 世纪 60 年代中期以来，计算机在物相鉴别方面的应用获得很大发展。在国外有 JohnsonVand 系统和 Frevel 系统，国内近年来也有许多单位引进此项技术，或对它进行改进和发展。计算机内可贮存全部或部分 JCPDS 卡片的内容，检索时，将测量的数据输入与之对照，它可在数分钟之内输出可能包含的物相，大大提高复杂物相的分析速度。但是，计算机检索所起的作用主要是缩小了判别的范围，最后的鉴定仍需具有材料科学知识的人来完成。

4.1.5 计算机自动检索

随着 PDF 卡片的逐年增多，用人工检索是一项繁重而又消耗时间的工作，而且人工检索的效率和准确性还与实验者的经验有关。电子计算机自动检索可大大提高工作效率，并且可以排除某些不必要的人为因素。60 年代中期在国外就开始了计算机自动检索的研究工作，我国自 80 年代初也开展了这方面研究，取得了可喜的成果。用电子计算机控制运行的近代 X 射线衍射仪都配备有计算机自动检索的软件。目前比较熟悉的计算机自动检索系统主要有 Johnson Vand 系统和 Frevel 系统，其中 Johnson Vand 系统由于能检索全部 JCPDS－PDF 卡片，故得到 JCPDS 的推荐，所以应用较为普遍。

计算机自动检索系统主要由建立数据文件库和检索匹配两部分组成。

(1)建立数据文件库　建立数据文件库就是通过建库程序将 PDF 卡片的主要数据，按所要求的方式输入并整理出便于检索匹配的数据文件，存入计算机的外存储器中，Johnson Vand系统的建库方法是将 PDF 卡片中面间距 d 取倒数乘 1 000 后取整，作为面间距的存储代码数值，称其为组合面间距 PS(Packed Spacing)，即 $PS = 1/d \times 1\,000$。在 PDF 卡片的数值索引中，面间距的数值范围为 $d = 2 \sim 0.07$nm，其对应的 $PS = 50 \sim 1428$。这样做的优点是可以使用恒定的误差窗口，并且，以整数存放便于计算机管理，节省存储单元，数据传输速度快。

将 PDF 卡片中的相对强度(I/I_1)由线性标度 0～100，通过数标度 $I_1 =$〔5lg〕取整换算成 0 ~ 9 的一位整数作为 PDF 卡片中相对强度的存储代码数值。但对其中的 $I/I_1 = 10$，$I_1 = 5\lg 10 = 5$ 和 $I/I_1 = 100$，$I_1 = 5\lg 100 = 10$ 的两种情况，将分别归并在 $I_1 = 4$ 和 $I_1 = 9$ 的强度区间。换算结果列于表 4 - 3。

表 4 - 3　I/I_1 与 I_1 的换算表

I/I_1	0 ~ 1	2 ~ 2	3 ~ 3	4 ~ 6	7 ~ 10	11 ~ 15	16 ~ 25	26 ~ 39	40 ~ 63	64 ~ 100
I_1	0	1	2	3	4	5	6	7	8	9

用对数标度表征的相对强度，都是一位简单数字，它能使低强度和高强度值相对平衡，这对强度匹配有利。

用于检索匹配的数据文件分为正文件和反文件两类。

(a)正文件：是以 PDF 卡片号为序存放各 PDF 卡片中的主要内容。Johnson Vand 最初是将 PS 与 I_1 组合起来，定义

$$\mathrm{PSI} = (\frac{1}{d} \times 100) \times 10 + I_1 = \frac{1}{d} \times 1\,000 + I_1$$

以 PSI 为序按相对强度增加的排列方式建立正文件。文件中包含全部 PDF 卡片，每个衍射花样特征值(PSI)后面列有 PDF 卡片的编号。

在以后的改进方案中，为了与不同的检索匹配方法相适应，将面间距和相对强度分别存放。将面间距换算成($10\,000/d$)取整的形式存放，相对强度以 $I_1 = 5lg(I/I_1)$取整的形式存放。

(b)反文件：是以面间距倒数递增的顺序存放 PDF 卡片。如果取 PDF 卡片索引的 d 值范围为 $d = 2 \sim 0.07\mathrm{nm}$，则定义 $d_{\mathrm{ps}} = (\frac{1}{d} \times 1\,000 - 50)$取整。这样 d_{ps}的数值范围为：0 ~ 1 400。在每一个 d_{ps}值下存放着具有该 d_{ps}值的所有 PDF 卡片号。一般情况下，只有 $I_1 \geqslant T$，即$(I_1/I_1) \geqslant 26$ 的衍射线才进入反文件。

为了节省检索时间，提高工作效率，通常还在整体 JCPDS - PDF 数据库下建立子数据库。例如，按无机物、矿物、有机物分别建立子数据库；或按常见相、次常见相、实验室专用相等分别建立子数据库。

(2)检索匹配　在执行检索程序时，按程序功能的要求依次输入有关参数和引导指令。例如，文件名称，误差窗口(EW =〔$1\,000/(d + \Delta d)$〕取整)，试样中存在和排除的化学元素(各输入 10 ~ 20 个元素)，被检索相的类型(无机、矿物、有机)，检索匹配的判据因数(品质因数、可靠性因素)等。

检索程序根据被测试样的标示名称和数据文件名称，从 $d - I$ 数据文件(是由衍射仪的数据采集和数据处理程序预先建立的)中调用已经处理过的被测试的 $d - I/I_1$ 值。将 d 值换算成 $d_{ps} = (1\,000/d - 50)$取整的代码数值去查反文件，在给定的误差窗口范围内查出具有该 d_{ps}值的卡片号。对每条谱线逐一地检索，从而累计每张卡片匹配吻合的次数 n。显然 n 越大的卡片作为候选卡片的可能性越大。可以规定一个舍弃卡片的判据，例如 $n \leqslant 3$ 的卡片被舍弃。也就是说，只有那些 $n > 3$ 的卡片才能作为候选卡。

然后，利用正文件对每张候选卡片计算线匹配率(L_m)和对数强度匹配率(LIM)。

L_m = 匹配吻合的线数/该卡片中的线数(存在于正文件的)

利用最大 Davey 浓度(DMC)进行强度匹配时,定义

$$DMC = [(I/I_1)_{标} - (I/I_1)_{试}]_{max} = [5\lg(I/I_1)_{标} - 5\lg(I/I_1)_{试}]_{max} \quad (4-1)$$

规定:当$(I/I_1)_{标} < (I/I_1)_{试}$时,DMC = 0;当$(I/I_1)_{试} = 0$时,DMC = $5\lg(I/I_1)_{标}$

由 DMC 可换算出被测花样与 PDF 卡片的相对强度比,即为对数强度匹配率(LIM)

$$LIM = (I/I_1)_{试}/(I/I_1)_{标} = \text{antilg}(-DMC15) \quad (4-2)$$

LIM 的含义为:当 PDF 卡片中的谱线在被测花样中出现,即$(I/I_1)_{试} \neq 0$时,LIM 代表该相在试样中所占的最大百分数;当 PDF 卡片中某一谱线在被测花样中不出现,即$(I/I_1)_{试} = 0$时,LIM 代表不出现的最强线相对强度。由此可给出强度匹配时舍弃 PDF 卡片的临界值。例如,规定 PDF 卡片中只要有一条$(I/I_1)_{标} \geq 40$的谱线在被测花样中不出现时,该卡片就被舍弃。这相当于,$(I/I_1)_{试} = 0$,DMC = $5\lg(I/I_1)_{标} = 5\lg(40)_{标} = 8$,LIM = antilg(-8/5) = 0.025,即在 PDF 卡片中只要有一条 LIM≤0.025 的谱线在被测花样中不出现时,该卡片就被舍弃。

如果不用最大 Davey 浓度(DMC)进行强度匹配时,也可以利用下列检索匹配判据因数。

d 值匹配的品质因数(FD)定义为

$$FD = 1 - \frac{\sum^{N} |(d_{ps})_{标} - (d_{ps})_{试}|}{EW \times 匹配线数目} \quad (4-3)$$

如果 PDF 卡片中的与被测相的 d_{ps}值全部吻合,则(4-3)式的第二项为零,FD = 1。

强度匹配误差的品质因数(F_I)定义为

$$F_I = 1 - \frac{\sum^{N} |(I_1)_{标} - (I_1)_{试}|}{\sum (I_1)_{标}} \quad (4-4)$$

规定:当$(I_1)_{标} < (I_1)_{试}$时,$|(I_1)_{标} - (I_1)_{试}| = 0$

检索匹配的可靠性因数(RF)定义为

$$RF = L_M \times FD \times F_I \quad (4-5)$$

经计算机自动检索后,列出预先设定的匹配数据范围内的候选卡片。利用计算机彩色图像显示终端的功能,将被测花样显示在屏幕上,将候选卡片的 $d - I/I_1$ 值与被测花样的一一核对,最后判定被测试样中所含的物相。

最后判定无论是对计算机自动检索还是人工检索都是十分重要的。有时经检索后给出一些似是而非的卡片,难以判定惟一的最终结果。例如,TiC,TiN,TiO 都属于面心立方结构,点阵常数接近,因此 $d - I/I_1$ 值都很接近。在这种情况下,单凭检索的判别可能会给出错误的结果。这时就需要实验者充分发挥自己的经验并运用国内外数据和规律,像化学成分、精确测定的点阵常数、相形成的反应规律等,来综合判定最终结果。

4.2 物相定量分析

4.2.1 定量分析基本原理

定量分析的基本任务是确定混合物中各相的相对含量。衍射强度理论指出,各相衍射线条的强度随着该相在混合物中相对含量的增加而增强。那么能不能直接测量衍射峰的面积来求物相浓度呢?不能。因为,我们测得的衍射强度 I_α 是经试样吸收之后表现出来的,即衍射强度还强烈地依赖于吸收系数 μ_l,而吸收系数也依赖于相浓度 C_α,所以,要测 α 相含量首先必须明确 I_α、C_α、μ_l 之间的关系。

衍射强度的基本关系式(衍射仪)如式

$$I = I_0 \frac{\lambda^3}{32\pi r}\left(\frac{e^2}{mc^2}\right)^2 \frac{V}{V_c^2} P \mid F \mid^2 \varphi(\theta) \frac{1}{2\mu_l} e^{-2M}$$

应当注意该衍射强度公式的 F、P、e^{-2M}以及$\varphi(\theta)$所表达的都是对于一种晶体的单相物质的衍射参量。讨论多相物质时,这个公式只表达其中一相的强度。进一步分析可看出,式中$\frac{\lambda^3}{r}$是实验条件确定的参量,$\frac{F^2 P\varphi(\theta)e^{-2M}}{V_c^2}$是与某相的性质有关的参量,$\frac{1}{2\mu_l}$是与某相的性质有关的参量,但在多相物质中应为$\frac{1}{\mu}$(混合物的线吸收系数),与含量 C_α(体积分数)也有关。所以,公式中除 μ 以外均与含量无关,可记为常数 K_1。当需要测定两相$(\alpha+\beta)$混合物中的 α 相时,只要将衍射强度公式乘以 α 相的体积分数 C_α,再用混合物的吸收系数 μ 来替代α 相的吸收系数μ_α,即可得出 α 相的表达式。即衍射强度为

$$I_\alpha = K_1 \frac{C_\alpha}{\mu} \tag{4-6}$$

式中 K_1 为未知常数。

这里用混合物的线吸收系数不方便,试推导出混合物线吸收系数 μ 与各个相的线吸收系数μ_α、μ_β 的关系。首先将 μ 与各相的质量吸收系数联合起来,混合物的质量吸收系数为各组成相的质量吸收系数的加权代数和。如 α、β 两相,各自密度为 ρ_α、ρ_β,线吸收系数为 μ_α、μ_β,质量百分比为 x_α、x_β,则混合物的质量吸收系数

$$\mu_m = \frac{\mu}{\rho} = \frac{\mu_\alpha}{\rho_\alpha}x_\alpha + \frac{\mu_\beta}{\rho_\beta}x_\beta$$

所以混合物的线吸收系数

$$\mu = \rho\left(\frac{\mu_\alpha}{\rho_\alpha}x_\alpha + \frac{\mu_\beta}{\rho_\beta}x_\beta\right) \tag{4-7}$$

再进一步把 C_α 与α 相的质量联系起来,混合物体积为 V,质量为 $V\cdot\rho$,则 α 相的质量为 $V\cdot\rho x_\alpha$,α相的体积为

$$\frac{V\cdot\rho x_\alpha}{\rho_\alpha} = V_\alpha \tag{4-8}$$

这样

$$C_\alpha = \frac{V_\alpha}{V} = \frac{V \cdot \rho x_\alpha}{\rho_\alpha} \cdot \frac{1}{V} = \frac{x_\alpha \rho}{\rho_\alpha} \tag{4-9}$$

将(4－8)、(4－9)式代入(4－6)式

$$I_\alpha = \frac{K_1 x_\alpha}{\rho_\alpha\left(\frac{\mu_\alpha}{\rho_\alpha}x_\alpha + \frac{\mu_\beta}{\rho_\beta}x_\beta\right)} \tag{4-10}$$

又因为 $x_\beta = 1 - x_\alpha$，所以

$$I_\alpha = \frac{K_1 x_\alpha}{\rho_\alpha\left[x_\alpha\left(\frac{\mu_\alpha}{\rho_\alpha} - \frac{\mu_\beta}{\rho_\beta}\right) + \frac{\mu_\beta}{\rho_\beta}\right]} \tag{4-11}$$

由方程式(4－11)可知，待测相的衍射强度随着该相在混合物中的相对含量的增加而增强；但是，衍射强度还是与混合物的总吸收系数有关，而总吸收系数又随浓度而变化。因此，一般来说，强度和相对含量之间并非直线关系，只有在待测试样是由同素异构体组成的特殊情况下(此时$\frac{\mu_\alpha}{\rho_\alpha} = \frac{\mu_\beta}{\rho_\beta}$)，待测相的衍射强度才与该相的相对含量成直线关系。

4.2.2 定量分析方法

在物相定量分析中，即使对于最简单的情况(即待测试样为两相混合物)，要直接从衍射强度计算 x_α 也是很困难的，因为在方程式中尚含有未知常数 K_1。所以要想法消掉 K_1。实验技术中可以用待测相的某根线条强度与该相标准物质的同一根衍射线条的强度相除，从而消掉 K_1。于是产生了制作标准物质的标准线条的试验方法问题。由于标准线条的实验方法不同，带来了几种定量分析的方法。

1. 外标法(单线条法)

外标法是将所需物相的纯物质另外单独标定，然后与多相混合物中待测相的相应衍射线强度相比较而进行的。

例如待测试样为 $\alpha + \beta$ 两相混合物，则待测相 α 的衍射强度 I_α 与其质量分数 x_α 的关系如(4－11)式所示。纯 α 相样品的强度表达式可从(4－6)或(4－11)式求得

$$(I_\alpha)_0 = \frac{K_1}{\mu_\alpha} \tag{4-12}$$

将(4－11)式除以(4－12)式，消去未知常数 K_1，便得到单线条法定量分析的基本关系式

$$\frac{I_\alpha}{(I_\alpha)_0} = \frac{x_\alpha\left(\frac{\mu_\alpha}{\rho_\alpha}\right)}{x_\alpha\left(\frac{\mu_\alpha}{\rho_\alpha} - \frac{\mu_\beta}{\rho_\beta}\right) + \frac{\mu_\beta}{\rho_\beta}} \tag{4-13}$$

利用这个关系式，在测出 I_α 和 $(I_\alpha)_0$ 以及知道各种相的质量吸收系数后，就可以算出 α 相的相对含量 x_α。若不知道各种相的质量吸收系数，可以先把纯 α 相样品的某根衍射线条强度 $(I_\alpha)_0$ 测量出来，再配制几种具有不同 α 相含量的样品，然后在实验条件完全相同的条件下分别测出 α 相含量已知的样品中同一根衍射线条的强度 I_α，以描绘如图 4－5 所示的定标曲线。在定标曲线中根据 I_α 和 $(I_\alpha)_0$ 的比值很容易地可以确认 α 相的含量。

图 4－5 清楚地表明，按(4－13)式计算的理论曲线与实验点符合得很好；强度比

$I_\alpha/(I_\alpha)_0$随着 α 相质量分数的变化，一般地说不是线性的。只有当两相的质量吸收系数相等时（石英和白硅石是同素异型体，它们的质量吸收系数相同），才能得到直线关系。

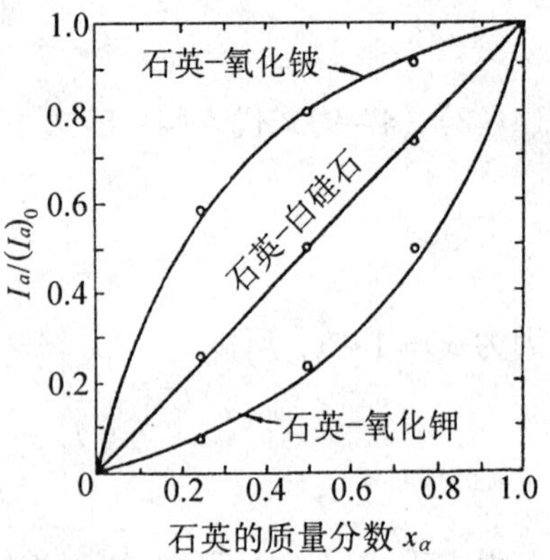

图 4－5　几种两相混合物的定标曲线实线为(4－13)式计算值，圆圈为实测值，石英的衍射强度采用 $d=3.34\text{Å}$ 的衍射线

2. 内标法

内标法是在待测试样中掺入一定含量的标准物质，把试样中待测相的某根衍射线条强度与掺入试样中含量已知的标准物质的某根衍射线条强度相比较，从而获得待测相含量。显然，内标法仅限于粉末试样。

倘若待测试样是由 $A, B, C\cdots$ 等相组成的多相混合物，待测相为 A，则可在原始试样中掺入已知含量的标准物质 S，构成未知试样与标准物质的复合试样。设 C_A 和 C_A' 为 A 相在原始试样和复合试样中的体积分数，C_S 为标准物在复合试样中的体积分数。根据(4－6)式，在复合试样中 A 相的某根衍射线条的强度应为

$$I_A = \frac{K_2 C'_A}{\mu} \tag{4-14}$$

复合试样中标准物质 S 的某根衍射线条的强度为

$$I_S = \frac{K_3 C_S}{\mu} \tag{4-15}$$

式(4－14)和(4－15)中的 μ 系指复合试样的吸收系数。将(4－14)式除以(4－15)式，得

$$I_A/I_S = \frac{K_2 C'_A}{K_3 C_S} \tag{4-16}$$

为应用方便起见，把体积分数化成质量分数

$$\left.\begin{aligned} C'_A &= \frac{x'_A \rho}{\rho_A} \\ C_S &= \frac{x_S \rho}{\rho_S} \end{aligned}\right\} \tag{4-17}$$

将式(4－17)代入(4－16)式，且在所有复合试样中，都将标准物质的质量分数 x_S 保持恒定，则

$$\frac{I_A}{I_S} = \frac{K_2}{K_3} \cdot \frac{x'_A \rho_S}{x_S \rho_A} = K_4 x'_A \tag{4-18}$$

A 相在原始试样中的质量分数 x_A 与在复合试样中的质量分数之间有下列关系

$$x'_A = x_A(1 - x_S) \tag{4-19}$$

于是得出内标法物相定量分析的基本关系式

$$I_A/I_S = K_S/x_A \tag{4-20}$$

由(4－20)式可知，在复合试样中，A 相的某根衍射线条的强度与标准物质 S 的某根

衍射线条的强度之比，是 A 相在原始试样中的质量分数 x_A 的线性函数，现在的问题是要得到比例系数 K_S。

若事先测量一套由已知 A 相浓度的原始试样和恒定浓度的标准物质所组成的复合试样，作出定标曲线之后，只需对复合试样（标准物质的 x_S 必须与定标曲线时的相同）测出比值 I_A/I_S，便可以得出 A 相在原始试样中的含量。

图 4-6 为在石英加碳酸钠的原始试样中，以萤石（CaF_2）作为内标物质（$x_S=0.20$）测得的定标曲线。石英的衍射强度采用 $d=0.334$ nm 的衍射线，萤石采用 $d=0.316$nm 的衍射线。每一个实验点为十个测量数据的平均值。

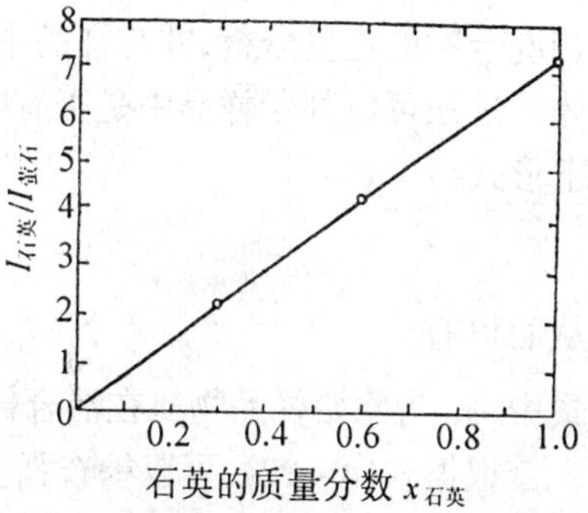

图 4-6　用萤石作为内标物质的石英定标曲线

3. K 值法

在内标法及外标法中，制备标准曲线是一件细微费时的工作，为免去此项工作，1974年 F. H. Chung 结合内标法和外标法的优点，提出了一种标准化了的内标法，称为基体冲洗法，国内称为 K 值法。该方法利用预先测定好的参比强度 K 值，在定量分析时不需做标准曲线，利用被测相质量含量和衍射强度的线性方程，通过数学计算就可得出结果，具体方法如下。

由内标法中可以得出

$$I_i/I_S=(C_i\cdot x_i/\rho_i)/(C_S\cdot x_S/\rho_S) \tag{4-21}$$

令 $K_i=C_i\cdot\rho_S/(C_S\cdot\rho_i)$，则有

$$I_i/I_S=K_i\cdot x_i/x_S \tag{4-22}$$

式中，I_i 为待测物相 i 的衍射强度；I_S 为参考物 S 的衍射强度；C_S 为常数；ρ_i 为待测物相 i 的密度；ρ_S 为参考物 S 的密度。

为求得参数 K_i，需配制参考混合物。取被测物质中不包含的物质 S 为参考物（常取 $\alpha\text{-}Al_2O_3$），将参考物 S 与纯待测物相 i 以 1:1 的比例混合制样，测定该参考混合物中二相的衍射线强度（一般均取各相的最强线作为特征线）I_i 和 I_S，两个强度的比值为 i 相的参比强度 K_i

$$K_i=(I_i/I_S)\cdot(50/50) \tag{4-23}$$

在待测样品中加入一定质量分数 x_S 的参比物 S，对于样品中任意相 i 和参比物 S 而言，根据(4-22)式应有

$$x_i=x_S\cdot(I_i/I_S)\cdot 1/K_i \tag{4-24}$$

式(4-24)就是 K 值法的基本公式，若各种物质的参比强度 $K_i\cdots$ 等均已预先测得，则用内标法时就不需制备标准曲线，只需测出混合物中 i 相及参比物 S 的特征 X 射线衍射强度，即可利用式(4-24)计算出在混合物中 i 相的质量分数 x_i，i 相在原始样品中的质量分数 X_i 则为

$$X_i=x_i/(1-x_i) \tag{4-25}$$

目前许多物质的参比强度已经测出，并以 I/I_C 的标题列入 JCPDS 卡片的索引中，该数据均以 α-Al_2O_3 为参比物质，并取各自最强线计算强度比。基体冲洗法可用于任何多相混合物的定量分析，并与样品中是否含有其他物相(包括非晶质相)无关。因此，应用基体冲洗法可以判断样品中是否有非晶质存在，并能定出它们的含量。把式(4-24)改变一下形式得

$$I_i/K_i = x_i \cdot I_S/x_S \tag{4-26}$$

从而可有

$$\sum_{i=1}^{n}(I_i/K_i) = I_S/x_S \cdot \sum x_i = I_S/x_S \cdot x_0 \tag{4-27}$$

式中，x_0 为原始样品物质在混合样品中的质量分数，即 $x_0 + x_S = 1$。

根据式(4-27)，可以检查强度测定的可靠性及判断原始样品中是否有非晶质存在。如果式(4-27)两端相等，表明样品中所有物相均为结晶相，强度数据可靠；若左端小于右端，则表明有非晶质相存在；若左端大于右端，则表明强度数据或 K 值有误。

对于一个二元系统来说，存在一个所谓自冲洗现象，即不要加入参比物(或冲洗剂)，一个组分自动作为另一组分的参比物(或冲洗剂)。

设一个二元系统的两相物质的质量分数为 x_1 和 x_2，与推导方程式(4-25)相似，则有

$$x_1 + x_2 = 1 \tag{4-28}$$

$$I_1/I_2 = K_1/K_2 \cdot (x_1/x_2) \tag{4-29}$$

解上面方程式(4-28)、(4-29)得

$$x_1 = 1/(1 + K_1/K_2 \cdot I_2/I_1)$$

因此，根据两相最强衍射线的强度比，很容易计算出二元系统的相组分含量。

下面举例说明 K 值法的应用。制备六种混合试样，所用物质均为分析纯试剂，取 α-Al_2O_3为参比物(或冲洗剂)。先将各物质研磨到 5～10μm，然后将各相与参比物按 1∶1 质量混匀，测定各物相的参比强度 K_i，现将测试结果和 JCPDS 卡片中的参比强度列于表 4-4中。

表 4-4　五种物相参比强度

试　样	衍射线强度		参比强度 $K_i = I_i/I_S$	
	I_i	I_S	测定值	JCPDS 值
$ZnO:Al_2O_3 = 1:1$	8178	1881	4.35	4.5
$KCl:Al_2O_3 = 1:1$	4740	1223	3.88	3.9
$LiF:Al_2O_3 = 1:1$	3283	2487	1.32	1.3
$CaCO_3:Al_2O_3 = 1:1$	4437	1491	2.98	2.0
$TiO_2:Al_2O_3 = 1:1$	2728	1040	2.62	3.4

六种混合试样的配合比、测试结果及计算结果列于表 4-5 中。在表 4-5 中，1 号试样由 ZnO、KCl 和 LiF 组成，在试样中加入已知量(17.96%)的冲洗剂 α-Al_2O_3。应用方程式(4-25)对各组分进行计算：$x_{ZnO} = (17.96 \div 4.35) \cdot (5968 \div 599) = 41.14\%$，其真实值为 41.49%，表明用 K 值法得到的组分含量是正确的。

1号试样的其他组分的含量见表4-5,还可用式(4-27)进一步对基体清洗法理论进行验证

$$\sum_{i=1}^{n} I_i/K_i = 5968 \div 4.35 + 2845 \div 3.87 + 810 \div 1.32 = 2721\text{(实验值)}$$

$$x_0/x_R \cdot I_R = 82.04 \div 17.96 \times 599 = 2736$$

该结果表明样品中所有物相均为结晶相,并且所得强度数据可靠。

表4-5 六种物相含量测定结果

试样号	混合样品组分	质量/g	衍射线强度 I	组分含量/% 理论值	组分含量/% 实测值	$\sum I_i/K_i$	$x_0/x_S \cdot I_S$
1	ZnO	1.8901	5968	41.49	41.14		
	KCl	1.0128	2845	22.23	21.99		
	LiF	0.8348	810	18.32	18.40		
	Al_2O_3	0.8181	599	17.96	–	2721	2736
2	ZnO	0.9532	2856	18.98	19.10		
	KCl	0.6601	1651	13.15	12.38		
	LiF	0.8972	765	17.87	16.86		
	Al_2O_3	2.5114	1719	50.00	–	1662	1719
3	ZnO	0.6759	2408	24.38	25.38		
	TiO_2	0.4317	931	15.57	16.30		
	$CaCO_3$	1.1309	2558	40.79	39.36		
	Al_2O_3	0.5341	420	19.26	–	1767	1761
4	ZnO	0.0335	120	1.38	1.35		
	TiO_2	0.0633	139	2.60	2.57		
	$CaCO_3$	1.9197	4756	78.96	77.36		
	Al_2O_3	0.4147	352	17.06	–	1677	1711
5	ZnO	0.9037	4661	34.43	36.41		
	$CaCO_3$	0.7351	2298	28.00	26.20		
	SiO_2(硅胶)	0.4234	0	16.13	15.95		
	Al_2O_3	0.5629	631	21.44	–	1842	2312
6	ZnO	1.4253	6259	71.22	72.07		
	TiO_2	0.5759	1461	28.78	27.93		

5号试样中含有一种非晶质SiO_2(硅胶),计算结果出现了不平衡,即$\sum I_i/K_i < x_0/x_R \cdot I_R$,这表明有非晶质体存在。根据各组分的平衡计算有15.95%的非晶质体,这和实际加入的16.13%硅胶相吻合。从表4-5中六种物相含量的测定结果可见,K值法简单可靠,所得结果令人满意。

基体冲洗法简化了分析程序,不需作复杂的标准曲线,也无繁杂的计算,从而节省了分析时间,它不仅可以求出混合物中一相的含量,也可以求出所有相的含量。因此,该法是目前国内外用得最多的一种方法,并大都取得了比较好的效果。但该法和内标法一样,必须提供纯样品物质,这就使它的应用受到一定限制。

X射线定量相分析方法中,K值法简单、可靠、易掌握且应用普遍。我国已对此法制

订了国家标准(GB 5225—85),选用 ZnO 为参考物质,并从试样制备、测试条件等提出了一系列要求,分析了影响定量相分析精度的因素。

4. 直接比较法 —— 钢中残余奥氏体含量测定

上述定量分析方法均属内标法系统,它们在冶金、化工、地质、石油、食品等行业中获得广泛应用。然而,对于金属材料,往往难以配制均匀的纯相混合样品。直接比较法测定多相混合物中的某相含量时,是以试样中某一个相的某根衍射线条作为标准线条作比较的,而不必掺入外来标准物质。因此,它既适用于粉末,又适用于块状多晶试样,在工程上具有广泛的应用价值。本节以淬火钢中残余奥氏体的含量测定为例,说明直接比较法的测定原理。

当钢中奥氏体的含量较高时,用定量金相法可获得满意的测定结果。但当其含量低于 10% 时,其结果不再可靠。磁性法虽然也能测定残余奥氏体,但不能测定局部的、表面的残余奥氏体含量,而且标准试样制作困难。而 X 射线法测定的是表面层的奥氏体含量,当用通常的滤波辐射时,测量极限为 4% ~ 5%(体积);当采用晶体单色器时,可达 0.1%(体积),由此可见其优点。

图 4 - 7 所示为油淬 Ni-V 钢衍射图局部。直接比较法就是在同一个衍射花样上,测出残余奥氏体和马氏体的某对衍射线条强度比,由此确定残余奥氏体的含量。

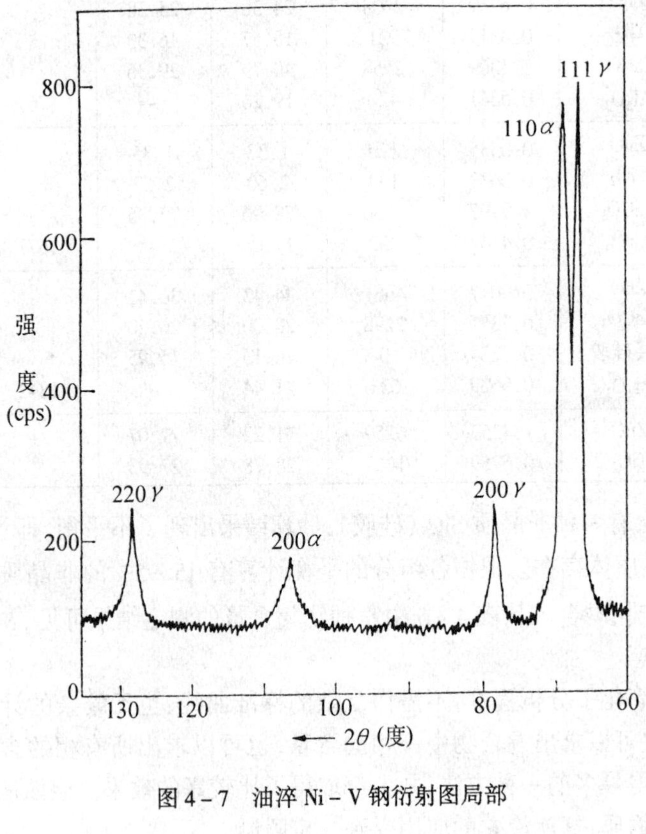

图 4 - 7　油淬 Ni - V 钢衍射图局部

按照衍射强度公式,令

$$\left.\begin{aligned} K &= \frac{I_0 e^4}{m^2 c^4} \cdot \frac{\lambda^3}{32\pi r} \\ R &= \left(\frac{1}{V_C^2}\right)\left[\,|F|^2 P\left(\frac{1+\cos^2 2\theta}{\sin^2\theta\cos\theta}\right)\right](e^{-2M}) \end{aligned}\right\} \tag{4-30}$$

于是,由衍射仪测定的多晶体衍射强度可表达成

$$I = \frac{KR}{2\mu}V \tag{4-31}$$

式中 K 为与衍射物质种类及含量无关的常数;R 取决于 θ、hkl 及待测物质的种类;V 为 X 射线照射的该物质的体积;μ 为试样的吸收系数。将奥氏体用脚标 γ 表示,马氏体用脚标 α 表示后,则在同一张衍射花样上,奥氏体和马氏体对衍射线条的强度表达式为

$$\left.\begin{aligned} I_\gamma &= \frac{KR_\gamma V_\gamma}{2\mu} \\ I_\alpha &= \frac{KR_\alpha V_\alpha}{2\mu} \end{aligned}\right\} \tag{4-32}$$

两式相除得

$$\frac{I_\gamma}{I_\alpha} = \frac{R_\gamma V_\gamma}{R_\alpha V_\alpha} = \frac{R_\gamma C_\gamma}{R_\alpha C_\alpha} \tag{4-33}$$

式中$\frac{I_\gamma}{I_\alpha}$可以直接由实验测出,$\frac{R_\gamma}{R_\alpha}$可以由计算求得,因此可根据(4-31)式计算出奥氏体和马氏体的体积分数之比$\frac{C_\gamma}{C_\alpha}$。

这里假设钢中碳化物等第三相物质含量极少,近似看作由 α 和 γ 两相组成,即有

$$C_\alpha + C_\gamma = 1 \tag{4-34}$$

即可得出

$$C_\gamma\% = \frac{100}{1 + \frac{R_\gamma}{R_\alpha} \cdot \frac{I_\alpha}{I_\gamma}} \tag{4-35}$$

如果钢中除奥氏体和马氏体外,其它碳化物含量不可忽略,则可加测衍射花样中碳化物的某条衍射线积分强度 I_c,根据$\frac{I_\gamma}{I_c}$及$\frac{R_\gamma}{R_\alpha}$求出$\frac{C_\gamma}{C_c}$,再根据

$$C_\gamma + C_\alpha + C_c = 1 \tag{4-36}$$

求得碳化物的体积分数 C_c。钢中碳化物的含量也可用电解萃取的方法测定之。于是

$$C_\gamma\% = \frac{100 - C_c}{1 + \frac{R_\gamma}{R_\alpha} \cdot \frac{I_\alpha}{I_\gamma}} \tag{4-37}$$

同任何一项试验一样,残余奥氏体测定的原理比较简单,但要获得精确的结果,并非易事,必须在试验的各个环节上减少试验误差,主要需要注意以下几点:

(1) 试样制备　在制备试样时,首先用湿法磨掉脱碳层,然后进行金相抛光和腐蚀处理,以得到平滑的无应变的表面。在磨光和抛光时,应避免试样过度发热或范性变形,因为两者都可以引起马氏体和奥氏体部分分解。

(2) 试验方法　摄照时应使用晶体单色器。晶体单色器是一种用石英、萤石等单晶

体制作的“反射镜”似的装置。置于 λ 射光路中。分析时只利用反射线中的一级反射束，从而获得波长更加单一的射线，以提高分析灵敏度。若实验室条件不允许，应尽量采用低电压和滤波片滤波。

(3) 衍射线对的选择　当奥氏体转变成体心正方点阵的马氏体时，原属体心立方点阵的各根衍射线条将分裂成双线。例如，原先重叠在一起的(200)+(020)+(002)线条，由于正方点阵的(200)或(020)与(002)的晶面间距并不相同，将分裂成(200)+(020)和(002)两根双线。(但是，在实际摄取的衍射花样上有时并不出现分离的马氏体双线，而是宽线条)图 4-8 为含碳 1.0% 的奥氏体和马氏体的计算衍射花样。选择奥氏体-马氏体线对的原则是避免不同相线条的重叠或过分接近。通常，适宜选择的奥氏体衍射线条是(200)、(220)和(311)，并采用马氏体双线(002)-(200)，(112)-(211)与之对应。

当钢中含有碳化物时，奥氏体-马氏体线对的选择还必须避免与碳化物的衍射线相互重叠。

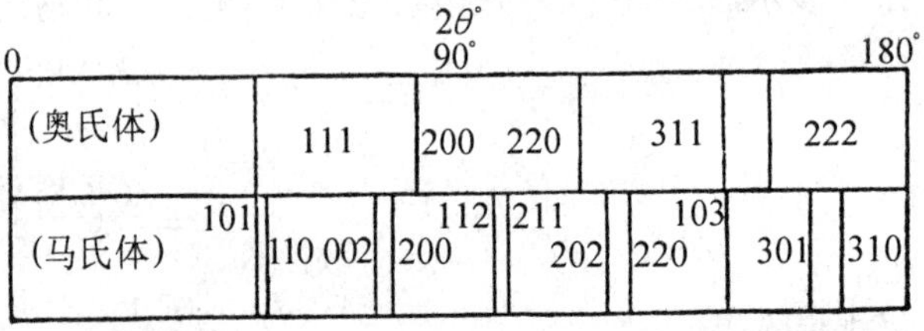

图 4-8　1.0% C 钢马氏体和奥氏体的计算衍射花样 (CoK_α 辐射)

(4) R 值的计算　在计算各根衍射线条的 R 值时，应注意各个因子的含义。

单位体积中的晶胞数是由所测得的点阵常数决定的，它与碳和合金元素含量有关。奥氏体和马氏体的结构因子分别是

$$|F_\gamma|^2 = 16f_\gamma^2$$

$$|F_\alpha|^2 = 4f_\alpha^2$$

式中 f_γ，f_α 分别为奥氏体和马氏体衍射线的原子散射因子。

在计算 $|F|^2$ 过程中，要注意两个问题。首先在第三章原子散射因子讨论中，曾经简单地认为当 $\sin\theta/\lambda$ 的大小恒定时，原子散射因子与入射波长无关。实际上，当入射波长(λ)接近被照元素的 K 吸收限(λ_k)时，该元素的原子散射因子数值将发生一些变化。这时原子散射因子应写成如下形式

$$f = f_0 + \Delta f \tag{4-38}$$

Δf 为原子散射因子的校正项，它与入射 X 射线波长(λ)对原子吸收限(λ_k)的比值有关，又与散射原子的原子序数有关。Δf 的数值见表 4-6。当 λ/λ_k 值小于 0.8 左右时，其校正值几乎可以略去不计；当 λ/λ_k 值超过 1.6 时，其校正值几乎可以恒定；唯有当 λ 靠近 λ_k 时，其校正值的变化才剧烈。

其次，当试样中的奥氏体和马氏体不是单一的铁碳固溶体，而是含有几种合金元素的合金固溶体时，考虑到不同元素的原子散射能力不同，以及该元素在固溶体中的原子百分含量，奥氏体和马氏体的原子散射因子是各元素的原子散射因子的加权平均值，即

表 4-6　原子散射因子校正值 Δf

	0.7	0.8	0.9	0.95	1.005	1.05	1.1	1.2	1.4	1.8	∞
Ti	-0.18	-0.67	-1.75	-2.78	-5.83	-3.38	-2.77	-2.26	-1.88	-1.62	-1.37
V	-0.18	-0.67	-1.73	-2.76	-5.78	-3.35	-2.75	-2.24	-1.86	-1.60	-1.36
Cr	-0.18	-0.66	-1.71	-2.73	-5.73	-3.32	-2.72	-2.22	-1.84	-1.58	-1.34
Mn	-0.18	-0.66	-1.71	-2.72	-5.71	-3.31	-2.71	-2.21	-1.83	-1.58	-1.34
Fe	-0.17	-0.65	-1.70	-2.71	-5.69	-3.30	-2.70	-2.19	-1.83	-1.58	-1.33
Co	-0.17	-0.65	-1.69	-2.69	-5.66	-3.28	-2.69	-2.18	-1.82	-1.57	-1.33
Ni	-0.17	-0.64	-1.68	-2.68	-5.63	-3.26	-2.67	-2.17	-1.80	-1.56	-1.32
Cu	-0.17	-0.64	-1.67	-2.66	-5.60	-3.24	-2.66	-2.16	-1.79	-1.55	-1.31
Zn	-0.16	-0.64	-1.67	-2.65	-5.58	-3.23	-2.65	-2.14	-1.77	-1.54	-1.30
Ge	-0.16	-0.63	-1.65	-2.63	-5.53	-3.20	-2.62	-2.10	-1.73	-1.53	-1.29
Sr	-0.15	-0.62	-1.62	-2.56	-5.41	-3.13	-2.56	-2.08	-1.72	-1.49	-1.26
Zr	-0.15	-0.61	-1.60	-2.55	-5.37	-3.11	-2.55	-2.07	-1.71	-1.48	-1.25
Nb	-0.15	-0.61	-1.59	-2.53	-5.34	-3.10	-2.53	-2.06	-1.70	-1.47	-1.24
Mo	-0.15	-0.60	-1.58	-2.52	-5.32	-3.08	-2.52	-1.90	-1.57	-1.47	-1.24
W	-0.13	-0.54	-1.45	-2.42	-4.49	-2.85	-2.33	-2.26	-1.88	-1.36	-1.15

$$f = P_1 f_1 + P_2 f_2 + P_3 f_3 + \cdots \tag{4-30}$$

式中 $P_1, P_2, P_3 \cdots$ 为各元素的原子百分含量，而 $f_1, f_2, f_3 \cdots$ 为各元素经 Δf 校正后的原子散射因子。

4.2.3　实际分析时的难点及注意事项

定量分析中的最大障碍是测定强度与理论强度的不一致，其主要原因有择优取向、碳化物干扰、消光效应（初级消光和次级消光）和微吸收效应等。现结合残余奥氏体的测量来讨论上述各种影响。

1. 择优取向

衍射强度的基本公式是在晶体无规则排列的条件下推导出来的，试验中要对择优取向的影响程度有个尽可能精确的估计。为了克服择优取向对测量结果的影响，可以用数学方法将具有择优取向的衍射强度换算成无规则取向的衍射强度。或者从奥氏体、马氏体两相中各测 2 至 3 条衍射线，组合成不同线对，再对所有线对的测算值进行平均。也可以采用多面体试样（例如正五边形棱柱体），对多面体试样的各个面进行强度测量，然后取平均值，以消除择优取向的影响。

2. 碳化物干扰

钢中碳化物的存在对测量结果带来两方面的影响，一是如(4-28)式所示，碳化物含量直接影响残余奥氏体的计算结果；二是碳化物的某些衍射线条可能与马氏体或奥氏体的某些线条重叠，造成衍射强度的假象。为此必须准确地鉴定碳化物的类型和含量，并尽可能地选择不与碳化物衍射线重叠的奥氏体和马氏体线进行测算。但是在有些情况下，无法避免碳化物重叠线的干扰。例如 $ACr_{12}MoV$ 钢中的碳化物 Cr_7C_3 在 $Mo-K_\alpha$ 辐射下，除对奥氏体的$(311)_\gamma$衍射线没有干扰外，对奥氏体和马氏体的其它衍射线条都有干扰。例如 Cr_7C_3 的(801)与$(200)_\alpha$重叠，因此当选用$(311)_\gamma$和$(200)_\alpha$线对测量残余奥氏体时，必须从$(200)_\alpha$衍射线中扣除 Cr_7C_3 的(801)的影响。其办法是利用电解沉淀法获得纯的 Cr_7C_3 粉末，测出 Cr_7C_3 的(801)衍射线和另一个与奥氏体及马氏体无任何重叠的(412)衍射线的积分强度比 $I_{(801)}/I_{(412)}$，然后在测量残余奥氏体时，加测 Cr_7C_3 的(412)衍射线，将(412)积分强度乘以上述强度比，就可以求出 Cr_7C_3 的(801)衍射线强度。最后，从实验测得的$(200)_\alpha$积分强度中减去 Cr_7C_3 的(801)积分强度，就可以求出真正的$(200)_\alpha$衍射线的积分强度值。

3.局部吸收(微吸收)效应

当试样为 $\alpha+\beta$ 两相混合物时，入射线束和衍射线束都将穿过 α 和 β 两相而射出试样表面。在入射和出射过程中，入射束和衍射线束都会因吸收而降低强度，被降低的程度可根据 X 射线通过试样的总程长和混合物的吸收系数 $\mu_{混}$ 算出。但是，当考虑 α 相衍射时，在这个总程长中有一部分程长处于参加衍射的 α 相晶体中，因而对于该部分的吸收系数应采用 μ_α，而不应采用混合物的吸收系数 $\mu_{混}$。倘若 α 相的吸收系数和比 β 相大得多，或 α 相晶粒比 β 相晶粒大得多时，α 晶体所衍射的强度比计算值要小。显然，当 μ_α 与 μ_β 近似相等和两相的晶粒大小又相近时，局部吸收效应可以忽略不计。所以粉末试验的试样要充分地粉碎。

在测定钢中残余奥氏体时，由于奥氏体和马氏体的合金相组成完全相同，只是密度相差 4%，两者的线吸收系数实际上完全相同，此外，奥氏体和马氏体的平均粒子大小又大致相同，因而就可以忽略局部吸收效应。

4. 消光效应

当结晶非常完整时衍射强度会减小，式(4－6)是在理想的不完整晶体(粉末晶体)上推导出来的。所以，当用化学分析的样品进行测试时要注意这一点。在测定钢中残余奥氏体时，由于淬火钢中的奥氏体和马氏体都发生强烈的不均匀应变，双方的结晶也高度地不完整因而消除了消光的影响。此外，只有反射本领很强的衍射线如$(110)_\alpha$及$(111)_\gamma$其消光效应才显著，对于反射本领较低的衍射线，如$(200)_\alpha$和$(311)_\gamma$，则更可以忽略消光效应。

5.定量相分析应注意的问题

为使测试达到“定量”的水平，对试验的条件、方法及试样本身都有比定性相分析更严格的要求。

(1)试验设备、测试条件及方法　使用衍射仪能方便、准确、迅速地获得衍射线的强度。用于定量相分析的是衍射线的相对累积强度，常用的测定衍射线净峰强度的方法有以下 3 种：

①面积法。测定净峰面积，可用积分仪、称重(将峰形剪下，在精密天平上称重)、数格子等方法求得面积数。

②积分强度测定法。全自动衍射仪可计算扣除背底后的累积强度(用总计数表示)。

③近似法。用衍射线的半高宽度和净峰高度的乘积(十字相乘法)作为累积强度的近似值。

因各衍射线不是同时测量，所以要求衍射仪有高的稳定度(标准中要求综合稳定度优于1%)，为获得良好的峰形和足够高的强度，定量分析时最好用步进扫描法，步长0.02°，每步计数时间2s或4s。

(2)对试样的要求　试样的颗粒度、显微吸收和择优取向是影响定量相分析的主要因素。

首先试样应有足够的大小和厚度，使入射线的光斑在扫描过程中始终照在试样表面以内，且不能穿透试样。粉末试样的颗粒度应满足下式

$$|\mu_1 - \overline{\mu}| \cdot R \leqslant 100 \tag{4-31}$$

式中，μ_1为待测相的线吸收系数；$\overline{\mu}$为试样的平均线吸收系数；R为颗粒半径，μm。

一般情况下，颗粒的许可半径范围是0.1～5μm。控制颗粒度大小的目的，一方面是为了减小由于各相吸收系数不同而引起的误差(即颗粒显微吸收效应)；另一方面是为了获得良好、准确的衍射峰形。颗粒过细，衍射峰漫散；颗粒过粗，衍射环不连续，测得的强度误差偏大。

择优取向是影响定量分析的另一重要因素。择优取向是指多晶体中各晶粒的取向向某些方位偏聚的现象，即发生了“织构”，这种现象会使衍射强度反常，与计算强度不符。粉末试样也会存在择优取向，特别是当颗粒粗大且有特殊形状时(如：针状、片状等)更为突出。在此情况下，除应进一步磨细粉粒外，还要对测试结果进行数学修正。

第 5 章　宏观应力测定

应力可分为三类,各类应力使 X 射线衍射图相有不同的变化。第一类应力是在物体较大范围或许许多多晶粒范围内存在并保持平衡的应力,称之为宏观应力(工程上称之为残余应力),它能引起衍射线的位移。第二类应力是在一个或少数晶粒范围内存在并保持平衡的应力,一般能使衍射线条变宽,但有时也会引起线条位移,如对两相材料中每个单相的衍射线作观察时所表明的那样。第三类应力是在若干个原子范围内存在并保持平衡的内应力,它能使衍射线强度减弱。通常又把第二类和第三类应力合称为微观应力。

通过应力测定,可以检查应力消除工艺的效果,检查表面强化处理工艺的效果,还可以预测零件疲劳强度的储备。从发展看来,X 射线应力测定在评价材料强度、控制加工工艺、检查产品质量、分析破坏事故等方面都将是有力的手段。

5.1　X 射线应力测定的基本原理

最简单的受力状态是单轴拉伸。假如,有一根横截面积为 A 的试棒,在轴面 Z 施加应力 F,它的长度将由受力前的 L_0 变为拉伸后的 L_f,所产生的应变 ε_Z 为

$$\varepsilon_Z = \frac{L_f - L_0}{L_0} \tag{5-1}$$

根据虎克定律,其弹性应力 σ_Z 为

$$\sigma_Z = E\varepsilon_Z \tag{5-2}$$

式中,E 为弹性模量。

在拉伸过程中,试样的直径将由拉伸前的 D_0 变为拉伸后的 D_f,径向应变 ε_X 和 ε_Y 为

$$\varepsilon_X = \varepsilon_Y = \frac{D_f - D_0}{D_0} \tag{5-3}$$

与此同时,试样各晶粒中与轴面平行晶面的面间距 d 也会相应地变化,如图 5-1 所示。因此,可用晶面间距的相对变化来表示径向应变

$$\varepsilon_X = \varepsilon_Y = \frac{d - d_0}{d_0} = \frac{\Delta d}{d} \tag{5-4}$$

如果试样是各向同性的,则 ε_X,ε_Y,ε_Z 的关系为

$$\varepsilon_X = -\varepsilon_Y = \mu\varepsilon_Z \tag{5-5}$$

式中,μ 为泊松比,负号表示收缩。于是有

$$\sigma_Z = -\frac{E}{\mu}\frac{\Delta d}{d} \tag{5-6}$$

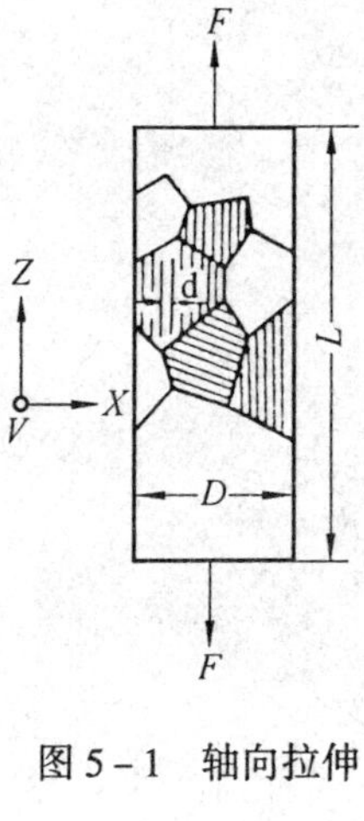

图 5-1　轴向拉伸

由布拉格方程微分得 $\Delta d/d = -\cot\theta \cdot \Delta\theta$
所以

$$\sigma_Z = \frac{E}{\mu}\cot\theta \cdot \Delta\theta \tag{5-7}$$

式(5-7)是测定单轴应力的基本公式。该式表明,当试样中存在宏观内应力时,会使衍射线产生位移。这就给我们提供了用X射线方法测定宏观内应力的实验依据,即可以通过测量衍射线位移作为原始数据,来测定宏观内应力。这里还应注意到,X射线衍射方法测定的实际上是残余应变式(5-4)。而宏观内应力是通过弹性模量由残余应变计算出来的式(5-6)。

根据实际应用的需要,X射线衍射法的目的是测定沿试样表面某一方向上的宏观内应力 σ_ϕ。为此,要利用弹性力学理论求出 σ_ϕ 的表达式,将其与晶面间距或衍射角的相对变化联系起来,得到测定宏观应力的基本公式。

由弹性力学原理可知,在一个受应力作用的物体内,不论其应力系统如何变化,在变形区内某一点或取一无限小的单元六面体各面上切应力 τ 为零的正交坐标系统。在这种情况下,沿 X, Y, Z 轴向的正应力 $\sigma_X, \sigma_Y, \sigma_Z$ 分别用 $\sigma_1, \sigma_2, \sigma_3$ 表示,称为主应力。与其相对应的 $\varepsilon_1, \varepsilon_2, \varepsilon_3$ 称为主应变。利用"力的独立作用原理"(叠加原理)可以得到用广义虎克定律描述的主应力和主应变的关系

$$\left.\begin{aligned} \varepsilon_1 &= \frac{1}{E}[\sigma_1 - \mu(\sigma_2 + \sigma_3)] \\ \varepsilon_2 &= \frac{1}{E}[\sigma_2 - \mu(\sigma_1 + \sigma_3)] \\ \varepsilon_3 &= \frac{1}{E}[\sigma_3 - \mu(\sigma_1 + \sigma_2)] \end{aligned}\right\} \tag{5-8}$$

根据弹性力学原理可以导出,在主应力(或主应变)坐标系统中,任一方向上正应力(或正应变)与主应力(或主应变)之间的关系为

$$\left.\begin{aligned} \sigma_\phi &= \alpha_1^2\sigma_1 + \alpha_2^2\sigma_2 + \alpha_3^2\sigma_3 \\ \varepsilon_\phi &= \alpha_1^2\varepsilon_1 + \alpha_2^2\varepsilon_2 + \alpha_3^2\varepsilon_3 \end{aligned}\right\} \tag{5-9}$$

式中 $\alpha_1, \alpha_2, \alpha_3$ 分别为 σ_ϕ 与主应力(主应变)夹角的方向余弦,ϕ 为 σ_ϕ 与试样表面(XY 面)法向的夹角,如图 5-2 所示。

$$\alpha_1 = \sin\psi\cos\phi$$

$$\alpha_2 = \sin\psi\sin\phi$$

$$\alpha_3 = \cos\psi \tag{5-10}$$

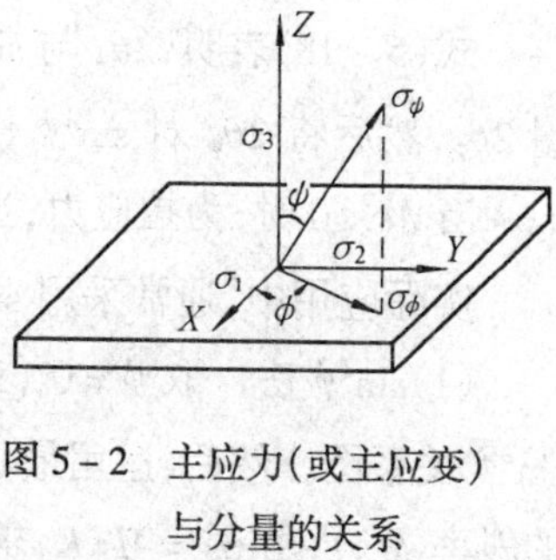

图 5-2 主应力(或主应变)与分量的关系

由图 5-2 可以看出,σ_ψ 在 XY 平面(试样表面)上的投影即为 σ_ϕ。当 ϕ =90°时,由式(5-9)和(5-10)可得

$$\sigma_\phi = \cos^2\phi \cdot \sigma_1 + \sin^2\phi \cdot \sigma_2 \tag{5-11}$$

由于X射线对试样的穿入能力有限,所以只能测量试

样的表层应力。在这种情况下,可近似地把试样表层的应力分布看成为二维应力状态,即 $\sigma_3 = 0(\varepsilon_3 \neq 0)$。因此(5-8)式可简化为

$$\left.\begin{aligned} \varepsilon_1 &= \frac{1}{E}(\sigma_1 - \mu\sigma_2) \\ \varepsilon_2 &= \frac{1}{E}(\sigma_2 - \mu\sigma_1) \\ \varepsilon_3 &= \frac{\mu}{E}(-\sigma_1 + \sigma_2) \end{aligned}\right\} \tag{5-12}$$

将式(5-10),(5-12)和(5-11)代入式(5-9),可得

$$\varepsilon_\phi = \frac{1+\mu}{E}\sigma_\phi \sin^2\phi - \frac{\mu}{E}(\sigma_1 + \sigma_2) \tag{5-13}$$

将(5-13)式对 $\sin^2\phi$ 求导,可得

$$\sigma_\phi = \frac{E}{1+\mu} \cdot \frac{\partial \varepsilon_\phi}{\partial \sin^2\phi} \tag{5-14}$$

用晶面间距的相对变化 $(\Delta d/d)_\phi$ 或 $2\theta_4$ 角位移 $\Delta 2\theta_4$ 表达应变 ε_ϕ,于是有

$$\varepsilon_\phi = (\Delta d/d)_\phi = -\cot\theta_0 \cdot \Delta\theta_\phi = -\cot\theta_0(\theta_\phi - \theta_0) \tag{5-15}$$

式中,θ_0 为无应力时的布拉格角;θ_ϕ 为有应力时的布拉格角。

将式(5-15)代入式(5-14)得

$$\sigma_\phi = -\frac{E}{2(1+\mu)} \cdot \cot\theta_0 \frac{\partial(2\theta)_\phi}{\partial \sin^2_\phi} \tag{5-16}$$

在实际应用计算时,要将(5-16)式中的 $2\theta_\phi$ 由弧度换算成角度,因此,要乘上因数(π/180°),于是将(5-16)式写成

$$\sigma_\phi = -\frac{E}{2(1+\mu)}\cot\theta_0 \frac{\pi}{180°} \frac{\partial(2\theta)_\phi}{\partial \sin^2_\phi} \tag{5-17}$$

写成

$$\frac{\partial(2\theta)\phi}{\partial \sin^2\phi} = \sigma_\phi / K = M \tag{5-18}$$

式中,$K = -E/2(1+\mu) \cdot \cot\theta_0 \frac{\pi}{180°}\mathrm{Pa}\cdot(°)$。对同一部件,当选定了 HKL 反射面和波长时,$K$ 为常数,称为应力常数。

式(5-18)表明,$2\theta_\phi$ 与 $\sin^2\phi$ 呈线性关系,其斜率 $M = \sigma_\phi/K$。如果在不同的 ϕ 角下测量 $2\theta_\phi$,然后将 $2\theta_\phi$ 对 $\sin^2\phi$ 作图,称为 $2\theta_\phi - \sin^2\phi$ 关系图。从直线斜率 M 中,便可求得 σ_ϕ。当 $M<0$ 时,为拉应力;当 $M>0$ 时,为压应力;$M=0$ 时,无应力存在。

实际应用中,通常采用 $\sin^2\phi$ 法和 0°~45°法。

(1) $\sin^2\phi$ 法　取 $\phi = 0°, 15°, 30°$ 和 $45°$,测量各 ϕ 角所对应的 $2\theta_\phi$ 角,绘制 $2\theta_\phi$ 角,$2\theta_\phi$-$\sin^2\phi$ 关系图。然后,运用最小二乘法原理,将各数据点回归成直线方程,并计算关系直线的斜率 M,再由 $\sigma_\phi = M \cdot K$,求得 σ_ϕ。

$$M = \frac{\sum 2\theta_\phi \sum \sin^2\phi - n\sum 2\theta_\phi \cdot \sum \sin^2\phi}{(\sum \sin^2\phi)^2 - n\sum \sin^4\phi} \tag{5-19}$$

(2)0° ~ 45° 法　如果 $2\theta_\phi$ 与 $\sin^2\phi$ 的线性关系较好，可以只取 $2\theta_\phi$-$\sin^2\phi$ 关系直线的首尾两点，即 $\phi = 0°$ 和 45°。这时式(5 - 17)可简化为

$$\sigma_\phi = \frac{E}{2(1+\mu)}\cot\theta_0 \frac{\pi}{180°} \frac{(2\theta_0 - 2\theta_{45})}{\sin^2 45°} \tag{5-20}$$

可见，0° ~ 45° 法是 $\sin^2\phi$ 法的简化方法。但一定要注意，在使用 0° ~ 45° 法时如果 $2\theta_\phi$ 与 $\sin^2\phi$ 偏离线性关系，会产生很大的误差，不能使用这种方法。

5.2　试验方法

根据上节所述原理，原则上可采用照相法和衍射仪法对样品表面特定方向上的宏观内应力进行实际测定。但照相法效率低、误差大，尤其在衍射线条出现漫射时更为突出。自 50 年代开始，衍射仪和衍射技术的发展使衍射仪法逐渐替代了照相法。

5.2.1　衍射仪法

下面以低碳钢为例，举例说明用(5 - 19)式，采用衍射仪法测量残余应力的方法和步骤。

1. ψ_0 = 0°的应变测定

一般钢铁材料用 CrK_α 测(211)线。由布拉格方程可算出：$2\theta = 156.4°$，$\theta = 78.2°$。当 $\psi = 0$ 时，即(211)晶面平行于试样表面时，只要令入射线与试样表面呈 $\theta_0 = 78.2°$ 即可。这正是衍射仪所具备的衍射几何，如图 5 - 3(a)。这时所测的(211)是处于与表面平行的部分，计数管在 78.2°的附近如 ± 5°扫描，得到确切的 $2\theta_0$(154.92°)。

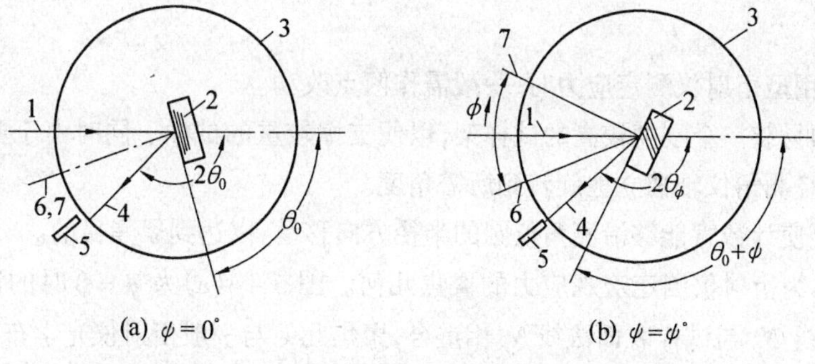

图 5 - 3　衍射仪法残余应力测定时的测量几何关系

1—入射 X 射线；2—反射晶面；3—测角仪圆；4—反射 X 射线；5—计数器；6—反射晶面法线；7—试样表面法线

2. ψ 为任意角的测定

一般为画 $2\theta_\psi \sim \sin^2\psi$ 曲线，取 ψ 分别为 0°，15°，30°，45°四点测量。如测 45°时，让试样顺时针转 45°，而计数器不动，始终保持在 $2\theta = 156.4°$附近。几何光学位置如 5 - 3 (b)所示。

此时记录在这个空间位置上试样内部的(211)晶面反射,得到 $2\theta_{45}=155.96°$,而 $\sin^2 45°=0.72$。再测 $\psi=15°$,$\psi=30°$的数据,得到下面的结果。

ψ	0°	15°	30°	45°
$2\theta_{\psi}$	154.92	155.35	155.91	155.96
$\sin^2\psi$	0	0.067	0.25	0.707

作 $2\theta_4 \sim \sin^2\psi$ 直线,用最小二乘法求得斜率 $M=1.965$,查表:$K_1=-318.1\text{MPa}/(°)$,所以,$\sigma_0=K_1\cdot M=-318.1\times 196.5=-625.1\text{MPa}/(°)$。

一般测 4 点或 4 点以上的方法,叫 $\sin^2\psi$ 法。$\sin^2\psi$ 法的结果较为精确,缺点是测量次数较多,但是,随着测试设备和计算手段的进步,测量和计算时间已不是主要矛盾,所以在科学研究中推荐使用 $\sin^2\psi$ 法。当晶粒较细小,织构少,微观应力不严重时,"$2\theta_{\psi}\sim\sin^2\psi$"直线的斜率也可以由首尾两点决定,就是说可以只测定 0°、45°两个方向上的应变。这种方法称为 0°~45°法,其应力计算公式由(5-18)可以得到

$$\sigma_{\phi}=\frac{-E}{2(1+\mu)}\cot\theta_0\frac{\pi}{180}\frac{(2\theta_{45}-2\theta_0)}{(\sin^2 45°-\sin^2 0°)}=$$

$$\frac{E}{2(1+\mu)}\cot\theta_0\frac{\pi}{180}\frac{(2\theta_0-2\theta_{45})}{(\sin^2 45°)}=K_2(2\theta_0-2\theta_{45})$$

即

$$\sigma_{\phi}=K_2(2\theta_0-2\theta_{45}) \tag{5-21}$$

要注意,此时应力常数与 $\sin^2\psi$ 法的不同。$K_2=\frac{E}{2(1+\mu)}\cot\theta_0\frac{\pi}{180}\frac{1}{\sin^2 45°}$,称 0°~45°法应力常数,此常数只适用于上面介绍的衍射仪的测量几何,而且应力常数是随衍射面不同而不同的。

当用通用型衍射仪测定应力时,一般需作两点改动。

(1)必须另装一个刚度较高的试样架,以便支撑较重的试样。同时由于要改变 ψ 角,所以它能围绕测角仪轴独立地旋转到所需角度。

(2)需要使计数管能够沿测角仪圆的半径方向移动,以达到聚焦目的。

图 5-4 为衍射仪测定宏观应力的聚焦几何。图 5-4(a)为 $\psi=0$ 时的情形。此时,反射晶面法线 N_p 与试样表面法线 N_s 相重合,聚焦几何与一般衍射仪光学布置相同,即入射线在试样表面法线两侧对称分布。入射线被反射面聚焦到测角仪圆上,接收狭缝和计数管位于正常位置。此时测量的是与试样表面相平行的那些晶面的应变。图 5-4(b)为倾斜入射,即 ψ 不为零的情形。此时需把试样表面转动所需角度 ψ 而计数管不动,这样入射线和衍射线不再以试样表面法线对称分布,由于聚焦圆必须与试样表面相切,所以,聚焦圆的位置和半径都会发生变化,衍射线束将在 F' 处聚焦,F' 到测角仪轴的距离为 D。如果测角仪圆半径为 R,则可以证明

$$\frac{D}{R} = \frac{\sin(\theta - \psi)}{\sin(\theta + \psi)} \tag{5-22}$$

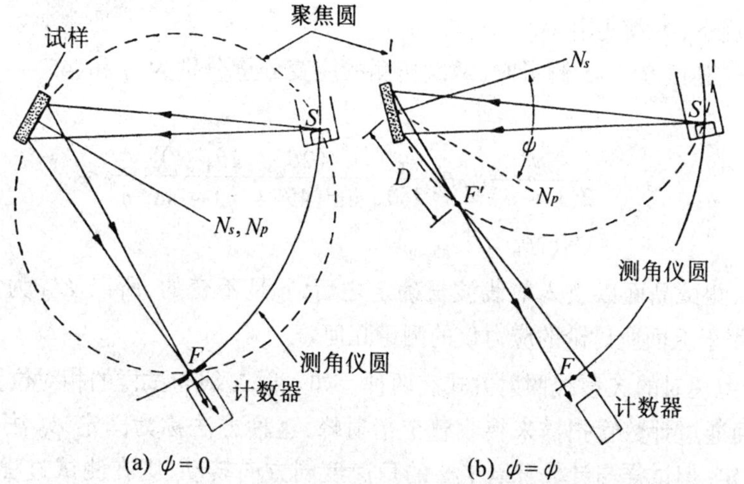

图 5-4　宏观应力测定时的衍射仪聚焦几何

因此,当倾斜入射时,对所确定的各个 ψ 角,计数管的接收狭缝必须按(5-22)式沿径向运动到 F' 的位置,才能获得聚焦后的衍射线形。如接收狭缝和计数管仍处在固定半径的测角仪圆周上,则计数管接收的只能是发散的衍射束中的一部分,其强度很弱;如果换用宽的接收狭缝来提高所能接收的强度的话,又必然降低分辨率。也可以采用折衷的办法,使计数管的位置测角不变,而将接收狭缝移动到计算位置。实践表明,在衍射线宽化不明显的情形下,限制入射束发散度在 1°左右,同时尽量减小接收狭缝宽度,则一般不会导致衍射线的过度畸变和位移。

5.2.2　应力仪法

用应力仪可以在现场对工件进行实地残余应力检测。应力仪的测角仪为立式,计数管在竖直平面内扫描,试样是固定的。测角台能使入射线在 0 到 45°范围内倾斜入射,计数管的 2θ 扫描范围可达到 145°~165°。测量的衍射几何如图 5-5 所示。定义入射线 S_0 与试样表面法线之间的夹角为 ψ_0,叫做入射角,测量时改变 ψ_0 角,并读出某一条谱线的 2θ 角。注意:每次所测应变方向是 η,为应变方向与入射线夹角,$\eta=(\pi/2-\theta)$。很容易看出 ψ、ψ_0 和 θ 之间的关系式为

图 5-5　宏观应力测定仪的衍射几何

$$\psi = \psi_0 + \eta = \psi_0 + (\frac{\pi}{2} - \theta) \tag{5-23}$$

在实验中,ψ 常选取 0°、15°、30°和 45°,测量衍射角 2θ,绘制 $2\theta \sim \sin^2\psi$ 的关系图,由直

线斜率得出 σ_ϕ,这就是通称的 $\sin^2\psi$ 法。如果材料十分均匀,实测值的直线性好,ψ 也可选 0°、45°两个值,这就是通称的 0° ~ 45°法。一般来说,$\sin^2\psi$ 法精度较高,尤其在材料不十分均匀的情况下,推荐使用 $\sin^2\psi$ 法。

用应力仪进行 0° ~ 45°测量时,两次所测的应变分量分别为 η 和(45° + η)方向,所以计算公式为

$$\sigma_\phi = \frac{E}{2(1+\mu)}\cot\theta_0 \frac{\pi}{180} \frac{(2\theta_\eta - 2\theta_{45+\eta})}{[\sin^2(45^\circ+\eta) - \sin^2\eta]} = K'_2(2\theta_\eta - 2\theta_{45+\eta}) \tag{5-24}$$

因为当材料、测试晶面以及入射线波长确定之后,η 是不变的,所以 K'_2 为常数。当然,K'_2 也只适用于上面所讨论的应力仪的测量几何。

使用应力仪时的 X 射线照射方式有两种。如入射 X 线与试样的相对位置不变,即 ψ_0 保持不变,而通过计数管扫描来接收整个衍射峰,这种方法称为固定 ψ_0 法;如果入射 X 射线方向固定,但试样与计数管以 1:2 的角速度同方向转动,则在测试过程中 ψ 角保持恒定,这种方法称为固定 ψ 法。显然,固定 ψ 法测得的是 ψ 方向上的应变,而固定 ψ_0 法所测的只是某一方向范围内的应变,可见固定 ψ 法更为严格。

5.3 试验精度的保证及测试原理的适用条件

X 射线法测定残余应力的原理并不复杂,但由于影响测定精度的因素很多,要想准确地获得高精度的测定结果并非易事。以下几点要特别说明。

5.3.1 样品表面的清理

在测量之前,样品表面的处理是极其重要的。首先应去掉表面的污染物和锈斑,如有必要还要用酸深度腐蚀以去除遗留的机械加工表面层。当然,如果测量的是切削、磨削、喷丸以及其它表面处理后而引起的表面残留应力,则绝不应破坏原有表面,因为上述处理会引起应力分布的变化,达不到测量的目的。

5.3.2 辐射的选择

辐射的选择对测量精度有直接影响。首先应该使待测衍射面的 θ 角尽量接近 90°(一般应在 75°以上),其次应兼顾背影强度。例如,在测定淬火钢的残余应力时,如采用 Co 辐射能得到将近 81°的(310)衍射线条,但除非退火钢的衍射线条较明锐,一般轧制或淬火钢材的衍射背底强度较高,衍射峰分布较宽,所以衍射峰的位置不易测准,为此多采用 CrK_α 辐射。此时(211)的 θ 角较小(78.2°),但可以得到较好的峰值与背底的强度比,综合效果是好的。表 5 - 1 给出了几种材料的靶的选择和近似 2θ 角。

5.3.3 吸收因子和角因子的校正

衍射线位置的准确测定是提高试验精度的关键之一。当衍射线条明锐时,衍射峰位置测定较容易,但当衍射线条宽化和峰形不对称时,给衍射线位置的确定带来了不少困难。

影响衍射线峰形不对称的主要因素有吸收因子和角因子。在衍射线非常宽的情况下,需用吸收因子和角因子对衍射峰形进行修正,使其基本上恢复对称形式。

在衍射仪中,当入射线与反射线和平板试样的表面法线呈对称分布时($\psi=0$),平板试样的吸收因子与 θ 角无关。然而,当入射光束倾斜入射($\psi\neq0$)时,入射线与反射线在试样中所经历的路程不同,吸收因子不仅与 θ 有关,还与 ψ 角有关,它将造成峰形不对称。吸收修正因子为

$$R(\theta) = 1 - \tan\psi\cot\theta \tag{5-25}$$

在一定的倾斜 ψ 下,它是一个单值增加函数,其增加值较角因子为小。一般认为只有在衍射线半高宽在6°以上且应力比较大时,才有必要考虑这个修正。

角因子 $\varphi(\theta)=\left(\dfrac{1+\cos^2\theta}{\sin^2\theta\cos\theta}\right)$ 在布拉格角 θ 接近90°时显著增大。因此,对衍射峰不对称性的影响也加剧。一般认为当衍射线半高宽度在3.5°~4.0°以上时,就有必要进行角因子修正。校正强度等于实测强度(该点的脉冲数)除以该点处的 $\varphi(\theta)\cdot R(\theta)$。

5.3.4 衍射峰位置的确定

准确测定衍射线峰位是极其重要的。除非衍射峰很尖锐,绝大多数情况下是很难用常规的峰顶法定峰的。定峰方法很多,有重心法、切线法、半高宽法(或2/3、3/4、7/8高宽法)和中点连线法等。常用的是半高法和三点抛物线法。

(1)半高法　半高法是以峰高1/2处的峰宽的中点作为衍射峰的位置的。其定峰过程如图(5-6)所示。

(a)连接衍射峰两端的平均背底直线 ab。

(b)过衍射峰最高点 P 作 X 轴的垂线,交直线 ab 于 P' 点。

(c)过 PP' 线的中点 O' 作 ab 的平行线,与衍射峰轮廓相交于 M、N 两点。

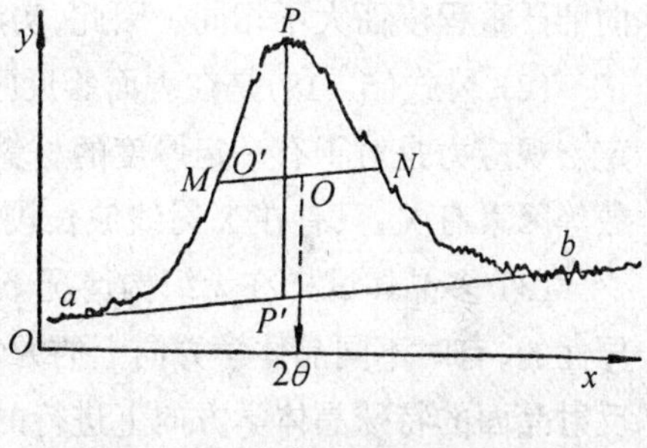

图5-6　半高法定峰的步骤

(d)将 MN 的中点 O 作为衍射峰的位置。

半高法依靠衍射峰的腰部来确定峰位,简便易行,当衍射峰轮廓光滑时,具有较高的可靠性。但当计数波动显著,衍射峰的轮廓不光滑时,P 点、ab 直线、M 点及 N 点的确定都会带来一些随意性。另外,2θ 角度读取精度受横轴分辨率影响难以提高。有时因试验条件所限,衍射峰的背底强度难以确定,此时只能运用其它方法定峰。

(2)抛物线法　原理是将抛物线拟合到峰顶部,以抛物线的对称轴作为峰的位置。当经吸收因子和角因子校正后,衍射峰形状往往近似于抛物线形状,可以采用三点、五点或七点抛物线法求测峰的位置,其中三点抛物线法因简便迅速而被广泛地应用。对于长轴与纵轴平行的抛物线,其一般方程式为

$$(x-h)^2 = P(y-k) \tag{5-26}$$

式中,P 为常数;h 和 k 为顶点的横坐标和纵坐标。

将 $I = y, 2\theta = x, 2\theta_m = h, I_m = k$ 代入(5-26)式,则有

$$(2\theta - 2\theta_m)^2 = P(I - I_m) \tag{5-27}$$

如在横轴上以等间距测得三个试验点$(2\theta_1, I_1)$、$(2\theta_2, I_2)$、$(2\theta_3, I_3)$,将这三个实验点代入(5-27)式,解方程组可以得到

$$2\theta_m = 2\theta_1 + \frac{\Delta 2\theta}{2}\left(\frac{3a + b}{a + b}\right) \tag{5-28}$$

式中,$\Delta 2\theta = 2\theta_2 - 2\theta_1 = 2\theta_3 - 2\theta_2$; $a = I_2 - I_1$; $b = I_2 - I_3$(参看图5-7)。

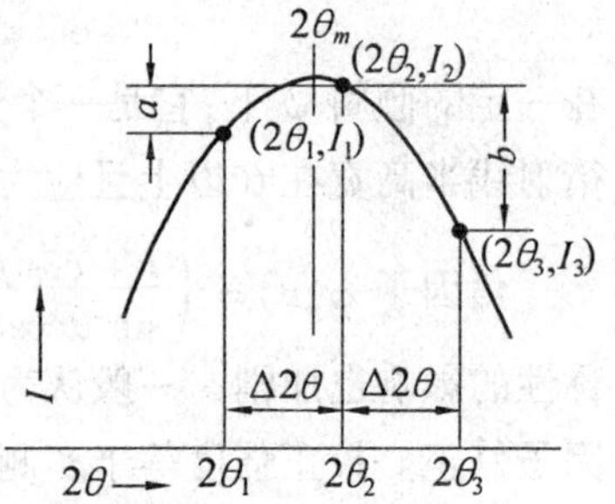

图5-7 三点抛物线法定峰

试验时,先在近似顶点处用计数管作定时计数(或定数计数)得到$(2\theta_2, I_2)$,再在近似顶点的两侧等角间距处各取一点(其间距可选为0.2°、0.5°、1.0°、1.5°等),测出$(2\theta_1, I_1)$、$(2\theta_3, I_3)$,分别进行角因数校正后代入式(5-27),即可算出抛物线顶点位置$2\theta_m$。

5.3.5 测试原理的适用条件

(1) 对于关系式 $\varepsilon = \Delta d/d$,这里默认了某个晶面间距的变化等于弹性力学意义上的宏观应变。而实际上,用X射线测定的晶面间距的相对应变只是在试样表面上的一部分晶粒上得到的,而这部分晶粒的多少因晶粒大小、择优取向的严重程度而大不相同。因此,实测数据可能偏离 $2\theta \sim \sin^2\psi$ 的理想直线关系。

(2) 公式(5-18)是在表面邻近区域内二维应力分布情况下导出的。然而,X射线测定宏观应力是对于有一定厚度的材料表面层而言,其厚度与X射线波长和材料的吸收系数等因素有关,只有在X射线波长较长、样品表层没有明显的应力梯度情况下才适用。

(3) 多晶体试样在无织构情况下可以认为是各向同性的,但对于晶体本身却是各向异性的,有时不同晶体学方向上的力学性能差别很大。X射线应力分析是在垂直于(*hkl*)反射晶面的特殊晶体学方向上进行的,因此,在作精确测量时不宜用工程上的泊松比 ν 和弹性系数 E。例如Al单晶体沿[111]和[100]的弹性系数分别为:$E_{[111]} = 77$GPa和$E_{[100]} = 64$GPa,只有在精度要求不高时方可使用工程的 E 值(72GPa)。对于 α-Fe单晶体,[100]和[111]方向的弹性系数分别为 $E_{[100]} = 135$GPa和 $E_{[111]} = 290$GPa,而工程的 E 值为210GPa,它们相差悬殊,因此不能采用力学宏观上的数值。通常对常用的金属材料可以查表得到 K_1 值,对于不常用的材料的应力常数可以通过实验来确定。方法是准备与待测试样同种材料的等强度梁,通过加载产生已知数值的应力,与此同时用X射线法测量应力,进行标定。也可采用螺杆夹具产生应力,通过电阻应变片测量此时的应变。根据不同加载应力 $\sigma_1, \sigma_2, \sigma_3, \cdots$ 相应用X射线法测得 $2\theta_\psi \sim \sin^2\psi$ 直线的斜率 $M_1, M_2, M_3\cdots$ 再求出"$\sigma - M$"直线的斜率,这个斜率即是应力常数 K_1。

第 6 章　电子与物质的交互作用

6.1　散　射

当一束聚焦电子沿一定方向射到样品上时，在样品物质原子的库仑电场作用下，入射电子方向将发生改变，称为散射。原子对电子的散射还可以进一步分为弹性散射和非弹性散射。在弹性散射中，电子只改变运动方向，基本上无能量变化。在非弹性散射中，电子不但改变方向，能量也有不同程度的衰减，衰减部分转变为热、光、X 射线、二次电子等。

6.1.1　原子核对电子的弹性散射

当入射电子从距原子核 r_n 处经过时，由于原子核的正电荷 Z_e 的吸引作用（Z 是原子序数，e 是电子的电荷），入射电子偏离入射方向（见图 6－1）。根据卢瑟福的经典散射模型，散射角 θ_n 的大小取决于瞄准距离 r_n、核电荷数 Z_e 和入射电子的能量 E_o，其关系如下

$$\theta_n = \frac{Z_n}{E_0 r_n} \tag{6-1}$$

可见原子序数越大，电子的能量越小，距核越近，则散射角越大，显然，这是一个相当简化了的模型，除了考虑核对电子的散射作用外，还应考虑核电子的负电荷的屏蔽作用。这种弹性散射是电子衍射及成像的基础，原子对入射电子在 θ_n 角方向的弹性散射振幅（即散射因子）是

$$f_a(\theta_n) = 2.38 \times 10^{10}\left(\frac{\lambda \times 10^8}{\sin\theta_n}\right)[z - f_x(\theta_n)] \tag{6-2}$$

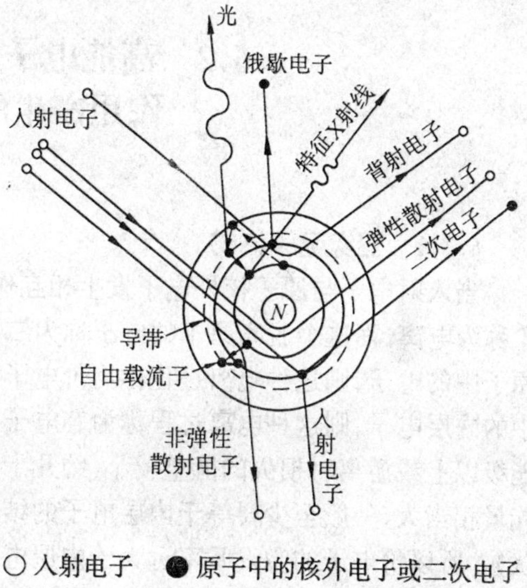

图 6－1　入射电子与原子的交互作用产生的各种信息的示意图

式中，z 代表核对入射电子的弹性散射；$f_x(\theta_n)$ 是原子对 X 射线的散射因子，由于只有核外电子才对 X 射线有散射作用，所以这一项代表核外电子对入射电子的散射作用，它的负号表示核外电子的负电荷对原子核的弹性散射的屏蔽作用。一般说来，原子对电子的散射远较对 X 射线的散射为强，因此电子在物质的内部的穿透深度要较 X 射线小得多。

6.1.2　原子核对电子的非弹性散射

由于这种非弹性散射，入射电子不但改变方向，并有不同程度的能量损失，因此速度减慢。损失的能量 ΔE 转化为 X 射线，它们之间的关系是

$$\Delta E = h\nu = hc/\lambda \tag{6-3}$$

式中，h 是普朗克常数，c 是光速，ν 及 λ 分别是 X 射线的频率与波长。显然，能量损失越大，X 射线的波长越短。由于这种散射产生连续的无特征波长值的 X 射线辐射，因而并不反映样品结构或成分的任何特征，反而会产生背景信号，影响成分分析的灵敏度和准确度。但根据近几年的研究表明，连续谱的强度数据在分析颗粒样品和粗糙表面样品的绝对浓度时是十分有用的。

6.1.3 核外电子对入射电子的非弹性散射

原子中核外电子对入射电子的散射作用是一种非弹性散射，散射过程中入射电子所损失的能量部分转变为热，部分使物质中原子发生电离或形成自由载流子，并伴随着产生各种有用信息，如二次电子、俄歇电子、特征 X 射线、特征能量损失电子、阴极发光、电子感生电导等。

核外电子对入射电子的非弹性散射在电子衍射及透射电镜成像中，由于引起色差而增加背景强度及降低图像衬度，是有害的。但是，在这种非弹性散射中产生的电离、阴极发光及电子云的集体振荡等物理效应，可以从不同侧面反映样品的形貌、结构及成分特征，为一系列电子显微分析仪器提供了重要的信息来源。

6.2 高能电子与样品物质交互作用产生的电子信息

6.2.1 二次电子(SE)

当入射电子与原子核外电子发生相互作用时，会使原子失掉电子而变成离子，这种现象称为电离，而这个脱离原子的电子称为二次电子。如果被电离出来的二次电子是来自原子中的电子，则这种电离过程称为价电子激发；如果被电离出来的二次电子是来自原子中的内层电子，则这种电离过程称为芯电子激发。入射电子使固体中价电子激发到费米能级以上或游离时损失的能量较小(约几十电子伏)，而使内层电子激发或游离时损失的能量相当大，一般至少要等于内层电子的结合能(即费米能和内有能级之差，约几百电子伏)。所以价电子的激发几率远大于内层电子的激发几率。

二次电子主要特点有：

1.对样品表面形貌敏感

这是因为二次电子产额(或发射效率)δ_{SE}与入射束相对于样品表面的入射角 θ 之间存在下列关系

$$\delta_{SE} \propto 1/\cos\theta \tag{6-4}$$

式中 $\delta_{SE} = I_{SE}/I_P$ （I_{SE} 为二次电子电流强度，I_P 为入射束电流强度。）

如图 6-2 所示，在 I_P 不变的条件下，当样品表面不平时，入射束相对于样品表面的入射角 θ 发生变化，使二次电子的强度(I_{SE} 或 δ_{SE}) 相应改变，如果用检测器收集样品上方的二次电子并使其形成反映样品上各照射点信息强度的图像，则可将样品表面形貌特征反映出来，形成所谓“形貌衬度” 图像。

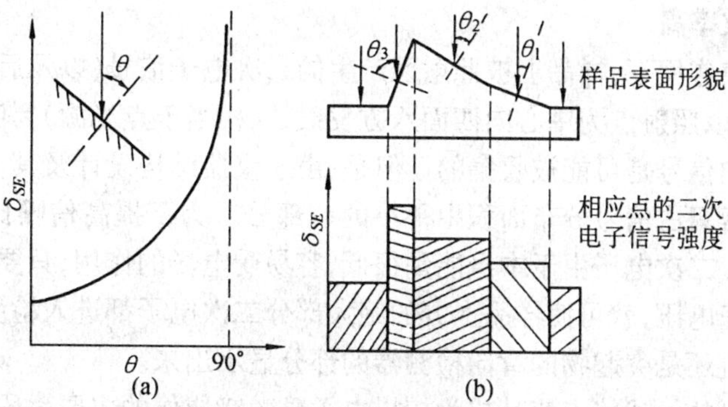

图 6-2　入射角 θ(a)及样品表面形貌(b)对二次电子信号强度的影响示意图

2.空间分辨率高

通常入射电子束进入样品表面后,由于受到原子核及核外电子的散射,其作用范围有所扩展而形成类似图 6-3 所示的分布(入射束在样品内沿纵向及侧向扩展的具体尺寸范围取决于入射电子的能量及样品物质的原子序数)。尽管在电子的有效作用深度内都可以产生二次电子,但由于其能量很低,只有在接近表面大约 10nm 以内的二次电子才能逸出表面,成为可以接收的信号。此时,由于入射束尚无明显的侧向扩展,因而这种信号反映的是一个与入射束直径相当的、很小体积范围内的形貌特征,故具有较高的空间分辨率。目前在扫描电镜中二次电子像的分辨率一般在 3～6nm 之间(取决于电子枪类型及电子光学系统结构),在透射扫描电镜中达到 2～3nm。

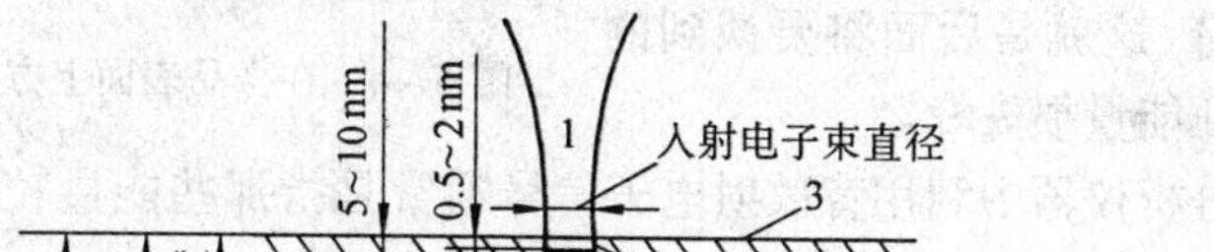

图 6-3　入射电子产生的各种信息的深度和广度范围

(a)电子束散射区域形状(梨形作用体积)

(b)重元素样品的电子束散射区域形状(半球形作用体积)

1—入射电子束;2—俄歇电子激发体积;3—样品表面;4—二次电子激发体积;5—背散射电子激发体积;6—初级 X 射线激发体积

3.信号收集效率高

在入射电子束作用下，样品上被照射区产生的二次电子信号（以及后面即将谈到的其他几种信号）都是以照射点为中心向四面八方发射的（相当于点光源），其中在样品表面以上的半个球体内的信号是可能被收集的。但是，由于仪器结构设计及其他原因，信号检测器的检测部分通常只占信号分布面积中很小的一部分。为了提高信噪比，必须尽量提高信号的收集效率。二次电子由于本身能量很低，容易受电场的作用，只要在检测器上面加一个 5~10kV 的正电压，就可使样品上方的绝大部分二次电子都进入检测器，从而使样品表面上无论是凹坑还是突起物的背向检测器的部分显示出来。

二次电子信息的上述特点使其成为扫描电子显微镜成像的主要手段。

6.2.2 背散射电子(BE)

入射电子在样品内遭到散射，改变前进方向，在非弹性散射情况下，还会损失一部分能量。在这种弹性和非弹性散射过程中，有些入射电子累计散射角超过 90°，这些电子将重新从样品表面逸出，称为背散射电子。若在样品上方安放一个接收电子的检测器将测量得到的电子数目按能量分布绘制成电子能谱曲线，如图 6-4 所示。除了在 E_0（入射电子能量）处有明锐的弹性散射峰外，在 < 50eV 的低能端还有一个较宽的二次电子峰。在这两个峰之间是非弹性散射电子构成的背景，如用高灵敏度的检测装置，则可发现其中还有一些微弱电子峰，这就是后面将要谈到的俄歇电子峰及特征能量损失峰。

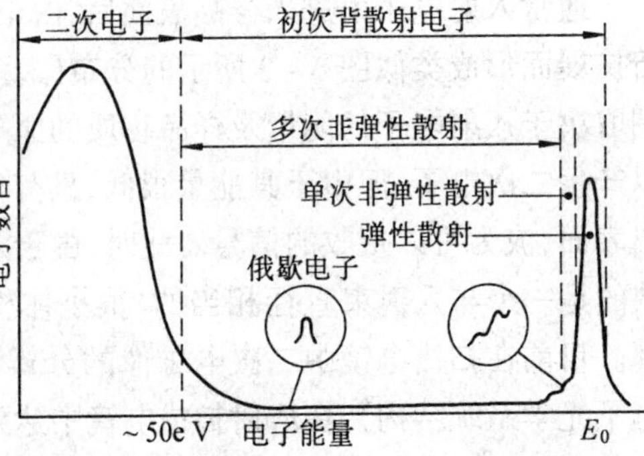

图 6-4　在样品表面上方接收到的电子谱

在电子显微分析仪器中利用背散射电子信号通常是指那些能量较高的电子，其中主要是能量等于或接近 E_0 的电子，其特点如下。

1.对样品物质的原子序数敏感

这是因为背散射电子产额 δ_{BE} 随原子序数 Z 增大而增加，如图 6-5 所示。因此，背散射电子像的衬度与样品上各微区的成分密切相关，从而可以显示出金属中各种相的分布情况。

2.分辨率及信号收集率较低

由于背散射电子能量与入射电子相当，因而从样品上方收集到的背散射电子可能来自样品内较大的体积范围内，使这种信息成像的空间分辨率低；同时由于背散射电子能量高，运动方向不易偏转，检测器只能接受按一定方向出射及较小立体角范围内的电子，因而信号的收集效率较低。由于上述两种因素的影响，使背散射电子像的空间分辨率通常只能

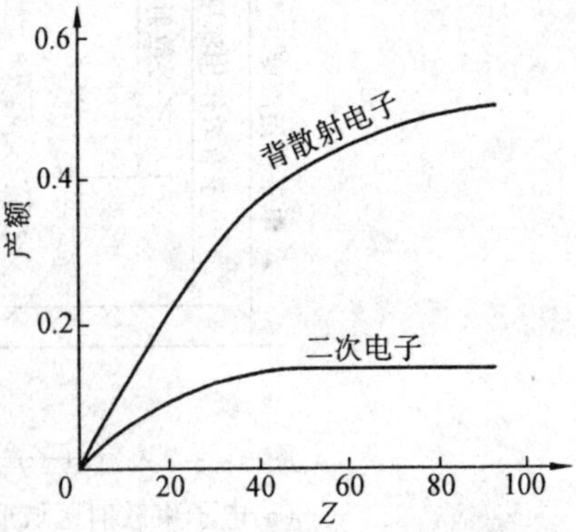

图 6-5　背散射电子和二次电子产额随原子序数 Z 的变化（加速电压为 30kV）

达到 100nm(相应仪器中二次电子分辨率可达3~6nm)。近年来在某些新型仪器上采用了半导体环形检测器,由于电子收集率高,使分辨率提高到 6nm 左右。

6.2.3 吸收电子(AE)

当样品较厚时,例如达到微米数量级,入射电子中的一部分在样品内经过多次非弹性散射后,能量耗尽,既无力穿透样品,也不能逸出表面,称为吸收电子。如果通过一个高灵敏度的电流表(例如,毫微安表)使样品接地,就能检测样品对地电流的大小,称为吸收电流信号。由于样品中背散射电子(包括二次电子)与吸收电子的和等于一,两者在数量上存在互补关系。由图 6-5 可知,随原子序数增大,背散射电子增多,则吸收电子减少。因此,若用吸收电流成像,同样可以得到原子序数不同的元素在样品上各微区定性的分布情况,只不过图像的衬度正好与背散射电子图像相反。

6.2.4 特征 X 射线及俄歇电子

电离使原子处于较高能量的激发态,这是不稳定的,外层电子会迅速填补内层电子空位而使能量降低。如一个原子在入射电子的作用下失掉一个 K 层电子,它就处于 K 激发态,能量是 E_K(图 6-6(a))。当一个 L_2 层电子填补了这个空位后,K 电离就变为 L_2 电离,能量由 E_K 变为 E_{L2},这就会使有数值等于($E_K - E_{L2}$) 的能量释放出来。能量释放可以采用两种方式,一种方式是产生 X 射线,即该元素的 K_α 辐射,如图 6-6(b)所示。这种 X 射线的波长是

$$E_K - E_{L2} = hc/\lambda_{k\alpha} \tag{6-5}$$

由于 E_k 和 E_L 都有特定数值,随元素不同而异,所以 X 射线为特征 X 射线。特征 X 射线谱叠加在连续谱上,我们可以利用它的固定波长进行成分分析和晶体结构研究。特征 X 射线的波长与原子序数的关系(莫塞莱定律)是

$$\lambda = \frac{1}{(z - \sigma)^2} \tag{6-6}$$

式中,σ 是一个常数。对应每一个元素,就有一个特定的波长 λ。根据特征 X 射线的波长及强度就能得出定性及定量分析结果。

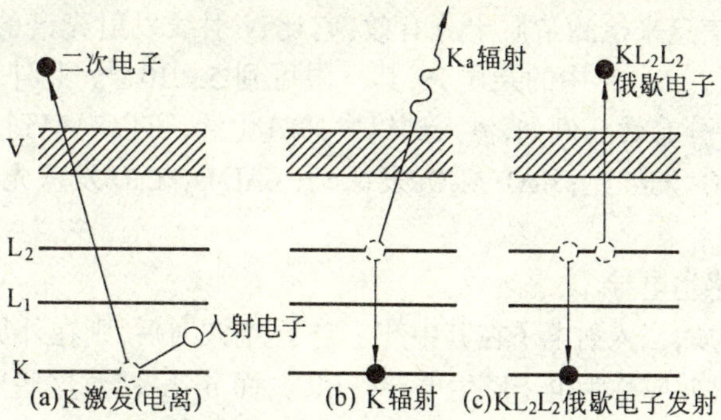

图 6-6 处于 K 激发态原子(a)产生 K_α 射线(b)或 KL_2L_2 俄歇电子(c)的示意图

上述 K 层电子复位释放出的能量 $E_K - E_L$,还能继续产生电离,使另一核外电子脱离

原子变成二次电子。如 $E_K - E_{L2} > E_L$，它就可能使 L_2, L_3, M, N 层以及导带 V 上的电子逸出，产生相应的电子空位，如图 6 - 6(c) 所示。使 L_2 层电子逸出的能量略大于 E_L，因为这不但要产生 L_2 层电子空位，还要有逸出功。这种二次电子称为 KL_2L_2 电子，它的能量近似地等于 $E_K - E_{L2} - E_{L3}$，因此也有固定值，随元素不同而异，这种具有特征能量值的电子称为俄歇电子(AUE)。利用俄歇电子进行元素分析的仪器称谓俄歇电子能谱仪(AES)。俄歇电子具有以下特点。

1. 适于分析轻元素及超轻元素

因为这些元素的特征 X 射线产额很低，例如 Al($Z = 13$) 的 δ_x 为 0.040，而 $C(Z = 6)$ 的 δ_x 只有 0.000 9，相应的信息强度十分微弱。而这类元素俄歇电子产额很高，因此，用其进行成分分析时灵敏度远远优于 X 射线。

2. 适于表面薄层分析

尽管俄歇电子的发射范围取决于入射电子的穿透能力，但真正能够保持其特征能量而逸出表面的俄歇电子却只限于表层以下 1nm 以内的深度范围。这个特点使俄歇电子具有表面探针的作用，可用于分析样品表面、晶界或相界面处的成分。

6.2.5 自由载流子形成的伴生效应

对于一些半导体、磷光体和绝缘体物质，当入射电子进入这些物质中时，也会发生内层电子的被激发游离。这个电子在激发过程中还可以通过碰撞电离，使满带电子被激发到导带中去，这样，就在满带和导带内产生大量电子和空穴等自由载流子。因为在物质中，电子-空穴对的形成会破坏局部的平衡，它有回复到平衡状态的趋势，并因物质不同而伴生不同的信息。

1. 产生阴极发光

对于磷光体物质，当入射电子在其中产生电子-空穴对后，如果陷住在导带中的负载流子(电子)发生跳回基态的复合过程，则将以发射光的形式而释放出能量，其波长大约在可见光到红外光范围之间，这种现象称为阴极发光。

对于不同种类固体，引致阴极发光的物理过程是不同的，但重要的是大多数阴极发光材料对杂质十分敏感，任何杂质原子分布的不均匀都可以造成阴极发光的强度差异，因此，应用阴极发光信息来检测杂质十分有效，它比 X 射线发射光谱的分析灵敏度高三个数量级。例如分析在 La_2O_3 中的杂质 Pr，其下限可到 5×10^{-8}。此外，利用阴极发光现象来鉴定物质相也十分有效。例如，渗入到钨中的氧化钍，可以观察到蓝色荧光，钢中夹杂物 AlN 发蓝光；Al_2O_3 发红光；$MgO \cdot Al_2O_3$ 发绿光；$6AL_2O_3 \cdot CaO$ 发蓝光等。因此，很容易鉴定出物质相。

2. 产生电子感生电导

对于半导体物质，当入射电子在其中产生电子-空穴对后，则在外加电场的作用下可以产生附加电导，这种效应称为电子感生电导(EBIC)，而 p – n 结对这些自由载流子的收集作用可以产生附加电动势，这种效应称为电子感生伏特。因为载流子的扩散迁移受扩散长度来控制，因此，利用这种效应就可以用来测量半导体中少数载流子的扩散长度和寿命。

6.2.6 入射电子和晶体中电子云相互作用

原子在晶体中的分布是长程有序的，因此，我们可以把金属晶体看作是一种等离子体，即一些正离子基本上是处于晶体点阵的固定位置，而价电子构成流动的电子云，漫散在整个晶体空间中，并且在晶体空间中正离子与电子分布基本上能保持电荷中性。

当入射电子通过晶体空间时，在它的轨道周围的电中性会被破坏，使电子云受到排斥作用，而在垂直于入射电子的轨道方向上作径向发散运动，结果，在电子路径近旁形成正电区域，而在较远处形成负电区域，如图6-7所示。

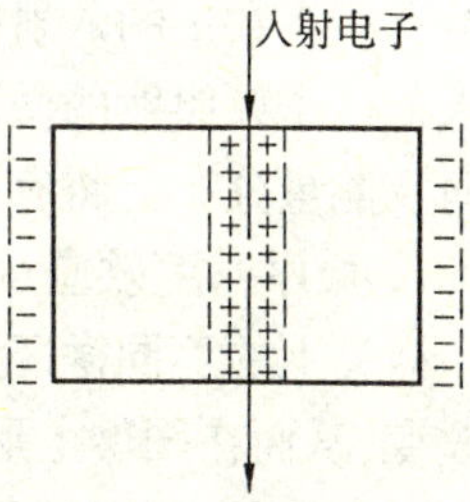

图6-7　入射电子引起电子云的集体振荡

当这种径向扩散运动超过电中性要求的平衡位置时，则在入射电子的轨道周围变成正电性，又会使电子云受到吸引力向相反方向作径向向心运动。当超过其平衡位置后，又再度产生负电性，迫使入射电子周围的电子云再作一次径向发射运动，如此往复不已，造成电子云的集体振荡现象，称为等离子激发。入射电子导致晶体的等离子激发也会伴随能量的损失（约几十电子伏特的数量级）。由于等离子振荡的能量也是量子化的，并有一定的特征能量值，因此，在等离子激发过程，入射电子的能量损失也具有一定的特征值，并随元素和成分的不同而异。例如在纯铝中，等离子激发所伴随着的能量损失为15.3eV。因为入射电子在晶体内的不同地点可以产生多于一次的集体振荡，因此，其能量损失可能是特征能量的整数倍。如果入射电子引起等离子激发后能逸出试样表面，则这种电子称为特征能量损失电子。若对这种电子信息进行能量测量，就可以进行成分分析，称为能量分析电子显微术；如果利用这种电子信息来成像，则称为能量选择电子显微术，这两种技术已在透射电子显微镜中应用。

6.2.7　入射电子和晶格相互作用

在物质晶格点阵中原子不是静止不动的，而是在节点平衡位置上作不断热振动，这种现象称为晶格振动。晶格振动的能量也是量子化的，它的能量量子称为声子，等于 $h\nu$（ν 是晶全振动的角频率），它的最大值约为0.03eV，这个值很小，热运动很容易激发声子，在常温下固体声子很多。由于晶格振动的波长可以小于1nm，因此，声子的动量可以相当大。

晶格对入射电子的散射作用也属于一种非弹性散射过程，被晶格散射后的电子也会损失部分能量，这部分能量被晶格吸收，结果导致原子在晶格中的振动频率增加，当晶格的振动回复到原来状态时，它将以声子发射的形式把这部分能量释放，这种现象称为声子激发。由此可见，入射电子和晶格的作用可以看作是电子激发声子或吸收声子的碰撞过程，碰撞后入射电子的能量改变甚微（约0.1eV），但动量改变可以相当大，即可以发生大角度散射。

如果入射电子经过多次声子散射后所损失的总能量约在10～100eV之间，便返回试样表面逸出，则这种电子称为低损失电子（LLE），它是产生电子通道效应的主要衬度来源。

6.2.8　周期脉冲电子入射的电声效应

当高能电子进入试样内部而发生物质相互作用时，除了损失部分能量外，还有大约40%～80%的能量转换为热，结果，导致在试样中电子扩散区域的温度升高。一般来说，当入射电子是采取连续扫描方式照射试样时，则由这种电子能量损失所转换成的热是一种无用的信息。但是，如果入射电子是采取周期脉冲方式照射试样，而且频率极高（例如频率在100kHz～5MHz间），就会在试样中产生声波，这种现象称为电声效应。近年来扫描电镜所发展的新成像技术中，由电声效应所产生的声波信息也是十分重要的成像信息。

6.2.9 透射电子(TE)

如果样品是薄膜,例如厚度为几十至几百纳米,比入射电子的有效穿透深度小得多,就会有相当数量的入射电子穿透样品被装在样品下方的检测器接收,叫做透射电子。若受入射电子束照射的微区在厚度、晶体结构或成分上有差别,则在透射电子的强度、运动方向及能量分布上将有所反映。

1. 质厚衬度效应

样品上的不同微区无论是质量还是厚度的差别,均可引起相应区域透射电子强度的的改变,从而在图像上形成亮暗不同的区域,这一现象称为质厚衬度效应。利用这种效应观察复型样品,可以显示出许多在光学显微镜下无法分辨的组织形貌细节。

2. 衍射效应

入射电子束通常都是波长恒定的单色平面波,照射到晶体样品上时会与晶体物质发生弹性相干散射,使之在一些特定的方向由于相位相同而加强,但在其他方向却减弱,这种现象称为衍射。与晶体物质对 X 射线的衍射规律相同,其衍射条件由布拉格方程给出

$$2d\sin\theta = \lambda \tag{6-7}$$

式中,d 为样品晶体的晶面间距;λ 为入射电子的波长;θ 为入射束与晶面的掠射角。

当 λ 已知时,测出产生衍射效应的一系列掠射角的大小,即可求出相应的晶面间距 d 值数列,从而确定样品晶体的结构。对于已知结构的晶体,还可以通过衍射效应确定晶体的空间方位及与相邻晶体间的位向关系,为研究金属相变及形变过程中的结构变化提供了有力的手段。

3. 衍衬效应

在同一入射束照射下,由于样品相邻区域位向或结构不同,以致衍射束(或透射束,二者强度互补)强度不同而造成图亮度差别(衬度),称为衍衬效应。它可显示单相合金晶粒的形貌,或多相合金中不同相的分布状况,以及晶体内部的结构缺陷等。

第7章　透射电子显微分析

在电子光学微观分析仪器中，透射电镜不仅历史久，发展快，而且应用范围也最广。20世纪30年代末期，透射电镜就已初步定型生产，并已达到分辨率优于2nm的水平。到40年代末，透射电镜的主体已基本定型。

1936年Scherzer首次指出电镜中存在C_s（物镜球差系数）和C_c（物镜色差系数），于1947年又提出电镜分辨率受C_s和C_c的限制，即$D_P = 0.67C_s^{1/4}\lambda^{3/4}$（Scherzer关系式），并指出用多极场可以补偿物镜的C_s和C。从此，为了提高电镜分辨率，发展超高压电子显微镜和减小球差，成为电镜制造商努力追求的方向。随着极靴的改进，20世纪80年代末物镜的球差已降低到0.5mm。1990年，Rose又提出由两个六极校正器和四个电磁透镜组成的新型校正器后，物镜球差得到明显改善。由于新校正器可把物镜球差减小到0.05mm，因此电镜分辨率由0.24nm提高到优于0.14nm。

近几年，透射电镜（TEM）发展的一个共同趋势是计算机一体化控制。目前，计算机控制电子显微镜CAEM（Computer Assisted Electron Microscopy）的发展，已达到除装卸试样外，几乎全部操作可用计算机鼠标控制，而且其他多个附件如扫描、EDS、EEILS和GIF等可用一台计算机控制。日本电子公司开发了新的JEM2100FEF型电子显微镜。Philips公司也开发了新的FEI-TECNAI电镜，这类电镜全部采用数字控制，以Microsoft Windows NT操作系统为用户界面，用一个鼠标、键盘和监视器。控制电镜和所有控测器系统包括，TV相机、EDS、EELS、GIF和STEM的全部参数。由于CAEM的发展，不仅可使无TEM操作经验者，也能顺利地完成电镜的合轴、消像散和调整焦距等工作，并使其能达到拍摄高质量图像的要求。比人工操作更快捷，能达到更高的精度。

随着电镜操作的计算机化及因特网（Internet）的发展，遥控电镜已成为可能。

(1)在美国能源部（DOE）的资助下，从1997年起实施一项战略性的研究项目成立，“DOE2000-材料显微表征联合实验室”（MMC　Materials Microcharacterization Collaboratory）。其目的是充分利用DOE的人力和设备资源，解决复杂的科学难题。该研究项目将通过因特网，把DOE内的贵重仪器设备联接起来，在实验、软件开发、模拟计算和测量等方面进行大协作，不同地方的专家在讨论如何进行实验、分析实验结果和共享数据等方面得到益处。MMC把分布在美国东、西、北的NIST（国家标准和工艺研究所）、LBNL（Lawarence-Berkeley国家实验室）、ANI（Argonne国家实验室）、ORNL（Oak-Ridge国家实验室）和Illinois大学联成一体，不仅把电子束显微表征手段，而且把LBNL和ORNL的中子和X射线分析设备联成一体，还有工业界的公司也参加了此项合作计划。

遥控电镜是MMC计划的基础。现在，MMC的伙伴已经开发遥控电镜的多种界面，例如，用户可以摇控LBNL的Kratos EM1500电镜，也可以从Leheigh大学使用ORNI的HF2000FEG-TEM，也可以使用设在休斯顿国家微分子像中心（NCMI）的JEM4000EX高分辨电镜。该电镜除了1K×1K的CCD外,为寻找视场还配有TV像机。为了控制电子显微镜的CCD相机,用户将启动Macintosh的Digital Micrograph软件,通过www可观察“检查(寻找)样品模式的像”(search mode image)。遥控用户通过电话把选择的样品移送到电镜后,在网络屏幕上获取JEM 4000EX电镜CCD上的高质量图像,也可以通过遥控把电镜置于衍射模式后,获得同一视场的电子衍射图。荷兰Utrecht大学,也通过www与德国马普研究所的CM200 FEG -STEM建立了自动数据采集系统。尽管目前仅开发了各自的界面,但正在逐步向基于Java和CORBA的公共界面发展。

(2)1996年10月,日本Tohoku大学的Shindo等人,建立了称为“EMILIA”(电子显微像档案库)的图像数据库,可通过因特网查阅其内容。在“EM Galley”中,已存入40幅以上陶瓷、超导、有序合金和准晶体的缺陷、界面和表面的高分辨像,如位错、晶界、异质界面、表面和其他缺陷的HREM像。在EM Technique”中,存储几种小微粒和新的记录设备,如成像板特征的说明等,将来还可以提供样品制备和TEM的原理等信息。

HREM已成为直接观察纳米材料原子结构的有效工具,其未来的发展趋势是:①在实空间完成纳米材料的三维分析;②观察动态过程;③在纳米尺度获取成分和物理信息。Tanaka等人利用配有高灵敏度SIT-TV相机、各种样品台、UHV样品制备腔和数字录像系统的JEM 2100电镜,对纳米材料如团簇、表面和界面开展了表面扩散过程、晶界迁移、氧化物生长及纳米碳管疲劳过程的直接观察等;还可以进行纳米电子束加工和原位观察,最小的加工尺寸达0.83nm^2,间距0.63nm。

7.1 透射电镜的结构及应用

7.1.1 透射电镜的结构

尽管目前商品电镜的种类繁多,高性能多用途的透射电镜不断出现,但其成像原理相同,结构类似。图7-1所示为透射电镜外观照片,图7-2是电镜镜筒剖面示意图。下面将各部分的组成及作用简介如下。

1.电子光学部分

整个电子光学部分完全置于镜筒之内,自上而下顺序排列着电子枪、聚光镜、样品室、物镜、中间镜、投影镜、观察室、荧光屏、照相机构等装置。根据这些装置的功能不同又可将电子光学部分分为照明系统、样品室、成像系统及图像观察和记录系统。

(1)照明系统

照明系统由电子枪、聚光镜和相应的平移对中及倾斜调节装置组成。它的作用是为成像系统提供一束亮度高、相干性好的照明光源。为满足暗场成像的需要,照明电子束可在2°~3°范围内倾斜。

①电子枪。电子枪通常采用发夹式热阴极三极电子枪,它由阴极、栅极和阳极构成。在真空中通电加热后使从阴极发射的电子获得较高的动能形成定向高速电子流。有的新型电镜还采用六硼化镧(LaB_6)及场发射电子枪,它们的寿命、亮度、能量分散和机械性能稳定性均优于钨丝三极电子枪。

②聚光镜。聚光镜的作用是会聚从电子枪发射出来的电子束,控制照明孔径角、电流

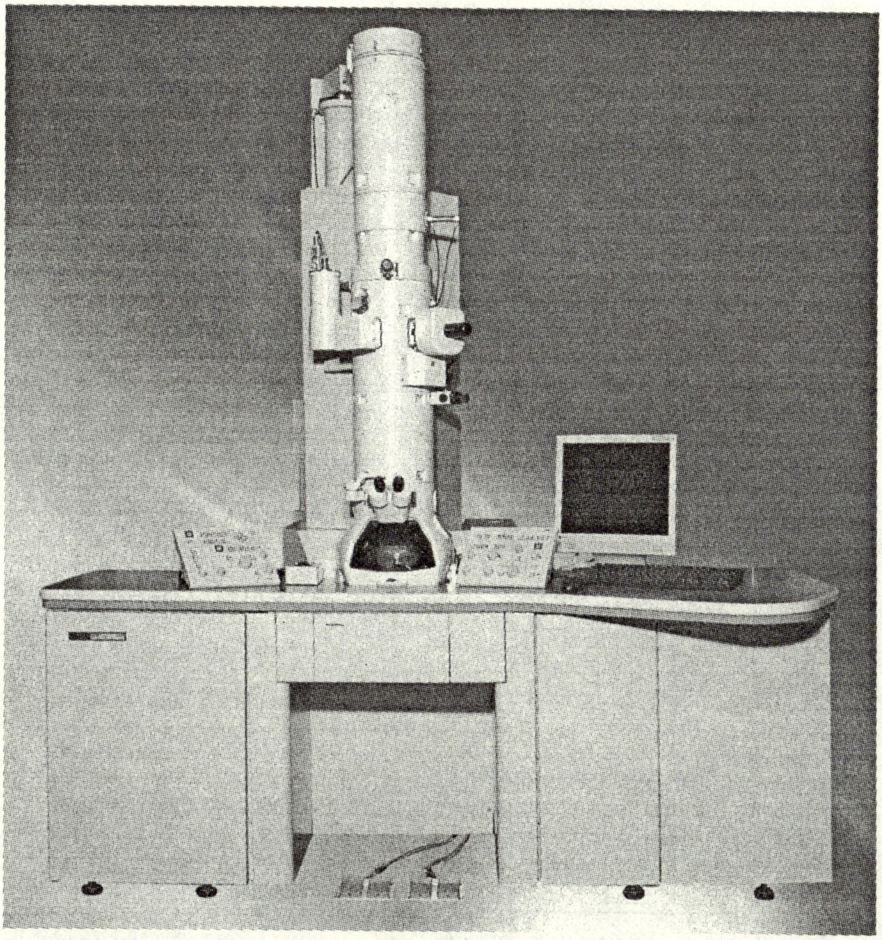

图 7-1 JEM-2100 透射电镜外观照片

密度和光斑尺寸。几乎所有的高性能电镜都采用双聚光镜,这两个透镜一般是个整体。其中第一聚光镜为短焦距强激磁透镜,可将光斑缩小为二十至六十分之一,使照明束直径降为 0.2~0.75μm;第二聚光镜是长焦距磁透镜,放大倍数一般是 2 倍,使照射在试样上的束径增为 0.4~1.5μm 左右。在第二聚光镜下面径向插入一个孔径 20~400μm 多孔的活动光阑,用来限制和改变照明孔径角。为了使投射到样品上的光斑较圆,在第二聚光镜下方装有机械式或电磁式消像散器。

(2)样品室

样品室中有样品杆、样品杯及样品台。透射电镜样品一般放在直径 3mm、厚 50~100μm 的载网上,载网放入样品杯中。样品台的作用是承载样品,并使样品能在物镜极靴孔内平移、倾斜、旋转以选择感兴趣的样品区域进行观察分析。样品台有顶插式和侧插式两种,一般高分辨型电镜采用顶插式样品台。分析型电镜采用侧插式样品台。最新式的电镜上还装有双倾斜、加热、冷却和拉伸等样品台以满足相变、形变等动态观察的需要。

(3)成像系统一般由物镜、中间镜和投影镜组成。物镜的分辨本领决定了电镜的分辨本领,因此为了获得最高分辨本领、最佳质量的图像,物镜采用了强激磁、短焦距透镜以减

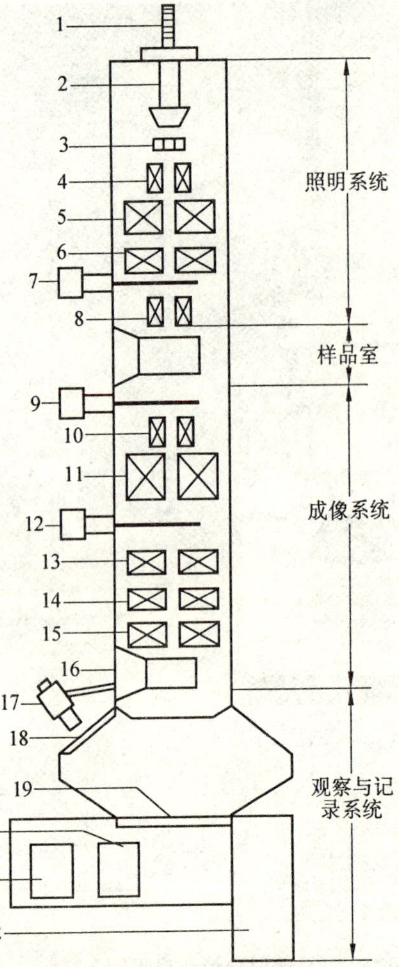

图 7－2 电镜镜筒剖面示意图
1— 高压电缆
2—电子枪
2— 阳极
4—束流偏转线圈
5—第一聚光镜
6—第二聚光镜
7—聚光镜光阑
8—电磁偏转线圈
9—物镜光阑
10—物镜消像散线圈
11—物镜
12—选区光阑
13—第一中间镜
14—第二中间镜
15—第三中间镜
16—高分辨衍射室
17—光学显微镜
18—观察窗
19—荧光屏
20—发片盒
21—收片盒
22—照相室

少像差，还借助于孔径不同的物镜光阑和消像散器及冷阱进一步降低球差，改变衬度，消除像散，防止污染以获得最佳的分辨本领。中间镜和投影镜的作用是将来自物镜的图像进一步放大。

(4)图像观察与记录系统

该系统由荧光屏、照相机、数据显示等组成。新型机构均配有 CCD 相机及图像处理和存储系统。

2.真空系统

真空系统由机械泵、油扩散泵、换向阀门、真空测量仪表及真空管道组成。新的机型采用涡轮分子泵、离子泵取代机械泵和油扩散泵，其作用是排除镜筒内气体，使镜筒真空度至少要在 10^{-3}Pa 托以上，目前最好的真空度可以达到 $10^{-7} \sim 10^{-8}$Pa。如果真空度低的话，电子与气体分子之间的碰撞引起散射而影响衬度，还会使电子栅极与阳极间高压电离导致极间放电，残余的气体还会腐蚀灯丝，污染样品。

3.供电控制系统

加速电压和透镜磁电流不稳定将会产生严重的色差及降低电镜的分辨本领，所以加速电压和透镜电流的稳定度是衡量电镜性能好坏的一个重要标准。

透射电镜的电路主要由高压直流电源、透镜励磁电源、偏转器线圈电源、电子枪灯丝加热电源，以及真空系统控制电路、真空泵电源、照相驱动装置及自动曝光电路等部分组成。另外，许多高性能的电镜上还装备有扫描附件、能谱议、电子能量损失谱等仪器。

7.1.2 透射电镜成像原理

阿贝光学显微镜衍射成像原理也适用于电子显微镜，而且更有重要的现实意义。因为被观察的物是晶体，我们不但可以在物镜的像平面上获得物的放大了的电子像，还可以在物镜的后焦面处得到晶体的电子衍射谱，图 7 – 3 为阿贝衍射像原理示意图。

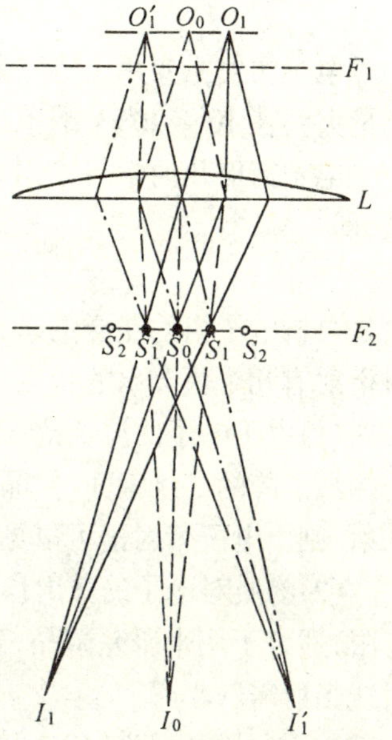

图 7 – 3 阿贝衍射成像原理

根据阿贝的理论，在一平行光束照射到一光栅上时，除了透射束也就是 0 级衍射束外，还会产生各级衍射束，经过透镜的聚焦作用，在其后焦面上产生衍射振幅的极大值，即图 7 – 3 中的… S_1'，S_0，S_1 …各级衍射谱。每一个振幅极大值都可以认为是一个次级振动中心，由这里发出的次级波在像平面上相干成像。例如图 7 – 3 中的像点 I_1、I_1' 就是物点 O_1、O'_1 的像，换句话说，透镜的成像作用可以分为两个过程：第一个过程是平行电子束遭到物的散射作用而分裂成为各级衍射谱，即由物变换到衍射的过程；第二个过程是各级衍射谱经过干涉重新在像平面上会聚成诸像点，即由衍射重新变换到物（像是放大了的物）的过程。这个原理完全适用于透射电镜的成像作用，晶体对于电子束就是一个三维光栅。

在电子显微镜中，物镜产生的一次放大像还要经过中间镜和投影镜的放大作用而得到最终的三次放大像，如图 7 – 4 所示。中间镜的物平面与物镜的像平面重合，投影镜的物平面与中间镜的像平面重合。中间镜把物镜给出的放大像投射到投影镜的物平面上，再由投影镜把它投射到荧光屏上。显然，三次放大图像的总放大倍率 $M_{总}$ 为

$$M_{总} = M_{物} \cdot M_{中} \cdot M_{投} \qquad (7-1)$$

式中，$M_{物}$，$M_{中}$，$M_{投}$ 分别为物镜、中间镜、投影镜的放大倍数。

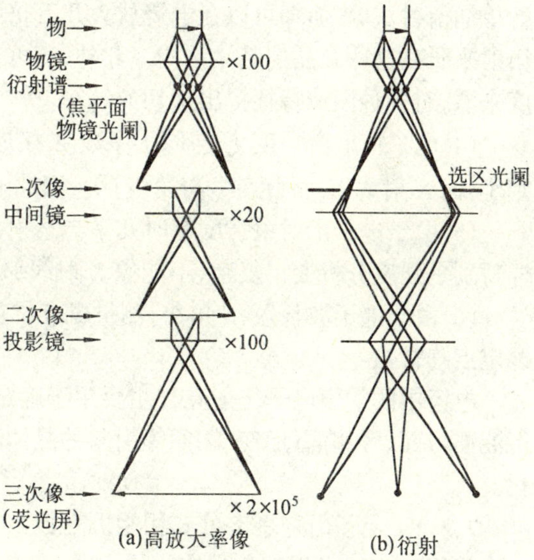

图 7 – 4 三次放大成像

既然根据阿贝成像理论在物镜的后焦面上有衍射谱，就可以通过减弱中间镜电流来增大其物距，使其物平面与物镜的后焦面相重，这样就可以把物镜产生的衍射谱投射到中间镜的像平面上，得到一次放大了的电子衍射谱，再经过投影镜的放大作用，最后在荧光

屏上得到二次放大的电子衍射谱。

7.2 电子衍射

电子衍射主要用于研究金属、非金属及有机固体的内部结构和表面结构，所用的电子能量大约在 $10^2 \sim 10^6$eV 的范围内。

电子衍射几何学与 X 射线完全一样，都遵循布拉格方程所规定的衍射条件和几何关系，即

$$2d\sin\theta = \lambda \tag{7-2}$$

它是分析电子衍射花样的基础。衍射方向可以用埃瓦尔德球作图求出。电子衍射比 X 射衍射有几个更突出的特点

(1)由于电子的波长比 X 射线短得多，故电子衍射的衍射角也小得多，其衍射谱可视为倒易点阵的二维截面，使晶体几何关系的研究变得简单方便。如电子束沿晶体对称轴入射，则由电子衍射谱可以见到晶体的对称性。

(2)物质对电子的散射作用强，约为 X 射线的一百万倍，因而它在物质中的穿透深度有限，适合于用来研究微晶、表面和薄膜的晶体结构。摄照时，曝光只需数秒即可，而 X 射线衍射需数小时

(3)电子衍射使得在透射电镜下对同一试样的形貌观察与结构分析同时来研究成为可能。例如，矿石的晶体、合金中相只有几微米，甚至几十纳米(nm)，不可能用 X 射线进行单晶衍射试验，但却可以在电镜放大几万倍的情况下把这些晶体挑选出来，用选区电子衍射来研究这些微晶的晶体结构。此外，还可借助衍射花样弄清薄晶样品衍衬成像的衬度来源，对各种图像特征提出确切的解释。

(4)电子衍射谱强度 I_e 与原子序数 Z 接近线性关系，重轻原子对电子散射本领的差别小；而 X 射线衍射强度 I_X 与 Z^2 有关，因此电子衍射有助于寻找轻原子的位置。

(5)由于电子衍射束强度有时几乎与透射束相当，以致两者产生交互作用，使衍射花样特别是强度分析变得复杂，不能像 X 射线那样通过测量强度来测定结构。

(6)由于电子波长短，θ 角小，测量斑点位置精度远远比 X 射线低，因此很难用于精确测定点阵常数。

电镜中的常规电子衍射花样主要用于确定物相和它们与基体的取向关系；材料中的沉淀惯习面、滑移面；形变、辐照等引起的晶体缺陷状态，如有序、无序、调幅分解等结构变化。

7.2.1 电子衍射基本公式和相机常数

解释 X 射线衍射现象的布拉格定律，完全适用于解释电子衍射。布拉格定律通常可以写成更一般的形式

$$2d_{hkl}\sin\theta = \lambda \tag{7-3}$$

式(7-3)还可改写成下列形式

$$\sin\theta = \frac{\frac{1}{d_{hkl}}}{\frac{2}{\lambda}} \tag{7-4}$$

只要满足这个关系，就获得了产生衍射极大的条件，即布拉格条件。鉴于半圆内的任意内接三角形均为直角三角形，可以将(7－4)式表示成被称为厄瓦尔德球构图的图形，如图7－5。

置试样于球心 O 处，沿入射电子束方向的直径下端 O^* 处，引长度为 $\frac{1}{d_{hkl}}$ 的一系列矢量，只要矢量端点落在这个直径为 $\frac{2}{\lambda}$ 的球面上，则该矢量满足(7－4)式。该矢量所代表的晶面组便是满足布拉格条件的，在出射的 θ 角方向产生衍射极大。

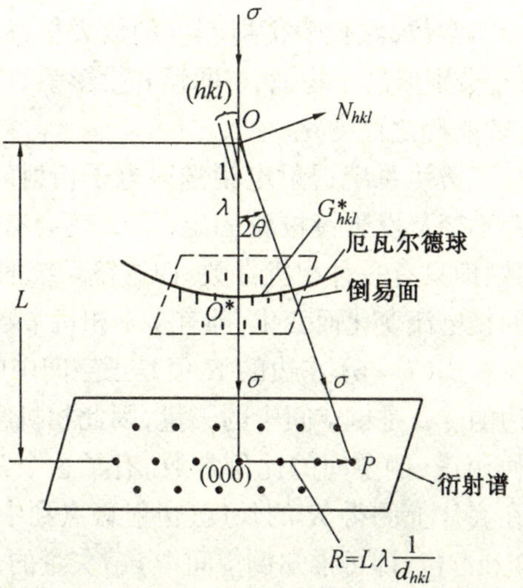

图7－5　表示布拉格方程的厄瓦尔德球构图

上述分析赋予了长度为 $1/d_{hkl}$ 的矢量以实际意义，它代表一组晶面，而且其方向垂直于晶面。晶体中(hkl)晶面无穷多，因此 $1/d_{hkl}$ 值的许多矢量，组成一个矢量空间，称为倒易空间。

有了布拉格定律的几何表示法——厄瓦尔德球构图，可以方便并直观地理解晶面满足布拉格条件的衍射几何关系。这对于分析电子衍射谱，解释衍衬图像中的晶体几何关系，提供了方便。

图7－6是普通电子衍射装置示意图。晶体样品的($h_ik_il_i$)晶面处于符合布拉格衍射条件的位置，在荧光屏上产生衍射斑点 P'，可以证明

$$R_{hkl}\, d_{hkl} = L\lambda \tag{7-5}$$

式中，R_{hkl} 为衍射斑与透射斑距离；d_{hkl} 为($h_ik_il_i$)晶面的晶面间距；λ 为入射电子束波长；L 为样品到底版的距离。

因为

$$|\boldsymbol{g}_{hkl}| = \frac{1}{d_{hkl}}, \quad \boldsymbol{R} \mathbin{/\mkern-6mu/} \boldsymbol{g}_{hkl} \tag{7-6}$$

所以

$$\boldsymbol{R}_{hkl} = \lambda L \boldsymbol{g}_{hkl}$$

通常 L 是定值，而 λ 只取决于加速电压 E 的大小，因而在不改变 E 的情况下 $K = L\lambda$ 是常数，叫做电子衍射相机常数，相机常数是电子衍射装置的重要参数。对一个衍射花样若知道 K 值，则只要测量出 R 值就可求出 d 值，从而为花样指数化打下基础，这个公式就是电子衍射基本公式。

对透射电镜选区电子衍射而言，在物镜后焦面上得到第一幅衍射花样。此时物镜焦距 f_0 就相当于电子衍射装置中的相机长度 L_0。对三透镜系统，第一幅衍射花样又经中间镜与投影镜两次放大，此时有效镜筒长度实际上是

$$L' = f_0 M_i M_p \qquad (7-7)$$

式中，f_0 为物镜焦距；M_i 为中间镜放大倍数；M_p 为投影镜放大倍数。

这样公式 $Rd = L\lambda$ 变为 $Rd = L'\lambda = K'$，K' 称为有效相机常数，它代表衍射花样的放大倍率。因为 f_0、M_i 和 M_p 分别取决于物镜、中间镜和投影镜的激磁电流，所以 K' 将随之而变化。

三透镜系统透射电镜选区电子衍射时，只要物镜焦距不变及投影镜极靴固定，那么就会有固定的放大倍数，即只有一种相机常数。四透镜系统的相机常数随中间镜电流变化而变化，即有多个相机常数。

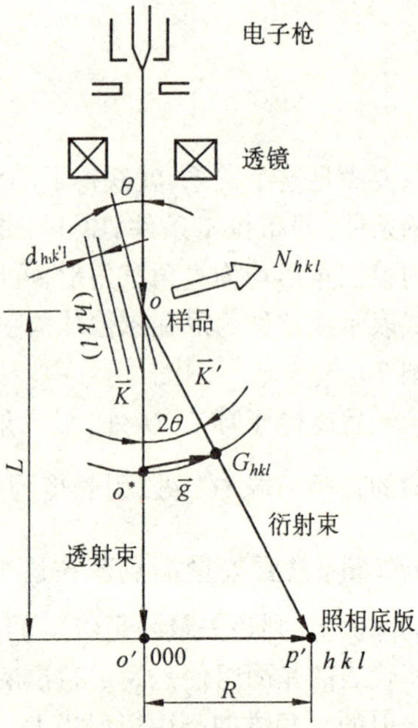

图 7－6　普通电子衍射装置示意图

在式(7－6)左边的 $\boldsymbol{R}$ 值是正空间中的矢量，而式右边的 $\boldsymbol{g}_{hkl}$ 是倒空间中的矢量，因此相机常数 λL 是一个协调正、倒空间的比例常数。有了这个常数，我们只要在底片上测得 $\boldsymbol{R}$ 的长度(衍射斑点到中心斑点的距离)和方位，即可推知倒空间中 $\boldsymbol{g}_{hkl}$ 矢量的大小和方向。在进行衍射操作时，入射电子束和样品相遇，通常有多组晶面产生布拉格衍射，在底片上可得到一系列的斑点。由中心斑点向各衍射斑点的连线代表了各个 $\boldsymbol{R}$ 矢量，$\boldsymbol{R}$ 矢量的排布方式和倒易空间中各矢量的排布方式是相似的。照片上得到的衍射花样间接地反映了倒易空间的阵点排列方式。把各 $\boldsymbol{R}$ 矢量除以相机常数后，即可求得倒空间中各 $\boldsymbol{g}_{hkl}$ 矢量的大小和方向，再根据正、倒空间的坐标转换，即可推知正空间中各衍射晶面的相对方位。

电子衍射情况下，$\lambda \approx 10^{-3}$ mm，例如 100 kV 下，$\lambda = 0.0037$ nm，对金属晶体的低指数反射而言，λ 为 0.1 mm 数量级，容易估计出 $\sin\theta = \dfrac{\lambda}{2d} \approx 10^{-2}$。这就是说，衍射角 $\theta \approx 10^{-2}$ rad，小于 1°，即使稍高的反射指数，也不过两度上下。因此底片上各斑点对应的晶面组均可近似视为垂直于底片。所以不难理解，一张衍射底片上各斑点对应的晶面，同属于晶带轴方向平行于电子束方向的一个晶带。

测定相机常数通常采用两种方法，即利用金膜测定相机常数和利用已知晶体结构晶体的衍射花样测定相机常数。

1. 利用金(Au)膜测定相机常数

为了得到较精确的相机常数 $L\lambda$，常采用已知点阵常数的晶体样品(Au，A1 等)摄取衍射花样并指数化，所测得的花样的 R 与已知的相应间距 d 的乘积即为 K' 值。

图 7－7 是在 200kV 加速电压下拍得的金环，从里向外测得直径 $2R_1 = 17.46$mm，$2R_2 = 20.06$mm，$2R_3 = 28.64$mm，$2R_4 = 33.48$mm。已知金具有面心立方晶体结构，从里向外第一环的指数是(111)、第二环是(200)、第三环是(220)、第四环是(311)。由 X 射线精确测定结果可知，相应这四个晶面族的面间距为

$$d_{111} = 0.2355\text{nm},\ d_{200} = 0.2039\text{nm},\ d_{220} = 0.1442\text{nm},\ d_{311} = 0.1230\text{nm}$$

由于

$$Rd = L\lambda$$

故

$$(L\lambda)_1 = R_1 d_{111} = 8.73 \times 0.235\,5 = 2.055\,9\text{mm} \cdot \text{nm}$$

$$(L\lambda)_2 = R_2 d_{200} = 10.03 \times 0.203\,9 = 2.045\,1\text{mm} \cdot \text{nm}$$

$$(L\lambda)_3 = R_3 d_{220} = 14.32 \times 0.144\,2 = 2.064\,9\text{mm} \cdot \text{nm}$$

$$(L\lambda)_4 = R_4 d_{311} = 16.74 \times 0.123\,0 = 2.059\,0\text{mm} \cdot \text{nm}$$

一般情况下取 3 ~ 4 个 $L\lambda$ 的平均值即可。

$$\overline{L\lambda} = (2.055\,9 + 2.045\,1 + 2.064\,9 + 2.059\,0)/4 = 2.056\,2\text{mm} \cdot \text{nm}$$

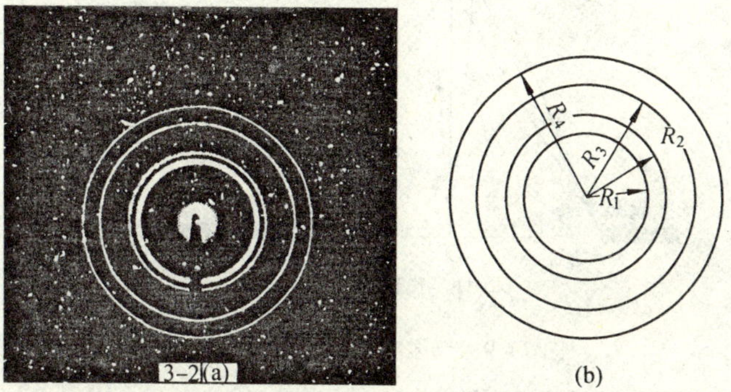

图 7-7　多晶金衍射花样

2.利用已知晶体的衍射花样测定相机常数

对金属薄膜进行衍射分析时，在衍射谱中总包含有基体金属的衍射谱，而基体金属的晶体学数据往往是已知的，因此可用来计算相机常数，然后再用此相机常数计算未知相的结构。图 7-8 是 09SiMnCrMo 钢经 730℃ 等温 3min 后水淬所得板条马氏体组织的金属薄膜衍射谱，此时，基体是马氏体（α-Fe）。对马氏体斑点指数化后测得透射斑到（011）斑点的距离为 10.3mm，$d_{011} = 0.202\,7$nm，则 $L\lambda = 10.3\text{mm} \times 0.2027\text{nm} = 2.0878\text{mm} \cdot \text{nm}$。这种办法在金属薄膜衍射分析计算时是经常采用的。

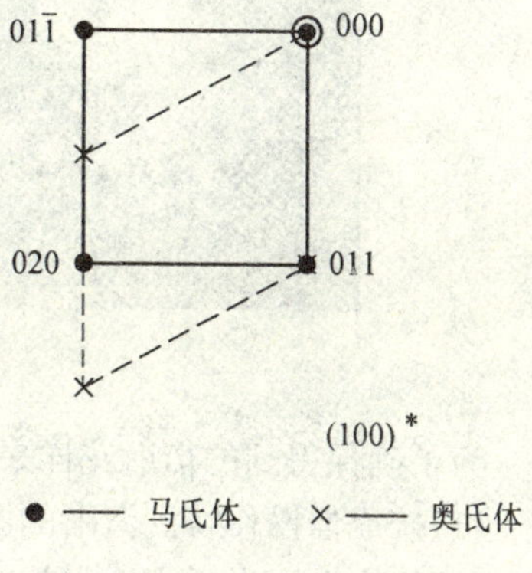

图 7-8　金属薄膜衍射谱

此外，根据电子衍射时给出的相机长度 L 及波长也可计算出相机常数。例如图 7-9 中衍射时的相机长度 $L = 0.8$m，200kV 加速电压的 $\lambda = 0.00\,251$nm，$Rd = L\lambda = 800\text{mm} \times 0.00251\text{nm} = 2.008\text{mm} \cdot \text{nm}$。值得注意的是，因为加速电压、激磁电流的微小变化将引起 L 和 λ 变化，因此相机常数值并不是很准确的，但仍可作为计算时的参考。

7.2.2　选区电子衍射

在电镜成像过程中，如果在物镜像平面处插入一个孔径可变的选区光阑，让光阑孔只套住我们感兴趣的那个微区，那未光阑孔以外的成像电子束将被挡住，只有该微区的成像电子才能通过光阑孔进入中间镜和投影镜参与成像。这时,我们把成像操作变为衍射操作(如图 7-9)。荧光屏上将显示出该微区的晶体产生的衍射花样,从而实现了选区观察与衍射的对应(如图(7-10)。

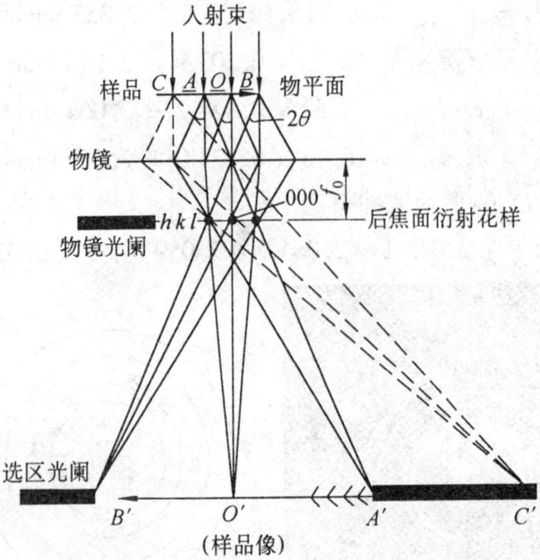

图 7-9　选区电子衍射原理

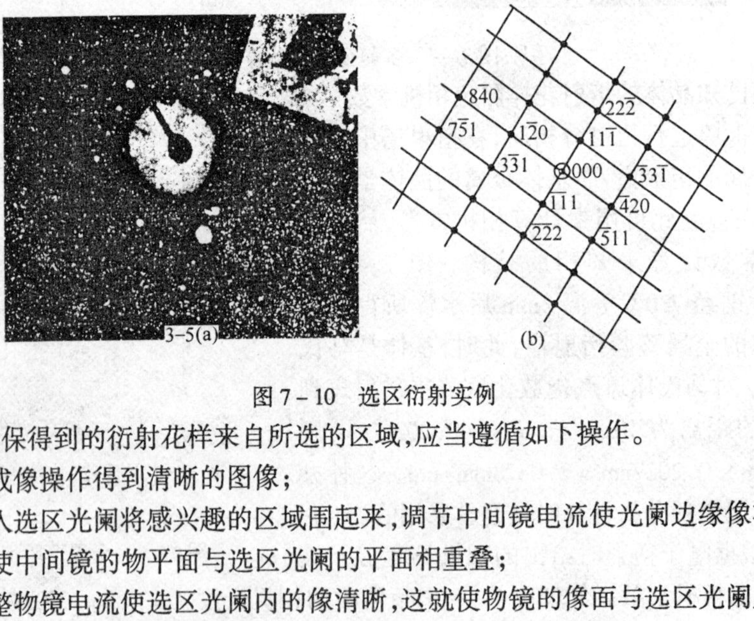

图 7-10　选区衍射实例

为了确保得到的衍射花样来自所选的区域,应当遵循如下操作。

(1)按成像操作得到清晰的图像;

(2)加入选区光阑将感兴趣的区域围起来,调节中间镜电流使光阑边缘像在荧光屏上清晰,这就使中间镜的物平面与选区光阑的平面相重叠;

(3)调整物镜电流使选区光阑内的像清晰,这就使物镜的像面与选区光阑及中间镜的物面相重,保证了选区的精度;

(4)抽出物镜光阑,减弱中间镜电流,使中间镜物平面上移到物镜后焦面处,这时荧光屏上就会看到衍射花样的放大像,再稍微调整中间镜电流,使中心斑点变得最小最圆即可;

(5)减弱聚光镜电流以减小入射电子束的孔径角,得到更趋近平行的电子束,这样可以进一步减小焦斑尺寸。

图 7-11 是按上述步骤对 50B 钢中析出物颗粒作的选区衍射，经过分析计算，确定此析出相为 $Fe_{23}(CB)_6$ 化合物。

由于在拍摄电子显微像及衍射谱时使用的中间电流不同，因此两者在中间镜磁场中的旋转角也不同，即使是非常细心的操作，也难以避免像与衍射有一定的相对转动。此外，电镜物镜的球差也会使各级衍射线产生位移。因此，在分析衍射花样时以下几点应引起注意。

(1)由物镜的球差引起的选区与衍射不对应情况是不可避免的，尤其在高指数衍射时更为严重。

(2)由于物镜的失焦会产生与选区相应的多余斑点或失去一些有价值的斑点，给图像的解释带来困难，因此在选区衍射时，必须进行正确且谨慎的操作。

(3)由于上述原因，当选区接近晶界、孪晶界弯折区时，在中心透射斑点两侧常会呈现两套不同的衍射谱，在解释此类衍射谱时，必须考虑选区与衍射不对应性所带来的影响。

(4)为了避免由于相机常数 $L\lambda$ 的误差而影响衍射精度的最有效措施是使用内标法，就是把标准物质，例如 Au，Al 等，通过蒸发喷镀的方法蒸发到待测样品上，从而在同等条件下在一张底片上得到标准物质和待鉴定物的电子衍射谱，由标样的 Rd 求出 $L\lambda$，由此求出待鉴定物的各个 d 值。

(5)由于磁透镜不可避免地有磁滞现象，磁滞引起的误差有时竟达 2%，因此在改变透镜电流大小时最好固定一定的操作程序，例如规定从高电流值减弱到低电流值。

7.2.3 常见的几种电子衍射谱

1.单晶电子衍射谱

单晶电子衍射谱是二维倒易点阵的投影，也就是由某一特征平行四边形平移所得的花样。同时，由于①晶体在电子束入射方向很薄，所有倒易阵点都在这个方向拉长成倒易杆；②电子束有一定的发散度，这相当于倒易点阵不动而入射电子束在一定角度内摆动；③薄膜试样弯曲，这相当于入射电子束不动而倒易点阵在一定角度内摆动。所有这些都增大了衍射线束与反射球面相截的可能性，因此只要被衍射的单晶试样足够薄时，就可以得到具有大量衍射斑点的单晶电子衍射谱，图 7-11 即为单晶电子衍射花样。

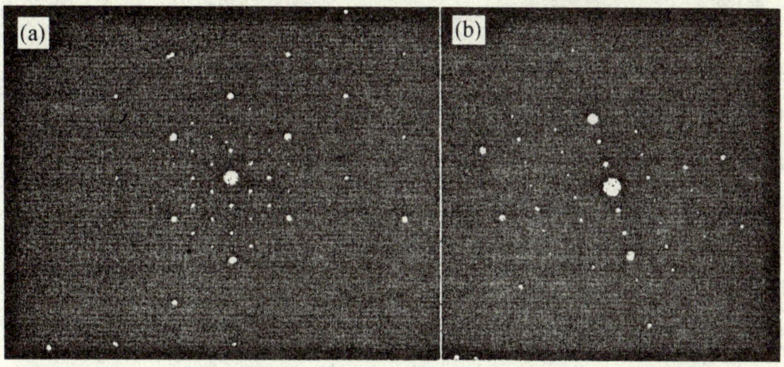

图 7-11 单晶电子衍射花样

由于单晶电子衍射谱直接反映晶体的倒易阵点配置，因此在研究晶体几何学关系时(如对称性、点阵参数大小…，特别是孪晶、相变等取向关系时)，具有直观、方便、快速等优点。

2. 多晶电子衍射谱(图 7-7)

当试样由许多完全混乱取向的小晶粒构成时,根据反射球构图和倒易点阵概念,完全无序的多晶体可看成是一个单晶围绕一点在三维空间内作 4π 球面度的旋转,因此多晶体的(hkl)晶面间距的倒数为半径的倒易球面。此倒易球面与反射球面相截于一个圆。所有能产生衍射的斑点都可扩展成圆环,因此多晶体的衍射花样是一系列同心的圆环。

3. 多次衍射谱

晶体对电子的散射能力很强,衍射束的强度往往与透射束强度相当。因此,衍射束又可以看成是晶体内新的入射束,继续在晶体中产生二次布拉格衍射或多次布拉格衍射,这种现象称为二次衍射或多次衍射效应。其电子法射谱是在一般的单晶衍射谱上出现一些附加斑点,这些二次衍射斑点有的可能与一次衍射斑点重合而使一次衍射斑点的强度出现反常,有的不重合,这就导致了出现一些通常结构因子为零的禁止反射的衍射斑点。当然,多次衍射效应给我们进行电子衍射谱的分析带来一定的干扰。

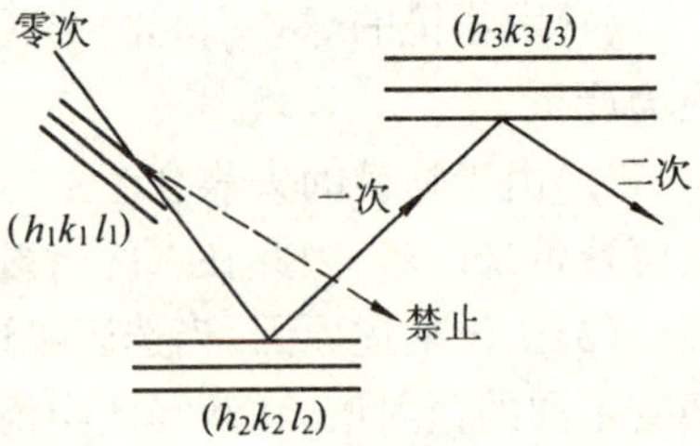

图 7-12　二次衍射效应产生的"禁止衍射"

如图 7-12 $(h_1k_1l_1)$,$(h_2h_2l_2)$ 和 $(h_3k_3l_3)$ 为同一单晶体中三个不同晶面族,假设由于消光作用,入射线经过 $(h_1k_1l_1)$ 时不产生衍射,但通过 $(h_2k_2l_2)$ 时正常地产生了一次衍射,由于其强度足够大,且方向作为 $(h_3k_3l_3)$ 的入射线正好满足布拉格条件,从而产生了二次衍射。这二次衍射看起来像是 $(h_1k_1l_1)$ 的一次衍射,通常标注为"(hkl) 禁止",其实这个斑点不是 $(h_1k_1l_1)$ 的贡献。

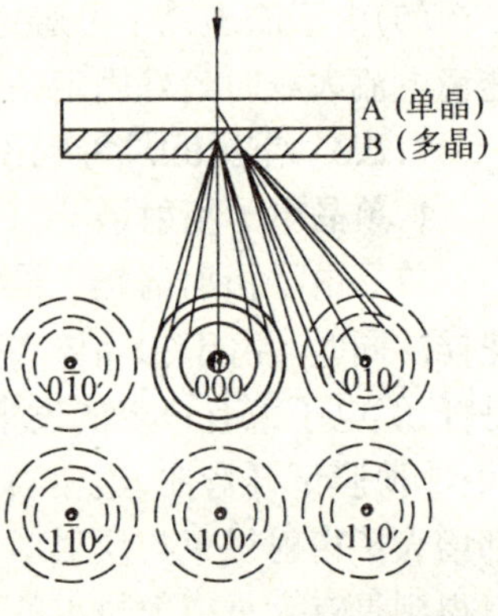

图 7-13　电子束通过单晶、孪晶试样时产生的电子衍射谱(实线实点为一次衍射,虚线为二次衍射)

此外,当电子束先后通过两片薄晶片时,也会产生二次电子衍射谱。例如,当电子束相继穿过单晶膜与多晶膜时(图 7-13),若单晶的晶带轴为[001],则电子通过单晶后,将得到 000,010,110… 等衍射束,这些衍射束和透射束又分别为多晶的入射束,产生二次衍射,从而在每个单晶衍射斑点周围都有一组多晶衍射环。由此可见,复膜的电子衍射谱可以看作是两套衍射谱的叠加,一套是单晶的一次衍射谱,另一套是多晶的一次衍射谱,然后把多晶的一次衍射谱的中心逐次移到各个单晶的一次衍射斑点上,叠加起来就得出包括二次衍射的电子衍射谱。

4. 高级劳厄带斑点

当晶体点阵常数较大(即倒易面间距较小),晶体试样较薄(即倒易点成杆状),或入射束不严格平行于低指数晶带轴时,埃瓦尔德球就有可能同时与几层相互平行的倒易面上的倒易杆相截,产生与之相应的几套衍射重叠的衍射花样。此时,应该用广义的晶带定律

$$hu + kv + lw = N \qquad (7-8)$$

来标定这些电子衍射斑点的指数,其中 $N = 0, \pm 1, \pm 2, \cdots$。当 $N = 0$ 时,称为零阶劳厄

带，也即是一般常见的简单电子衍射谱类型；$N\neq0$ 时，称为 N 阶劳厄带（高阶劳厄带）。N 阶劳厄带中的衍射斑点是与第 N 层（uvw）* 倒易面上的阵点相对应。由此可见，零阶与高阶劳厄带结合在一起就相当于二维倒易平面在三维空间中的堆垛。因此高阶劳厄带的分析对于相分析和研究取向关系极有用处，从一张电子衍射谱就可以得到三维倒易点阵的有关资料。

一般常见有下列三种形式的高阶劳厄带。

(1)对称劳厄带　当电子束与一族倒易平面｛uvw｝* 正交时，反射球与零层倒易平面（uvw）* 交截成中心小圆带，与上几层倒易平面（uvw）* 交截成不同半径的同心圆环带（见图 7 - 14）。在相应的电子衍射谱中，零阶劳厄带是一个中心小圆区，高阶劳厄带是半径不同的同心圆环带，带间或者只有很弱的斑点（由于倒易棒拉长所致），或者根本就没有斑点。

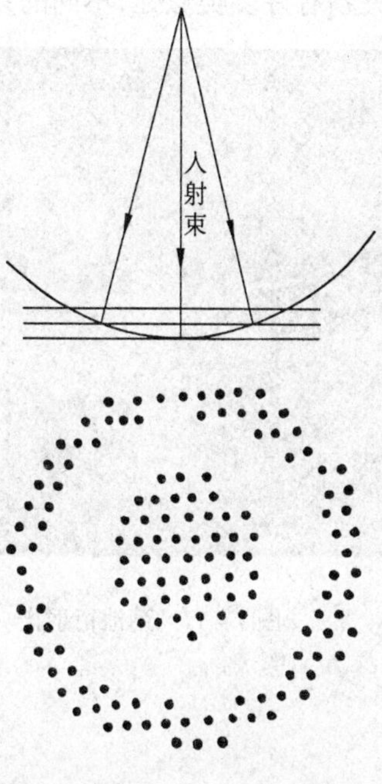

图 7 - 14　对称劳厄带

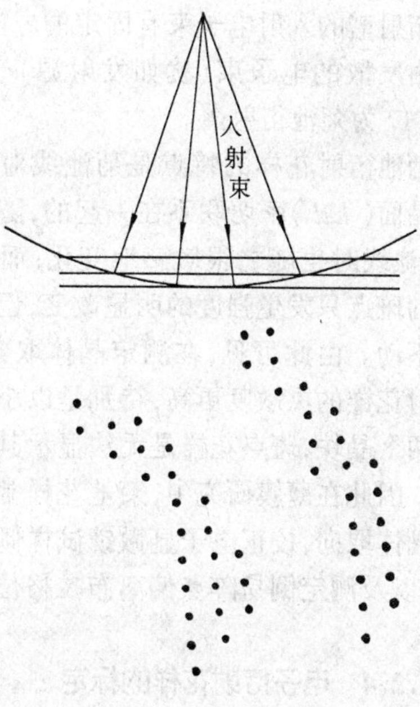

图 7 - 15　不对称劳厄带

(2)不对称劳厄带　当电子束并不与一族倒易平面｛uvw｝* 严格正交，而是有几度的偏离（见图 7 - 15）时，由于倒易面与反射球交截的结果并不以入射束为对称中心，因此得到的是不对称的劳厄带，衍射谱是一系列同心圆的孤带，或者是衍射斑点偏聚在一边的同心圆环带。

(3)重叠劳厄带　当晶体的点阵常数较大，即倒易面间距小，而晶体较薄的情况下，倒易点成杆状，此时几个劳厄带可以重叠在一起（见图 7 - 16），也就是在一套简单的平行四边形花样上又交叉重叠了另外一套或几套同一形状的平行四边形。

尽管高阶劳厄带电子衍射谱存在有几种不同形式，但由于这种衍射谱是各层倒易面上的阵点沿着衍射光束向底片投影的结果，而同一倒易平面上倒易点分布相同。显然，各劳厄带中的斑点网络应完全一样，只是根据晶体的点阵类型和晶轴的取向不同，彼此间或者重叠或者错开，这是一般判断高阶劳厄带的依据。

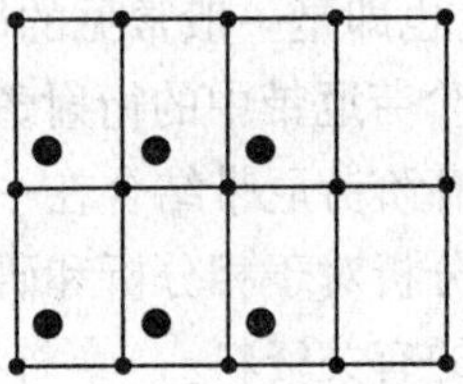

图 7－16 重叠劳厄带

· 0 阶劳厄带

· 一阶劳厄带

5. 菊池线

当电子束入射到一薄的单晶试样上时，一般得到规则排列的点状花样。但若试样厚度较大时(10～100nm)而且此单晶又较完整，则在衍射照片上除了有点状花样外还会有一系列平行的亮暗线通过透射斑点或在其附近。当试样厚度再稍增加时，点状花样完全消失，而只剩下大量的亮、暗的平行线对。由于这些线对是由菊池(Kikuchi)首先发现并给出定性的解释，故一般称之为菊池线。

菊池线是非弹性散射电子(前进方向改变且损失一部分能量)的布拉格衍射造成的，菊池衍射与斑点衍射都满足同一布拉格公式，其几何关系有许多类似处，不同的只是产生斑点衍射谱的入射电子束有固定的方向，而菊池衍射是由发散的电子束(犹如发射源)产生的衍射。图 7－17 为菊池衍射谱。

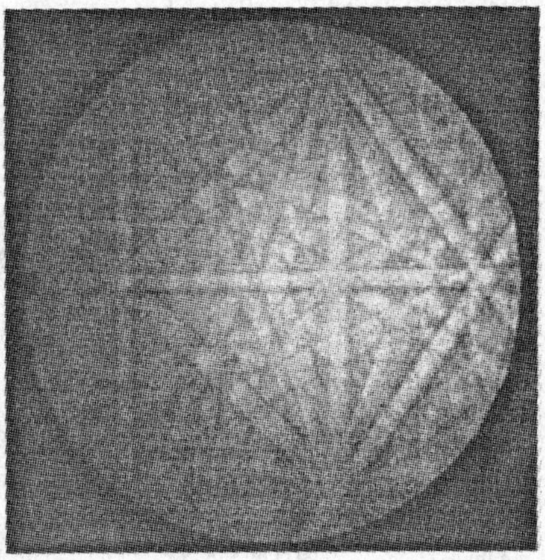

图 7－17 菊池衍射谱

菊池衍射花样的特点是菊池线对是与产生衍射的晶面(hkl)密切联系在一起的，随着晶体的转动，菊池线对也随之很敏感地变化；而单晶斑点花样中的斑点只发生强度的明显改变，但斑点却基本保持不动。由此可见，在测定晶体取向关系时，菊池衍射花样的灵敏度更高，特别是以小角度晶界分开的两个晶块，斑点花样是无法显示其极小的位向差的。因此在薄膜研究中，菊池花样常被用来精确确定晶体取向，校正电子显微镜试样倾动台的倾转角度，以及测定倒易阵点偏离布拉格位置的矢量 S 等。

7.2.4 电子衍射花样的标定

在电子衍射工作中，特别是选区电子衍射中，不外乎有两个目的：一是当物质的结构是已知时，通过衍射花样分析确定其取向；另一是当被鉴定物质的结构为未知时，通过衍射花样的分析来确定其结构和点阵常数，即所谓物相分析。

1. 多晶体衍射花样的标定

多晶体衍射花样是同心的环花样，其指数标定基本上与 X 射线粉末法所述程序相同。首先测量各个环的直径 $2R_i$，并计算出相应 R_i，再由公式 $d_i = L\lambda / R_i$ 求出各环相应晶面间距 d_i。根据衍射环的排列，可以估计此相的晶体结构或点阵类型，由晶面指数和晶面间距值，根据点阵类型就可知点阵常数 a, b, c。

最后查对 PDF 卡片，确定此相。可能和必要时，用 X 射线衍射分析加以验证。

2. 单晶电子衍射花样的标定

电子显微镜主要用于观察和分析样品内微米和亚微米尺寸的超显微组织结构，选区衍射的微区内往往只有一颗或几颗单晶粒子,衍射花样呈现出一系列规则排列的斑点。标定电子衍射花样就是求出这些斑点指数及其晶带轴〔uvw〕的方向,并确定单晶的点阵类型、物相。

(1) 简单斑点花样与反射面有关量的几何关系　形成透射斑点的入射束大体上平行于反射面,即相当于它们的晶轴方向;透射斑点至各衍射斑点间的连线 $R_1, R_2, \cdots$ 分别平行于相应反射面$(h_1h_1l_1)$、$(h_2h_2l_2)\cdots$ 的法线,其值为相应 $1/d$ 值的 $L\lambda$ 倍,它们在花样上的分布相当于一个晶带的分布;连线间的夹角为相应反射面间夹角 φ。通过这种分析不难看出,能够使斑点花样指数化的主要是花样上的两个特征量,一个是 R,一个是 φ。只要准确地测出 R 和 φ,进而找出它们所代表的反射面指数 hkl,就可据此推算出有关晶体学数据。当然,由于斑点尺寸有限,加之相对布拉格位置的偏移矢量 $\boldsymbol{S}$ 非零值引起的轻微位移,会使测得的 R 和 φ 值有某些误差。

由于入射束方向平行于反射面晶带轴,因此完全可以用反射面晶带轴来表示入射束方向,即

$$\begin{aligned} u &= k_1l_2 - k_2l_1 \\ v &= l_1h_2 - l_2h_1 \\ w &= h_1k_2 - h_2k_1 \end{aligned} \tag{7-9}$$

式中的 $h_1k_1l_1$ 和 $h_2k_2l_2$ 是衍射花样内与中心斑点构成三角形的任意两斑点指数。不过由 $h_1k_1l_1$ 至 $h_2k_2l_2$ 应围绕中心斑 000 成逆时针方向顺序旋转,用相应的 $\boldsymbol{g}_1$ 和 $\boldsymbol{g}_2$ 表示,即

$$\boldsymbol{B} = \boldsymbol{g}_1 \times \boldsymbol{g}_2 \tag{7-10}$$

并且在测量时要始终保持底板乳胶朝上。用这逆时针法则标定指数,$\boldsymbol{B}$ 定义为衍射花样底板向上引出的法线,人们习惯上把 $\boldsymbol{B}$ 称为入射束方向或试样衍射时的取向。

(2) 花样指数标定的一般程序　如果试样结构是已知的,则可按下述程序进行花样标定。

① 测量与中心斑形成最小平行四边形的三个衍射斑到中心斑的距离;

② 将测得的距离经 $R = L\lambda/d$ 公式转换成面间距 d;

③ 将 ② 算得的 d 值与具体物质面间距表中的 d 值相对照,得出每个斑点的$\{hkl\}$ 指数;

④ 测量所选衍射斑点之间的夹角 φ;

⑤ 任选最靠近中心斑的一个衍射斑,用③所得出的$\{hkl\}$中的任一具体指数(hkl)标出;

⑥ 标出 ① 平行四边形中其他两衍射斑指数,使其矢量相加时可以得到 ⑤ 所标出的(hkl);

⑦ 将⑤,⑥所得的任意二个(hkl)值代入试样晶体所属晶系的面间角公式,核对三个衍射斑点之间的夹角关系,若算得的 φ 值与 ④ 测得的一致,说明指数标定是正确的,如果不一致说明标定错了,需检查和重新标定,然后利用式(7-10) 定出 $\boldsymbol{B}$;

⑧ 利用指数沿一定方向连续递增或递减的规律,以及不同方向上两组指数矢量相加的办法,将其余衍射斑点全部指数标定出来。为慎重起见,最后还可利用面间角公式、式

(7 – 10) 和晶带定律进一步核实。

如果试样结构是未知的,那么衍射花样的标定就比较复杂。

对于未知结构的衍射花样的标定,首先是通过对衍射斑点的分析,确定出试样的结构。这项工作通常是根据斑点的对称特点或计算 $1/d^2$ 按递增顺序排列而出现的规律,判断出晶体结构类型。表 7 – 1、表 7 – 2 和表 7 – 3 为晶体结构判断的依据。知道了试样的晶体结构就可以按上述的标定程序进行标定了。

确认晶体结构的工作是重要而又繁重的,原因是有时衍射斑点并不是对称得很好或很理想化的,由于测量的误差也会使得 $1/d^2$ 的数据的规律不明显或模棱两可,如果这时你对试样的其他情况又一无所知,那么花样标定工作就变得非常困难。这时常用的方法是在整个 ASTM 卡片内寻找那些与所测得的 d 值相近的物质的 d 值进行比较,由于电镜中的电子衍射在一般情况下不能提供精确的 d 值,因此只能表示与 ASTM 卡片所示 d 值大致相近的一些可能物质,要采取一切证据来排除各种可能性,以使判断正确。

表 7 – 1　衍射斑点的对称性及可能所属晶系

电子衍射花样的几何图形	五种二维倒易面	电子衍射花样及相应的点群	可能所属晶系
平行四边形	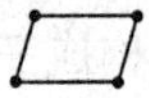	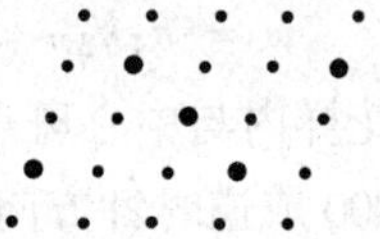	三斜、单斜、正交、四方、六方、三角、立方
矩　形		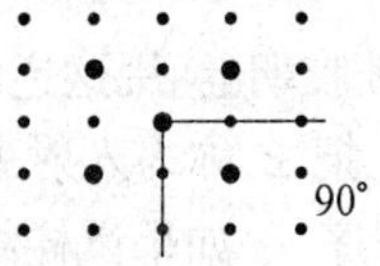	单斜、正交、四方、六方、三角、立方
有心矩形	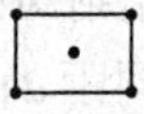	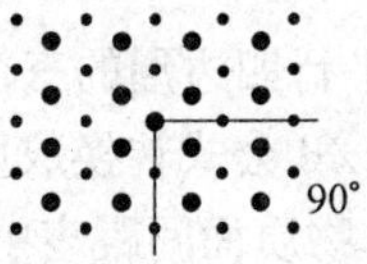	单斜、正交、四方、六方、三角、立方
四 方 形		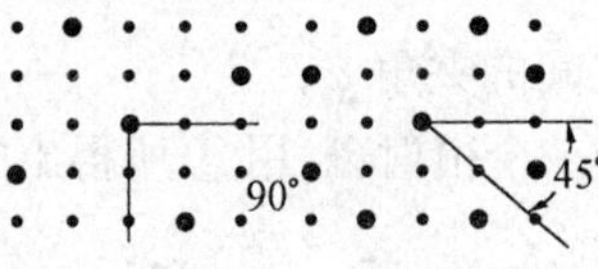	四方、立方
正六角形	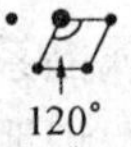	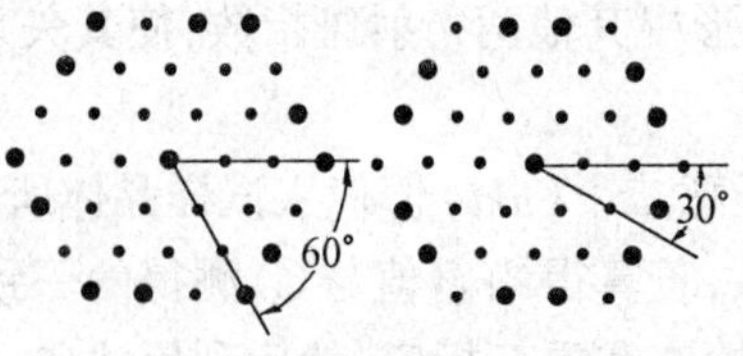	六方、三角、立方

表 7-2　各种晶体结构的 $1/d^2$ 递增序列规律

晶体结构	面间距公式	反射时 hkl 可能具有的数值(到 20)	判　据
简单立方	$\frac{1}{d^2}=\frac{h^2+k^2+l^2}{a^2}=\frac{N}{a^2}$	$N=$ 除 7 或 15 以外的数	$R^2\propto N$
f.c.c	$\frac{1}{d^2}=\frac{h^2+k^2+l^2}{a^2}=\frac{N}{a^2}$	$N=3,4,8,11,12,16,19,20$	$R^2\propto N$
b.c.c	$\frac{1}{d^2}=\frac{h^2+k^2+l^2}{a^2}=\frac{N}{a^2}$	$N=2,4,6,8,10,12,14,16,18,20$	$R^2\propto N$
金刚石	$\frac{1}{d^2}=\frac{h^2+k^2+l^2}{a^2}=\frac{N}{a^2}$	$n=3,8,11,16,19$	$R^2\propto N$
四　方	$\frac{1}{d^2}=\frac{h^2+k^2+l^2}{a^2}+\frac{l^2}{c^2}$	$h^2+k^2=1,2,4,5,8,9,10,13,16,17$	2 : 1 占优势
六　方	$\frac{1}{d^2}=\frac{4}{3}\frac{h^2+hk+k^2}{a^2}+\frac{l^2}{c^2}$	$h^2+hk+k^2=1,3,4,7,9,12,13,16,19$	2 : 1 占优势

表 7-3　立方晶系可能出现反射的晶面指数

$N=h^2+k^2+l^2$	晶面族 {hkl}	体心立方	面心立方	金刚石立方	$N=h^2+k^2+l^2$	晶面族 {hkl}	体心立方	面心立方	金刚石立方
1	100	×	×	×	21	421	×	×	×
2	110	√	×	×	22	332	√	×	×
3	111	×	√	√	23	—	/	/	/
4	200	√	√	√	24	422	√	√	√
5	210	×	×	×	25	500,430	×	×	×
6	211	√	×	×	26	510,431	√	×	×
7	—	/	/	/	27	511,333	×	√	√
8	220	√	√	√	28	—	/	/	/
9	300,221	×	×	×	29	520,432	×	×	×
10	310	√	×	×	30	521	√	×	×
11	311	×	√	√	31	—	/	/	/
12	222	√	√	×	32	440	√	√	√
13	320	×	×	×	33	522,441	×	×	×
14	321	√	×	×	34	530,433	√	×	×
15	—	/	/	/	35	53	×	√	√
16	400	√	√	√	36	600,442	√	√	√
17	410,322	×	×	×	37	610	×	×	×
18	411,330	√	×	×	38	611,530	√	×	×
19	331	×	√	√	39	—	/	/	/
20	420	√	√	√	40	620	√	√	√

注：√—有衍射产生；×—无衍射产生。

如果对衍射花样的标定结果怀疑或要求精确的标定,则需用 X 射线衍射分析方法或用电子探针进行元素分析方法来进一步核实和验证。近年来采用分析电镜对试样电子探针成分分析、高放大倍率观察和电子衍射同时进行成为可能,从而大大提高了对衍射物的结构确认的准确度。

单晶衍射花样的标定方法是电子衍射花样标定工作中最基本的实验技能,因此材料学科领域的科技人员不可不会。

电子衍射花样标定方法有很多种,例如,尝试-校核法、查$\sqrt{N}$比值表法、标准花样对照法等,尤其是计算机技术的飞速发展,为这项复杂而耗时的工作展示了快捷、准确的美好前景。

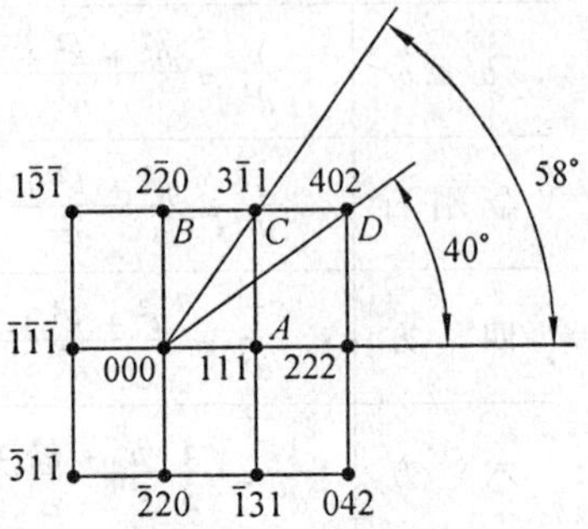

图 7-18　衍射花样及标定

例 1　图 7-18 为某有色材料基体的单晶电子衍射花样,试标定此花样。($L\lambda = 1.638\text{mm}\cdot\text{nm}$)

(1) 选靠近中心 O 的斑点 A 和 B,测得 $R_A = 7\text{mm}$, $R_B = 11.4\text{mm}$, $\angle AOB = 90°$, $R_B/R_A = 1.628$

(2) 可从$\sqrt{N}$比值表中找到与 1.628 相近的值是 $R_{432}^{520}/R_{311} = 1.623\,7$, $R_{220}/R_{111} = 1.632\,9$。

(3) 由立方系晶面夹角关系,知

$\phi 220-111 = 35.26°, 90°$

$\phi 520-311 = 17.86°, 43.29°, 51.98°, 66.93°, 80.33°, 86.79°$

$\phi 432-311 = 17.86°, 32.88°, 43.29°, 51.98°, 66.93°, 73.74°, 80.22°, 86.79°$

(4) 核对夹角,试标指数

$\phi 220-111 = 90°$ 与测得的 90° 相等,选 A 为{111},B 为{220}。任取 A 为(111),B 为($2\bar{2}0$),将其代入晶面夹角公式

$$\cos\phi = \frac{h_1h_2 + k_1k_2 + l_1l_2}{\sqrt{h_1^2 + k_1^2 + l_1^2}\,\sqrt{h_2^2 + k_2^2 + l_2^2}} =$$

$$\frac{1\times 2 + 1\times\bar{2} + 1\times 0}{\sqrt{1^2+1^2+1^2}\,\sqrt{2^2(2\overline{+})^2+0^2}} = 0$$

计算值与实测值相符,说明试标指数正确。如果求得的 ϕ 值与实测不符,应预以否定,重新试标指数。

(5)按矢量运算法则求得其余斑点指数

$\boldsymbol{R_C} = \boldsymbol{R_A} + \boldsymbol{R_B}$ 即　$h_c = h_A + h_B = 1 + 2 = 3$

$k_c = k_a + k_b = 1 + (-2) = -1$

$l_c = l_a + l_b = 1 + 0 = 1$

斑点 C 指数为($3\bar{1}1$),同理斑点 D 指数为(402)。

(6)求晶带轴〔uvw〕

$$[uvw] = \boldsymbol{g}_1 \times \boldsymbol{g}_2 = [111]\times[2\bar{2}0] = [\bar{1}\bar{1}2]$$

(7)计算 d 值

$$d_A = L\lambda / R_A = 1.638/7 = 0.234\text{nm}$$

$$d_B = L\lambda / R_B = 1.638/11.4 = 0.1436\text{nm}$$

$$d_C = L\lambda / R_C = 1.638/13.5 = 0.1213\text{nm}$$

计算相应的晶面间距，发现与 A_1 的标准 d 值符合得很好，由此可以确定该单晶基体为 A_1。

在这里我们可以看到，如果在计算出 d 值后，通过查找 PDF 卡片就可以找出相应的 $\{hkl\}$，如 A_1 单晶的 PDF 卡片查得

hkl	111	200	220	311	222
d/nm	0.233 8	0.202 5	0.143 1	0.122 1	0.116 9

根据计算出的 d 值与 PDF 卡片对照即可找出相应的 $\{hkl\}$，即 A 斑点为 $\{111\}$，B 斑点为 $\{220\}$，C 斑点为 $\{311\}$。

例 2 图 7-19 是某低碳钢基体区域的单晶电子衍射花样，试标定其指数。($L\lambda = 1.41\text{mm}\cdot\text{nm}$)

选取中心附近 A, B, C, D 四个斑点，分别测得 $R_A = 7.1\text{mm}$, $R_B = 10.0\text{mm}$, $R_C = 12.3\text{mm}$, $R_D = 21.5\text{mm}$，求得 R^2 比值为：$R_A^2 : R_B^2 : R_C^2 : R_D^2 = 2:4:6:18$，表明该微区为体心立方点阵。用量角器测得 R 之间的夹角分别为 $(R_A, R_B) \approx 90°$，$(R_A, R_C) \approx 55°$，$(R_A, R_D) \approx 71°$。因为 A 斑点的 N 值为 2，所以它的指数应为 $\{110\}$ 类型，我们首先任选 A 的指数为 $(1\bar{1}0)$。B 斑点的 N 值为 4，表明属于 $\{200\}$ 晶面族，尝试选 B 的指数为 (200)。代入公式计算晶面夹角，得到

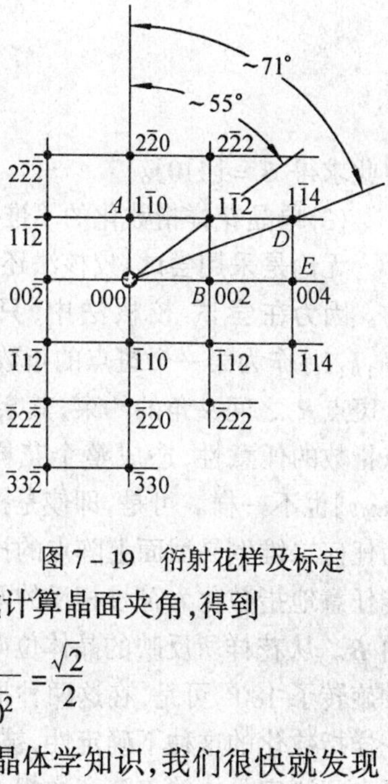

图 7-19　衍射花样及标定

$$\cos\phi = \frac{1\times2+1\times0+0\times0}{\sqrt{1^2(\bar{1})^2+\bar{0}^2}\sqrt{2^2+0^2+0^2}} = \frac{\sqrt{2}}{2}$$

显然，这与实测得的 $(R_A, R_B) \approx 90°$ 不符，应予否定。根据晶体学知识，我们很快就发现 B 的指数应选为 (002)，则夹角与实测相符。

确定了 A 和 B 两个斑点的指数以后，就可以借助矢量运算，求得 C 的指数为 $(1\bar{1}2)$，D 的指数为 $(1\bar{1}4)$。$N_C = 1^2 + (-1)^2 + 2^2 = 6$，晶面 $(1\bar{1}0)$ 和 $(1\bar{1}2)$ 夹角 $\phi = 54.74°$；$N_D = 18$，晶面 $(1\bar{1}0)$ 和 $(1\bar{1}2)$ 之间夹角 $\phi = 70.53°$。由此可见，标定与实测相符。

通过计算 d 值，发现与 α-Fe 的标准 d 值符合较好，由此可确定该微区为铁素体。上述分析计算的数据列于表 7-4。

表 7-4　图 7-19 花样分析计算（$L\lambda = 1.41\text{mm}\cdot\text{nm}$）

斑点	R/mm	R^2	N	$\{hkl\}$	(hkl)	计算 d /nm	d 标准 (α-Fe)/nm
A	7.1	50.4	2	$\{110\}$	(110)	0.199	0.202 7
B	10.0	100.0	4	$\{200\}$	(002)	0.141	0.143 3
C	12.3	151.3	6	$\{200\}$	$(1\bar{1}2)$	0.115	0.117 0
D	21.5	462.3	18	$\{411\}$	$(1\bar{1}4)$	0.065 6	0.067 6

最后计算出晶轴方向或入射电子束方向

$$\boldsymbol{B} = [uvw] = [002] \times [1\bar{1}0]$$

$$\begin{array}{c|cccc|c} 0 & 0 & 2 & 0 & 0 & 2 \\ 1 & \bar{1} & 0 & 1 & \bar{1} & 0 \end{array}$$

$$2 \quad 2 \quad 0$$

由此求得 $\boldsymbol{B} = [110]$。

(3)单晶花样指数化的不惟一性

无论是采用尝试-校核法还是标准花样对照法，单晶花样指数化的结果都不是唯一的。因为在尝试-校核法中，只要满足斑点的 N 值，可以在同一晶面族中选择任意 $(h_1k_1l_1)$ 作为第一个斑点的指数，而第二个斑点的指数也只受到相应 N 值以及它与第一个斑点 $\boldsymbol{R}$ 之间夹角的约束，其余斑点的指数，则通过倒易矢量运算确定。由于头两个斑点指数的任意性，造成整个花样可以被指数化成不同的几种结果，求得的晶带轴指数 $[uvw]$ 也不一样。可是，即使是按同一晶带进行指数化，仍然可以有两种不同的结果。因为任何二维倒易截面上阵点的排列，至少具有二次对称性，所以花样中任一斑点，至少可能任意地指数化为符号相反的两个指数 hkl 或 $\overline{hkl}$，而并不影响由此求得的入射电子束方向 $\boldsymbol{B}$。从花样所反映的晶体位向来看，同一斑点的两个符号相反的指数相当于样品绕晶轴旋转了 180°，可是，在这两种指数化结果中，只有一种反映了样品晶体的真实位向，单晶花样指数化的这种不确定性，被称为“180°不惟一性”。如果我们分析花样的目的仅是为了由此测定晶体的点阵和物相，则 180°不惟一性不会造成结果的谬误；但是，如果涉及两个晶体之间的取向关系或者界面，位错等缺陷的晶体学性质测定时，必须设法排除这种不惟一性。消除 180°不惟一性的方法很多，其中一个有效的方法是利用精密的倾斜样品台使晶体作有系统的倾斜并观察衍射花样的变化。

7.3　透射电子显微分析样品制备

20 世纪 50 代末 60 年代初以来，由于高性能电子显微镜、薄晶体样品制备方法及电子衍射理论的日臻完善，薄膜的透射电子显微技术取得了十分卓著的发展，成为研究微观组织结构不可缺少的基本手段。

7.3.1 透射电镜的复型技术

由于电子束穿透能力很低,因此要求所观察的样品很薄,对于透射电镜常用的 75 ~ 200kV 加速电压来说,样品厚度控制在 100 ~ 200nm 为宜。复型样品是一种间接试样,是用中间媒介物(碳、塑料薄膜)把样品表面浮雕复制下来,利用透射电子的质厚衬度效应,通过对浮雕的观察,间接地得到材料表面组织形貌。

1.塑料-碳二级复型技术

在各种复型制备中,塑料-碳二级复型是一种迄今为止最为稳定和应用最为广泛的一种。该方法在制备过程中不损坏试样表面,重复性好,供观察的第二级复型——碳膜导热导电好。具体制备方法如下。

①在样品表面滴一滴丙酮,然后贴上一片稍大于样品的 AC 纸(6%醋酸纤维素丙酮溶液制成的薄膜)。注意不可留下气泡或皱折。待 AC 纸干透后小心揭下。AC 纸应反复贴几次以便使试样表面的腐蚀产物或灰尘等去除,将最后一片 AC 纸留下,这片 AC 纸就是需要的塑料一级复型。

②将得到样品浮雕的 AC 纸复型面朝上平整地贴在衬有纸片的胶带纸上。

③上述的复型放入真空镀膜机内进行投影重金属,最后在垂直方向上喷镀一层碳,从而得到醋酸纤维素 - 碳的复合复型。

④将复合复型剪成小于 ϕ3mm 小片投入丙酮溶液中,待醋酸纤维素溶解后,用铜网将碳膜捞起。

⑤将捞起的碳膜连同铜网一起放到滤纸上吸干水分,经干燥后即可入电镜进行观察。整个制备过程如图 7 - 20 所示。

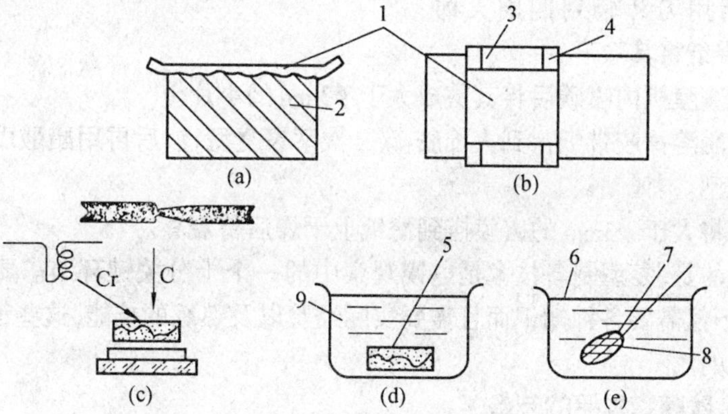

图 7 - 20 塑料 - 碳二级复型制备过程

1— 一级复型(AC 纸);2—金相样品;3—衬纸;4—胶带纸;
5—复合复型;6—碳复型;7—镊子;8—铜网;9—丙酮

2.萃取复型技术

萃取复型法是样品制备中最重要的进展之一,其目的在于如实地复制样品表面的形貌,同时又把细小的第二相颗粒(如金属间化合物、碳化物和非金属夹杂物等)从腐蚀的金属表面萃取出来,嵌在复型中,被萃取出的细小颗粒的分布与它们原来在样品中的分布完全相同,因而复型材料就提供了一个与基体结构一样的复制品。萃取出来的颗粒具有相当好的衬度,而且可在电镜下做电子衍射分析。

萃取复型方法也有很多种,常见的是碳萃取复型和火棉胶-碳二次萃取复型方法。

(1)碳萃取复型方法

①按一般金相试样的要求对试样磨削、抛光。

②选择适当的浸蚀剂进行深腐蚀,这种浸蚀剂既能溶去基体而又不会腐蚀第二相颗粒。

③将试样认真清洗以除去腐蚀产物。

④将试样放入真空镀膜机中喷碳,喷碳时转动试样以使碳复型致密地包住析出物或夹杂物,一般情况下不投影。

⑤选择适当的电解液进行电解脱膜,电解脱膜时电流密度要适当,电流过大形成大量气泡会使碳膜碎裂,电流过小则长时间脱不掉碳膜,适当的电流密度可通过实验来确定。

⑥将脱下的碳膜捞入新鲜电解液中停留 10min 左右以溶掉贴在碳膜上的腐蚀产物。

⑦将碳膜捞入酒精中清洗,最后用铜网捞起放到滤纸上干燥待观察。图 7-21 是碳萃取复型过程示意图。

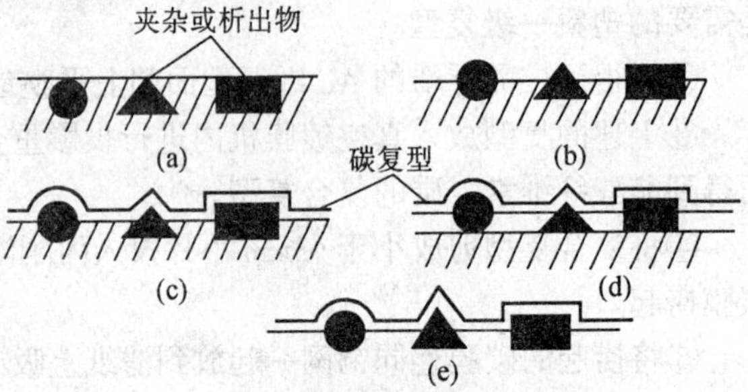

图 7-21 碳萃取复型过程示意图

(2)火棉胶-碳二次萃取复型方法

火棉胶-碳二次萃取复型方法的试样准备、深浸蚀与碳萃取复型方法相同,在此基础上进行如下操作:

①将 1%的火棉胶滴到试样上,待火棉胶干燥后用刀片轻划四周火棉胶,然后用胶带纸将其取下。

②在真空镀膜机内喷碳后将其剪成大于 ϕ3mm 的小片。

③用石油醚溶掉胶带纸得到火棉胶-碳二次萃聚复型,然后再用醋酸戊脂溶去火棉胶得到碳萃取复型。

④用铜网将大于 ϕ3mm 的碳膜捞到滤纸上干燥后待观察。

值得一提的是,复型制备技术是电镜观察中的一个十分关键环节。要想制备出合格的试样样品,不仅需要各种知识而且需要实际经验以及熟练的技能,这些都是在实践中锻炼和摸索出来的。

7.3.2 金属薄膜样品的制备

用于透射电子显微分析的金属薄膜样品的制备技术是十分重要的,也就是说薄膜样品必须具备一些基本条件,才能保证在观察和分析中顺利地进行和得到正确的结果。

金属材料本身制成的金属薄膜样品具有以下优点。

(1) 可以最有效地发挥电镜的极限分辨能力;

(2) 能够观察和研究金属与合金的内部结构和晶体缺陷,并能对同一微区进行衍衬成像及电子衍射的研究,把相变与晶体缺陷联系起来;

(3) 能够进行动态观察,研究在变温情况下相变的生核长大过程,以及位错等晶体缺陷在应力下的运动与交互作用,从而更加深刻地揭示其微观组织和性能的内在关系。

目前，还没有任何其他的方法可以把微观形貌和特征如此有机地联系在一起。因而金属薄膜技术在研制新材料，开发新工艺乃至进一步深化材料科学基础理论等方面所发挥的作用都是十分重要的。

首先，薄膜应对电子束"透明"无疑是最基本的要求，用于透射电镜下观察的样品厚度一般要求在 50 ~ 200nm 之间。显然，金属薄膜的合适厚度与加速电压、金属材料密度有关。在一定加速电压下，材料的密度越大，金属薄膜必须越薄；对同种材料来说，加速电压高，薄膜可以相应地厚些。

另一个重要的是要求制得的薄膜应当保持与大块样品相同的组织结构，也就是说，在薄膜的制备过程中不允许材料的显微组织和性能发生变化。除了少数情况（如在光学或电子学器件中）直接使用薄膜以外，绝大多数工程材料都是以大块的形式被制造、加工、处理和应用的，如果用来观察分析的金属薄膜不能代表大块材料的固有性质，则其结果就没有多少实际意义了。因此，对于实际工程材料，在减薄的最后阶段只能采取化学的或电化学的无应力抛光方法，以尽量减少机械损伤或热损伤。即使是这样制得的薄膜，仍然不可能完全保持大块样品的固有性质，这是因为薄膜存在着极大的比表面，至少其中缺陷的密度和组态将发生变化，当用薄膜进行原位动态分析时，这时表面效应使薄膜的相变和形变规律不同于大块样品。有人认为，要使两者接近，膜厚至少应包含二至三颗晶粒，从这个观点来看，采用高压（> 150kV）和超高压（1 000 ~ 3 000kV）电子显微镜观察较厚的样品将有重要的意义，同时也使薄膜的制备变得容易一些。

其次，薄膜得到的图像应当便于分析，所以即使在高压电镜中也不宜采用太厚的样品，因为薄膜内不同深度处存在着太多的结构特征彼此重叠、干扰，使分析变得更加困难。而且较厚的样品还会引起较多的非弹性散电子，增加了色差，减低了像衬度，致使图像的分辨率下降。

最后，制备的薄膜应有较大的透明面积，以便选择最典型的视域进行分析，这就要求减薄过程做到尽可能的均匀。此外，制备薄膜时必须选用可靠的技术规范，使制备方法便于控制，并有足够的可靠性和重复性。

目前较普遍采用的金属薄膜制备过程大体是：线切割-机械研磨（或化学抛光）-化学抛光-电解抛光，具体制备方法如下述。

1. 线切割

用线切割机床从大块样品上切下 0.20 ~ 0.30mm 厚的薄片，一般多切几片备用。

2. 机械研磨预减薄

机械研磨方法与金相试样磨光过程基本一样，其目的是将线切割留下的凹凸不平的表面磨光并预减薄至 100μm 左右。机械研磨具有快速和易于控制厚度的优点，但难免产生应变损伤和样品升温，因此减薄厚度不应小于 100μm，否则其损伤层将贯穿薄片的全部深度。

3. 化学抛光预减薄

化学抛光是无应力的快速减薄过程。抛光液一般包括三个基本成分，即硝酸或双氧水等强氧化剂用以氧化样品表面，又以另一种酸溶解产生的氧化层，此外还应含有粘滞剂以作为溶解下来的原子进行扩散的介质。

为了达到均匀的减薄,在浸入抛光液之前应仔细去除经机械研磨预减薄的样品表面的油污。由于薄片的边缘在抛光液中溶解快,所以最好在薄片的四周涂以耐酸漆,以使最终得到的薄片面积不致过小。一般来说,当薄片能够自由地漂浮于溶液表面时,表明其厚度大约为 100μm 左右,即可取出并投入清水中冲洗。

4.双喷电解抛光最终减薄

经化学抛光预减薄的薄片可以冲成 ϕ3mm 小试样,也可以剪成小块试样,然后将样品放入双喷电解抛光装置的喷嘴之间进行最终的减薄处理。最后得到的是中心带有穿透小孔的薄片样品,将样品清洗干燥即可直接在透射电镜下观察到小孔周围的透明区域。电解抛光的抛光液配方很多,最常用的是 10%高氯酸酒精溶液。

要想得到大而平坦的电子束所能透射的区域样品并不是一件很容易的事,因为不同材料要求的电解抛光液也不同,抛光过程中电解液温度以及电压、电流等电解抛光条件,都直接影响样品的抛光效果。此外,电解抛光过程中的操作方法也是十分重要的,例如在样品穿孔后应迅速地将样品夹具移入酒精中漂洗,并迅速地打开夹具取出样品放入酒精中多冲洗几次,这个操作要求在几秒钟内完成,否则因电解液不能及时去除而腐蚀薄膜使样品报废。对于不能及时上电镜观察的样品,应放在甘油、丙酮或无水乙醇中保存。

7.3.3 陶瓷材料试样的制备方法

1.颗粒试样制备法

在制备颗粒试样时,由于细颗粒本身尺寸远小于铜网小孔,如直接放在铜网上,颗粒会从中漏掉,因而必须在铜网上做一层较薄的支持膜以托住微粒。理想的支持膜要求:①对电子束必须是高度透明的低原子序数的材料,单位面积的质量密度要小,以使背景噪声降到较小限度。②力学强度高,耐电子束轰击。③化学稳定性好。④导电和导热。⑤良好的连续性,密度的局部变化要小。⑥表面平整,达到原子数量级。此外,膜不能过厚,过厚的支持膜会增加电子的散射,使图像的反差和分辨率降低。对于分辨率不太高的样品来说,支持膜合适的厚度为 20nm 左右。在高分辨的研究工作中,支持膜除应符合上述的要求外,需要再薄些为宜。一般采用碳膜或用单晶薄片(例如天然石墨)作为支持膜。然而,膜如果太薄,其强度和稳定性很差,于是制备一种微网(或称微筛、多孔膜)用以承载样品。

最常用的是厚度为 20nm 左右的聚乙烯醇缩甲醛膜,简称 PVF。把制备好的 PVF 移到干净的铜网上,在显微镜下检查,剔除膜上有皱纹、厚度不均、污染以及膜有结构缺陷的载网。颗粒试样用水或酒精配成适当浓度的液体,放在超声波或搅拌器中分散(该液体不能对微粒有丝毫的溶解作用)。用细木棒沾取悬浮液滴到有支持膜的铜网上,过多的溶液可用滤纸吸掉。干燥后,用镀膜机喷一层极薄的碳膜,以利导电和起加固作用。

2.薄膜试样制备法

陶瓷材料一般是硬脆材料,制备薄膜样品用离子减薄法比较理想。制备程序如下:

①取有代表性的小块试样,用磨片机磨出一个平面,再用玻璃板和研磨膏磨平抛光,然后用松香石腊配制的粘结材料粘在一块较厚的玻璃片上。

②继续磨试样直至厚度达到 60μm 以下(如仔细磨可以磨至 20～30μm,但并非越薄超好,如太薄,在装卸过程中易碎),加热玻璃片后取下试样。

③把试样切成 $\phi3mm$ 的圆片，用 502 胶粘在铜圈上，装入离子减薄仪进行离子减薄。

3.离子减薄技术

离子减薄技术通常应用于脆性和非导电性材料。一个 4~8kV 的离子束射在样品上，在离子撞击点上，原子或分子从试样上被抛射出来，减薄速率决定于离子和试样原子的质量、离子能量、试样的晶体结构和离子束相对于试样的入射角。氩是最常用的轰击物质，因为它是价格便宜的惰性气体中最重的。图 7-22 表示的是作为离子束入射角的函数，穿透深度和减薄速率随入射角度变化，入射角越大，对样品穿透能力越强。减薄速率在 30°角时最大。图 7-23 是离子减薄装置示意图。试样在一特殊架上旋转，并与离子束成一角度(5°~30°)，从而两个离子束轰击样品相反的两个面，开始减薄时选择使样品减薄速率较大的离子束入射角。随着样品减薄，特别是接近穿孔或已穿孔，离子束入射角要变小，以减少试样表面损伤。

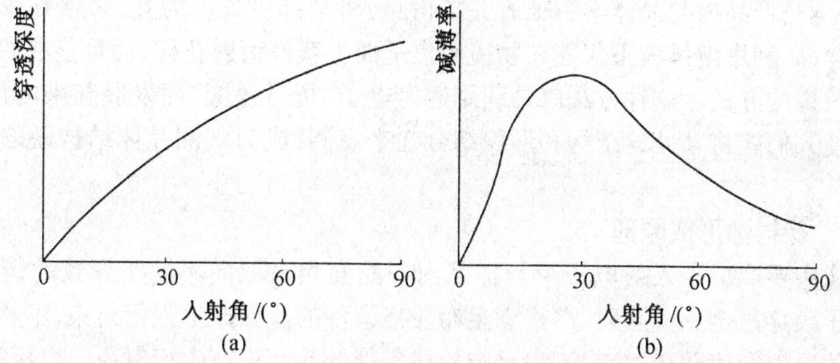

图 7-22　离子束穿透深度和减薄速率随入射角的变化

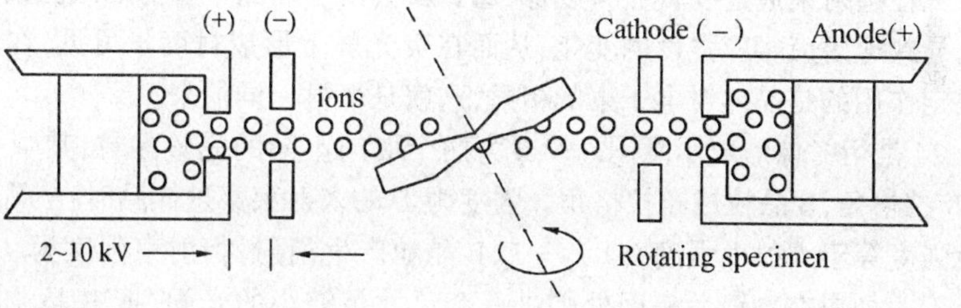

图 7-23　离子减薄装置示意图

离子减薄机的效率很低，特别是脆性材料减薄花费的时间更长。若配上挖孔机则会使离子减薄时不仅节省时间，减薄效果也好。

在薄化开始阶段，采用较高电压，较大束流，较大角度。这个阶段是对试样强制薄化，也就是试样以较高薄化速度减薄。这一阶段约占整个制样时间的一半。随后束流、电压、角度可相应减小，以逐步扫清减缓因强制薄化造成的陡坡。这个阶段一直延迟到试样穿孔。等穿孔达到合适的程度，即可转入最后抛光阶段。该阶段主要是改善样品质量，使薄膜获得平整而宽阔的薄区。抛光时间不应小于 2h，角度不可大于 10°，电压不宜过高，束流不能太大，否则容易损坏薄区。试样经抛光后可取出，放入镀膜机，喷上一层较薄的碳膜就可用电镜观察。

7.4 薄晶体样品的衍衬成像原理

金属材料的许多性能是结构敏感的,所以,只有了解晶体缺陷或晶体学特征、组态之后才能为提高材料性能找到途径。电镜复型技术是依据“质量厚度衬度”的原理成像的,也就是说,利用复型膜上不同区域厚度或平均原子序数的差别,使进入物镜光阑并聚焦于像平面的散射电子强度不同,从而产生了图像的反差,所以复型技术只能观察表面的组织形貌而不能观测晶体内部的微观缺陷。对于金属薄膜样品来说,样品厚度大致均匀,平均原子序数也没有差别,薄膜上不同部位对电子的散射或吸收作用将大致相同,所以,这种样品不可能利用质厚衬度来获得满意的图像反差。更重要的是,如果让散射电子与透射电子在像平面上复合构成像点的亮度,则图像除了能够显示样品的形貌特征以外,所有其他信息(特别是样品内与晶体学特征有关的信息)将全部丧失。为此,必须寻找一种用晶体薄膜作样品,利用电镜就不仅能在物镜后焦平面上获得衍射花样,而且能在像平面上获得组织形貌像的方法。这种方法就是利用透射电子“衍衬效应”而发展起来的衍衬技术,这种技术使人们能将某处的结构和形貌结合起来观测,成为观测晶体结构缺陷的有力工具。

7.4.1 衍衬像形成原理

衍衬像主要取决于入射电子束与样品内各晶面相对取向不同所导致的衍射强度差异。当电子束穿过金属薄膜时,严格满足布拉格条件的晶面产生强衍射束,不严格满足布拉格条件的晶面产生弱衍射束,不满足布拉格条件的晶面不产生衍射束。电压一定时,入射束强度是一定的,假设为 L,衍射束强度为 I_D。在忽略吸收的情况下,透射束为 $L-I_D$。这样,如果只让透射束通过物镜光阑成像,那么就会由于样品中各晶面或强衍射或弱衍射或不衍射,导致透射束相应强度的变化,从而在荧光屏上形成衬度。可见,在形成衬度过程中,起决定作用的是晶体对电子束的衍射,这就是衍衬一词的来。

图 7-24 是衍衬像形成示意图。A、B 为两个取向不同的完整晶粒,其中 A 晶粒与入射束不成布拉格角,B 晶粒成布拉格角。强度为 L 的入射束穿过样品时:A 晶粒不产生衍射,透射束强度等于入射束强度,即 $I_A=L$;B 晶粒产生衍射,衍射束强度为 I_D,透射强度为 $I_B=L-I_D$。如果在物镜后焦面处加进一个尺寸足够小的光阑,把 B 晶粒的衍射束挡掉,如图 7-24(a),显然 $I_B<I_A$,因此在荧光屏 B 晶粒的像强度就比 A 晶粒的像强度弱,表现为 B 晶粒暗、A 晶粒亮。这种操作方法称为明场(BF)成像,图 7-25 为低合金钢衍衬明场像。

如果把入射束倾斜一适当角度,只让衍射束穿过光阑成像,如图 7-24(b),那么 B 晶粒的像强度等于其衍射束强度,而 A 晶粒没有衍射,像强度接近于零,显然,这时的像恰好与明场像相反,B 晶粒呈亮像,A 晶粒呈暗像。这种操作方法称为暗场(DF)成像。值得一提的是暗场像的衬度将明显地高于明场像,在金属薄膜透射电子显微分析中是一种十分有用的技术。

不难看到,欲使薄晶体样品能通过衍射衬度成像,电子显微镜必须具备如下一些基本的操作条件:

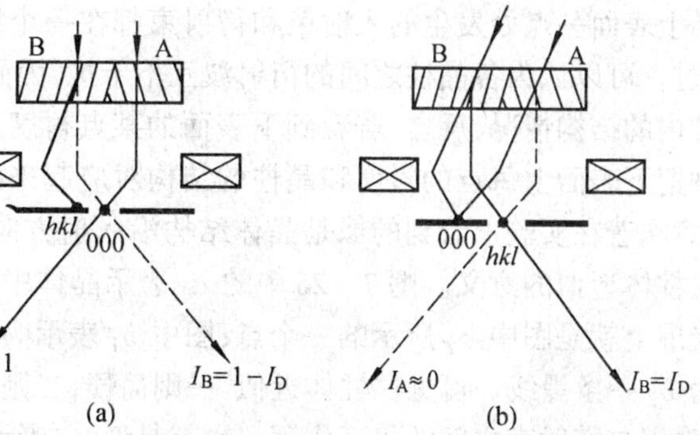

图 7－24　晶粒取向不同所引起的衍衬效应

(a)明场像　　(b)暗场像

(1)必须有一个孔径足够的物镜光阑(例如 $\phi=20\sim30\mu m$)；

(2)样品台必须在适当的角度范围内可以任意地倾斜；

(3)应有方便的选区衍射装置，以便随时观察衍射花样，选择用以成像的衍射束；

(4)必须有可倾斜的照明系统。

7.4.2　电子衍衬像的运动学原理

衍衬像是入射电子束与晶体试样之间相互作用后的反映，因此衍衬像虽是一种客观物质，但不等于原物，通过衍射强度的变化能确凿地证实实物的存在。

衍衬像运动学理论虽然在定量分析上是不可靠的，并且在定性解释上也有局限性，但运动学理论能十分简单清晰地定性解释金属薄膜图像中出现的一系列衬度特征。

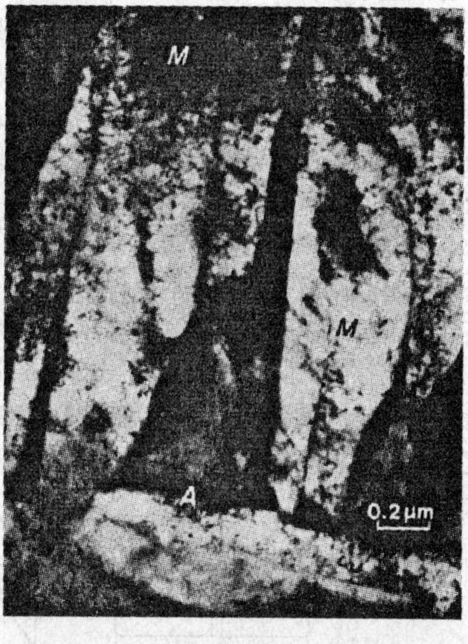

图 7－25　某低合金钢的衍衬明场像

1. 运动学理论的基本假设

(1)采用双光束近似处理　认为当电子束透过晶体样品时，只存在一束较强的衍射束，且其反射平面接近但不完全处于准确布拉格位置，其偏离大小用参量 $\boldsymbol{S}$ 表示，$\boldsymbol{S}$ 称为偏离矢量(或偏离参量)，它表示倒易阵点偏离反射球面的程度，也反映衍射束偏离布拉格角的程度。衍射束强度相对于入射束而言仍然是很弱的，这在入射电子束波长较短以及晶体样品较薄的情况下是合适的，因为波长短，则埃瓦尔德反射球半径 $1/\lambda$ 很大，垂直于入射束方向的反射球面可近似看成平面。另外，对于薄晶体样品，倒易阵点被拉长成为杆状，因此样品虽然处于任意方位，仍可以在不严格满足布拉格反射条件下与反射球相交，而这种双光束近似处理方法给实际分析带来了许多方便。

(2)采用柱体近似方法计算衍射强度　从衍射现象看，只要晶粒小到它们各自产生的衍射波不能互相干扰时就可以将这些晶粒分辨开，由于电子波衍射时的布拉格角很小，故可以认为是自样品上表面一点处发生的入射束和衍射束都在一个底面积很小(约晶胞底面积)的晶柱内通过。可以认为各晶柱之间的衍射波互不干扰,因而晶柱下表面各点的衍射只代表一个晶柱内的结构情况,反之,若看到下表面的某点衬度,就可推知每一相应晶柱内的结构。这种把下表面上每点的衬度和晶柱的结构对应起来的处理方法称为"柱体近似"。这个看法意味着在实验上看到的像是晶体结构沿入射方向的"投影图"。下面的示意图可简单说明柱体近似的意义。图 7-26 中的 a_1 表示晶体中一小晶柱,如果把这一小晶柱投影到荧光屏上就是图中 a_2 所示的一个点;图中 b_1 表示为晶体中一排小晶柱,则在荧光屏上对应为 b_2 一条黑线。可见,"柱体近似"一则简便,二则适用。

(3)不考虑入射束与衍射束之间的相互作用　也就是说,二者无能量交换作用。当衍射束相对于入射束强度很小时,近似认为二者之间无能量交换是可行的,且当偏离布拉格反射位置越远(即 S 越大),样品越薄(t 越小),这个假定越近似实际情况。

(4)电子束在晶体样品内多次反射及吸收忽略不计　这一点在样品很薄,电子速度很快的情况下是可以忽略的。

基于以上假设,我们就可以对衍射束强度或透射束强度进行计算,计算衬度实质上就是计算强度。不难想象,透射束强度和衍射束强度是此起彼落互补的,因而明场像和暗场像具有相反的衬度。

2.完整晶体的衍衬运动学

完整晶体是指晶体中不包含位错、层错、晶界和第二相质点等微观晶体缺陷,但晶体可能处于宏观应力作用下,如容许有弯曲所引起的长程应变等。

求完整晶体的暗场像衬度,实际上是计算衍射强度,其目的是研究晶体缺陷时所引起衬度的变化。根据假设,我们可以求出衍射光束的柱体衍射振幅,振幅的平方即为衍射强度。下面试求图 7-26 所示晶体下表面 P 点处的衍射强度。

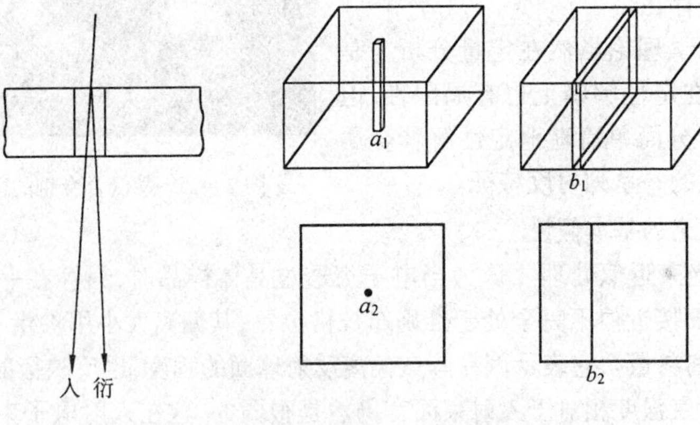

图 7-26　荧光屏上的像与柱体近似对应关系

a_1 表示一晶柱;a_2 为荧光屏上对应 a_1 的点;b_1 表示一排晶柱;b_2 为荧光屏上对应 b_1 的线

我们将晶体看成是由沿入射电子束方向的一个简单晶胞所组成,每个晶胞只有一个原子,几个晶胞叠加起来组成一个小晶柱,并将每个小晶柱分成平行于晶体表面若干层,则 P 点的衍射振幅是入射电子束作用在柱体内各层平面上产生振幅的叠加。假设晶体

的反射面垂直于晶体表面，入射束穿过晶体到达 A 处时产生的散射振幅是

$$A_g = \frac{i\pi\lambda F_g}{\cos\theta} \cdot e^{-2\pi i K_0 R_n} e^{-2\pi i K_g \cdot R} \tag{7-11}$$

式中，$\boldsymbol{K}_0$ 为入射波波矢；$\boldsymbol{K}_g$ 为衍射波波矢；$\boldsymbol{r}_n$ 为原点 O 到晶体 A 点的坐标矢量；$\boldsymbol{r}$ 为原点 O 到晶体 P 点的坐标矢量；$\boldsymbol{K}$ 为晶体中衍射矢量，$\boldsymbol{K} = \boldsymbol{K}_g - \boldsymbol{K}_0 = \boldsymbol{g}$，此时衍射矢量就是倒易矢量；$F_g$ 为反射 g 的结构因子，一个单胞的散射振幅；$\frac{\lambda\pi F_g}{\cos\theta}$ 为单位原度的散射振幅；n 为单位面积内单胞数目；i 为表示衍射束相对于入射束相位改变 $\frac{\pi}{2}$；$e^{2\pi i Kg \cdot r}$ 为表示因子是一个常数，在下面的处理中将忽略不计。

当衍射方向偏离布拉格条件时，$\boldsymbol{K} = \boldsymbol{K}_g - \boldsymbol{K}_0 = \boldsymbol{g} + \boldsymbol{s}$

则
$$e^{-2\pi i K r_n} = e^{-2\pi i (gd) \cdot r_n} = e_n^{-2\pi i g \cdot r_n} \cdot e_n^{-2\pi i s r_n}$$

对于完整晶体 $\boldsymbol{g} \cdot \boldsymbol{r}_n$ 为整数，所以 $e^{-2\pi i g \cdot r_n} = 1$。我们取的晶柱是一维排列的单胞，即 $\boldsymbol{s}$ 和 $\boldsymbol{r}_n$ 都在 z 方向上，$\boldsymbol{s} \cdot \boldsymbol{r} = s r_n$，因此

$$e^{-2\pi i K r_n} = e^{-2\pi i s \cdot r_n} e^{-2\pi i s \cdot r_n} = e^{-2\pi i s \cdot r_n} = e^{-2\pi i s z} \tag{7-12}$$

小柱体内平行平面之间距为 a，且 a 非常小，则每一小平面散射振幅可写成

$$dA_g = \frac{i\pi\lambda F_g}{\cos\theta} e^{-2\pi i s z} \frac{dz}{a} =$$

$$\frac{i\lambda F g}{V_c \cos\theta} e^{-2\pi i s z} dz \tag{7-13}$$

式中，v_c 为单位晶胞体积，令 $\xi_g = \pi v_c \cos\theta / \lambda F_g$，称为消光距离，则

$$dA_g = \frac{i\pi}{\xi_g} e^{-2\pi i s z} dz \tag{7-14}$$

所以，在 P 点处的衍射总振幅应为每个平面振幅的叠加

$$A_g = \frac{i\pi}{\xi_g} \int_0^t e^{-2\pi i s z} dz \tag{7-15}$$

积分后得 $A_g = \frac{i\pi}{\xi_g} \frac{\sin\pi s t}{\pi s}$ (7-16)

因此，P 点的衍射强度为

$$I_0 \propto |A_g|^2 \propto \frac{\sin^2(\pi s t)}{(\pi s)^2} \tag{7-17}$$

式中，$\frac{\sin^2(\pi s t)}{(\pi s)^2}$ 称为干涉函数。

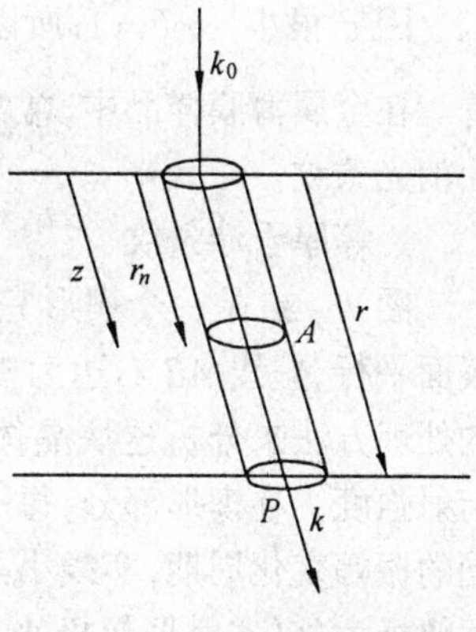

图 7-27　用柱体近似处理衍射束振幅时，各参数的关系

这就是完整晶体衍射的强度的运动学公式，这个公式表明衍射强度是样品厚度 t 和偏离参数 S 的正弦函数。首先讨论当衍射条件固定即 S 不变的情况下，由于 t 变化（单胞数目变化）引起衍射强度的变化。当 $t = n/s$（n 为整数）时，$I_D = 0$（图 7-28）；而当 $t = (n + \frac{1}{2})/s$ 时，衍射强度为最大。一般称为等厚消光，相应的衍衬像称为等厚消光轮廓线。

其次,当晶柱 t 不变的情况下,衍射强度随偏离参量 S 的变化而变化。当 t = 常数,$S=0$,衍射强度有极大值;当 S 增大到 $1/f$ 时,有第一个极小值,随后又在 $2/f$ 处有第二个极小值等,次极大值较 $S=0$ 时的主极大值小得多(图 7-28)。也就是说,$S=n/t$(n 为整数时),$I_0=0$,一般称为等倾消光,相应的衍衬像称为等倾消光轮廓线。

暗场衍射强度是晶体厚度 t 和偏离参量 S 的正弦周期函数,当一束平行电子波进入晶体样品时,开始时透射强度极大,等于入射波强度,而衍射波随着晶体的深入逐渐增加到极大值,透射波强度达到相应的极小值。二波相位相差 $\pi/2$(见图 7-29),因此电子束在晶体中由强变弱,再由弱变强具有周期性,这种强到强的深度距离即为消光距离。

$$\xi_g = \frac{\pi v_c \cos\theta}{\lambda F_g} \tag{7-18}$$

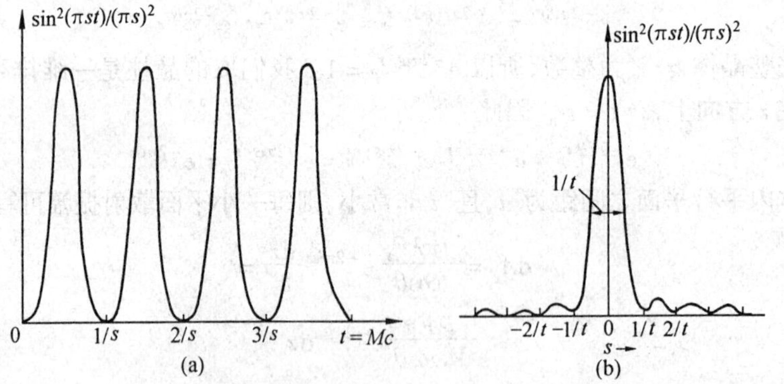

图 7-28　衍射度随衍射条件及晶体厚度 t 的变化

(a)S = 常数,t 变化;(b)t = 常数,S 变化

因 θ 很小,$\cos\theta=1$,所以 $\xi_g=\dfrac{\pi v_c}{\lambda F_g}$。不同晶体结构材料的消光距离可计算或查表求得。在金属薄膜样品中,常常会出现与晶体缺陷毫无关联的两种像,即等厚干涉条纹和弯曲消光条纹。

1. 等厚干涉条纹

图 7-30 是一个楔形完整晶体,虚线 AB 左边上下表面平行,虚线 AB 右边为楔形。我们仍用"柱体近似"的处理方法来分析这块晶体各个不同部位下表面处的衍射强度。在楔形部分,每一个小晶柱的下表面对应不同的振幅变化周期,实线小晶柱的下表面都对应于衍射振幅极大处(透射振幅极小),对于暗场像衬度来说,把这些小晶柱下表面的强度投影到荧光屏上就是一个小亮斑,和它等长的小晶柱都对应等强的小亮斑,连成一条亮线;而虚线部分在荧光屏上反映出来的则是一条暗线。于是我们就会看到整个楔形晶体是亮暗相间的条纹,这些条纹很像地图上的"等高线",每一条纹对应晶体的相等厚度区域,所以叫等厚干涉条纹。另一方面,在这块晶体的左半部,由于晶体厚度一样,其下表面的强度可为最大或最小,也可能处于这两种情况之间,但无论如何这部分晶体不会产生衬度。

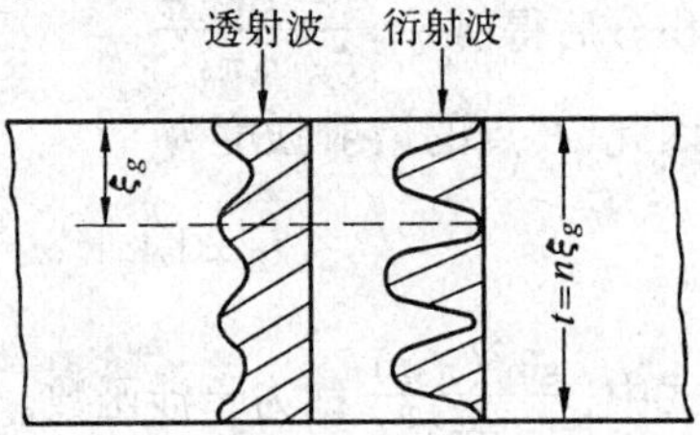

图 7-29　透射波及衍射波在晶体中周期性变化

电镜用的金属薄膜样品多是用电解抛光制备的，这种样品带有楔形边缘，有时还含有微小孔洞。电镜观察时，楔形边缘常显示出明暗相间的条纹，孔洞常显示出明暗相间的同心环状条纹。通常我们往往只看到为数不多的条纹，并且条纹随样品厚度增加也逐渐变得不清楚，这是由于样品吸收的缘故。

2.弯曲消光条纹

由式(7－17)可知，当样品厚度一定时，衍射束强度随样品内反射面相对布拉格位置偏离矢量 ***S*** 变化而呈周期摆动，相应地透射束强度按相反周期摆动，摆动周期为 $1/t$，因而在电镜像内显示出相应的条纹。由于条纹是因试样弯曲造成的，所以称为弯曲消光条纹。其形成过程可通过图 7－31 来理解。

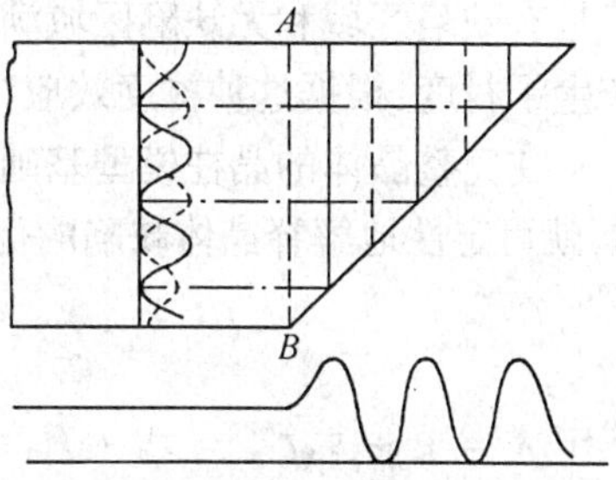

图 7－30　等厚干涉条纹示意图
左边的正弦变化表示光束随之的变化，实线为透射束，虚线为衍射束。下面的曲线表示等厚纹的强度分布

这是一个厚度均匀的样品，(a)是弯曲前的状态，(b)是弯曲后的状态。弯曲前，不同位置的(*hkl*)晶面与入射束取向相同，都不满足布拉格条件，没有衍射束产生，因此在电镜像内具有均匀的亮度，无异常衬度出现。弯曲后，由于试样各点弯曲程度不等，各(*hkl*)晶面相对入射束的取向将因其所处的位置不同而不同。同时，随各晶面弯曲程度不同，而对布拉格位置具有了不同的偏离矢量 ***S***。***S*** 小的晶面产生较强的衍射束，***S*** 大的晶面产生较弱的衍射束，中心部位弯曲甚微，基本上可以看作没有变化，所以在明场像内无暗条纹出现。*A*、*B* 晶面由于恰好弯到布拉格位置，所以在明场像下呈现有清晰的黑色条纹，同时 在 *A*、*B* 两侧的晶面随其 ***S*** 大小不等而呈现次暗条纹。实际观察到的是不对称的，紊乱的弯曲消光条纹，这说明样品扭曲后的应力应变状态是比较复杂的。除了因操作不慎引起样品弯形而导致消光条纹外，常常是因样品在电子束下局部受热而引起变形所产生的消光条纹。因此，观察时常可发现，即使没有移动样品，也会看到弯曲消光条纹的运动。如果稍许改变晶体样品取向，弯曲消光条纹便很快地扫过视场，而晶体缺陷产生的条纹则不及它敏感，这种特点常被用来区别弯曲消光条纹和厚度干涉条纹或其他缺陷衍衬效应。

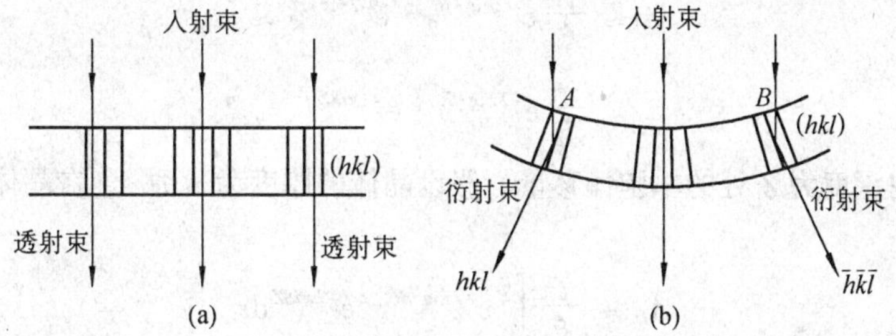

图 7－31　弯曲消光条纹形成示意图
(a)样品弯曲前　(b)样品弯曲后

3.不完整晶体的运动学理论

在晶体中实际上或多或少总是存在着不完整性，并且比较复杂，这种不完整性包括：(a)由于取向关系改变(例如晶界、孪晶界、沉淀物与基体界面)而引起的不完整性；(b)晶

体缺陷(例如点缺陷、面缺陷以及体缺陷)引起的弹性位移;(c)相转变引起的晶体不完整性。具有不完整性的晶体,称不完整晶体。由于它们的存在,改变了完整晶体中原子正常排列状况,使得晶体中某一区域的原子偏离了原来正常位置而产生畸变,这种畸变使缺陷处晶面与电子束的相对方位发生了变化,使得缺陷处的晶面取向不同于完整晶体的取向,于是有缺陷区域和无缺陷区域满足布拉格条件的程度不一样,造成了衍射强度差异从而产生了衬度,根据这种衬度效应,我们就可以判断晶体内存在什么缺陷和相变。

在完整晶体的晶柱模型基础上,引入一个表征因缺陷存在而使单胞发生位移的矢量 $\boldsymbol{S}$,就可定性地解释晶体缺陷的衍衬像。这时的衍射束振幅变成了

$$A \approx \frac{i\pi}{\xi_g} e^{-2\pi i \boldsymbol{k} \boldsymbol{r}'_n} \tag{7-19}$$

式中 $\boldsymbol{k} = \boldsymbol{g} + \boldsymbol{s}, \boldsymbol{r}'_n = \boldsymbol{r}_n + \boldsymbol{R}_n$

$\boldsymbol{k}_n$ 是单胞离开其正常位置 $\boldsymbol{r}_n$ 的偏离矢量,则上式等于

$$A \approx \frac{i\pi}{\xi_g} e^{-2\pi i (\boldsymbol{g}+\boldsymbol{s})(\boldsymbol{r}_n+\boldsymbol{R}_n)} \tag{7-20}$$

由于 $\boldsymbol{g} \cdot \boldsymbol{r}_n$ 是整数,$\boldsymbol{r} \cdot \boldsymbol{R}_n$ 很小,可以忽略,则

$$A \approx \frac{i\pi}{\xi_g} e^{-2\pi i \boldsymbol{g} \cdot \boldsymbol{R}_n} \cdot e^{-2\pi i \boldsymbol{s} \cdot \boldsymbol{r}_n} \approx$$

$$\frac{i\pi}{\xi_g} e^{-2\pi i \boldsymbol{g} \cdot \boldsymbol{R}} \cdot e^{-2\pi i S Z} \tag{7-21}$$

$\boldsymbol{R}$ 表示晶体内深度为 Z 处的单胞偏移量。假设晶体的厚度为 t,那么,在晶体下表面处的散射波振幅是

$$A_D \approx \frac{i\pi}{\xi_g} \int_0^t e^{-2\pi i \boldsymbol{g} \cdot \boldsymbol{R}} \cdot e^{-2\pi i S Z} dz \tag{7-22}$$

从式(7-17)与(7-20)对比看出,由于晶体的不完整性,在求不完整晶体下表面衍射强度的积分式子中引进一个附加相位因子 $e^{-i\alpha}$,这里 $\alpha = 2\pi P \boldsymbol{g} \cdot \boldsymbol{R} = n2\pi$,$n$ 可为整数、零或分数。不同的晶体缺陷引起完整晶体畸变程度不同,即 $\boldsymbol{R}$ 存在着差异,因而相位差 α 不同,产生的衍衬像也不同。$\boldsymbol{g} \cdot \boldsymbol{R} = 0$ 在衍衬分析中具有重要意义,这是由于当位移 $\boldsymbol{R}$ 在反射平面内,而 $\boldsymbol{g}$ 垂直于(hkl)时,$\boldsymbol{g} \cdot \boldsymbol{R} = 0$,此时不产生衬度。差位移 $\boldsymbol{R}$ 平行于 $\boldsymbol{g}$,则 $\boldsymbol{g} \cdot \boldsymbol{R} = 1$,此时具有最大的衬度。

(1)位错　电子衍射的衍射角很小,只要衍射平面和电子束之间夹角有微小变化(约 10^{-4}弧度),就会导致衍射条件发生很大的改变。所以晶体中存在的晶界、位错、层错、第二相粒子等,都会影响衍射效应产生衍衬,金属中的位错就是最常见的一种。

位错是一种线缺陷,不管是何种位错,都会引起在它附近的某些晶面发生一定程度的局部转动。位错线两边晶面的转动方向相反,且离位错线越远转动量越小。图 7-32 中(hkl)是由于位错线 D 而引起局部畸变的一组晶面,若该晶面与布拉格条件的偏离参量为 S_0。并假定 $S_0 > 0$,则在远离位错 D 的区域(例如 A 和 C 位置,相当于理想晶体)衍射波强度为 I(即暗场像中的背景强度)。位错引起它附近晶面的局部转动,意味着在此应变场范围内,(hkl)晶面存在着额外的附加偏差 S',离位错越远,$|S'|$ 越小。在位错线的右侧,$S' > 0$,在其左侧 $S' < 0$。于是,在右侧区域内(例如 B 位置),晶面的总偏差 $S_0 + S' >$

S_0，使衍射强度 $I_B < I$；而在左侧，由于 S' 与 S_0 符号相反，总偏差 $S_0 + S' < S_0$，，且在某个位置（例如 D'）恰巧使 $S_0 + S' = 0$，衍射强度 $I_{D'} = I_{max}$。这样，在偏离位错线实际位置的左侧，将产生位错线的像（暗场中为亮线，明场相反）。不难理解，如果衍射晶面的原始偏离参量 $S_0 < 0$，则位错线出现在实际位置的另一侧。

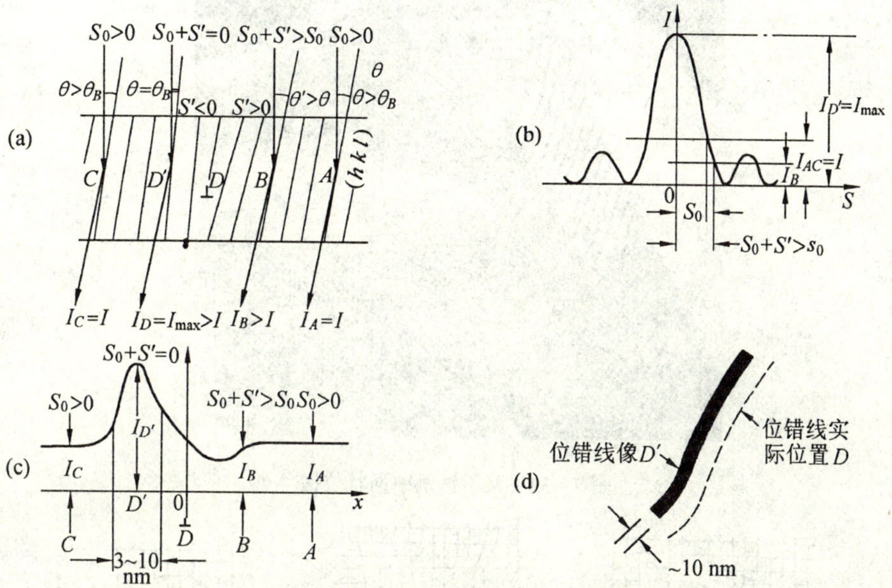

图 7-32 位错衬度的产生及其特征

位错线总是出现在它的实际位置的一侧或另一侧，说明其衬度本质上是由位错附近的点阵畸变所产生的，叫做“应变场衬度”。从宏观角度看位错是在三维空间中只有一维方向的缺陷；从微观角度看则为管状，由于附加的偏差 S' 随离开位错中心的距离而逐渐变化，使位错线的像总是有一定的宽度（一般在 3～10nm 左右）。如果位错线倾斜于薄膜表面，衍衬图像常呈现点状或锯齿状特征，平行膜面的位错可能显示为强度均匀的线，由于其深度位置不同，可能高于或低于前景强度，也可能与背景强度相同而看不到。图 7-33 是一种不锈钢的位错金相照片。

（2）第二相粒子所产生的图像衬度是一个比较复杂的问题　这是因为影响衬度因素很多，其中有粒子的形状，它在膜内的深度、晶体结构、位向、化学成分以及粒子与基本点阵之间的关系，此外界面附近还可能存在浓度梯度和缺陷。一般说来，第二相粒子可以通过两种不同的方式造成衬度：(a)穿过粒子的晶体柱内衍射波，波振幅和位相发生了变化，叫做沉淀物衬度；(b)粒子的存在引起周围基本点阵发生局部的畸变，也是一种应变场衬度，叫做基体衬度。

图 7-34 是第二相粒子(p)在基体(M)中的存在形式，显然，对于图 7-34 所示的各种粒子存在形式，沉淀物衬度总是存在的，而基体衬度则不一定，通常只有在粒子和基体既有共格关系（部分或全部），又有错配度的情况下才会出现，如果粒子的化学成分使它与基体的平均原子序数有较大的差别，则由此产生的质量厚度衬度效应也是不容忽视的。

笼统地说，第一类沉淀物衬度的产生还是比较容易理解的，因为穿过粒子的晶体柱与

图 7－33　某不锈钢中网状位错

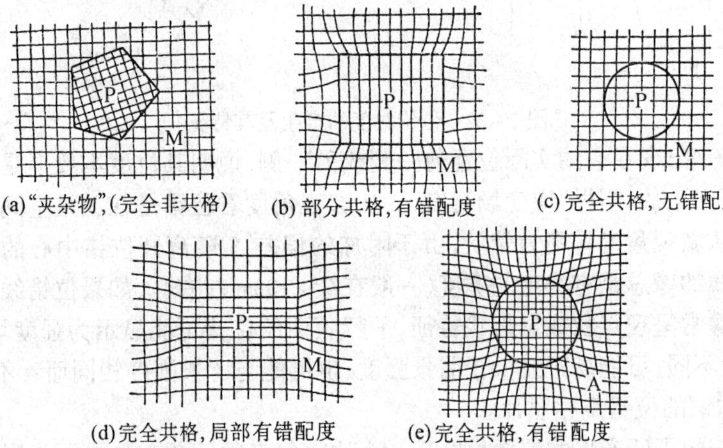

(a)“夹杂物”(完全非共格)　(b)部分共格，有错配度　(c)完全共格，无错配度

(d)完全共格，局部有错配度　(e)完全共格，有错配度

图 7－34　第二相粒＋(p)在基体(M)中的存在形式

无粒子区域在成分、晶体结构等方面是不一样的，其衍射波合成振幅和强度当然会不同。可是，引起强度变化的原因却是多方面的，因而得到的粒子的图像特征也大不相同。

基体衬度，在合金中是最常见的。由于基体和第二相粒子的晶格常数不同，必然破坏了晶体中原子的正常排列，无论共格还是非共格都会引起特征衬度效应，根据这种效应，可以判断沉淀相及夹杂物的有关信息。设基体各向同性，夹杂物为球形，则位移是径向的，并且为

$$\boldsymbol{R} = \varepsilon r_0{}^3/r^2 \qquad r \geqslant r_0 \qquad (7-23)$$

$$\boldsymbol{R} = \varepsilon r \qquad r \leqslant r_0 \qquad (7-24)$$

式中，r 为畸变区任一点 o 至球心距离，r_0 为夹杂物半径；ε 为弹性应变场参量，它与夹杂

物和基体之间错配度有关，$\varepsilon = \frac{2}{3}\delta$，$\delta$ 为错配度。

图 7 – 35 为夹杂物附近晶体畸变示意图。由于所有位移是径向的，所以不难看出，必然会有一条无衬度线垂直于 $\boldsymbol{g}$，此处 $\boldsymbol{g}\cdot\boldsymbol{R}=0$，显然衬度像就变成了两弧瓣形状。

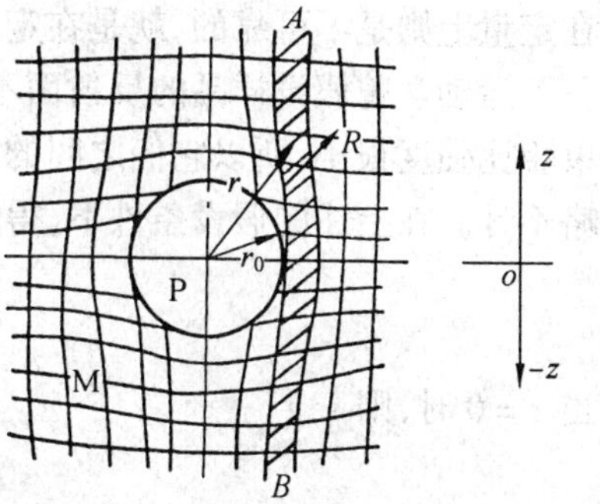

图 7 – 35　球形夹杂物对附近晶体引起畸变示意图

夹杂物引起的衬度是相当弱的，只有当晶体处于较准确的反射位置附近时，才能观察到强的衬度，这就需要用衍衬动力学理论才能解释清楚，衍衬运动学只能定性地加以说明。设图 7 – 35 中粒子表面的柱体为 AB，从柱体同粒子接触点开始算起，则在此点的上下两部分的位移方向相反。未受畸变影响的区域，柱体仍近似地认为是完整晶体，其振幅相位图是以 $(2\pi s)^{-1}$ 为半径的圆，如图 7 – 36 中的实线圆。在夹杂物周围因畸变而产生的附加位相角为

$$\alpha = 2\pi \boldsymbol{g}\cdot\boldsymbol{R} = 2\pi g\cdot\cos\theta \qquad (7-25)$$

把 $\boldsymbol{R}=\varepsilon r_0{}^3/r^2$ 代入上式中，得

$$\alpha = 2\pi \boldsymbol{g}\cdot\boldsymbol{R} = 2\pi g\,\frac{\varepsilon r_0{}^3}{r^2}\cos\theta \qquad (7-26)$$

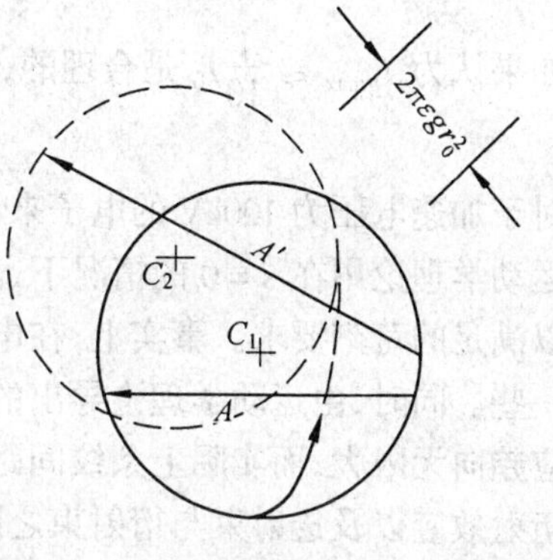

图 7 – 36　球形粒子引起振幅相位图的变化

根据图 7 – 36 可知

$$r = (r_0{}^2 + z^2)^{1/2}$$

$$\cos\theta = \frac{r_0}{(r_0{}^2 + z^2)^{1/2}}$$

则

$$\alpha = 2\pi \boldsymbol{g}\cdot R = 2\pi g\,\frac{\varepsilon r_0{}^3}{r^2}\cdot\frac{r_0}{(r_0{}^2+z^2)^{1/2}} =$$

$$2\pi g\,\frac{\varepsilon r_0{}^4}{(r_0{}^2+z^2)^{3/2}} \qquad (7-27)$$

由于 α 的存在，使得相应的振幅相位图也发生了相应的变化，圆心偏移了 αr_0，相当于 $2\pi\varepsilon g r_0^2$，畸变晶体柱 AB 与理想晶体条件下合成振幅的变化，大体上可以用这个位移与直径 $(\pi s)^{-1}$ 的比值来衡量

$$\frac{\Delta A}{A} \approx \frac{2\pi\varepsilon g r_0{}^2}{(\pi s)^{-1}} = 2\pi^2\varepsilon g r_0^2 s \qquad (7-28)$$

两者的衬度为

$$\frac{\Delta I}{I} = \left|\frac{A'^2 - A^2}{A^2}\right| = 4\pi^2\varepsilon g r_0{}^2 s \qquad (7-29)$$

7.4.3. 衍衬运动学理论的适用范围

运动学理论能比较简单清晰地定性解释薄膜图像中出现的一系列衬度特征，但是这

在定量上则是不可靠的，就是在定性解释上也有局限性。

运动学曾假设样品的反射面不严格处于精确的布拉格位置，即 $s \neq 0$；衍射束与透射束相比强度很小，所以它们之间的相互作用可以忽略不计；当样品较薄时，吸收效应也忽略不计。在上述的假设条件下，得出完整晶体下表面处的衍射强度公式

$$|A_g|^2 \approx \frac{\pi^2}{\xi_g^2} \frac{\sin^2(\pi st)}{(\pi s)^2} \tag{7-30}$$

当 $s=0$ 时，则

$$|A_g|^2 \approx \frac{\pi^2 t^2}{\xi_g{}^2} \tag{7-31}$$

衍射强度随晶体厚度平方增大而增大。运动学理论要求 $I_{g\max} \ll 1$，表明样品厚度应满足

$$t \ll \xi_g/\pi \tag{7-32}$$

如果认为 $I_{g\max} \approx \frac{1}{10} I_0$ 是合理的，则

$$t \leqslant \xi_g/3\pi \tag{7-33}$$

对于加速电压为 100kV 的电子来说，一般材料低反射指数的 ξ_g 为 15 ~ 50nm，所以要想将运动学理论用在 $s=0$ 的情况下，晶体的厚度 t 必须很薄，即 $t < 10$nm。显然，这是一个难以满足的苛刻要求。事实上，在电镜中所应用的薄晶体厚度一般总在几十纳米或者更厚一些。同时，由运动学理论导出的等厚条纹间距是随 $1/s$ 变化，故当 $S \rightarrow 0$ 时，条纹间距应趋向无限大，而实际上条纹间距是一个有限值。另外，电子衍射强度往往可以产生二次衍射效应以及透射束与衍射束之间的相互作用，还有由于吸收出现的反常衬度效应等衍衬像的细节等，都是衍衬运动学无法处理的。

第 8 章　扫描电子显微分析

早在 1935 年，德国的 Knoll 就提出了扫描电镜的工作原理。1938 年，Ardenne 开始进行实验研究，到 1942 年，Zworykin. Hill 制成了第一台实验室用的扫描电镜，但真正作为商品，那是 1965 年的事。70 年代开始，扫描电镜的性能突然提高很多，其分辨率优于 20nm 和放大倍数达100 000倍者，已是普通商品信誉的指标，实验室中制成扫描透射电子显微镜已达到优于 0.5nm 分辨率的新水平。1963 年，A. V. Grewe 将研制的场发射电子源用于扫描电镜，该电子源的亮度比普通热钨丝大 $10^3 \sim 10^4$ 倍，而电子束径却较小，大大提高了分辨率。将这种电子源用以扫描透射电镜，分辨率达十分之几纳米，可观察到高分子中置换的重元素，引起人们极大的注意。此外，在这一时期还增加了许多图像观察，如吸收电子图像、电子荧光图像、扫描透射电子图像、电位对比图像、X 射线图像，还安装了 X 射线显微分析装置等。因而一跃而成为各种科学领域和工业部门广泛应用的有力工具。从地学、生物学、医学、冶金、机械加工、材料、半导体制造、微电路检查，到月球岩石样品的分析，甚至纺织纤维、玻璃丝和塑料制品、陶瓷产品的检验等均大量应用扫描电镜作为研究手段。

目前，扫描电镜在向追求高分辨率，高图像质量发展的同时，也在向复合型发展。这种把扫描、透射、微区分析结合为一体的复合电镜，使得同时进行显微组织观察、微区成分分析和晶体学分析成为可能，因此成为自 70 年代以来最有用途的科学研究仪器之一。

8.1　扫描电镜工作原理、构造和性能

8.1.1　基本原理

图 8－1 是扫描电镜的原理示意图。由最上边电子枪发射出来的电子束，经栅极聚焦后，在加速电压作用下，经过二至三个电磁透镜所组成的电子光学系统，电子束会聚成一个细的电子束聚焦在样品表面。在末级透镜上边装有扫描线圈，在它的作用下使电子束在样品表面扫描。由于高能电子束与样品物质的交互作用，结果产生了各种信息：二次电子、背反射电子、吸收电子、X 射线、俄歇电子、阴极发光和透射电子等。这些信号被相应的接收器接收，经放大后送到显像管的栅极上，调制显像管的亮度。由于经过扫描线圈上的电流是与显像管相应的亮度一一对应，也就是说，电子束打到样品上一点时，在显像管荧光屏上就出现一个亮点。扫描电镜就是这样采用逐点成像的方法，把样品表面不同的特征，按顺序，成比例地转换为视频信号，完成一帧图像，从而使我们在荧光屏上观察到样品表面的各种特征图像。

8.1.2　扫描电镜的结构

扫描电镜包括以下几部分。

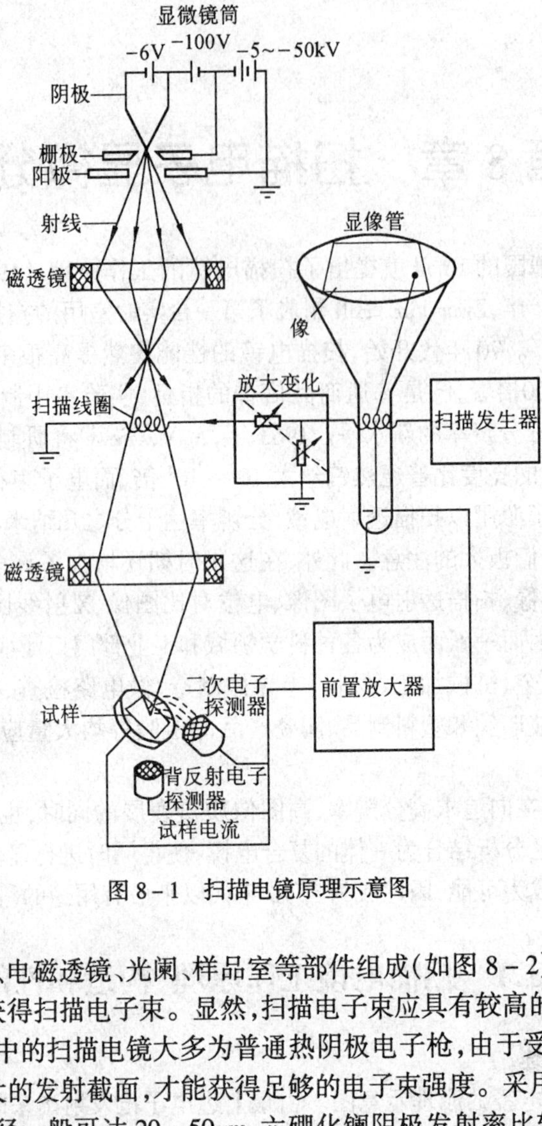

图 8-1　扫描电镜原理示意图

1.电子光学系统

该系统由电子枪、电磁透镜、光阑、样品室等部件组成(如图 8-2)。它的作用与透射电镜不同,仅仅用来获得扫描电子束。显然,扫描电子束应具有较高的亮度和尽可能小的束斑直径。目前使用中的扫描电镜大多为普通热阴极电子枪,由于受到钨丝阴极发射率较低的限制,需要较大的发射截面,才能获得足够的电子束强度。采用钨丝阴极发射的电子光源扫描电子束直径一般可达 20~50μm,六硼化镧阴极发射率比较高,有效发射截面可以做到直径为 20μm 左右,比钨丝阴极要小得多。以上两种电子枪都属于热发射电子枪,而场发射电子枪分为冷场和热场发射两种,一般在扫描电镜中采用冷场发射。如图 8-3所示,它是利用靠近曲率半径很小的阴极尖端附近的强电场使阴极尖端发射电子的,所以叫做场致发射(简称场发射)。如果阴极尖端半径为 100~500nm,若在尖端与第一阳极之间加 3~5kV 的电位差,那么在阴极尖端附近建立的强电场就足以使它发射电子。在第二阳极几十千伏甚至几百千伏正电位作用下,阴极尖端发射的电子会聚在第二阳极孔的下方(即场发射电子枪第一交叉点位置上),电子束直径小至 20nm(甚至 10nm)。可见场发射电子枪是扫描电镜获得高分辨率,高质量图像较为理想的电子源。此外,场发射扫描电镜还有在低电压下仍保持高的分辨率和电子枪寿命长等优点。

在光学系统中,扫描电镜的最后一个透镜的结构有别于透射电镜,它是采用上下极靴不同孔径不对称的磁透镜,这样可以大大减小下极靴的圆孔直径,从而减少样品表面的磁场,避免磁场对二次电子轨迹的干扰,不影响对二次电子的收集。另外,末级透镜中要有一定的空间,用来容纳扫描线圈和消像散器。扫描线圈是扫描电镜的一个十分重要的部件,它使电子作光栅扫描,与显示系统的 CRT 扫描线圈由同一锯齿波发生器控制,以保证镜筒中的电子束与显示系统 CRT 中的电子束偏转严格同步。

扫描电镜的样品室要比透射电镜复杂,它能容纳大的试样,并在三维空间进行移动、倾斜和旋转。目前的扫描电镜样品室在空间设计上都考虑了多种信号收集器安装的几何尺寸,以使用户根据自己的意愿选择不同的信息方式。

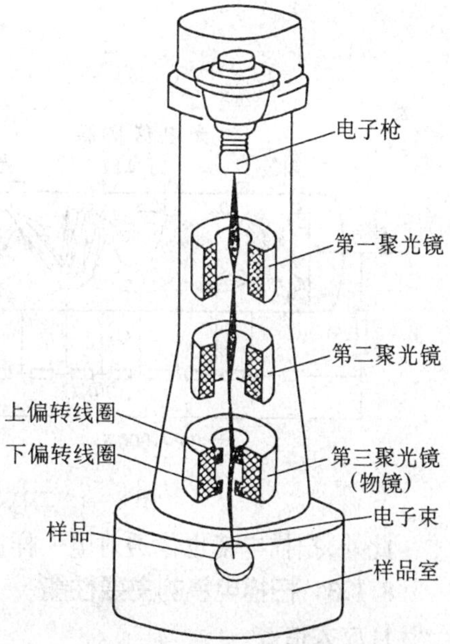

图 8-2 扫描电子光学系统示意图

2.信号收集和显示系统

(1)二次电子和背反射电子收集器　图 8-4 是这种收集器的示意图,它是由闪烁体,光电倍增管和前置放大器组成,这是扫描电镜中最主要的信号检测器。从试样出来的电子,撞击并进入闪烁体,当金属圆筒加 +250V 电压时,能接受低能二次电子;当加 -250V 电压时,能接受背反射电子。在闪烁体表面喷涂一层 40~80nm 的铝膜作为导电层,在这导电层上加有 10~12kV 的高压。试样产生的二次电子(或背反射电子)被这高压加速,并被收集到闪烁体上。当电子打到闪烁体上,产生出光子,而光子通过光导管传送到光电倍增管的阴极上。通过光电倍增管,信号被放大为微安数量级,再送至前置放大器放大成足够功率的输出信号,送至视频放大器,而后可直接调制 CRT 的栅极电位,这样即可得到一幅供观察和照相的图像。

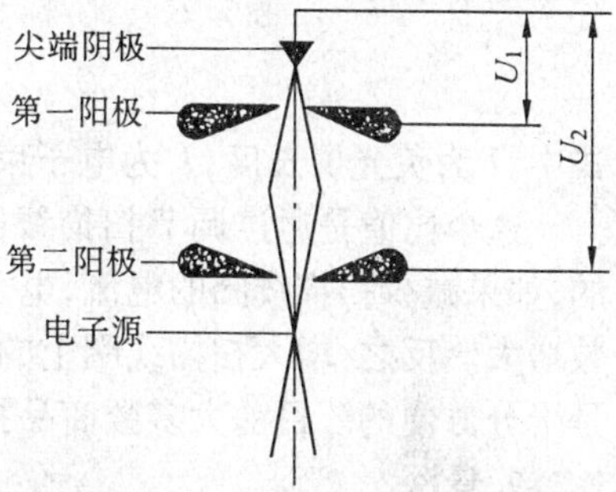

图 8-3 场发射电子枪原理示意图

(2)显示系统　显示装置一般有两个显示通道:一个用来观察,另一个供记录用(照相)。观察用的显像管采用长余辉显像管,扫描一帧有 0.2,0.5,1s…。最快可以达到电视速度。对于记录用的管子要求有较高的分辨率,通常 10cm×10cm 的荧光屏要求有 800~1 000 条线并且只能用短余辉的管子。在观察时为了便于调焦,采用尽可能快的扫描速度,而拍照时为了得到分辨率高的图像,要尽可能采用慢的扫描速度(多用 50~100s)。

(3)吸收电子检测器　试样不直接接地,而与一个试样电流放大器相接,可检出被测试样吸收的电子。它是一个高灵敏度的微电流放大器,能检测到 10^{-6}~10^{-12}A 这样小的电流。吸收电流信号一般为 10^{-7}~10^{-9}A,在较好的信噪此下,可得到所需要吸收电流图像。吸收电子图像是扫描电镜分析中一个很重要的手段。

(4)X 射线检测器　它是检测试样发出的元素特征 X 射线波长和光子能量,从而实现对试样微区进行成分分析。

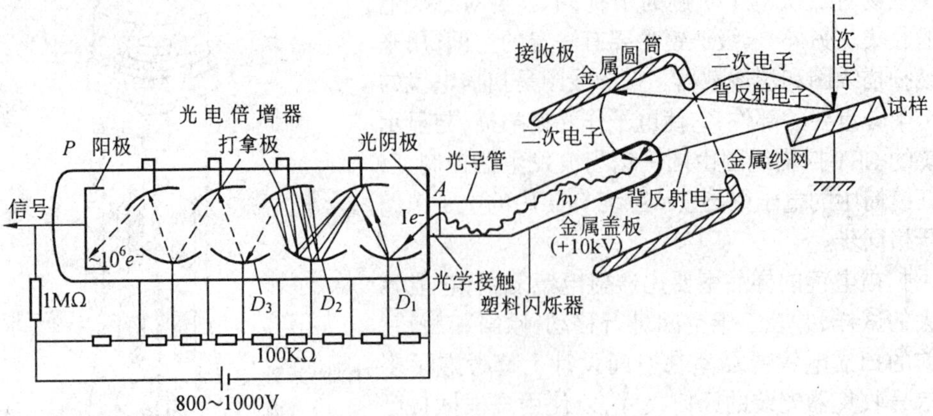

图 8－4　二次电子和背反射电子收集器示意图

此外,扫描电镜也像透射电一样,需配备真空系统和电源系统。

8.1.3　扫描电镜的主要性能

1.放大倍数

扫描电镜的放大倍数 M 定义为:在显像管中电子束在荧光屏上最大扫描距离和在镜筒中电子束针在试样上最大扫描距离的比值

$$M = \frac{l}{L} \tag{8-1}$$

式中,l 为荧光屏长度;L 为电子束在试样上扫过的长度。

这个比值是通过调节扫描线圈上的电流来改变的。观察图像的荧光屏长度是固定的,如果减少扫描线圈的电流,电子束偏转的角度小,在试样上移动的距离变小,使放大倍数增大。反之,增大扫描线圈上的电流,放大倍数就要变小。可见改变扫描电镜放大倍数是十分方便的。目前大多数商品扫描电镜,放大倍数可从低倍连续调节到 20 万倍左右。

2.景深

扫描电镜的景深比较大,成像富有立体感,所以它特别适用于粗糙样品表面的观察和分析。

3.分辨率

分辨本领是扫描电镜的主要性能指标之一。在理想情况下,二次电子像分辨率等于电子束斑直径。正是由于这个缘故,我们总是以二次电子像的分辨率作为衡量扫描电镜性能的主要指标。目前高性能扫描电镜普通钨丝电子枪的二次成像分辨率已达 3.5nm 左右。

此外,大的样品室,各种不同性能的样品台等,使得扫描电镜具有应用更广泛和更方便快捷的特点。

8.1.4　样品制备

扫描电镜样品制备方法除了含水量较多的生物软组织样品外,其他的固体材料样品的制备方法都是非常简便的。对导电性材料来说,除了几何尺寸和重量外几乎没有任何要求,尺寸和重量对不同型号的扫描电镜的样品室也有不同的要求。对于导电性较差或绝缘的样品若采用常规扫描电镜来观察,则必须通过喷镀金、银等重金属或碳真空蒸镀等手段进行导电性处理,否则将无法观察。

显然,所有的样品均必须无油污,无腐蚀等,以免对镜筒和探测器的污染。

8.2 扫描电镜在材料研究中的应用

扫描电镜的像衬度主要是利用样品表面微区特征(如形貌、原子序数或化学成分、晶体结构或位向等)的差异,在电子束作用下产生不同强度的物理信号,导致阴极射线管荧光屏上不同的区域不同的亮度差异,从而获得具有一定衬度的图像。

8.2.1 表面形貌衬度及其应用

表面形貌衬度是利用二次电子信号作为调制信号而得到的一种像衬度。由于二次电子信号主要来自样品表层5~10nm深度范围,它的强度与原子序数没有明确的关系,而仅对微区刻面相对于入射电子束的位向十分敏感,且二次电子像分辨率比较高,所以特别适用于显示形貌衬度。此外,由于检测器上加正偏压,使得低能二次电子可以走弯曲轨迹被检测器吸引,这就使得背向检测器的那些区域仍有一部分二次电子到达检测器,而不致于形成阴影。基于这些优点,使得二次电子像成为扫描电镜应用最广的一种方式,尤其在失效工件的断口检测,各种材料形貌特征观察上,成为目前最方便、最有效的手段。

1.断口分析

工程构件的断裂分析无论在理论上还是在应用上都是十分有用的。断裂分析包括宏观分析和微观分析,通过断口分析可以揭示断裂机理,判断裂纹性质及原因,裂纹源及走向;还可以观察到断口中的外来物质或夹杂物。由于扫描电镜的特点,使得它在现有的各种断裂分析方法中占有突出的地位。

材料断口的微观形貌往往与其化学成分、显微组织、制造工艺及服役条件存在密切联系,所以断口形貌的确定对分析断裂原因常常具有决定性作用。

金属材料断口按断裂性质可分为脆性断口、韧性断口、疲劳断口及环境因素断口;按断裂途径可分为穿晶断口、沿晶断口及混合断口。表8-1列出了它们的主要特点及相应的断口形貌。现分别简要介绍如下。

表8-1 金属材料断口分类

分类方法	断口类型	特点	断口微观形貌
按断裂性质分类	脆性断口	断裂前材料不产生明显的宏观塑性变形,断口宏观形貌为结晶状或放射状	解理断口、准解理断口或冰糖状沿晶断口
	韧性断口	断裂前材料有明显的塑性变形,断口宏观形貌为纤维状	韧窝断口
	疲劳断口	由周期性重复载荷引起的断裂	穿晶,有疲劳条纹或沿晶断口
	环境因素断口	由于应力腐蚀、氢脆、液态金属脆化、腐蚀疲劳或高温蠕变引起的断裂	沿晶断口 穿晶断口
按断裂途径分类	穿晶断口	脆性穿晶断口 韧性穿晶断口	解理或准解理断口,韧穿断口
	沿晶断口	脆性沿晶断口(回火脆及氢脆等断口) 韧性沿晶断口(过热组织断口)	冰糖状沿晶断口 断口晶界表面有密布的小韧窝
	混合断口		穿晶和沿晶两种断口混杂存在

(1)韧窝断口　这是一种伴随有大量塑性形变的断裂方式，宏观断口为纤维状。在拉伸试验时，当应力超过屈服强度并开始塑性变形，这时材料内部的夹杂物、析出相、晶界、亚晶界或其它范性形变不连续的地方将发生位错塞积，产生应力集中，进而开始形成显微孔洞。随着应变增加，显微孔洞不断增大，相互吞并，直到材料发生颈缩和破断。结果在断口上形成许多微孔坑，称为韧窝，在韧窝中心往往残留有引起开裂的夹杂物。韧性较好的结构材料，在常温冲击试验条件下也常常形成韧窝断口。

韧窝的形状与材料断裂时的受力状态有关，单轴拉伸造成等轴韧窝；剪切和撕裂造成拉长或呈抛物线状的韧窝。韧窝的大小和深浅取决于断裂时微孔生核数量和材料本身的相对塑性，若微孔生核数量很多或材料的相对塑性较低，则韧窝的尺寸较小或较浅；反之，尺寸较大或较深。韧窝断口是大多数结构零件在室温条件下的正常断裂方式。图8-5为一典型韧窝断口。

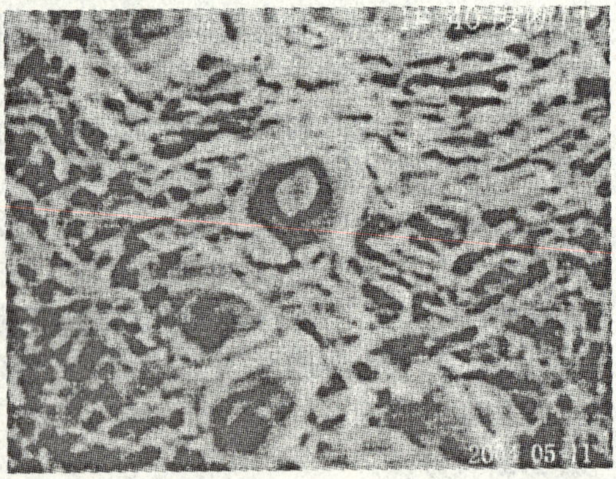

图8-5　韧窝断口微观形貌

(2)解理断口及准解理断口　解理断裂是金属在拉应力作用下，由于原子间结合键的破坏而造成的穿晶断裂。通常是沿着一定的，严格的结晶学平面发生开裂，例如，在体心立方点阵金属中，解理主要沿{100}面发生，有时也可能沿基体和形变孪晶的界面{112}面发生。在密排六方点阵的金属中，解理沿{001}面发生。在特殊情况下，例如应力腐蚀环境中，面心立方金属也会发生解理。解理是脆性断裂，但并不意味着所有的解理断裂都是脆性的，有时还伴有一定程度的塑性变形。

典型的解理断口具有以下特点，解理断口的典型微观特征为河流花样。从理论上讲在单个晶体内解理断口应是一个平面，但是实际晶体难免存在缺陷，如位错、夹杂物、沉淀相等，所以实际的解理面是一簇相互平行的(具有相同晶面指数)、位于不同高度的晶面。这种不同高度解理面之间存在着的台阶称为解理台阶。在解理裂纹的扩展过程中，众多的台阶相互汇合便形成河流状花样，它由"上游"许多较小的台阶汇合在"下游"较大的台阶，"河流"的流向就是裂纹扩展的方向。可见，河流花样就是裂纹扩展中解理台阶在图像上的表现。裂纹源常常在晶界处，当解理裂纹穿过晶界时将发生"河流"的激增或突然停止，这取决于相邻晶体的位向和界面的性质。

当解理裂纹以很高速度向前扩展时塑性变形只能以机械孪晶的方式进行，这时裂纹沿着孪晶-基体界面进行扩展，在裂纹的前端形成"舌状花样"。这种特征在解理断裂中也经常看到。

此外，羽毛状花样、二次裂纹等，在解理断口也常发现。

准解理断裂也是一种脆性的穿晶断裂，断裂沿一定的结晶面扩展，也有河流花样，与解理断裂没有本质区别。但其河流一般是从小平面中心向四周发散的(断裂源起于晶粒内的碳化物或夹杂物)，形状短而弯曲，支流少，并形成撕裂岭。准解理断口常出现于具有回火马氏体组织的碳钢及合金钢中，尤其是在低温冲击试验时。

低温、高应变速率、应力集中及晶粒粗大均有利于解理的发生。解理裂纹一经形成，就会迅速扩展，造成灾难性破断。

(3)沿晶断口　沿晶断口又称晶界断裂，此时断裂沿晶界发生。这是因为晶界往往是析出相、夹杂物及元素偏析较集中的地方，因而其强度受到削弱。沿晶断裂多属脆性，微观上为冰糖状断口。但在某些情况下，例如由于过热而导致的沿原奥氏体晶界开裂的石状断口，在石状颗粒表面上有明显的塑性变形存在，呈韧窝特征，而且韧窝中常有夹杂物，这种断口称为延性沿晶断口。

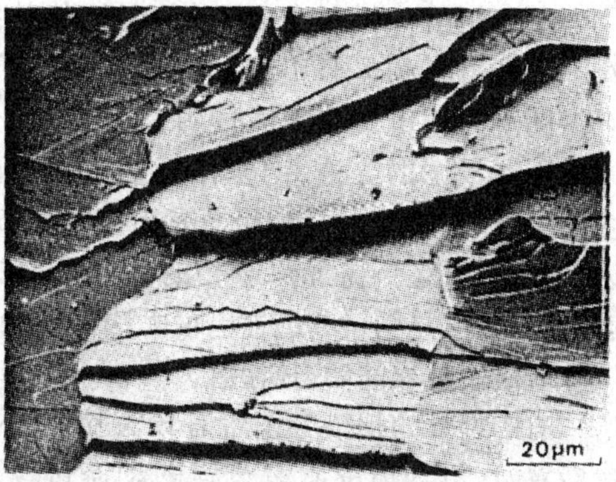

图 8－6　解理断口

(4)疲劳断口　金属因周期性交变应力引起的断裂称为疲劳断裂。从宏观上看，疲劳断口分为三个区域，即疲劳核心区、疲劳裂纹扩展区和瞬时断裂区。疲劳核心是疲劳裂纹最初形成的地方，一般起源于零件表面应力集中或表面缺陷的位置，如表面槽、孔、过渡小圆角、刀痕和材料内部缺陷(夹杂、白点、气孔等)。疲劳裂纹扩展区(简称疲劳区)裂纹扩展缓慢，断口较为平滑，其微观特征是具有略带弯曲但大致平行的疲劳条纹(与裂纹扩展方向垂直)，条纹间距取决于应力循环的振幅。

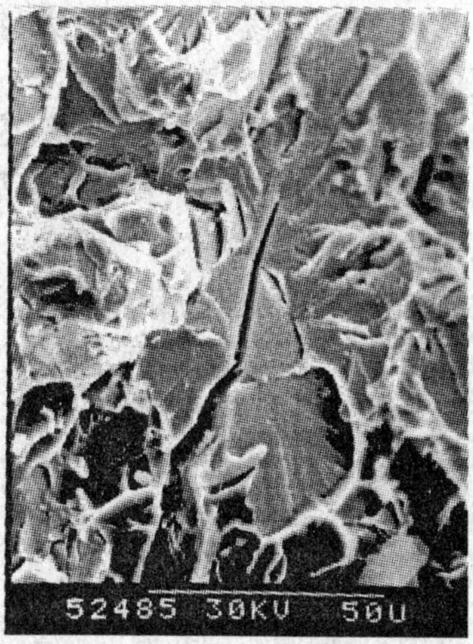

图 8－7　准解理断口

一般地说，面心立方的金属，如铝及其合金、不锈钢的疲劳纹比较清晰、明显；体心立方金属及密排六方金属中疲劳纹不及前者明显；超高强度钢的疲劳纹短而不连续，轮廓不明显，甚至难以见到，而中、低强度钢则可见明显规则的条纹。形成疲劳纹的条件之一是至少有 1 000 次以上的循环寿命。

疲劳又可分为韧性疲劳和脆性疲劳两类，后者的特征是在断口上还能观察到放射状的河流花样，疲劳纹被放射状台阶分割成短而平坦的小段。

(5)应力腐蚀开裂断口　应力腐蚀开裂是在一定的介质条件和拉应力共同作用下引起的一种破坏形式。其过程大致是，首先在材料表面产生腐蚀斑点，然后在应力和介质的联合作用下逐渐连接而形成裂纹，并向材料内部浸蚀和扩展，直至断裂。因而其断口宏观形貌与疲劳断口颇为相似，也包括逐渐扩展区和瞬断区两部分，后者一般为延性破坏。

因材料性质和介质不同，应力腐蚀开裂可能是沿晶的，也可能是穿晶的。其断口的微观特征主要是腐蚀坑、腐蚀产物及泥状花样。

2.高倍金相组织观察与分析

扫描电镜不仅在材料断裂研究中有十分重要的价值，同时在观察显微组织、第二相的立体形态、元素的分布以及各种热处理缺陷(过烧、脱碳，微裂纹等)方面，也是一种十分有力的工具。

在多相结构材料中,特别是在某些共晶材料和复合材料的显微组织和分析方面,由于可以借助于扫描电镜景深大的特点,所以完全可以采用深浸蚀的方法,把基体相溶去一定的深度,使得欲观察和研究的相显露出来,这样就可以在扫描电镜下观察到该相的三维立体的形态,这是光学显微镜和透射电镜无法做到的。

3.断裂过程的动态研究

有的型号的扫描电镜带有较大拉力的拉伸台装置,这就为研究断裂过程的动态过程提供了很大的方便。在试样拉伸的同时既可以直接观察裂纹的萌生及扩展与材料显微组织之间的关系,又可以连续记录下来,为科学研究提供最直接的证据。

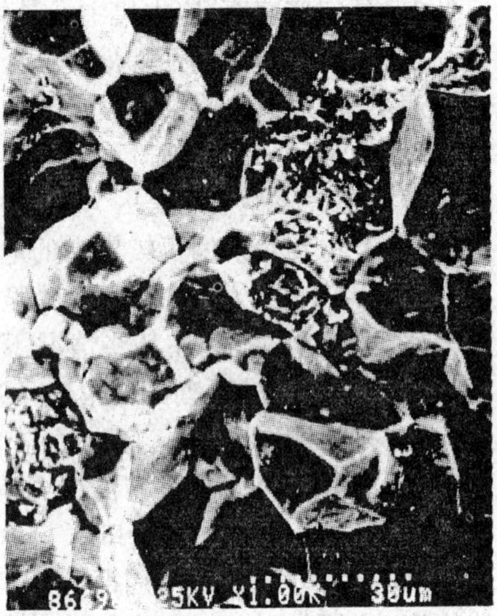

图 8-8 沿晶断口

8.2.2 原子序数衬度及其应用

原子序数衬度是利用对样品微区原子序数或化学成分变化敏感的物理信号作为调制信号得到的、表示微区化学成分差别的像衬度。背散射电子、吸收电子和特征 X 射线等信号对微区原子序数或化学成分的变化敏感,所以可用来显示原子序数或化学成分的差别。

背散射电子产额随样品中元素原子序数的增大而增加,因而样品上原子序数较高的区域,产生较强的信号,在背散射电子像上显示较高的衬度,这样就可以根据背散射电子像亮暗衬度来判断相应区域原子序数的相对高低,对金属及其合金进行显微组织分析。

背散射电子能量较高,离开样品表面后沿直线轨迹运动,故检测到的信号强度远低于二次电子,因而粗糙表面的原子序数衬度往往被形貌衬度所掩盖。为此,对于显示原子序数衬度的样品,应进行磨平和抛光,但不能浸蚀。样品表面平均原子序数大的微区,背散射电子信号强度较高,而吸收电子信号强度较低,因此,背散射电子像与吸收电子像的衬度正好相反。

8.3 波谱仪结构及工作原理

根据布拉格方程 $2d\sin\theta=\lambda$,从试样激发出的 X 射线经适当的晶体分光,波长不同的特征 X 射线将有不同的衍射角 2θ。利用这个原理制成的谱仪就叫做波长色散谱仪,简称波谱仪(WDS)。波谱仪是电子探针的主要组成部分,也可以作为附件按装在扫描电镜上,成为微区成分分析的有力工具。

如前所述,特征 X 射线的波长(或频率),并不随入射电子的能量(加速电压)不同而不同,而是由构成物质的元素种类(原子序数)所决定的。设特征 X 射线频率为 ν,则 ν 随原子序数的变化情况可由莫塞莱定律决定

$$\nu = C(Z-\sigma) \tag{8-2}$$

式中,C 与 σ 为常数,且 $\sigma\approx 1$。

波长 λ 可以用下式做出最好的近似

$$\lambda = \frac{1.21 \times 10^3}{(Z - 1)^2} \tag{8-3}$$

由此可见,在一个成分未知的样品中,检测激发产生的特征 X 射线波长(或其光子的能量),即可作为其中所含元素的可靠依据。

在各种特征 X 射线中,K 系列是最主要的,虽然 K 系列的 X 射线有好多条,但其强度最高的只有三条,即 $K_{\alpha1}$、$K_{\alpha2}$和 $K_{\beta1}$。例如钼(Mo)的上述三条特征 X 射线的波长分别为

$K_{\alpha1}$:0.070 926nm;$K_{\alpha2}$:0.071 354nm;K_{β}:0.063 225nm

从中可见,$K_{\alpha1}$与 $K_{\alpha2}$两条线的波长非常相近,实际上一般不一定作为两条线而分开,当分开的时候,称为 K 二重线,不分开时,就简单地称做 K_{α} 线。在 K 二重线中,$K_{\alpha1}$线的强度约为 $K_{\alpha2}$线强度的 2 倍,而 $K_{\alpha1}$线的波长却较 $K_{\alpha2}$线的波长短,所以,当两线分不开的时候,K_{α}线的波长便以两种波长累加平均值的形式给出。因为 $K_{\alpha1}$线的强度为 $K_{\alpha2}$线强度的 2 倍,所以它将以 2 倍于 $K_{\alpha2}$的资格用下式进行计算

$$\lambda_{k\alpha} = \frac{2\lambda K_{\alpha1} + \lambda K_{\alpha2}}{3} \tag{8-4}$$

以钼为例,即可得出下面的结果

$$\lambda_{MoK\alpha} = \frac{1}{3}(2 \times 0.070\,926 + 0.071\,354) = 0.071\,069\text{nm}$$

同样,$K_{\beta1}$ 线也常常作为 K_{β} 线来看待。关于这些特征 X 射线的波长值,可参阅有关手册和资料。

波谱仪主要由分光晶体(衍射晶体)、X 射线探测器等组成。

8.3.1 分光晶体及弯晶的聚焦作用

分光晶体的展谱遵循布拉格公式,由于 $\sin\theta$ 的变化范围为 0~1,所以 λ 只能小于$2d$。而不同元素的特征 X 射线波长变化却很大,如碳(C^6)的 $\lambda_{k\alpha}$ = 4.47nm,而钼(Mo^{42})λ_{kd} = 0.070 9nm,相差 60 多倍。因此,为使可分析的元素尽可能覆盖同期表中所有元素,需要配备面间距不同的数块分光晶体。表 8-2 列出了波谱仪中常用的分光晶体的基本参数及可检测的元素范围。

表 8-2 波谱仪中常用分光晶体的基本参数及可检测范围

晶体	化学分子式(和缩写)	反射晶面	晶面间距 d/×0.1nm	可检测波长范围/×0.1nm	可检测元素范围
氟化锂	LiF(LiF)	200	2.013	0.89~3.5	K 系:20Ca-37Rb L 系:51Sb-92U
异戊四醇	$C_5H_{12}O_4$(PET)	002	4.375	2.0~7.7	K 系:14Si-26Fe L 系:37Rb-65Tb M 系:72Hf-92U
邻苯二酸铷(或钾)	$C_8H_5O_4Rb$(RAP) [或 GH_5O_4K(KAP)]	1 010	13.06 (13.32)	5.8~23.0	K 系:9F-5OP L 系:24Cr-40Zr M 系:57La-79Au
肉豆蔻铅	$(C_{14}H_{27}O_2)_2M$①(MYR)	-	40	17.6~70	L 系:5B-9F L 系:20Ca-25Mn
硬脂酸铅	$(C_{18}H_{35}O_2)_2M$①(STE)	-	50	22~88	K 系:5B-8O L 系:20Ca-23V
廿四烷酸铅	$(C_{14}H_{47}O_2)_2M$①(LIG)	-		290~114	K 系:4Be-7N L 系:20Ca-21Sc

①M 表示 Pb 或 Ba 等重金属元素。这三种都是多层皂膜膺晶体,适用 $Z<20$ 的轻元素及超轻元素分析。

在波谱仪中,X射线信号来自样品表层的一个极小的体积(约 $1\mu m^3$),可将其看作点光源,由此点光源发射的X射线是发散的,故能够到达分光晶体表面的,只是其中极小的一部分,信号很微弱。为了提高测试效率,必须采取聚焦方式,也就是使X射线源(样品表面被分析点)、分光晶体和探测器三者处于同一圆周上,此圆称为罗兰(Rowland)圆或聚焦圆。同时要把分光晶体的衍射晶面弯成曲率半径等于 $2R$(R 为罗兰圆半径)的曲面,并将晶体表面磨成曲率半径等于 R 的曲面,如图 8-9 所示,此时,从点光源 S 发射出的呈发散状的符合布拉格条件的同一波长的X射线,经晶体反射后将聚焦于 P 点。这种聚焦方式称为 Johansson 全聚焦,是目前波谱仪普遍使用的聚焦方式。

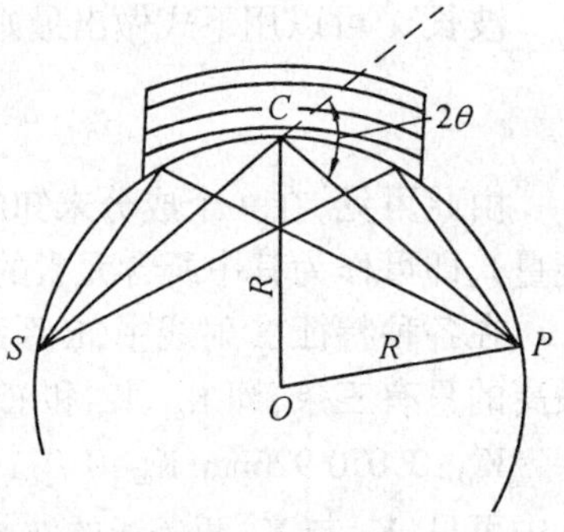

图 8-9 波谱仪的全聚焦方式
S—样品上被测点;C—分光晶体;P—计数管;R—聚焦圆半径

8.3.2 波谱仪的形式

波谱仪常用的有两种形式,即回转式及直进式两种。

回转式波谱仪如图 8-10 所示,罗兰圆的中心 O 固定不变,晶体和探测器在圆周上以 1:2 的角速度运动来满足布拉格方程。这种波谱仪结构简单,但是X射线出射方向变化很大,所以X射线的出射窗口要开得很大,因而也要影响不平表面的分析结果。

一般采用如图 8-11 所示的直进式全聚焦波谱仪,晶体从光源 S 向外沿着一直线移动,并通过自转来改变 θ 角。罗兰圆的中心 O 在以 S 为中心,R 为半径的圆周上运动。探测器的运动轨迹为 $\rho = 2R\sin 2\theta$,其中 ρ 为离光源的距离。这种谱仪结构复杂,优点是X射线照射晶体的方向是固定的。

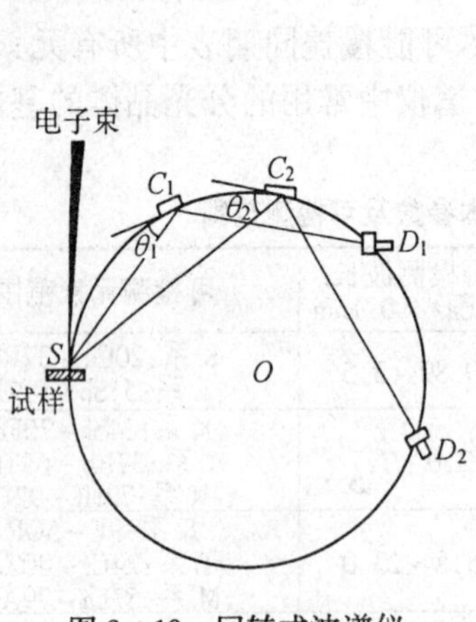

图 8-10 回转式波谱仪

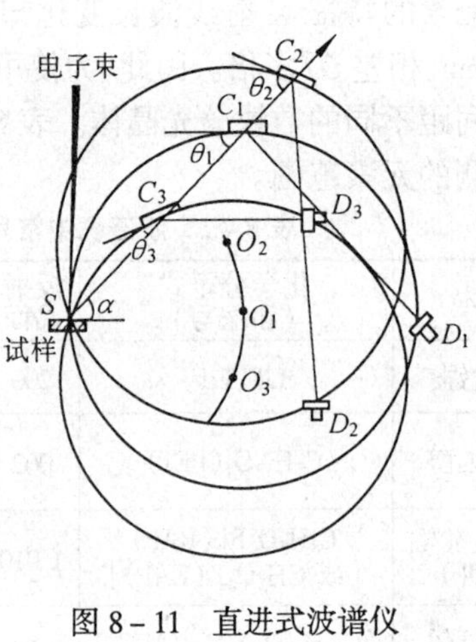

图 8-11 直进式波谱仪

当晶体位于 θ 角时,晶体与光源之间的距离 l 总是等于 $2R\sin\theta$,将 $l = 2R\sin\theta$ 代入布拉格方程得

$$\lambda = \frac{d}{nR}l \tag{8-5}$$

令

$$\frac{d}{nR} = k(\text{常数})$$

当谱仪的罗兰圆半径 R 和晶体确定后，k 为常数，所以

$$\lambda = kl \tag{8-6}$$

可见在直进式波谱仪中，晶体和光源的距离 l 直接与波长成比例。因此，X 射线的波长 λ 可直接用 l 来表示。

一般说来，波谱仪的波长分辨率是很高的，例如 VK_{β}(0.228 434nm)，CrK_{α_1}(0.228 962nm)和 CrK_{α_2}(0.229 351nm)三根谱线可以清晰地分开，这是波谱仪的主要优点。波谱仪的缺点是 X 射线利用率很低，首先为了使谱线分开，罗兰圆半径一般是 150～250mm，这就使照射到展谱晶体上的 X 射线的立体角非常小。另外，经晶体衍射后，衍射线的强度仅是入射线的 20%，因此，波谱仪不适于束流低($<10^{-9}$A)、X 射线弱的情况下使用，这是其严重缺点。

随着电子计算机技术的发展，微处理机在各学科领域得到广泛应用。在电子显微分析方面，出现了波谱仪-微处理机的联机操作。如日本电子公司的 Super733－X 型电子探针和日立公司的 X－650 扫描电镜等。联机之后，可对过程进行自动控制。如驱动分光晶体自动寻峰，多道分光谱仪同时测量，样品台位置的自动调整及在聚焦圆上自动聚焦，以及定性分析和定量计算等，使测量速度和精度大为提高，充分发挥波谱仪分析精度高的特长。

8.4 能谱仪结构及工作原理

能量色散谱仪简称能谱仪(EDS)，目前已成为扫描电镜或透射电镜普遍应用的附件。它与主机共用电子光学系统，在观察分析样品的表面形貌或内部结构的同时，能谱仪就可以探测到感兴趣的某一微区的化学成分。

能谱仪是利用 X 光量子的能量不同来进行元素分析的方法，对于某一种元素的 X 光量子从主量子数为 n_1 的层上跃迁到主量子数为 n_2 的层上时有特定的能量 $\triangle E = E_{n1} - E_{n2}$。例如，每一个铁 K_{α}X 光量子的能量为 6.40keV，铜 K_{α}X 光量子的能量为 8.02keV。X 光量子的数目是作为测量样品中某元素的相对百分含量用，即不同的 X 光量子在多道分析器的不同道址出现，而脉冲数-脉冲高度曲线在荧光屏或打印机上显示出来，这就是 X 光量子的能谱曲线，如图 8－12 所示。图中的横坐标表示 X 光子的能量(反映元素种类)，纵坐标表示具有该能量的 X 光子的数目(反映元素种类)，也称谱线强度。图的背景总是蓝色，而谱线是桔黄色，最左侧的零峰为红色。

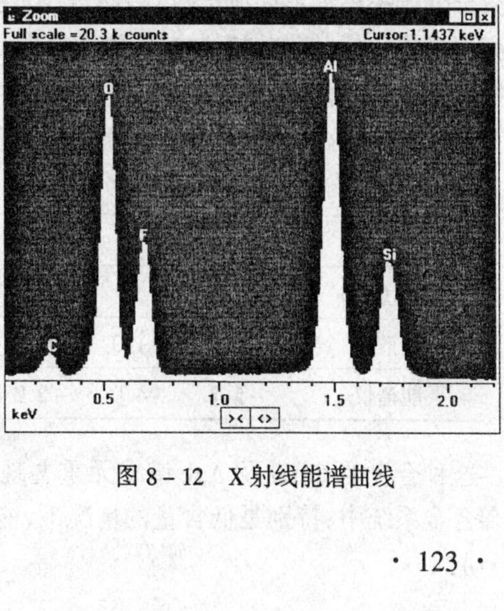

图 8－12　X 射线能谱曲线

所谓能谱仪实际上是一种电子仪器，主要单元是半导体探测器（一般称探头）和多道脉冲高度分析器，用以将 X 光量子按能量展谱。

8.4.1 半导体探测器（探头）

探测器是能谱仪中最关键的部件，它决定了该谱仪分析元素的范围和精度。目前大多使用的是锂漂移硅 Si(Li)探测器。

Si(Li)探测器可以看作是一个特殊的半导体二极管，把接收的 X 射线光子变成电脉冲信号。它有一个厚度约为 3mm 的中性区 I，这样 X 光量子在 I 区能够全部被吸收，将能量转化为电子空穴对，在 p－n 结内电场的作用下放电产生电脉冲。这就要求半导体的 p－n结在未接收 X 射线时，在加 1 000V 左右电压的情况下，在一定时间内不漏电（无电流通过 p－n 结，不产生电脉冲）。尽管硅或锗的纯度非常高，但其中还有微量杂质使其电阻降低，在外加电场作用下会漏电，为此在半导体的中性区 I 中渗入离子半径很小的锂以抵消这些杂质的导电。由于锂在室温下很容易扩散，因此这种探测器不仅在液氮温度下使用，并且要一直放置在液氮中保存，这往往给操作者带来很大的负担，特别是半导体实验室。近期牛津仪器公司推出了 Link－Utracool 超冷冻无忧 EDX 探测器，该探测器无需液氮，无需维护，并且其分辨率可达 133eV/MnKα，是目前较先进的探测器。

8.4.2 多道脉冲高度分析器(MCA)

不同元素的特征 X 射线能量不同，经探头接收，信号转换和放大后，其电压脉冲的幅值大小也不一样。MCA 作用在于将主放大器输出的，具有不同幅值的电压脉冲（对应于不同的 X 光子能量）按其能量大小进行分类和统计，并将结果送入存储器或输出给计算机，也可以在 *X-Y* 记录仪或显示器记录或显示。

能谱仪中每一通道（Channel）所对应的能量大小通常可以是 10eV，20eV 或 40eV/ch。对于常用的 1 024 个通道的多道分析器其可检测的 X 光子的能量范围约为 0－10.24keV，0－20.48keV 或 0－40.96keV。实际上，0－20.48keV 的能量范围已足以检测元素周期表上所有元素的 X 射线。

能谱仪不用晶体展谱，尽管 Si(Li)半导体探测器的分辨率较高，但整个能谱仪的能量和波长分辨率还远不如波谱仪，因此谱线重叠是常有的事。另外能谱分析的特点是计数率高而峰背比低，例如，扫描电镜-能谱仪的计数率从 1 000 到 10 000 脉冲/s·10^{-9}A；而电子探针——波谱仪的计数是几十到 500 脉冲/s·10^{-9}A；差两、三个数量级。由于能谱仪的峰背比低，因此分析的灵敏度及准确度不如波谱仪。下面是同一研究工作者用两种谱仪对 Au－Cu 合金分析结果的误差百分数。

	Cu				Au			
真质量/%	19.9	3.96	59.9	79.9	20.1	40.1	60.4	80.1－+
波谱仪	－1.0	－1.0	0.2	0.4	1.4	0.0	0.8	1.2
能谱仪	－5.7	－4.0	－2.2	0.4	－2.5	8.0	4.1	－0.2

这种合金的 CuKα 及 AuL 谱线无重叠现象，元素含量适中，这是比较理想的情况；在复杂合金系统中，特别是低含量的情况下，能谱分析的误差就更大。此外，能谱分析的检

测下限一般是0.5%，这要比波谱分析的下限高一两个量级。

概括地说，X射线能谱分析的优点是：

(1)计数率高达10 000脉冲/s·10^{-9}A，在束流低到10^{-11}A时仍能有足够的计数。

(2)允许使用微细的电子束，分析的空间分辨率高。

(3)分析速度快，几分钟内把全部能谱同时显示出来，而波谱一般需要几个小时。

(4)能谱分析无须聚焦，对试样高度不敏感，扫描无散焦现象。

(5)无机械传动部件，体积小，适于附加到现有电子光学微观分析仪器上去。

这些特点特别适用于扫描电镜和透射电镜的工作条件，近年来的各种扫描和透射电镜在镜筒或样品室部位都留有供安装能谱仪以至波谱仪的窗口，而大多数用户在购置扫描或透射电镜时都要选购能谱仪作为附件。但能谱仪仍存在一些缺点：

(1)Si(Li)探测器目前大多数还需长期连续保持在液氮的低温下工作和运行。

(2)目前大部分的硅Si(Li锂)探测器由于采用铍窗隔离，对软X射线吸收很严重，只能分析原子序数在11以上的元素；但新的能够分析从铍(Be)以上的探头现已问世。

(3)能谱仪的分辨本领差，经常有谱线重叠现象，特别在低能(长波)部分，这往往需要有经验的操作者在计算机的帮助下进行剥离谱线。

(4)峰背比低，定量分析尚存在一些问题，当含量大于20%又无谱线重叠时，分析误差小于5%；在低含量时，分析准确度很差。

综上所述，能谱仪和波谱仪是不能互相取代的，只能是互相补充。一般来说，扫描电镜与能谱仪结合还是一种较好的组合，因扫描电镜在大多数情况下观察的试样是凸凹不平的，这种情况也不可能得出定量分析的结果，如需精确的定量，则可由波谱仪得出。

8.5 电子探针分析方法及微区成分分析技术

在电子与物质的交互作用中，电子与X射线的关系是非常密切的。入射电子可以激发初级X射线，而后者又可以激发光电子，同时产生次级X射线(荧光)。但是，这个特点在仪器的早期发展中并没有被利用，而是电子与X射线的发展分道扬镳，分别制成透射电子显微镜和X射线荧光谱仪，两者毫无联系。这主要是用电子直接激发初级X射线，由于有连续谱而背景高，峰背比要比荧光光谱低一个量级，显著影响成分分析的灵敏度和精确度；其次，待测试样要放在高真空中，当时高真空技术还不很发达和普及，这就成为一个大的技术障碍。因此X射线荧光光谱仪先于初级X射线谱仪发展成为一个通用的成分分析仪器并得到广泛应用。

到了本世纪40年代，电子显微镜及X射线荧光光谱仪都已发展到较高水平，高真空技术也已普及，因此把这两个仪器结合起来制成电子探针X射线显微分析仪的条件已经成熟了，第一台试验室型电子探针就是在一台电子显微镜上加上一个X射线谱仪和一台金相显微镜拼凑成的，在此基础上1956年制出了第一台商品电子探针。一般采用两个磁透镜聚焦，使入射电子束的直径缩小到一微米以下，打到试样由光学显微镜预先选好的待测点上，使这里的各种元素激发产生相应的特征X射线谱，经晶体展谱后由探测系统接收，从特征X射线的波长及强度可以确定待测点的元素及含量。

这种电子束静止不动的电子探针为微区成分分析开辟了新的途径，很快就得到了广泛的应用。差不多在这同时，扫描电镜也取得显著的发展，1959 年第一台分辨率为 10nm 的扫描电镜问世。不久就有人把扫描电视技术和二次电子接收技术推广到探针上来，制成如图 8-13 所示的扫描式电子探针。这就是当前定型的比较成熟的电子探针 X 射线显微分析仪，它不但能定点地对微米范围的成分进行定量分析，并能用扫描线圈使电子束在试样表面上进行线或面扫描，把扫描各点的 X 射线强度在记录仪或显像管上显示出来。此外，扫描式电子探针还可以利用二次电子、背射电子、吸收电流、阴极发光和其他电子信息等成像和进行成分分析。

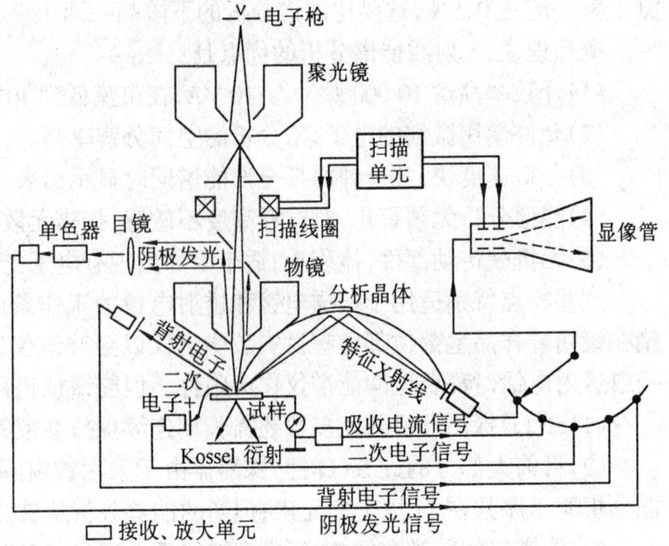

图 8-13　扫描式电子探针示意图

最初，卡斯坦(R. Castaing)把这种仪器称为“电子探针 X 射线显微分析仪”(Electron Probe X-ray Microanalyzer，简称 EPMA)，尽管“电子探针”这个各称不太确切，但国内已普遍采用这一名称，其他国家的叫法也不尽相同，但 EPMA 的缩写是一致的。

8.5.1　电子探针分析方法

电子探针 X 射线波谱及能谱分析有三种基本的工作方法，即定点分析、线分析和面分析。

1. 定点分析

用于测定样品上某个指定点(成分未知的第二相，夹杂物或基体)的化学成分。方法是关闭扫描线圈，使电子束固定在所要分析的某一点上，连续和缓慢地改变谱仪长度(即改变晶体的衍射角 θ)，就可能接收到此点内的不同元素的 X 射线，根据记录仪上出现衍射峰的波长，即可确定被分析点的化学组成。这就是电子探针波谱仪的分析方法，同样，也可以采用能谱仪进行分析。如果用标样做比较则可以进行定量分析，目前较先进的谱仪都采用先进的计算机定量分析计算的操作，可以很方便地进行定量分析。

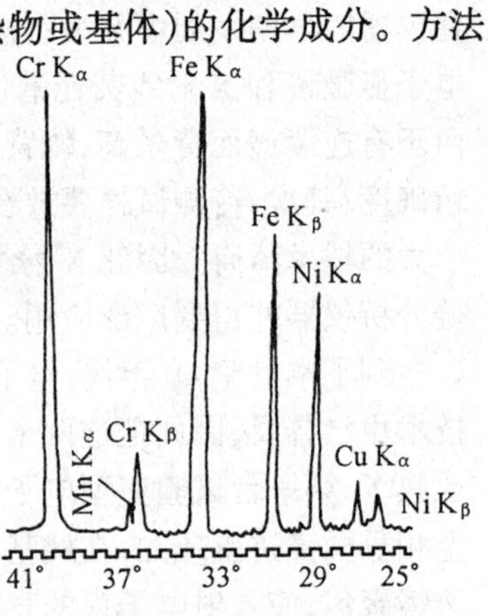

图 8-14　波谱仪定点分析结果(分光晶体：LiF)

图 8-14 是某合金钢的基体组织的定点分析结果，横轴表示测试过程中根据波谱仪长度变化标定的衍射角 θ，从而确定每个衍射峰所对应的元素及其线系。纵轴表示对应于每个波长的 X 射线强度。如果分析点还

含有超轻元素(如 C,N,O 等)或重元素(如 Zr,Nb,Mo 等)时,由于其特征 X 射线的波长超出了 LiF 的检测范围,此时应进一步采用面间距不同的其他分光晶体进行检测,即可对样品进行定点全谱分析。

2.线分析

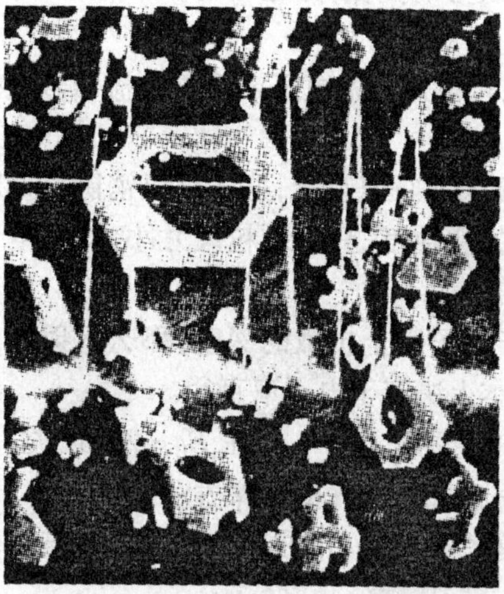

图 8-15 线扫描

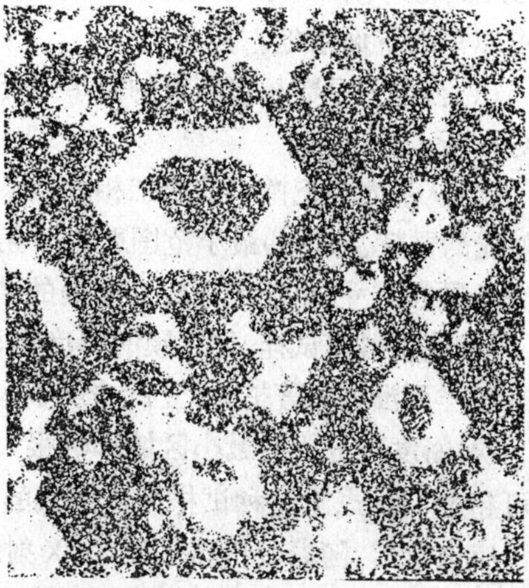

图 8-16 面扫描

用于测定某种元素沿给定直线的分布情况。该方法是 X 射线谱仪(包括波谱仪和能谱仪)设置在测量某一指定波长的位置(例如 $\lambda_{Nik\alpha}$),使电子束沿样品上某条给定直线从左向右移动,同时用记录仪或显像管记录该元素在这条直线上的 X 射线强度变化曲线,也就是该元素的浓度曲线。

3.面分析

把 X 射线谱仪固定在某一波长的地方,利用仪器中的扫描装置使电子束在样品表面上扫描,同时,显像管的电子束受同一扫描电路的调制作同步扫描。显像管亮度由样品给出的信息(如 X 射线强度,二次电子强度)调制,这样可以得出样品的形貌像和某一元素的成分分布像,两者对比可以清楚地看到样品中各个部位的成分变化。

8.5.2 电子探针分析的最小区域

电子探针分析的最小区域和激发 X 射线的体积有关,激发初级 K 系 X 射线的深度及广度由电子的能量 $E > E_K$ 的范围决定。不同元素由于 E_K(即 K 层电子临界激发能)不同,这个范围也不同。不仅如此,对同一元素激发 K,L,M…系的 X 射线的范围也不同,随 E_K,E_L,E_M…依次变小而变大。除初级 X 射线外,还要考虑连续辐射及次级 X 射线的激发范围。X 射线是一种电磁波,它在固体中能穿透的深度远大于电子,因此无论是特征辐射还是连续辐射都有可能在试样内穿透到较大的范围。例如,铜在能量为 30keV、直径为 1μm 的电子束照射下,背射电子的广度约 2μm,特征 X 射线的广度为 3μm,这不但使 X 射线图像的分辨率下降,还会使 X 射线分析的最小区域变得大于入射电子束的照射面积。这一点应给以足够的注意,特别是在分析较小的第二相颗粒和在相界附近测量微区成分时，尽管电子束可以小于1μm，还不能忽略基体的贡献，分析的结果不能认为是十分可靠的。

由此可见，微区分析的最小区域不仅与电子束有关，更与特征X射线的激发范围有关，后者往往大于1μm，有时可达几个微米。在实际工作中我们有时希望把分析范围缩小到0.1μm以下，如细小的沉淀相颗粒及晶界处成分的变化，除适当的缩小电子束直径外，还可以采取下面措施。

(1)在原子序数相差较大的简单二元系中，可以用背射电子或吸收电流信号进行微区成分分析。

(2)从基体中把微小的第二相颗粒萃取在碳或SiO复型上，这样可以消除基体对特征X射线的贡献，分析的最小范围取决于第二相的颗粒度，只要颗粒尺寸小，即使电子束直径大于颗粒尺寸，也能得到较为准确的结果。

(3)使用薄膜试样，如果膜的厚度显著小于电子完全扩散的深度，那么入射电子就会穿透试样而没有显著扩散，分析的最小区域基本上决定于电子束直径。

(4)密度对分析的最小区域影响很大，例如，生物试样($\rho = 1$)在 $E_0 = 20\text{keV}$ 时，分析体积可超过 $10\mu m^3$，对这种试样可选用低的加速电压和薄试样的操作方法。

应该指出，随着分析区域变小，X射线强度剧烈下降，用波谱仪分光后进行测量变得越来越困难，此时采用能谱仪分析更为合适。

8.5.3 电子探针的应用

X射线显微分析对微区、微粒和微量的成分具有分析元素范围广，灵敏度高，准确快速和不损耗试样等优点。可以做定性、定量分析，这些优点是其他化学分析方法无可比拟的，因此电子探针在各个领域都得到了广泛的应用。

1.冶金学

金属的微观组织对性能起着重要的作用。在冶炼和热处理过程中，材料内出现的大量微观现象，如析出相、晶界偏析、夹杂物等，用电子探针可以对它们进行直接分析，而不必把被分析物从基体中取出来。另外，金属材料在电子束轰击下较稳定，非常适合用探针分析，因此，电子探针在冶金领域中应用非常广泛。

(1)测定合金中相成分

合金中的析出相往往很小(0.1～10μm)，有时几种相同时存在，因而用一般的方法鉴别十分困难。例如，不锈钢在900℃以上温度长期加热后，析出很脆的σ相和χ相，其外形相似，用金相法难以区别，但用电子探针测定Cr和Mo的成分，可以从Cr/Mo的比值来区分σ相(Cr/Mo为2.63～4.34)和χ相(Cr/Mo1.66～2.15)。

(2)测定夹杂物

大多数非金属夹杂物对材料的性能起不良的影响。用电子探针能很好地测定出他们的成分、大小、形状和分布，这对选择合理的生产工艺，减少材料中的有害夹杂物起重要作用。

(3)测定元素的偏析

晶界与晶粒内部结构上的差异，往往会造成金属在结晶和热处理过程中晶界元素的富集或贫乏现象；在铸造合金中由于元素的因素引起的成分偏析。这种偏析现象用电子探针进行面扫描就可以很直观地看到。

(4)研究元素扩散现象及测定渗层厚度

过去研究这类问题一般采用放射性示踪原子或剥层化学分析方法。若采用电子探针分析，会更为简便。在垂直于扩散面的方向上进行线分析，即可显示元素浓度与扩散距离的关系曲线；若以微米距离逐点分析，还可测定扩散系数和扩散激活能。同样可以测定化学热处理渗层以及氧化和腐蚀层厚度和元素分布。

2.地质和矿物学

电子探针在地质矿物学中应用也非常广泛。尤其是分析颗粒较细的岩相组成和结构，除速度快以外，分辨率和精度都比光学方法高。

3.其他方面

电子探针也常用来研究半导体以及分析空气中的微粒物质。由于电子探针具有不损耗试样的特点，所以在考古中也发挥了很关键的作用。除此之外，在生物学和医学方面电子探针也得到广泛应用。

第9章 材料表面分析技术

在实际工作中,人们发现除固体内部的缺陷和杂质影响材料性能之外,固体的表面(包括晶界和相界等内表面)状态对材料性能也有重要影响。例如,金属材料的氧化和腐蚀,材料的脆性和断裂,半导体的外延生长等,都与表面几个原子层范围内的化学成分及结构有密切关系,从而要求从微观的、原子和分子的尺度去认识表面现象。

在研究表面现象时,由于涉及的层深很浅,故需对样品的制备和分析过程进行严格控制,以防止外来污染造成的假象和误差。因此,用于分析的仪器的真空度要达到 10^{-7} ~ 10^{-8}Pa;同时,由于被检测信息来自极小的采样体积,信息强度微弱,因此,对信息检测系统的灵敏度要求也很高。由于上述两方面的原因,表面分析技术一直到60年代以后,随着超高真空技术和电子技术的发展才开始出现,并有了飞速的发展。

与金属的表面结构和成分分析有关的仪器和技术主要有:

(1)俄歇电子能谱分析(Auger Electron Spectrometry,简称 AES);

(2)X 射线光电子能谱分析(X - ray Photoelectron Spectroscopy,简称 XPS);

(3)离子探针(Ion Microanalysis,简称 IMA);

(4)场离子显微镜和原子探针(Field Ion Microscopy and Atom Probe,简称 FIM);

(5)低能电子衍射(Low Energy Electron Diffraction,简称 LEED)。

上述表面分析技术的应用为探索和澄清许多涉及表面现象的理论和工艺问题做出了重要贡献。

9.1 俄歇电子能谱分析

9.1.1 俄歇电子能谱仪基本原理

俄歇电子能谱仪(Auger Electron Spectroscopy,简称 AES)的基本原理:用一定能量的电子束轰击样品,使样品原子的内层电子电离,产生俄歇电子,俄歇电子从样品表面逸出进入真空,被收集和进行分析。由于俄歇电子具有特征能量,其特征能量主要由原子的种类确定,因此测试俄歇电子的能量,可以进行定性分析,确定原子的种类,即样品中存在的元素;在一定的条件下,根据俄歇电子信号的强度,可确定元素含量,进行定量分析;再根据俄歇电子能量峰的位移和形状变化,获得样品表面化学态的信息。

俄歇电子能谱仪主要是获得样品表面元素种类、成分及化学态信息进行技术分析的仪器,其特点:

(1)分析层薄,能提供固体样品表面 0 ~ 3nm 区域薄层的成分信息;

(2)分析元素广,可分析除 H 和 He 以外的所有元素,对轻元素敏感;

(3)分析区域小,可用于材料中 ≤50nm 区域内的成分变化的分析;

(4)有提供元素化学态的能力;

(5)具有测定深度-成分分布的能力；

(6)对于多数元素，定量检测的灵敏度为 $w(0.1 \sim 1.0)\%$。采用元素敏感系数计算时，定量分析的精度局限在所存元素的 ±30%，用类似样品的标准时，有可能改善定量结果。

俄歇电子能谱仪对样品表面成分敏感，一般情况下

(1)具有较低蒸气压(不易挥发)的固体无需处理；蒸气压高的材料可对试样进行冷却处理；许多液体样品可用冷却方法或作为薄膜涂在导电物质上进行处理；

(2)能分析的单颗粒粉末直径小于 1μm。最大样品尺寸取决于具体仪器，一般尺寸为 $15 \times 15 \times 5mm^3$；样品表面最好是平整状态；

(3)样品一般不需制备，但须保持样品表面清洁，不能有指印和附着物。

俄歇电子是由原子各壳层电子的跃迁产生的，因此，俄歇电子可以用原子的各壳层电子能级符号 K、L、M、N……表示。例如，KLL 俄歇跃迁表示：初态空位在 K 壳层，L 壳层的一个电子填充空位，将多余的能量传给 L 壳层的另一个电子，并使其作为俄歇电子发射出来。由此可知 H 和 He 两元素无法产生俄歇电子，因此，俄歇电子能谱仪无法检测 H 和 He。但大多数原子均有几个电子壳层和亚壳层，使俄歇跃迁有多种可能性，图 9-1 为俄

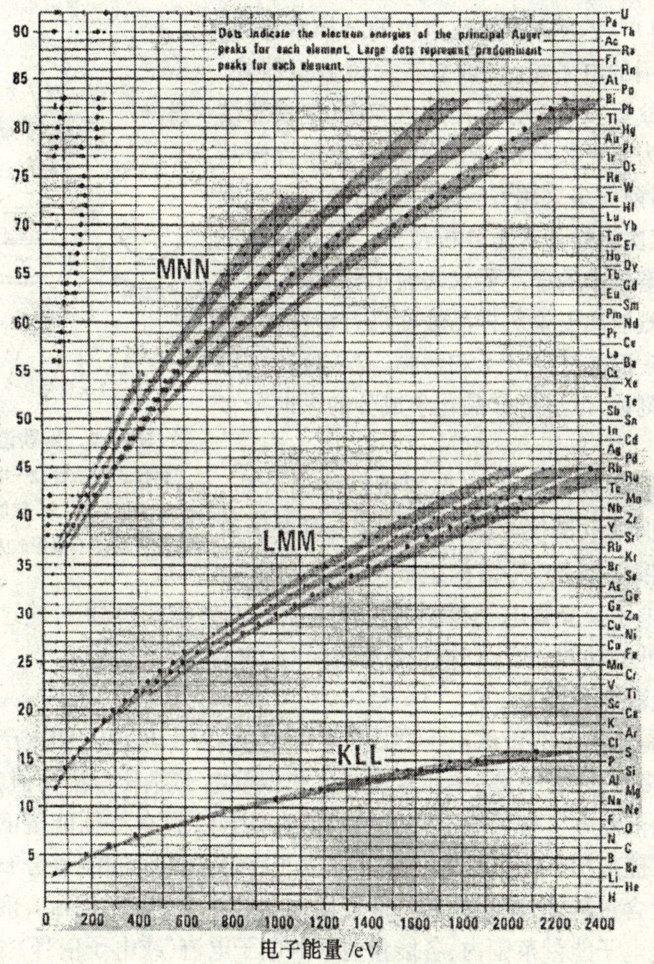

图 9-1　俄歇电子能量图

歇电子能量图,从图中可看出元素发生俄歇跃迁的种类,轻元素主要为 KLL 跃迁,而重元素主要为 MNN 和 LMM 跃迁。

一个带空穴的原子,低能级壳层,俄歇跃迁是常见方式;而对高能壳层,俄歇跃迁或 X 射线发射的可能性相同。因此,除 H 和 He 外的所有元素,其俄歇产额都很高,并对轻元素的检测特别灵敏。

所有元素的俄歇电子能量一般在 20~2 500 eV 范围内,当这些低能电子从固体中发射时,会经历弹性散射和非弹性散射,有些电子会因等离子损失,内层激发,带间跃迁,单电子相互作用等损失其特征能量,就必然会失去所携带的元素特征信号从俄歇峰中被排除掉,构成背景或使谱峰展宽。只有从接近样品表面区域逸出的电子,才会不损失其能量,作为分析信息的俄歇电子。这个无能量损失的电子逸出平均深度常被称为逸出深度(λ),它是电子动能的函数。在俄歇电子的感兴趣能量范围内,逸出深度为 0.4~2nm,约为几个原子层厚,如此小的信息深度,正是俄歇电子能谱能够成为表面敏感分析技术的原因。

9.1.2 俄歇谱仪(AES)及扫描俄歇微探针(Scanning Auger Microprobe,简称 SAM)

在目前的俄歇谱仪中,大多采用筒镜分析器作电子检测装置,图 9-2 为一种俄歇谱仪的结构示意图。激发俄歇电子用的电子枪,可以放在筒镜分析器外,也可以同轴地放置在筒镜分析器的内腔中,使仪器结构更为紧凑。为了更换样品所需的时间及保持样品室内高真空,目前大多采用 6~12 个样品的多件可旋转样品台,可依次将样品送至分析位置。

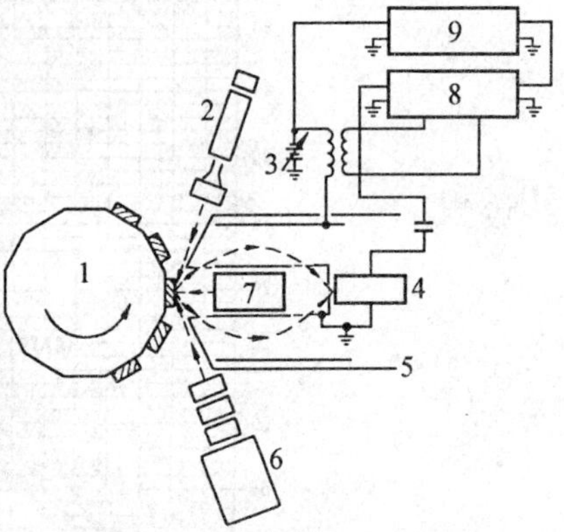

图 9-2　俄歇谱仪结构示意图

1—旋转式样品台;2—电子枪;3—扫描电源;4—电子倍增器;5—磁屏蔽;6—溅射离子枪;7—分析器;8—锁相放大器;9—记录系统

用于俄歇谱仪中的样品要求表面十分清洁,为此常在分析前用溅射离子枪对样品表面进行清洗,以清除附着在样品表面的气体分子和污物,离子枪还可对样品进行离子刻蚀,以进行样品化学成分的纵向分布测定。

上述的俄歇谱仪只能作定点的俄歇能谱分析。近年来出现了把俄歇谱仪与细聚焦扫描入射电子束相结合的扫描俄歇谱仪,其结构组成见图 9-3。由于配备有二次电子及吸收电子检测器以及 X 射线能谱探头(EDS),使这种仪器兼有扫描电镜和电子探针的功能,故称扫描俄歇微探针(SAM)。

9.1.3 俄歇电子谱

俄歇电流是发射出的俄歇电子形成的电子电流,表示单位时间内产生或收集到的俄歇电子数量的多少。由于样品中元素所产生的俄歇电子都具有特征值,从样品逸出深度(λ)内发射出的俄歇电子有可能不产生能量损失,因此,具有特征能量值的俄歇电子数量会出现峰值,有能量损失的俄歇电子或其他电子将形成连续的能量分布值。而且在分析区域内,某元素含量越多,产生的其特征俄歇电子数也会越多。因此,俄歇电子能谱仪分析,将检测一定电子能量范围内,各能量值下的电子电流(或电子信号)作为俄歇能谱仪定性、定量分析的基础,为直观,把电子能量与对应的电流强度(电子数量的多少)作为坐标轴得到电子能量分布图，见图 9-4。

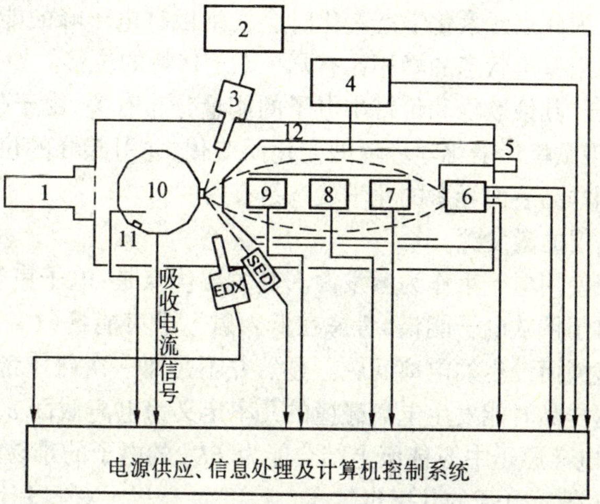

图 9-3　扫描俄歇谱仪示意图

1—快速进样器；2—离子枪电源；3—离子枪；4—外筒电压扫描控制；5—分辨率控制光阑；6—电子倍增器；7—电子枪；8—透镜；9—扫描线圈；10—样品台；11—法拉第杯；12—AES 分析器

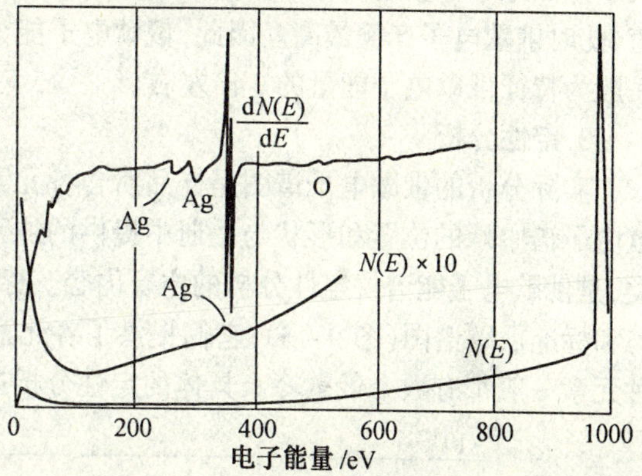

图 9-4　电子能量分布图

电子能量分布 $N(E)\sim E$ 图是电子能量 E 与其对应的电子信号 $N(E)$（电子数目）之间的关系图，也称直接谱。从图中可以看到，俄歇电子峰是比较小的，这是因为一般俄歇峰中仅仅包含总电子流的 0.1%。此时，俄歇电子信号强度 $N(E)$ 用背底之上的俄歇电子峰的高度或俄歇峰所覆盖的面积表示。谱图保留了样品表面丰富的信息。

对于高背底上叠加小信号问题，常用微分谱来解决，即用电子信号 $N(E)$ 对能量的一次微分 $\mathrm{d}N(E)/\mathrm{d}E$ 代替直接谱中的电子信号 $N(E)$，构成电子能量 E 与其对应的电子信号对能量的一次微分 $\mathrm{d}N(E)/\mathrm{d}E$ 之间的关系图，即微分谱，来突显较小的俄歇电子峰。此时，俄歇电子信号强度以正、负峰的峰与峰的高度差表示，常称为峰峰高。

直接谱和微分谱统称为俄歇电子谱。不论是直接谱或是微分谱，俄歇电子峰的能量值是产生这些俄歇电子的元素的特征值，与元素有对应关系；俄歇电子信号的大小与产生这些俄歇电子的样品中的元素的原子数（即浓度）成正比，这构成了俄歇电子谱定性、定量分析的基础。

1.化学组态对俄歇电子谱的影响

俄歇电子谱图中俄歇电子峰的位置（能量值）和形状会因样品表面区域的原子的化学环境变化而引起改变。

俄歇电子的产生涉及到三个能级，只要有电荷从一个原子转移到另一个原子，就会引起终态能量的变化。因此当元素化学态变化时会发生俄歇电子峰的能量位移，其结果常常是这些俄歇峰与原来零价状态的峰相比有几个电子伏特的位移。如果俄歇跃迁涉及到价电子，对于这类跃迁，其俄歇峰和价带中电子的能量分布有关，由于价带对原子化学环境的变化灵敏，导致俄歇峰形随化学环境的变化而变化，并引起峰的位移。经证明，俄歇峰形状的变化对鉴别样品表面元素的化学状态是有用的。

2.俄歇电子能谱仪的激发源

俄歇电子能谱仪使用电子束作为激发源。其主要优点是：电子束容易产生并且有易被聚焦和偏转等。对于俄歇电子能谱，考虑在低入射电子束能量（1～10 keV）情况下，样品原子内层电子因碰撞而产生的电离问题。显然并不是每一次碰撞都能产生电离，人们把某一入射粒子穿越样品时能发生电离碰撞的几率定义为电离截面 σ_w，它可理解为能量为 E_p 的一次电子在电离原子中 w 能级上结合能为 BE_w 的电子的难易程度，是 E_p 和 BE_w 的函数，σ_w 越大，产生俄歇电子的几率也越大。

根据量子力学计算和实验数据分析，电离截面 σ_w 有以下规律：1）E_p/BE_w 必须大小于1，即 E_p 必须大于 BE_w，σ_w 才不为零，才可能产生电离，也就是说入射电子束的能量要大于样品原子中被电离电子的结合能才能产生电离。(2)当 E_p/BE_w 约为3时，σ_w 有最大值，此时俄歇电子产额最高。因此，俄歇电子能谱仪激发源电子束能量的选择十分重要。一般为特征俄歇电子能量的3倍左右。

3.定性分析

实际分析的俄歇电子谱图是样品所含各元素俄歇电子谱的组合，根据测试获得的俄歇电子谱中峰的位置和形状与手册中提供的纯元素的标准谱图进行对比来识别元素的种类，是俄歇电子能谱仪定性分析的主要内容。标准谱图主要是俄歇电子能量图（见图9－5）和标准俄歇谱图（图9－5），它们提供了各元素俄歇峰的能量位置、形状和相对强度，每种元素一般都有数个俄歇峰。具体的定性分析过程为：

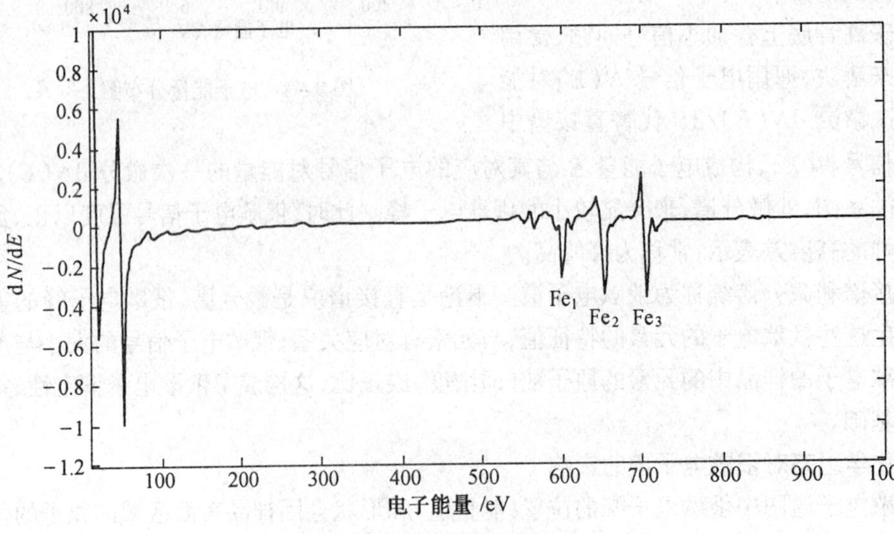

图9－5　Fe的标准俄歇谱图（E_p＝3keV）

(1)根据对样品材质和工艺过程的了解,或选一个(或数个)最强峰,利用主要俄歇电子能量图(或分析人员的经验),初步确定样品表面可能存在的元素,然后利用标准俄歇图谱对这几种可能的元素进行对比分析。

分析时各元素除考虑最强峰的位置外,各峰的相对位置、强度大小和形状往往也要考虑。某种元素的峰对应上,就可确定元素种类。在认定峰位时,与标准值发生数电子伏特的位移是允许的。另外,当某元素浓度低时,其俄歇峰强度较弱,峰高较小,不一定所有的该元素俄歇峰都会出现,可能只有最强的一、两个峰出现,出现的峰对应上就可以了。

(2)若谱图中已无未有归属的峰,则定性分析结束;若还有其他峰,可能还有其他元素存在,可按照步骤(1)对剩余峰再进行分析。

(3)分析某元素时,会遇到该元素的某个峰的强度和形状发生异常,这时就要考虑峰的重叠问题,即可能与其他元素的某个峰重叠了。若有微量元素,其峰位与其他元素强峰相重,不会造成强峰较明显的异常,这时分析要特别注意,但这种情况较少发生。

(4)此时若还存在未有归属的峰,考虑它们可能不是俄歇峰,可能遇到一次电子能量损失峰等。

另外,目前俄歇电子能谱仪上,对样品的定性分析,可通过能谱仪中的计算机软件来自动完成。但对某些重叠峰和微量元素的弱峰,还是要通过人工分析来进一步确定。

4.定量分析

定量分析是根据测得的俄歇电子信号的强度来确定产生俄歇电子的元素在样品表面的的浓度。由于俄歇电子的产生与元素的原子个数直接相关,因此,对元素的浓度一般用原子分数 C,即样品表面区域单位体积内元素 X 的原子数占总原子数的分数(百分比)来表示。目前,实用定量分析方法有两类:标准样品法和相对灵敏度因子法。

(1)标准样品法

标准样品法有纯元素标样法和多元素标样法。纯元素标样法是在相同条件下,测量样品中元素 X 和纯元素 X 标样的同一俄歇峰,俄歇电子信号的强度分别为 L_x 和 I_{xstd},则样品中元素 X 的原子分数为

$$C_x = L_x / I_{xstd} \tag{9-1}$$

用多元素标样(各元素的浓度已知)代替纯元素标样就为多元素标样法,其特点是标样的元素种类及含量尽量与样品相近,样品中元素 X 的原子分数可为

$$C_x = C_{xstd} I_x / I_{xstad} \tag{9-2}$$

其 C_{xstd}为标样中元素 X 的原子分数。

标准样品法由于分析中要同时提供大量标样,特别是多元素标样,因此实际分析中,运用不多。

(2)相对灵敏度因子法

相对灵敏度因子法是将各元素产生的俄歇电子信号均换算成纯 Ag 当量来进行比较计算的,具体过程为:在相同条件下,测量纯元素 X 与纯 Ag 的主要俄歇峰的强度 L_x 和 I_{Ag},比值 $S_x = I_x / I_{Ag}$即为元素 X 的相对灵敏度因子,表示元素 X 产生俄歇电子信号与纯 Ag 产生的相当程度。利用相对灵敏度因子,元素 X 的原子分数为

$$C_x = I_x/S_x/\sum_i I_i/S_i \tag{9-3}$$

式中，I_i 为样品中元素 i(包括 X)的俄歇峰强度，S_i 为元素 i 的相对灵敏度因子，可从相关手册中查出，见图 9-6(a)、(b)，分别为入射电子能量 $E_P = 3keV$ 和 5keV 时的元素相对灵敏度因子曲线。

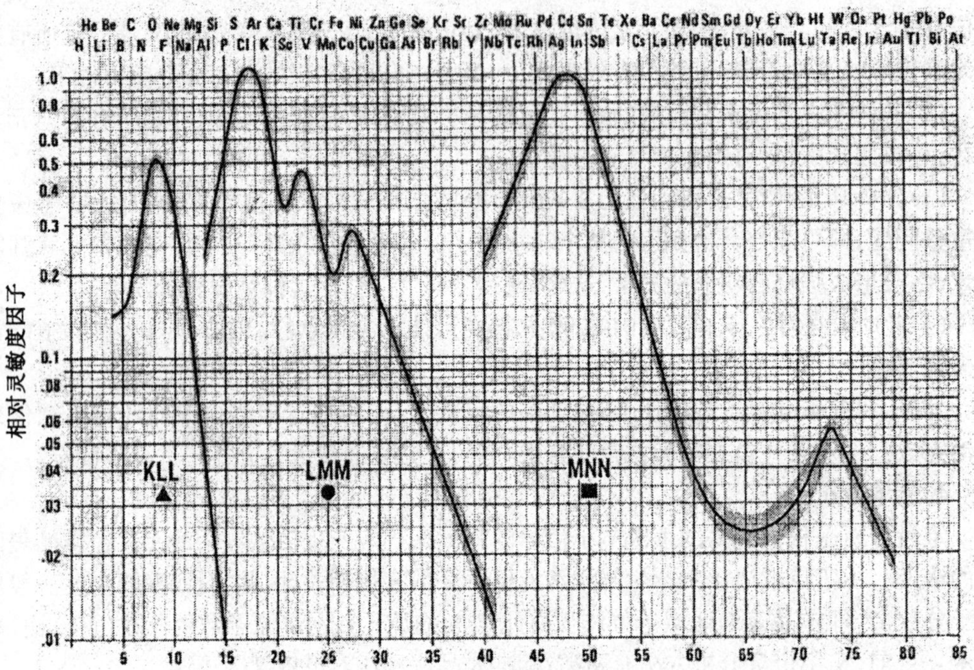

(a) 原子序数 (E_P=3keV)

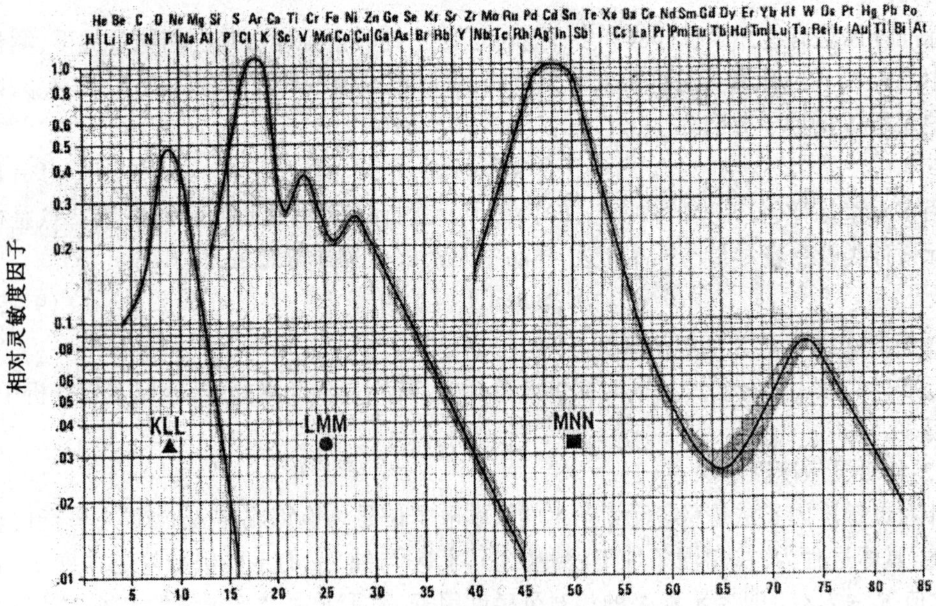

(b) 原子序数 (E_P=5keV)

图 9-6　元素相对灵敏度因子曲线

从 9-1 式可以看出：只要将样品中各元素的俄歇电子信号强度测出，再从手册中查出相应元素的相对灵敏度因子，各元素的浓度（原子分数）就可以算出，而不再需要任何标样。因此，该方法是目前俄歇能谱仪分析中最常用的方法。

在上述两种分析方法中，元素俄歇电子信号强度测量至关重要。在直接谱中，俄歇电子信号强度或者同为峰的面积，或者同为峰高；而在微分谱中，为峰峰高。

谱图中，峰的面积和俄歇电子信号呈正比是明显的。而微分谱中，峰峰高是由直接谱上升沿最大斜率和下降沿最小斜率决定的，因此，只有直接谱峰形相同的情况下，峰峰高才和峰面积呈正比，进而和元素的浓度呈正比。即在实用的相对灵敏度因子法中，各分析元素直接谱中峰形要与纯元素标样峰形相同，用峰峰高计算才合理。而外界因素干扰常使俄歇峰形发生变化，从这一考虑出发，利用直接谱的面积作为计算依据，比用峰峰高更为可靠，并且峰面积不受大多数化学效应的影响。

俄歇电子能谱仪中，目前使用的定量分析法主要是相对灵敏度因子法，可通过计算机直接进行计算。分析过程为：

(1)对样品进行全谱分析，通过定性分析，确定样品中含有的所有元素种类；

(2)用直接谱计算时，根据每个元素的峰形，可选择面积法或峰高法进行计算，获得各元素的浓度值；

(3)若选用微分谱计算时，对全谱进行微分处理，获得样品的微分谱，根据各元素的峰峰高值进行计算，获得结果。

各种计算方式得出的结果会有一定的差别。理论上讲，在元素峰形能分辩的情况下，用直接谱中的面积法进行计算精度高些。

5.成分深度分析

成分深度分析主要分析样品的元素及含量随深度的变化，一般采用能量为 500eV ~ 5keV 的惰性气体氩离子测射逐层剥离样品，并用俄歇电子能谱仪对样品原位进行分析。这样可直接获得俄歇电子信号强度 I 和溅射时间 t 的关系曲线，见图 9-7。而俄歇电子信号强度按定量分析法能方便地转换为元素的含量，下面讨论溅射时间转换为溅射深度的问题。

溅射时间与深度的变换，从理论上讲，某一时刻 t 的深度 $h(t)$ 可由溅射速率 $H(t) = \mathrm{d}h/\mathrm{d}t$ 来求得

$$h(t) = \int_0^t H(t)\mathrm{d}t \tag{9-4}$$

其中，$H(t) = \frac{M}{\rho Ne}S \cdot j_p$，$M$ 为摩尔质量；N 为阿伏加德罗常数；e 为电子电荷；ρ 为密度；S 为溅射定产；J_p 为离子束流密度。

若 $\boldsymbol{H}(t)$ 为常数，则 $$h(t) = \boldsymbol{H}(t)t \tag{9-5}$$

而实际上溅射速率与样品元素组成、含量、溅射离子种类、能量和入射角等因素有关，很难通过计算获得精确的溅射深度值，但可根据上述公式，将溅射速率认定为常量，并不考虑离子束入射角及样品其他组分对基体溅射速率的影响，查有关参数（表 9-1 列出垂直离子入射条件下，Ar 离子对不同元素的 S 值）和读取设备工作参数，先估算出 $\boldsymbol{H}(t)$，然后根据溅射时间算出 h 值来。

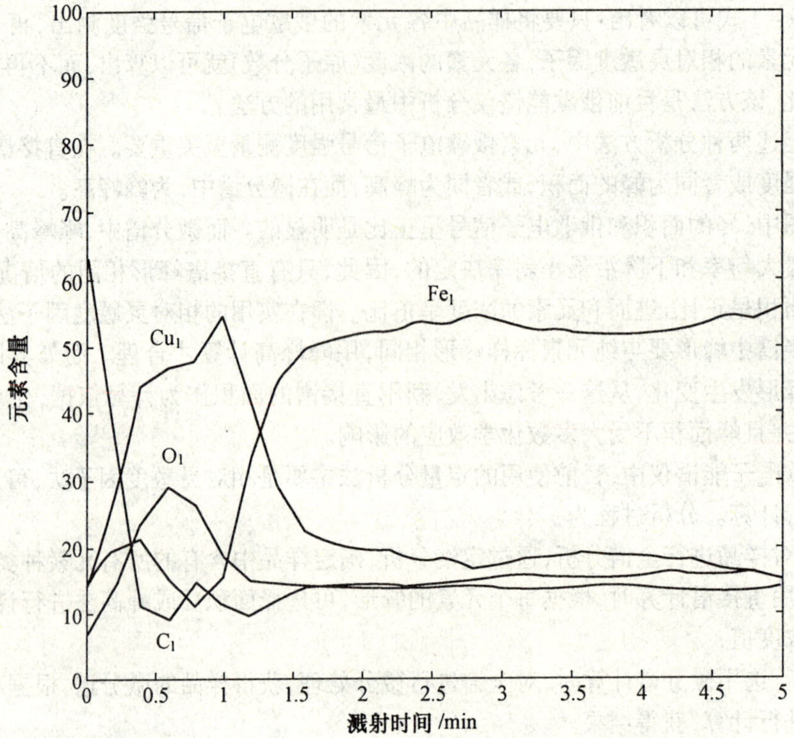

图 9-7　镀铜钢深度成分曲线

表 9-1　氩离子轰击时溅射产额(单位:原子个数/氩离子)

氩离子能量 / 样品	2 keV	5 keV
Al	1.9	2.0
Si	0.9	1.4
Ti	1.1	1.7
Fe	2.0	2.5
Cu	4.3	5.5
Ge	2.0	2.5
Mo	1.3	1.5
Ag	6.3	9.5
Au	5~5.6	7~7.9

目前实际中常用的方法是标定法,当对某一样品进行分析时,以同样的试验条件对参考标样(厚度已知)作溅射,根据两者溅射时间的比较,可获得分析样品的溅射深度相当于参考标样的相当厚度,一般参考标样有 SiO_2/Si 和 Ta_2O_5/Ta 等,但实际应用中,还是常用溅射时间来间接表示溅射深度。

成分深度分析有两种工作模式:一种为连续溅射式,即离子溅射的同时,进行 AES 分析；另一种是间歇溅射方式，离子溅射和 AES 分析交替进行，这能使深度分辨率得到改善。

6.样品表面的处理和制备

在表面分析时，由于样品在空气中极易吸附气体分子（包括元素 O、C 等），这种现象是不可避免的。许多样品在分析中，常需对氧、碳元素进行分析，若在不溅射的条件下，分析结果中的氧、碳等元素，很难分清是样品表层自身的，还是吸附上的。因此，在对样品进行分析前，应先用离子束溅射样品，去除污染物。

分析样品晶界或断裂面的元素分布情况时，需用设备配置的冲断装置，用液氮冷却，在低温下，于样品室中将试品冲断，而对断裂表面直接进行分析。

9.1.4 俄歇电子能谱技术的应用

俄歇电子谱仪主要是研究固体表面及界面的各种化学的变化，通过成分分布的规律来研究和解释许多与表（界）面吸附及偏聚的物理现象，从而来改变和控制元素在表（界）面的分布，达到改善材料性能的目的。

1.研究金属及合金脆化的本质

晶间断裂是脆性断裂的一种特殊形式，有的是由于片状沉淀在晶界析出而引起的，我们可以用扫描电镜、选区电子衍射、电子探针等手段确认晶界析出物的形貌、晶体结构和化学成分，从而找出产生脆断的原因。但是还有一些典型的晶间脆断，如合金钢的回火脆断及难熔金属的脆断，在电子显微镜放大几十万倍下观察，仍未能在晶界处发现任何沉淀析出，人们一直怀疑这可能是一些有害杂质元素在晶界富集而引起脆断，但一直苦于拿不出直接的证据。直到在俄歇能谱对断口表面进行分析后，合金钢回火脆性本质才被揭开。

难熔金属的晶间脆断也是在俄歇谱仪问世后才把问题搞清楚。过去人们一直认为难熔金属的晶间脆断是氧化引起的，为此有意识地在金属中加入微量碳，以期在氧化后产生一氧化碳而得到脱氧的效果。但是，这种措施并未得到预期的结果。最后在对区域提纯钨和一般冶炼钨的俄歇谱线分析结果上找到了答案，两种工艺生产的钨试样的断口表面上都含有少量的碳和氧，但一般冶炼工艺的钨断口表面还含有相当多的磷，而区域提纯的钨断口表面则不含磷。由此可以看出，钨中引起晶间脆断不是氧而是磷。尽管磷含量仅为百万分之五十，但它却在晶界两侧几纳米的范围的富集相当高的浓度，从而导致脆断。

可见，表界面的元素偏聚问题是金属及合金中影响其性能的一个很重要的问题，而在表界面的成分分析研究中，俄歇谱仪具有其他分析仪器不可替代的作用。

2.了解微合金化元素的分布特性

早在 20 世纪 50 ~ 60 年代，人们就发现微合金化对材料组织和性能有很大影响。如结构钢加硼（B）可以提高淬透性，高温合金中加硼（B）、锆（Zr）、稀土元素可提高抗蠕变性能等。但金相观察或化学分析均无法查知这些元素的存在形式和分布状态。有人推测，可能由于表面吸附现象，使这些元素富集在晶界上，从而改善晶界状态，进而影响相变过程及提高高温下晶界的强度。俄歇谱仪为研究这些微量元素的作用机理提供了有效的手段。类似的问题还有很多，例如，铝合金变质机理和长效变质剂的研究，化学热处理中稀土元素催渗机理的研究，稀土元素在钢中的形态及分布规律的研究等。

3.复合材料界面成分的分析

复合材料中增强纤维与基体金属之间的结合力，与界面上杂质元素的种类及含量有着极密切的关系，为了获得所要求的基体和纤维的相容性，必须控制基体成分和杂质含量。在选择扩散阻挡层的成分、种类的研究中，俄歇谱仪都成为一种必须的试验手段。

从以上所述，可以看出，俄歇谱仪主要用于研究表面和界面的问题，这类问题在材料科学研究中是经常遇到的关键性问题。例如，电极合金与半导体界面上的互扩散，离子溅射工艺中择优溅射引起在表面形成一个与基体成分不同的成分改变层；烧结合金中界面和孔洞表面元素成分变化；在陶瓷和薄膜材料中俄歇谱仪都是重要而不可替代的分析测试手段。

9.1.5 AES在材料科学研究中的应用实例

1.物相鉴别

由于AES对轻元素敏感，并能将入射束汇聚成微小的斑点，因此AES可用于细小物相，特别是含有轻元素的物相进行物相鉴别，尤其具有价值。

在研究铸造铜铍合金中的沉淀相时，由于有的沉淀相含量少和含有轻元素，或者沉淀相细小，用其他测试手段（X射线衍射仪和能谱仪）未能完全确定各种沉淀相的种类。对该样品用AES进行分析，分析前用离子溅射一定时间，以除去样品表面的污染物。该样品中长杆形沉淀相分析结果见图9－8，可知该相为硫化铍。

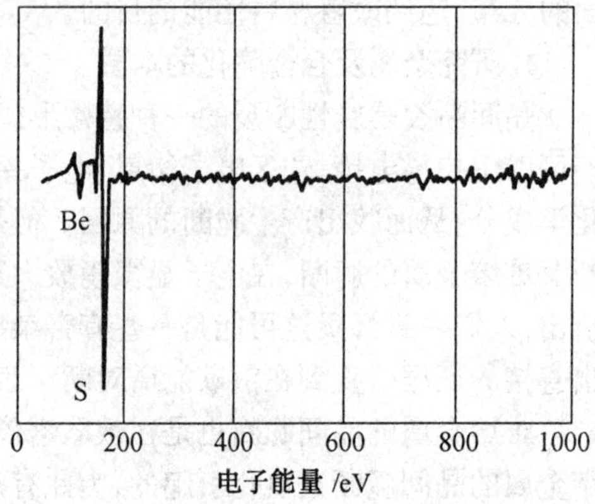

图9－8　沉淀相得俄歇电子谱

2.断口表层元素分析

低碳镍板在一定的温度和介质条件下，使用一段时间后，发生了镍板的沿晶脆性断裂。

对镍板进行力学性能试验，发现镍板几乎无韧性，冲击断口为脆性沿晶断口，镍板发生了严重脆化。使用X射线能谱仪等对断口进行分析，并未发现异常现象，未能找到镍板脆化的原因，后用AES对实际断裂断口和冲击断口进行分析，其结果见图9－9，发现，实际断口及冲击断口晶面上，有S元素的富集，由于形成的S层极薄，用其他测试手段很难反映出来。研究还发现S极易沿镍晶界扩散。正是这种S元素沿晶富集及扩散，造成镍板的脆化及沿晶断裂。

3.定量分析计算

在AES分析中，定量计算可由仪器自动完成，也可根据获得俄歇谱图，手工计算出各元素的浓度值。对304不锈钢新鲜塑性断裂表面进行AES分析，其微分谱图见图9－10，其中$E_p = 3\text{keV}$，要求计算出各元素含量。

首先从谱图中量出Cr、Fe、Ni各元素的最强峰[Cr(529eV)，Fe(703eV)，Ni(848eV)]的峰峰高：$I_{Cr} = 4.7$；$I_{Fe} = 10.1$；$I_{Ni} = 1.5$。查图2.4，各元素在$E_p = 3\text{keV}$时的相对灵敏度因子为：$S_{Cr} = 0.29$；$S_{Fe} = 0.20$；$S_{Ni} = 0.27$；根据公式(2－3)：$C_x = I_x/S_x/\sum_i I_i/S_i$，Cr元素的原子分数：$C_{Cr} = 4.7/0.29/4.7/0.29 + 10.1/0.20 + 1.5/0.27 = 0.22$

同理，$C_{Fe} = 0.70$，$C_{Ni} = 0.08$；这样就得到了各元素的含量。

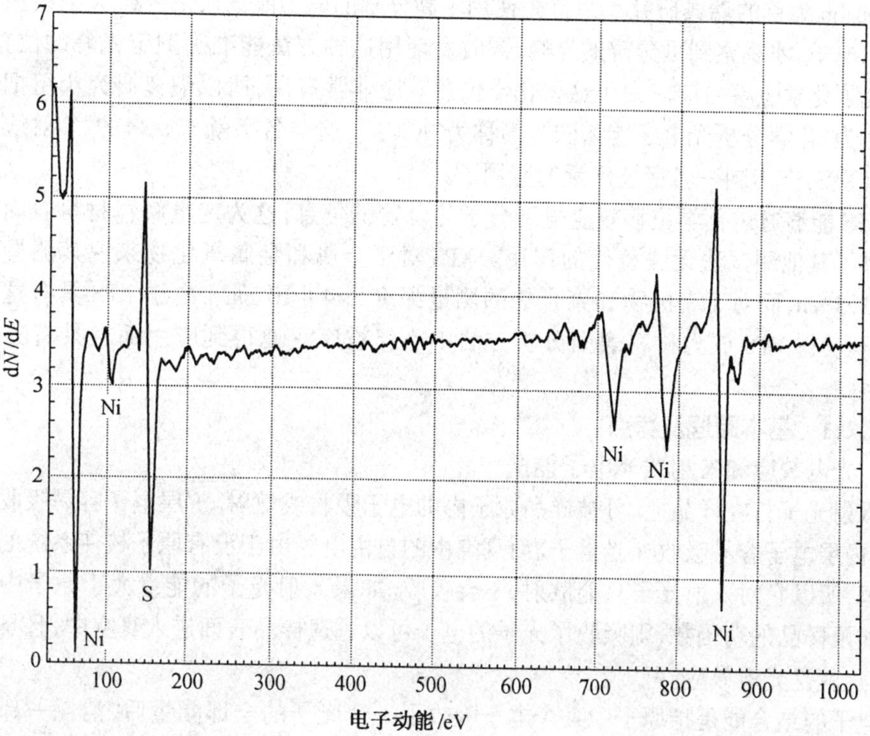

图 9-9 Ni 板晶界的俄歇电子谱

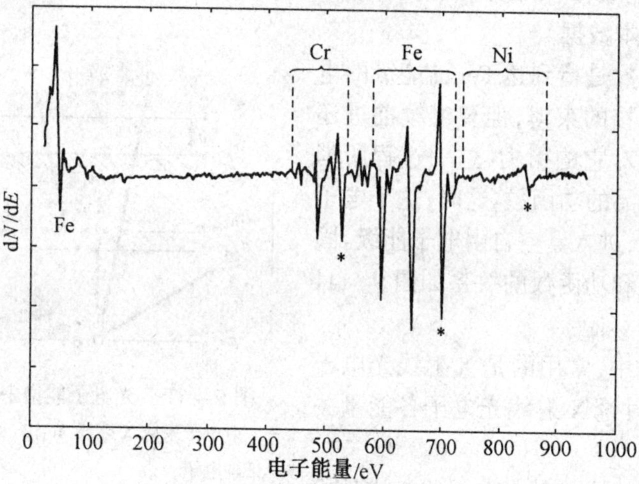

图 9-10 304 不锈钢断口表面俄歇电子谱图

9.2 X 射线光电子能谱分析

用 X 射线照射固体物质的表面并测量由 X 射射线引起的电子动能的分布最早始于 20 世纪初，但由于分辨率太低而没有使用价值。直到 1954 年以瑞典皇家科学院院士 K.

K.Siegbahn 为首的瑞典研究小组首先使用了高分辨的电子能谱仪来分析 X 射线激发产生的低能电子，才观察到可分辨的光峰，同时发现用这种方法能准确测定光峰的位置，并很快发现了化学位移效应。由于这些化学位移效应非常有用，所以瑞典研究小组把这种方法命名为“化学分析光电子能谱法“，简称为“ESCA”，这个名字就与原来的“X 射线光电子能谱”(XPS)作为同一名字被广泛的应用了。

XPS 能够通过化学位移效应得到分子化合物的信息，这为定量解释材料表面物质结构提供了其他测试法无法替代的作用。XPS 对于金属和金属氧化物来说其测量深度为 0.5~2.5 nm，而对于有机物和聚合物的测量深度为 4~10 nm。由于 XPS 具有这样的特点，以至使得 XPS 成为材料表面分析方法中不仅被广泛地得到应用而且具有独特的地位。

9.2.1 基本原理及特点

1.光电效应和 X 射线光电子能谱

入射光子打在样品上，可被样品原子内的电子吸收或散射。价层电子容易吸收紫外光量子，内层电子容易吸收 X 光量子。而真空中的自由电子由于没有原子核使系统的动量保持守恒，所以它对入射光子只能散射，不会吸收。如果入射光子的能量大于原子中电子的结合能及样品的功函数，则吸收了光子的电子可以逃逸样品表面进入真空中，且具有一定功能，这就是光电效应。

电子的结合能是指原子中某个电子吸收了一个光子的全部能量后，消耗一部分能量以克服原子核的束缚而到达样品的费米(Fermi) 能级，这一过程消耗的能量也就是这个电子所在的 Fermi 能级，即相当于 0K 时固体能带中充满电子的最高能级。电子结合能是电子能谱要测定的基本数据。

样品的功函数是指到达 Fermi 能级的电子虽不再受原子核的束缚，但要继续前进还须克服样品晶格对它的引力，这一过程所消耗的能量称为样品的功函数。这时，这个电子离开了样品表面，进入真空自由电子能级。固体样品各种能级和功函数的关系如图 9-11 所示。

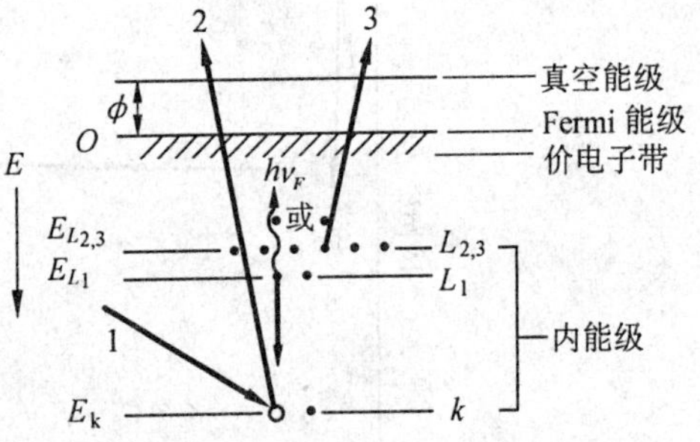

图 9-11 光电子能谱中各种能级关系

1— 入射电子束或 X 射线 $h\nu_1$；2— 光电子或自由电子；3— 俄歇电子

在电子能谱中，常用的是 X 射线光电子能谱，下面主要讨论 X 射线光电子各能量关系。

所谓 X 射线光电子就是 X 射线与样品相互作用时，X 射线被样品吸收而使原子中的内层电子脱离原子成为自由电子，这就是 X 光电子。

对于气体样品来说，吸收 X 射线而产生 X 光电子过程中的各能量关系应符合下式

$$h\nu = E_k + E_b + E_r \tag{9-6}$$

式中，$h\nu$ 为入射光子能量；E_k 为光电子的动能；E_b 为原子或分子中某轨道上电子的结合能(这里指将该轨道上一个电子激发为真空静止电子所需要的能量)；E_r 为原子的反冲能

量。$E_r = 1/2(M - m)v^2$（M 与 m 分别为原子和电子的质量，v 是激发态原子的反冲速度）。

X 光电子能谱仪一般用 Mg 或 Al 靶做主激发源，对反冲能量的影响可以不计，这样 X 光电子的动能公式可写成

$$E_k = h\nu - E_b \qquad (9-6)'$$

在光电子能谱图上，常以结合能代替动能来表示。

对于固体样品，在计算结合能时，不是以真空静止电子为参考点，而是选取 Fermi 能级作参考点。这里指的结合能就是指固体样品中某轨道电子跃迁到 Fermi 能级所需要的能量。固体样品的电子由 Fermi 能级跃迁为真空静止电子（动能为零的电子）所需要的能量称为功函数 ϕ。这时入射 X 射线的能量分配关系应符合下式

$$h\nu = E'_k + E'_b + \phi_{样} \qquad (9-7)$$

式中 E_k' 为光电子刚离开固体样品表面的动能；E'_b 为固体样品中的电子跃迁到 Fermi 能级时电子结合能；$\phi_{样}$ 为样品功函数。

固体样品与仪器的金属样品架之间总是保持良好的电接触，当相互间电子迁移到平衡时，两者的 Fermi 能级将在同一水平。固体样品功函数 $\phi_{样}$ 和仪器材料的功函数 $\phi_{仪}$ 不同，要产生一个接触电势差 $\Delta V = \phi_{样} - \phi_{仪}$。它将使自由电子的动量从 E'_k 增加为 E''_k

$$E'_k + \phi_{样} = E''_k + \phi_{仪} \qquad (9-8)$$

将此式代入式(9－7)中得

$$E'_b = h\nu - E''_k - \phi_{仪} \qquad (9-9)$$

$\phi_{仪}$ 一般为常数（约 4eV），E''_k 由电子能谱测得，这样便可求出样品的电子结合能 E'_b。

2.X 射线光电子能谱仪基本原理

X 射线光电子能谱仪（X－Ray Photoelectron Spectroscopy，简写 XPS，又称 ESCA），其基本原理，用一定能量的光子束（X 射线）照射样品，使样品原子中的内层电子以特定几率电离产生光电子，光电子从样品表面逸出进入真空，被收集和分析。由于光电子具有特征能量，其特征能量主要由出射光子束能量及原子种类确定。因此，在一定的照射光子能量条件下，测试光电子的能量，可以进行定性分析，确定原子的种类，即样品中存在的元素；在一定的条件下，根据光电子能量峰的位移和形状变化，可获得样品表面元素的化学态信息；而根据光电子信号的强度，可半定量地分析元素含量。

3.X 射线光电子能谱仪特点

XPS 是一种对样品表面敏感，主要获得样品表面元素种类，化学状态及成分的分析技术，特别是对各元素的化学状态的鉴别。其特点：

(1)分析层薄，分析信息可来自固体样品表面 0.5～2.0nm 区域薄层；

(2)分析元素广，可分析元素周期表中除 H 和 He 以外的所有元素；

(3)主要用于样品表面的各类物质的化学状态鉴别，能进行各种元素的半定量分析；

(4)具有测定深度－成分分布曲线的能力；

(5)由于 X 射线不易聚焦，其空间分辨率较差，在 μm 级量；

(6)数据收集速度慢，对绝缘样品有一个充电效应问题。

4.样品

一般为固体样品，取为直径≤10mm，厚度为1mm左右的片状，必须没有手指印、油或其他表面污染物。

9.2.2　X射线光电子能谱图及谱线标志法

1.谱线识别

X射线照射在样品上，可使原子中各轨道电子被激发出来成为光电子，无能量碰撞损失的光电子，其能量的统计分布就代表了原子的能级分布情况。在无外磁场作用的情况下，电子能量用 $E = E_{nlj}$ 表示，n 主量子数；l 轨道角量子数；j 内量子数（又叫总角动量量子数）。对光电子的标志采用被激发电子原来所处的能级表示。例如，由K层激发出来的电子称为1s光电子；由L层激发出来的则分别记为2s，$2p_{1/2}$，$2p_{3/2}$ 光电子；由M层激发出电子可依次写成3s，$3p_{1/2}$，$3p_{3/2}$，$3d_{3/2}$…。图9－12是以MgKα为激发源得到的Ag片的典型ESCA谱图。由于MgKα能量所限，它只能激发出Ag原子的M，N层电子使其产生光电子，而不能

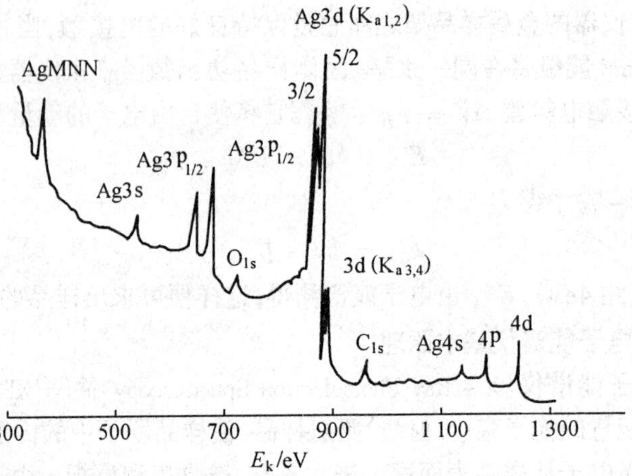

图9－12　纯Ag片的ESCA全扫描谱图

激发出K，L层电子。由图可见，$Ag3d_{3/2}$ 和 $Ag3d_{5/2}$ 光电子是Ag的两个最强特征峰，两峰相距6eV。特征峰是鉴别元素的依据。Ag的第3壳层的光电子峰要比第4壳层强。一般说来，n 小的壳层的峰比 n 大的壳层的峰要强；在同一壳层内，l 越大（轨道越圆）峰越高，l 越小（轨道越扁）峰越弱；自旋和轨道角动量同方向的（$j = l + \frac{1}{2}$），比反方向的（$j = l - \frac{1}{2}$）峰要强些。

在ESCA法谱分析中，要注意把特征峰和其他峰相区别，避免混淆。如图9－12中的C1s，O1s是纯银片上的污染峰，如图9－12中的Ag3d($K\alpha_{3,4}$)峰，这是由X射线的伴线产生的。另一个伴峰是由于样品受到辐照时，除放出光电子外，在原子中还同时产生其他很复杂的物理过程，如Shake－up，Shake－off以及多重分裂效应等，它们也会产生伴峰。Shake－up称为甩激，此种光电离过程伴随有价电子从占有能级同时激发到空能级；Shake-off称为甩离，这种光电离过程伴随有价电子的电离（见图9－13）。

2.光电子谱图中峰的种类

由于光电子来自不同的原子壳层，因而有不同的能量状态，结合能较大的光电子将从

激发源光子那里获得较小的动能，相反，结合能较小的光电子将从激发源光子获得较大的动能，这种量子化的光电子由能量分析器以每秒种计数（cps）作为相对强度的形式记录在X光电子谱图的纵坐标上，而横坐标用结合能（E_{k}）或动能（E_{b}）来表示，单位是eV。一般用结合能为横坐标，其优点是比用动能更能反映出电子的壳层（能级）的结构。一张全扫描的光电子谱图一般由连续背底上叠加多个峰组成，这些峰的种类是不同的，一般有以下几种。

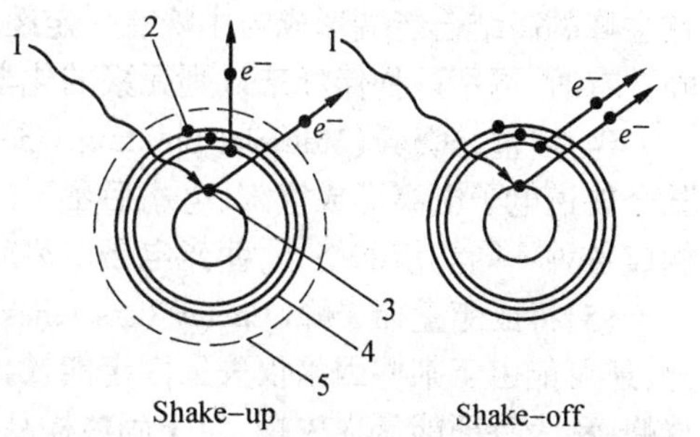

图9－13　软X射线与分子中电子的相互作用

1—入射X射线；2—价电子；3—内层电子；4—占有能级；5—空能级

（1）光电子峰和俄歇峰（Photoelectron Lines and Auger Lines）　光电子峰在谱图中是最主要的，它们是由具有特征能量的光电子所产生，光电子峰的特点是：谱图中强度最大、峰宽最小、对称性最好。每一种元素均有自己的最强的、具有自身表征的光电子线，它们是元素定性分析的主要依据。一般来所，来自同一壳层的光电子，内角量子数越大，谱线的强度越大，常见的有1s、2p3/2、3d5/2、4f7/2等。

由于光电子的产生，随后必然会产生俄歇电子，俄歇电子的能量具有特征值。在光电子谱图中必然也会产生俄歇峰（参见前面相关章节）。在XPS谱图中可以观察到的俄歇谱线主要有四个系列的谱线：KLL、LMM、MNN、NOO，在谱图上用元素符号及下标来表示，如OKLL表示氧元素的初始空位在K层，终态双空穴在L层的所有的俄歇跃迁；原子序数$Z=3\sim14$的元素中，俄歇谱线主要是KLL系列；$Z=14\sim40$的元素中，俄歇谱线主要是LMM系列；$Z=40\sim79$元素中，俄歇谱线主要是MNN系列；更重的元素则是NOO系列。

由于俄歇电子的动能与激发源无关，因而使用不同的X射线激发源对同一样品进行采集谱线时，在以动能为横坐标的XPS谱线全图中，俄歇谱线的能量位置不会因改变激发源而发生变动，这正好与光电子的情况相反；在以结合能为横坐标的XPS全图中，光电子的能量位置不会因激发源的改变而变动，而俄歇谱线的能量位置却因激发源的改变而改变。显然，利用这一点，在区分光电子与俄歇谱线有困难时，利用换靶的方法就可以区分出光电子线和俄歇线。

（2）X射线伴峰和鬼峰（X－ray satellites and X－ray Ghosts）　在用于辐射的X射线中，除特征X射线外，还有一些光子能量更高的次要成分和能量上连续的背底辐射。在光电子谱图中，这些能量更高的次要成分，将在主峰低结合能处形成与主峰有一定距离，并与主峰有一定强度比例的伴峰，称为X射线伴峰。而背底辐射主要形成背景。

在靶材非正常情况下，如靶中有杂质，靶面污染或氧化等，X射线辐射不是来自阳极材料本身，其他元素的X射线也会激发出光电子，从而在距正常光电子主峰一定距离处会出现光电子峰，称为X射线鬼峰，这是要尽量避免的。

（3）携上伴峰（Shake up Lines）　当内层电子电离，使外层电子所受的有效核电荷发生变化，引起电荷重新分布，体系中的轨道电子，特别是价电子可能以一定几率激发跃迁到更高束缚能级，称为携上现象。这一过程使某些正常能量的光电子失去一部分固定能量，在主峰的高结合能端形成与主峰有一定距离,一定强度比及一定峰形的伴峰称为携上伴峰。有时,可用这种伴峰来认别元素的化学状态。

(4)多重分裂峰(Multiplet Splitting Lines)　当电子轨道存在有未成对的电子时,如果某个轨道电子电离形成空穴,电离后留下的不成对电子,可与原来不成对电子进行耦合,构成各种不同能量的终态,使光电子电离后,分裂成多个谱峰,称为多重分裂峰。

(5)特征能量损失峰(Energy Loss Lines)　光电子经历非弹性散射,除了形成连续背底外,还可能由于某些因素仅失去固定能量,这样在距主峰(高结合能端)一定距离处会形成伴峰,称为特征能量损失峰,对于固体样品最为重要的此类峰是等离子损失峰,是由于光电子激发等离子体激元,损失相应的能量后,在主峰高结合能端形成的等间距、一个比一个强度低的损失峰。

2.表面灵敏度

具有一定能量的光子束辐照到样品上,光子与样品发生相互作用,可进入样品内约微米量级的深度。在这样的深度内产生的光电子要逸出表面将经过很长的距离,它们和样品原子发生非弹性碰撞的几率较高,发生非弹性碰撞后,将会损失足够的能量,失去特征值。因此,只有从表面或表面以下几个原子层中产生的光电子,才会对 XPS 峰有贡献。所以 XPS 是一次表面灵敏度很高的表面分析技术。

9.2.3　X 射线光电子能谱仪

XPS 一般由:激发源,样品台,电子能量分析器,检测器系统和超高真空系统等部分组成,实物见图 9-14,结构框图见图 9-15。

图 9-14　PHI5700X 射线光电子能谱仪

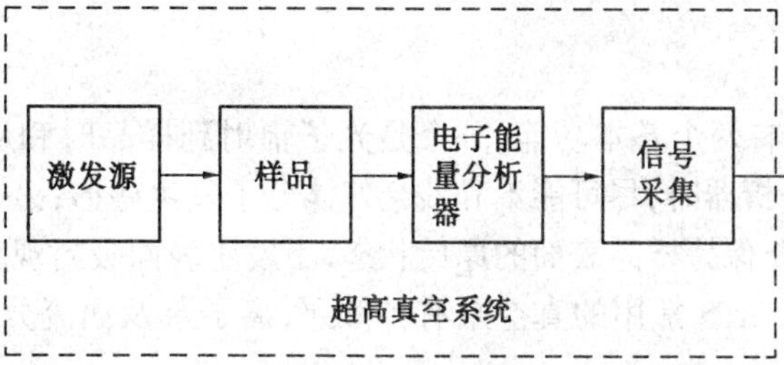

图 9-15　X 射线光电子能谱仪原理框图

1.X 射线源

X 射线源由加热的灯丝及阳极靶等组成,从灯丝出来的电子,受到灯丝和阳极两端的电压加速成高能电子束,轰去阳极靶形成特征 X 射线,特征 X 射线的能量只取决于组成靶的原子的内部能级。除了这些特征 X 射线外,还产生与初级电子能量有关的连续谱,称之为韧致辐射。因此,X 射线源产生的 X 射线能谱,是由一些特征线重叠在连续谱上所组成。见图 9-16。

光电子的动能取决于入射 X 射线的能量及电子的结合能,因此,最好用单色 X 射线源,否则韧致辐射和 X 射线的"伴线"均会产生光电子,而对光电子谱产生干扰,造成识谱困难。因此,可用 X 射线单色器来去掉韧致辐射和伴线,使分辨率得到改善。但光子的强度要损失许多。

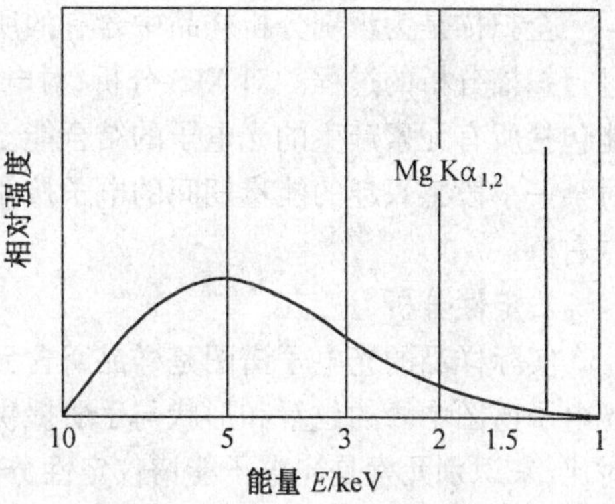

图 9-16　Mg 靶的特征 X 射线

XPS 适用的 X 射线,主要考虑谱线的宽度和能量,目前最常用的 X 射线是 Al 和 Mg 的 Kα 射线,都是未分解的双重线。Al 的 Kα 线能量为 1486.6eV,线宽为 0.85eV;Mg 的能量为 1253.6eV,线宽 0.70eV。另外,用 X 射线激发产生的电子能谱中,会同时出现光电子和俄歇电子谱线。由于光电子的能量与激发光子的能量有关,而俄歇电子的能量却无关,因此,只要改变 X 射线光子的能量,光电子谱线的位置将发生变化,而俄歇电子谱线的位置不变,就可以区分开这两种谱线。

2.电子能量分析分析器

电子能量分析器是 XPS 的中心部件,其功能是测量从样品表面激发出的光电子的能量分布。通常,通过改变分析器两端的电位,就能对激发出的光电子能量范围进行扫描。在 XPS 中,因为要测量谱线的化学位移,对分辨率要求较高,半球形分析器和筒镜形分析器是最常用的,其中半球形分析器更常用。

3.检测器

检测器的功能是对电子能量分析器中出来的不同能量电子的信号进行检测,在 XPS 中,常用电子倍增器作检测器,通常电子倍增器的输出和放大器、计算机系统相连。可通过计算机打印出谱图。大多数情况下,可进行重复扫描。在同一能量区域上多次扫描,可以改善信噪比,增强弱信号。

4.超高真空系统

XPS 的超高真空系统有两个基本功能,一个是光子辐射到样品时和从样品中激发出的光电子进到电子能量分析器时,尽可能不和残余气体分子发生碰撞;另一个是必须在样品分析所必需的时间内,要保持样品表面的原始状态,不发生表面吸附现象。

为保证超高真空系统,XPS 常用的真空泵有扩散泵,离子泵及涡流分子泵等,需要保持的真空度约为 10^{-7}Pa。

5.能谱仪校准

XPS 中的定性分析及元素化学态的分析,都基于光电子谱图中峰位置的能量值。为确保分析数据的准确性,能谱仪需定期进行能量校准。校准的方法是用已知能量值的贵金属(例金)标样峰或碳氢化合物的污染峰作参考来进行调节,使能谱仪显示值与已知值相同,完成校准。

9.2.4 光电子能谱仪的主要功能

1.全扫描和窄扫描

全扫描是为识别分析样品中含有的所有元素,在大范围的能量期间内对电子按能量进行扫描分析的过程。对 XPS 分析,对电子结合能在 1100 ~ 0eV 范围进行全谱图扫描,已能包括所有元素产生的光电子的结合能。这种扫描能量分辨率在 2eV 左右;而窄扫描是对某一小段感兴趣的能量期间的电子按能量进行的扫描分析过程,其能量分辨率在0.1eV左右。

2.定性分析

实际样品的光电子谱图是样品所含元素的谱图组合。根据对样品进行全扫描获得的光电子谱图中峰的位置和形状与手册提供的纯元素的标准谱图,见图 9 - 17(a)、(b)进行对比,来识别元素是光电子能谱仪定性分析的主要内容。

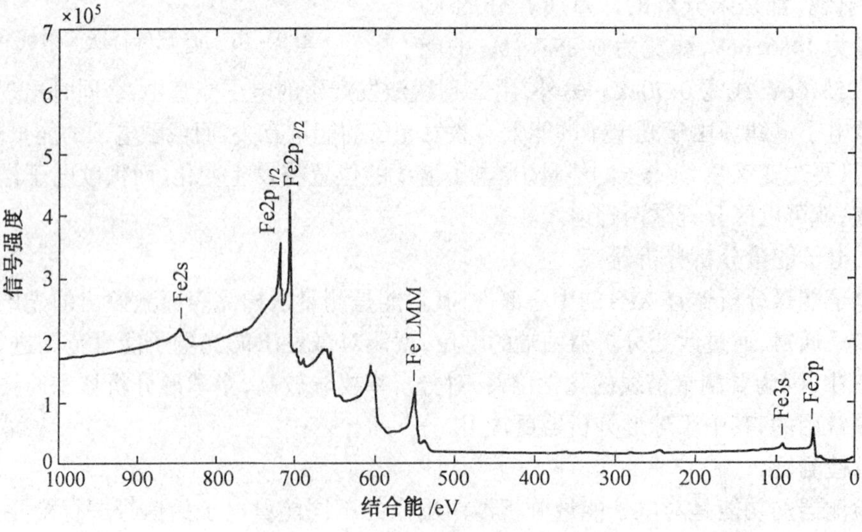

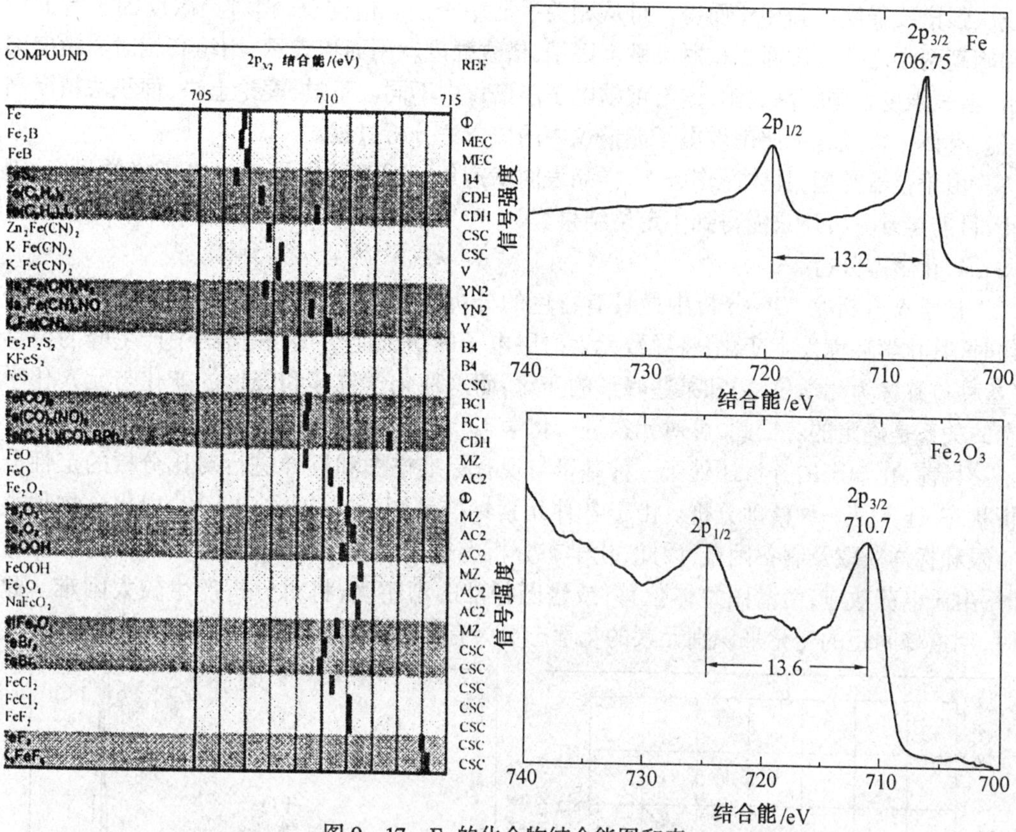

图 9-17　Fe 的化合物结合能图和表

一般的分析是，首先识别最强谱线，通常考虑 C1S 和 O1S 线，然后，找出被识别出的元素的其他次强谱线，并将识别出的谱线标示出来。有时还需对部分谱线进行窄扫描后，再详细研究。具体分析可参照俄歇电子能谱仪的定性分析过程，两者基本相同。但需注意的是标准光电子谱图中的能量坐标一般是结合能，而不是动能。尽管光电子的结合能与激发源光子能量(靶材)无关，但俄歇电子的结合能与靶材有关，并且不同的靶使同一元素电离出的光电子各峰强度不一定都完全相同。因此，分析时最好选用与标准谱图中相同的靶。

同样，这种定性分析也可由能谱仪上的计算机自动完成，但对某些重叠峰和微量元素的弱峰，还需通过人工分析来进一步确定。

3. 定量分析

定量分析是根据光电子的信号强度与样品表面单位体积的原子数成正比，通过测得的光电子信号的强度来确定产生光电子的元素在样品表面的浓度。

目前光电子能谱仪中使用的方法为相对灵敏度因子法，其原理及分析过程与俄歇电子谱中的方法相同，元素 X 的原子分数有

$$C_x = I_x / S_x / \sum_i I_i / S_i \qquad (9-10)$$

式中，C_x 为元素 X 的原子分数；I_i 为样品中元素 i(i 包括 x)的光电子峰强度；S_i 为元素 i(i 包括 x)的相对灵敏度因子，其通常是以 F1S 谱线强度为基准，其他元素的最强谱线

或次强谱线强度与其相比而得。可从相关手册中查出。但注意,相对灵敏度因子有面积和峰高两类之分。用面积相对灵敏度因子,谱线强度就用面积表示,用峰高相对灵敏度因子,谱线强度就用峰高表示,这与俄歇电子能谱仪中不同。不过,理论上讲,面积法精度高些。具体分析过程参照俄歇电子能谱仪中的该方法分析过程。

由于仪器类型,具体操作条件,样品表面状态等情况都可能影响光电子峰的强度,因此,目前定量分析还只能得到半定量结果。

4.化学态分析

化学态分析是 XPS 分析中最具有特色的分析技术。它是基于元素形成不同的化合物时,其化学环境发生变化,将导致元素内层电子的结合能变化,在谱图中产生峰的位移(这种位移称为化学位移)和某些峰形的变化,而这种化学位移和峰形的变化与元素化学态的关系是确定的。据此,可对元素进行化学态分析,即元素形成了哪种化合物。

目前,化学态的分析还处于一种基于与现有标准谱图和标样进行对比分析的定性分析状态,还不是一种精确分析。由于各种元素标准谱图资料(见图 9-18)中化合物种类有限和标样获取及制备困难,因此,化学态分析有很大的局限性。另外,当样品为非导体时,由于电荷效应,使谱图整体位移,或谱图校准的不精确,将对分析产生较大困难。此时,用谱峰间距的变化来识别元素的化学态更为有效。这样,常用的对比方法有两种。

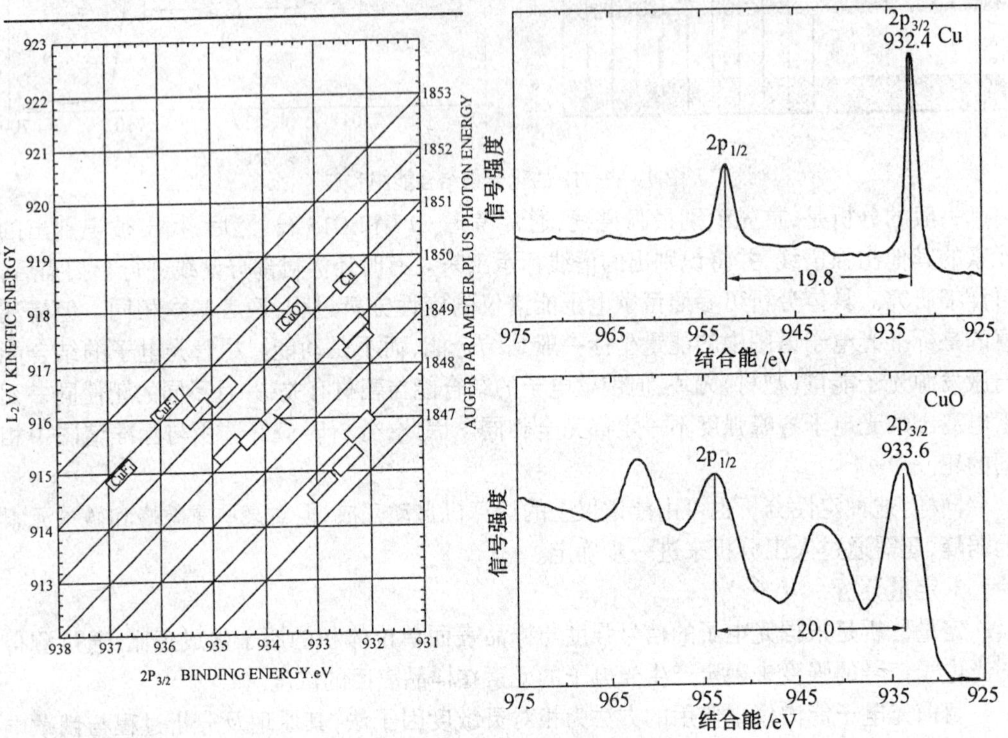

图 9-18　Cu 化合物俄歇参数图

(1)化学位移法　在光电子谱图中,分析元素由于化学环境不同产生了化学位移,使元素的峰移到了新的结合能位置上,从而根据新的能量位置与标准谱图或标准图表进行对比,获得元素的化学态信息,确定元素形成的化合物。标准谱图或标准图表可从相关资料查得。这种方法主要是根据化学位移来确定元素的化学态。有时,也可考虑峰形因素。

(2)俄歇参数法　俄歇参数 α 一般定义为最尖锐俄歇峰动能与最强光电子峰动能差,即

$$\alpha = E_{KA} - E_{KP} \tag{9-11}$$

式中,E_{KA}为俄歇峰动能;E_{KP}为光电子峰动能。因为 α 为相同样品中同一元素的两条谱线能量之差,这就不需对样品充电和逸出功等进行修正。由于 α 有可能出现负值,并且标准谱图中,光电子的能量坐标常用结合能表示,因此,实际应用中,常用修正俄歇参数 α'定义

$$\alpha' = \alpha + h\nu \tag{9-12}$$

将式(9-11)代入式(9-12)

$$\alpha' = E_{KA} - E_{KP} + h\nu = E_{KA} + (h\nu - E_{KP}) = E_{KA} + E_{BP} \tag{9-13}$$

式中,$h\nu$ 为入射光子的能量,E_{Bp}为光电子的结合能。从定义中可以看出,α'也不需对样品充电和逸出功进行修正。

由于 E_{KA}和 E_{BP}都是只与样品有关的特征值,因此 α'是一个与样品荷电位移,参考能级选择及激发源能量等无关的物理量,是一个表征样品特性的特征值,并总为正值。

这样从光电子谱图中,可计算出某元素的修正俄歇参数 α',根据计算值 α'与图表中的标准值(见图 9-18)对比,就可确定元素的化学态信息,即形成的化合物。注意:α'的计算中,俄歇峰能量是动能值,光电子谱图中的能量坐标一般为结合能值,对应的俄歇峰能量也是结合能,需转换为动能值,即 $E_{KP} = h\nu - E_{BP}$,对于 Mg 靶,$h\nu = 1\,253.6$eV,而 Al 靶,$h\nu = 1486.6$eV。

对元素化学态的分析,其全过程为:

(1)对样品进行全扫描,获得全谱光电子谱图;

(2)对获得的光电子谱图进行定性分析,确定样品包含的所有元素;

(3)对感兴趣的元素进行窄扫描,获得该元素的光电子谱图;

(4)对元素的光电子谱图进行化学态分析,获得该元素的化合物结果;

(5)获得的化合物进行检验,其所含元素应该都包含在定性分析结果中(H 和 He 除外),例分析结果为 CuO,则定性结果中,应含有 Cu 和 O 元素。

5.深度分析

深度分析主要是获得深度-成分分布曲线或深度方向元素的化学态的变化情况。目前常用的方法:

(1)离子溅射法

用惰性气体离子束轰去样品,逐层剥离样品表面,然后对表面分别进行分析。但离子轰去会给结果带来不确定因素,产生不均匀溅射,改变表面各种物质的原子价等。尽管如此,该方法仍是目前最实用的方法。

(2)样品转动法

通过倾斜样品,使表面切线与电子发射方向之间的夹角改变,可研究样品各种信息随深度的变化情况。

9.2.4 XPS 在材料科学研究中的应用实例

例 1 硅晶体表面薄膜层的物相分析

在对某硅晶体表面薄膜一无所知的情况下，为研究该薄膜的特性，要搞清薄膜的组分及物相，为此，对薄膜进行了 XPS 全扫描分析，分析前用离子束溅射一定时间，以除去样品表面的污染物。其结果见图 9－16(a)。定性分析确定，薄膜由 Zn 和 S 组成。但 Zn 和 S 以什么化学态形成膜层，为此，对 Zn 元素的最强峰进行窄扫描分析，其结果见图 9－16(b)，其峰位(1022eV)与纯元素 Zn 的峰(1021.4eV)有一定的化学位移，根据此峰位及含有 S 元素，查文献中 Zn 的标准谱图，可以确定薄膜中的 Zn 是以 ZnS 的形式存在的。

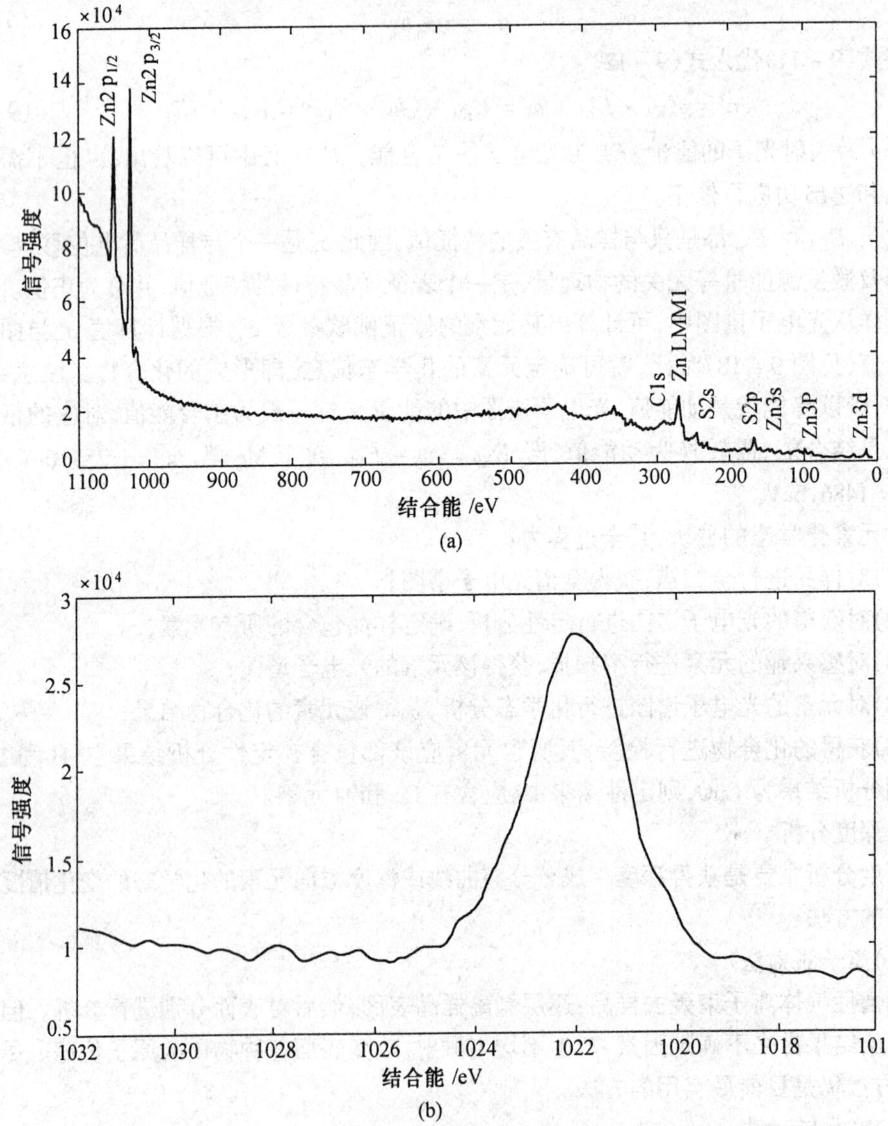

图 9－16 硅晶体表面膜 XPS 全扫描图(Mg 靶)

例 2　聚丙烯薄膜氟化的研究

将厚度为 20μ 的 PP 薄膜置于 F_2/N_2 气氛中经适当条件进行氟化，结果表明，经氟化后的膜表面 F_{1s} 峰很强，随氟化时间的增长，F_{1s} 峰也增强，而 C/F 降低。不过与时间没有绝对正比关系，最后趋于饱和，见图 9－2。

表 9－2　PDMS 和 PS 嵌段共聚物 ESCA 谱数据

聚合物膜	I_{C1s}/I_{Si_2p}	I_{C1s}/I_{O1s}	I_{O1s}/I_{Si_2p}
PDMS($I\infty$)	1.66 ± 0.05①	12.0 ± 0.05	1.38 ± 0.05
PS－PDMS 共聚物			
共聚物 1	1.7 ± 0.1	1.3 ± 0.1	1.35 ± 0.05
共聚物 2(溶剂法制成膜)			
甲苯	2.59 ± 0.05	1.71 ± 0.04	1.5 ± 0.01
苯	2.78 ± 0.03	1.84 ± 0.10	1.51 ± 0.10
环已烷	2.27 ± 0.10	1.57 ± 0.04	1.44 ± 0.03
溴苯	1.68 ± 0.01	1.24 ± 0.01	1.36 ± 0.03
苯乙烯	1.77 ± 0.11	1.28 ± 0.08	1.38 ± 0.01

注：① 误差是标准偏差。

由 C_{1s} 峰的变化可以看出，产生多重不同程度的化学位移，说明氟原子不是简单地吸附或堆集在膜的表面，它已不同程度地取代了氢原子而与碳原子键合在一起，所以才出现了 C_{1s} 多重峰。根据 C_{1s} 峰位的变化，可以推测 F 与 C 的键合方式可能有 CHF、CHF_2、CF、CF_2、CF_3 等多种形式。随氟化时间的改变，各种键合方式的组成百分比也在变化。从图 9－19 上还可以看出，氟化时间长，F 取代 H 的个数越多，CF_2 和 CF_3 增多使多重峰向结合能低的方向移动。如进一步对比试验，运用计算机技术设法将峰分开可以研究氟化动力学以及氟化深度等问题。

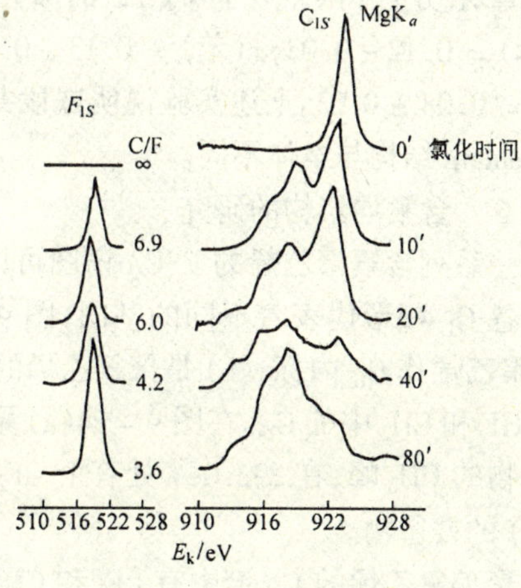

图 9－19　PP 膜氟化过程中的 F_{1s} 峰和 C_{1s} 峰的变化

例 3　活塞环表面涂层的剖析

用 Cr、Fe 合金制作的活塞环的表面涂有一层未知物。用 X 射线光谱和激光裂解色谱法均不能给出表面涂层的有关资料，而用 ESCA 法将涂层制成薄片后进样，马上打出 $3C_{1s}$ 和 F_{1s} 峰，说明这个涂层是碳氟材料，见图 9－20。

例 4　高聚物表面氧化的研究

ESCA 可以用来研究高聚物表面的氧化程度。图 9－21 是低密度聚乙烯(LDPE) 膜经脱水处理前后的ESCA谱。由图可见，在脱水前的 O_{1s} 峰上还显示出有少量的水，在 C_{1s} 峰肩上有一个小峰 $\rangle C=0$，它的位移值 $\Delta=3eV$。图 9－22 是高密度聚乙烯(HDPE) 压制膜的 C_{1s} 和 O_{1s} 能级。

例 5　嵌段共聚物表面结构的研究

两组分嵌段共聚物的微观结构，常常出现相分离现象，即形成不同的 Domain 结构。例如聚二甲基硅氧烷(PDMS) 和聚苯乙烯(PS) 组成的嵌段共聚物，由于两种大分子链段相容性差，所以形成了各种 Domain 结构。影响这种结构形态的因素很多，如两组分的相对分子质量以及它们的相对比例等。如果用溶剂法把该共聚物制成薄膜，则可用 ESCA 法对表面的 Domain 进行研究了。从表 9－2 所列数据可以看出，共聚物 1 和溴苯、苯乙烯为溶剂制得的共聚物 2，它们的 ESCA 谱与 PDMS 谱差别不大，说明两种共聚物薄膜表面含 PS 量很少。以甲苯和苯(二个组分的共同溶剂) 或环已烷(PDMS 的溶剂) 为溶剂制得的共聚物 2 薄膜，则有少量 PS 均匀分布在表面上。

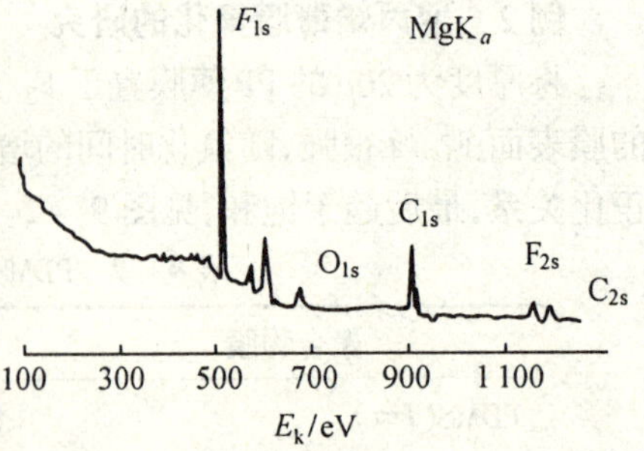

图 9－20　碳氟材料涂层的 ESCA 全谱图

根据 C_{1s}/Si_{2P} 和 C_{1s}/O_{1s} 强度比值，可计算二个组分的摩尔分数。溶剂不同时 PS 的摩尔分数为 x(甲苯) = 0.12 ± 0.02；x(苯) = 0.13 ± 0.03；x(环已烷) = 0.08 ± 0.03。上述实验说明嵌段共聚物表面的 Domain 结构与本体不同。

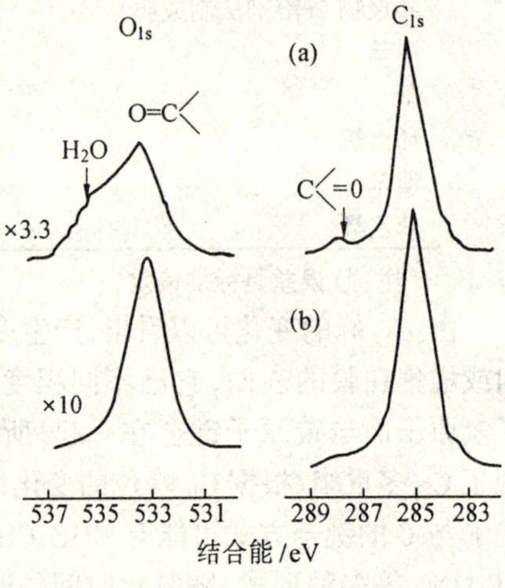

图 9－21　LDPE 的 C_{1s} 和 O_{1s} 能级

(a)—脱水前　(b)—脱水后

例 6　含氟均聚物的研究

从一系列含氟聚乙烯的 ESCA 谱图可以清楚地分辨出各 C_{1s} 峰形代表着不同的基团，图 9－23 中(a) 是聚乙烯作 C_{1s} 内标；(b) 是聚氟乙烯的 C_{1s} 谱，是两个等面积而部分分开的峰，它们对应于 CHF 和 CH_2 中的 C_{1s}。在图 9－24(a) 聚 1,2 二氟乙烯的 C_{1s} 谱中，CFH 是主峰，右边是作内标物的 CH_2 峰，在 292.0eV 处有个 CF_2 峰，它来自乳液聚合所用的试剂($H(CF_2)_8COO-NH_4^+$) 的残留物。

在聚偏氟乙烯的 C_{1s} 谱中有 CF_2 和 CH_2 二个等面积峰。在图 9－24(b) 中，聚三氟乙烯的 C_{1s} 谱有 CF_2 和 CFH 二个等面积峰。这些含氟均聚物的结合能见表 9－3。对 C_{1s} 能级的初次取代效应、二次取代效应，分别列入表 9－4、表 9－5。

对于均聚物 C_{1s} 和 F_{1s} 两峰面积的比例关系见表 9－6。

例 7　含氟共聚物的研究

氟化橡胶(Viton) 是 $CF_3-CF=CF_2$(HFP) 和 $CF_2=CH_2$(VF_2) 共聚产物。六氟丙烯和 Viton 的结合能见表 9－6。六氟丙烯和 Vitons 高聚物的 C_{1s} 能级谱，如图 9－25 所示。

计算共聚物中 HFP 和 VF_2 的含量有以下三种方法：(1)HFP 的摩尔分数应是 $\underline{C}F_3$ 峰面积分数的三倍；(2)$\underline{C}F_2$ 和 $\underline{C}F$ 合起来的峰面积 A 是 1/2VF_2 和2/3HFP 的贡献，$A = 1/2VF_2 + 2/3HFP$，而 $100 = VF_2 + HFP$，则 HFP% = 6(A － 50)；(3)$\underline{C}H_2$ 的峰面积分数只反映了 VF_2 含量的一半，$VF_2\% = 2 \times A_{CH_2}\%$。三种方法的计算结果见表 9－8。

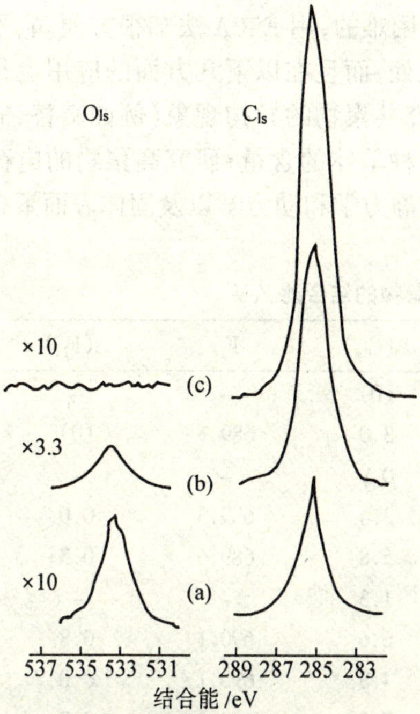

图 9－22　HDPE 压制膜的 C_{1s} 和 O_{1s} 能级

(a) 在空气中压制；(b) 在氮气流中压制；(c) HDPE 粉在真空(10^{-2}Pa) 线上抽空并放在纯氮气流中压制

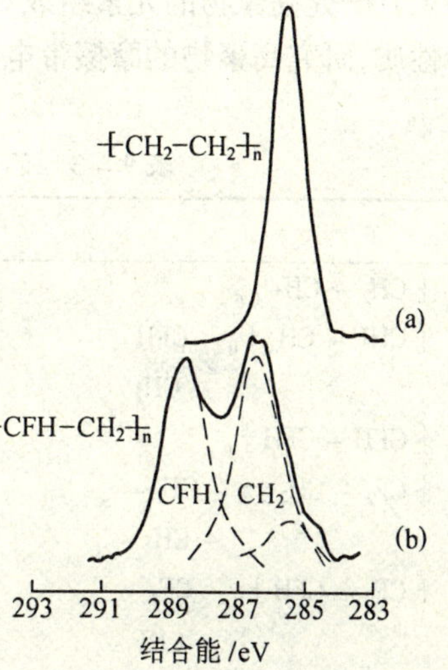

图 9－23　聚乙烯和聚氟乙烯的 C_{1s} 能级

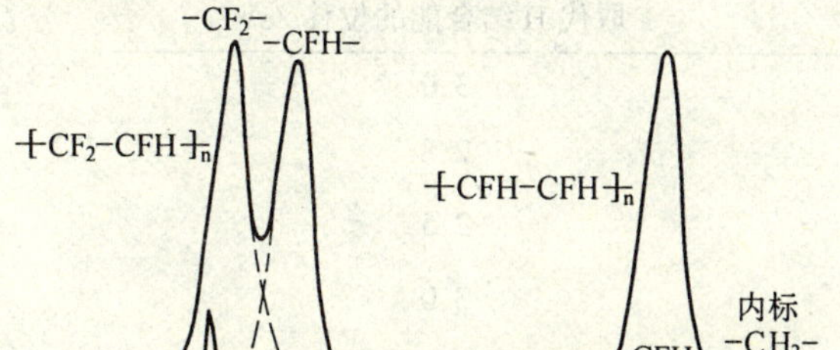

图 9－24　含氟聚乙烯的 C_{1s} 谱

(a) 聚二氟乙烯和聚偏氟乙烯的 C_{1s} 能级；(b) 聚三氟乙烯和聚四氟乙烯的 C_{1s} 能级

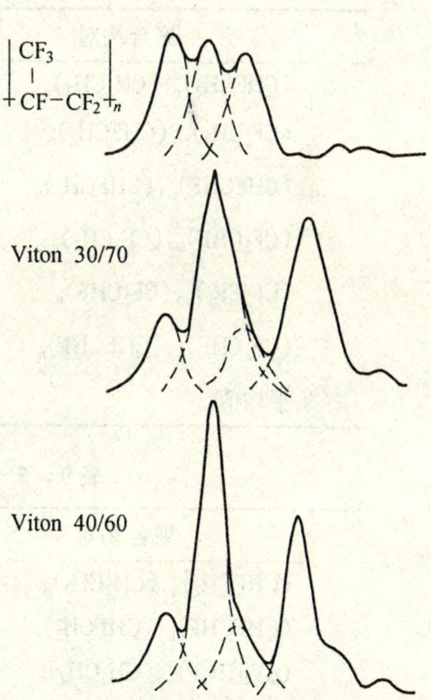

图 9－25　HFP 和 Viton 高聚物的 C_{1S} 能级

ESCA 法不如 IR,NMR 等方法所获得的结构资料精细而深入,它几乎不能探讨高聚物的构象。但是对于含氟高聚物,用其他方法研究是困难的,用 ESCA 法却很方便。它不仅在研究聚合物的热裂解和光降解机理方面有独到之处,而且在以下几方面的应用也是很有前途的:鉴别高聚物、共聚物及高分子共混物;研究共聚物的异构现象(例如交替、嵌段或无规共聚);研究高聚物的元素组成和共聚中的各种单体的含量;研究高聚物的电荷分布和价带性质;研究高聚物的摩擦带电现象、带电的静力学和动力学以及固体表面聚合膜等问题。

表 9－3　乙烯和氟乙烯均聚物的结合能 /eV

	C_{1s}	$\Delta(C_{1s})$	F_{1s}	$\Delta(F_{1s})$
$\{CH_2-CH_2\}_n$	285.0	(0)	–	–
$\{CHF-CH_2\}_n$ – CFH	288.0	3.0	689.3	(0)
– CH_2	285.9	0.9	–	–
$\{CFH-CFH\}_n$	288.4	3.4	689.3	0.0
$\{CF_2-CH_2\}_n$ – CF_2 –	290.8	5.8	689.6	0.3
– CH_2 –	286.3	1.3	–	–
$\{CF_2-CFH\}_n$ – CF_2 –	291.6	6.6	690.1	0.8
– CHF –	289.3	4.3	690.1	0.8
$\{CF_2-CF_2\}_n$	292.2	7.2	690.2	0.9

表 9－4　对于 C_{1s} 能级的初次取代效应

聚合物对	F 取代 H 结合能的位移 /eV
$(\underline{C}HF\underline{C}H_2)_n,(CH_2CH_2)_n$	3.0
$(\underline{C}F_2CH_2)_n,(\underline{C}HFCH_2)_n$	2.8
$(CHF\underline{C}HF)_n,(CHF\underline{C}H_2)_n$	2.5
$(CF_2\underline{C}HF)_n,(CF_2\underline{C}H_2)_n$	3.0
$(CF_2\underline{C}F_2)_n,(CF_2\underline{C}HF)_n$	2.9
$(\underline{C}F_2CHF)_n,(\underline{C}HFCHF)_n$	7.2
平均值	2.9

表 9－5　对于 C_{1s} 能级的二次取代效应

聚合物对	F 取代 H 结合能的位移 /eV
$(CHF\dot{\underline{C}}H_2)_n,(CH_2CH_2)_n$	0.9
$(\dot{\underline{C}}HF\dot{\underline{C}}HF)_n,(\dot{\underline{C}}HFCH_2)_n$	0.4
$(\dot{\underline{C}}F_2\dot{\underline{C}}H_2F)_n,(CH_2\dot{\underline{C}}H_2)_n$	0.7
$(\dot{\underline{C}}F_2CHF)_n,(\dot{\underline{C}}F_2CH_2)_n$	0.8
$(\dot{\underline{C}}F_2CF_2)_n,(\dot{\underline{C}}F_2CHF)_n$	0.6
$(CF_2\dot{\underline{C}}HF)_n,(CHF\dot{\underline{C}}HF)_n$	0.9
平均值	0.7

表 9-6 均聚物的 C_{1s} 和 F_{1s} 峰面积的比例关系

聚合物对	C_{1s}峰面积 / F_{1s}峰面积	C原子数 / F原子数	C_{1s}峰面积 / F_{1s}峰面积①
$(CH_2CHF)_n$	1:1	2:1	1:2.0
$(CH_2CF_2)_n$	1:2.08	1:1	1:2.1
$(CHFCF_2)_n$	1:3.15	2:3	1:2.1
$(CF_2CF_2)_n$	1:3.97	1:2	1:2.0

注:极限误差几率 ± 0.05。

表 9-7 HFP 和 Vtion 的结合能 /eV

		C_{1s}	$\Delta(C_{1s})$	F_{1s}	$\Delta(F_{1s})$
40/60 Viton	CF_3	293.3	8.3	690.2	0.9
	CF_2	291.1	6.1	690.2	0.9
	CF	289.4	4.4	690.2	0.9
	CH_2	286.6	1.6	–	–
30/70 Viton	CF_3	293.3	8.4	689.9	0.6
	CF_2	290.9	5.9	689.9	0.6
	CF	289.3	4.3	689.9	0.6
	CH_2	286.4	1.4	–	–
$\lbrack CF(CF_3)-CF_2 \rbrack_n$	CF_3	293.7	8.7	690.2	0.9
	CF_2	291.8	6.8	690.2	0.9
	CF	289.8	4.8	690.2	0.9

表 9-8 用不同计算方法求得的 HFP 值 /%

计算方法	(1)	(2)	(3)
样品 40/60	39	42	40
样品 30/70	33	30	32

9.3 原子探针显微分析

材料微观结构及微区成分的研究,是各国材料科学家最为关心的问题。随着现代技术的不断发展,扫描或透射电镜也在向更现代方向发展,同样,俄歇谱仪或二次离子质谱(SIMS)也在不断改进和升级。但这些分析技术终归受其分辨率的限制,难以直接观察到固体表面单个原子。场离子显微镜(FIM)由于具有高分辨率,高放大倍数的特点,故可以直接观察到固体表面单个原子,将场离子显微镜与飞行时间质谱仪组合成场离子显微镜-原子探针(FIM-AP),可鉴别几纳米的极微区的化学成分,并且对原子序数无任何限制,因此，原子探针显微分析技术越来越受到人们的青睐。

场离子显微镜和原子探针技术几乎都是 E. Müller 个人的天才发明。1956 年，Müller 在样品的尖端施加正电压并用液氦冷却样品，在样品周围充入 He 成像气体，得到能够分辨单个原子的钨场离子像。60 年代前 FIM 在应用方面进展比较缓慢，随着超高真空系统的发展和像增强器的使用，尤其是 FIM 配上了原子探针以后，有了很大发展，不仅少数难熔金属可得到很好的场离子像，而且像 Fe，Ni，Cu 甚至 Al 这些常见的金属也得到场离子像。随着表面物理及材料科学研究的不断发展，不但 FIM - AP 仪器本身在提高，而且 FIM - AP 的应用范围也在不断扩大。目前在金属材料中的应用大致分为两方面，在金属材料内部结构方面，包括晶体缺陷、位错观察、界面和晶界偏析出及沉淀相析出的研究；另一方面是金属表面结构和表面反应，包括表面台阶类型，金属原子在晶体表面的凝聚、迁移及扩散的研究。

9.3.1 场离子显微镜基本原理

图 9 - 26 为场离子显微镜结构示意图。可以看出，场离子显微镜基本上是由一个真空容器构成，真空容器的一端为荧光屏，被研究材料的样品制成为针尖形状，其顶端曲率半径的典型数值为 50 ~ 100nm，并被固定在沿真空容器轴线、离荧光屏大约 50mm 的位置。样品保持低温并装在电绝缘体上，以便样品上能加以正高压(3 ~ 30kV)。在显微镜的容器中充以低压的惰性气体(大约 10^{-3}Pa)，通常是氦气或氖气。当样品上的电势增高时，在样品面端周围的气体原子，被强电场极化并拽向样品顶端的表面。如果样品表面的电场足够强(每纳米几十伏)，最先到达样品表面的气体原子将吸附在样品表面顶端突起部位强电场的位置上，然后紧跟着到达样品表面的气体原子将在场吸附层的表面上做表面跳跃，并不断地损失其动能而降低跳跃振幅，直到在某些特定的表面原子附近的位置上电离(图 9 - 27)。在此过程中，气体原子的一个电子穿过表面势垒而进入样品的未占满的能级，伴随着在样品表面上留下了一个带正电荷的气体离子。然后，这样的气体离子从样品表面弹回到荧光屏上，并将样品表面的形貌在荧光屏上形成放大倍数很高的图像。场电离更容易在较为突起的样品表面的原子上发生，同时这种单个原子形成的细离子束在荧光屏上生成相应的像点。

场离子像的亮度或衬度是由针尖表面场电离的总离子流决定的，即由离化率决定，不但和表面电子转移的离化几率有关而且和针尖附近成像气体浓度有关。实验发现像衬度并非随电压增加而提高，而是达到某个电压之后像衬度即随电压增加而降低，这个电压称为最佳成像电压 (V_{BIV})，同时样品的温度降低时 V_{BIV} 向低电压方向位移。如果使用的电压太低，从样品表面产生的离子流不足以形成满意的图像；如果电压太高，在整个样品尖端表面上将形成均匀的电离，从而减小了图像的衬度。所以，最佳成像电压的条件对应着与表面特征相关的场电离过程的最佳调整，通常这可以用眼睛在 ±(1% ~ 2%)范围之内来调节。

场离子像的分辨率定义为试样上最邻近的两个原子投影到荧光屏上的像点正好能够分开，或者测量单个原子所产生像点直径。影响分辨率的主要因素有三点：第一是离子飞行到荧光屏的路程中离子的发散；第二是离子飞行速度的切向分量；第三是离子波动性的衍射效应。当然还有一些其他因素，如仪器的真空度，针尖表面附近气体成分的变化，空间电荷分布及库仑力的影响等。

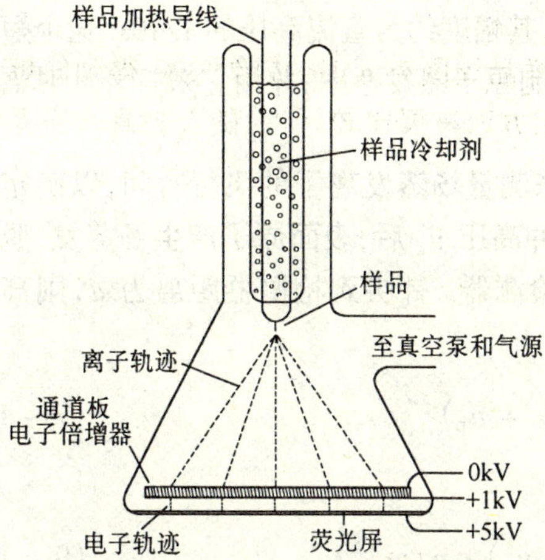

图 9-26 场离子显微镜示意图

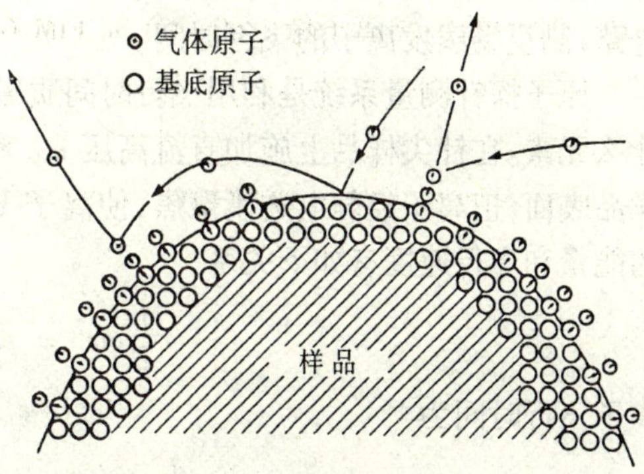

图 9-27 场离子显微镜成像原理

场离子显微镜具有高的放大倍数，在荧光屏上得到的像的放大倍数可表示为 $M = R/\beta\gamma$，式中 R 为针尖到荧光屏距离，γ 为针尖的曲率半径，β 为常数，一般约为 1.5。例如，$R = 100\text{mm}$，$r = 30\text{nm}$，$M = 2 \times 10^6$。

9.3.2 原子探针基本原理

原子探针的物理基础是场蒸发。在液氦冷却条件下，当高于最佳成像电压的场强施加到针尖上时，晶体表面原子开始形成离子蒸发，称为场蒸发。1967 年，由 E. Müller 等人设计的仪器中，在场离子显微镜的成像荧光屏上开一小孔，样品固定在一个可以转动的支架上，以便使图像上的某个小的区域调整到与单个离子灵敏的飞行时间质谱仪成一直线。在场离子显微镜的静电场中所形成的场电离子和场蒸发离子轨迹的相同性，第一次使得区别被选择的单个离子成为可能。

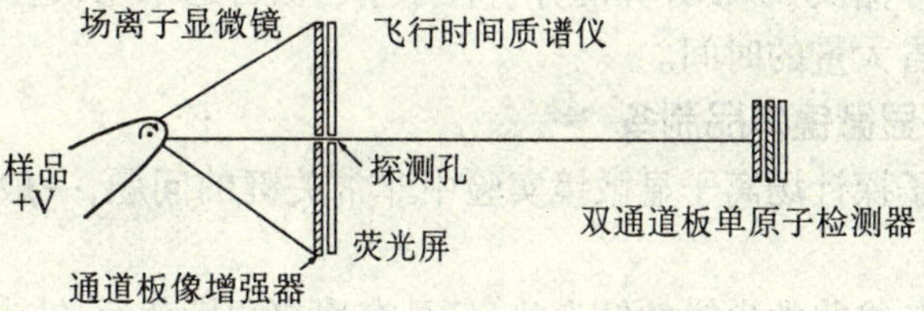

图 9-28 原子探针原理图

图 9-28 为原子探针原理示意图。图中左边是场离子显微镜，右边是飞行时间质谱仪。质谱仪由一支漂移管组成，漂移管的端部装有对单原子灵敏的检测器。在通道板和荧光屏装置上的小探孔限定了样品表面的某个区域，由此区域剥落的原子将在质谱仪中被分析。

场蒸发过程主要决定于场强和针尖温度，在低温下场蒸发过程是以原子和离子的隧道效应占优势，在较高温度下是热激发效应占优势，在中温(20～90K)下既有隧道效应又有热激发效应。蒸发通常是以单原子层蒸发，但也和针尖表面形貌及晶体取向有关。当电压恒定时，随着场蒸发过程进行，针尖的曲率半径随之增加，这时场强减弱而蒸发速率降低，为使蒸发继续进行，必须不断地提高电压。在原子探针分析中必须严格控制场蒸发过程，因此采用纳秒(ns)脉冲叠加在直流高压上，其幅度约为直流高压的1/10。这个短脉冲技术对原子探针来说非常重要，不仅用它来控制原子蒸发速率，并用它来打开计时器门电路，测量场蒸发离子的飞行时间。

原子探针测量系统是利用飞行时间质谱仪来测量场蒸发离子的飞行时间，以确定是什么元素。在针尖样品上施加直流高压 u_{dc} 和脉冲高压 u_p 后，表面原子产生场蒸发，脱离样品表面，正离子经静电透镜聚焦，使离子飞向检测器。针尖到检测器距离为 d，则离子的能量和飞行速度有如下关系

$$\frac{1}{2}mv^2 = ne(u_{dc} + u_p) \tag{9-14}$$

离子飞行时间为

$$T = \frac{d}{v} = d[2e(u_{dc} + u_p) \cdot n/m]^{-\frac{1}{2}} \tag{9-15}$$

离子的质量电荷比为

$$m/n = 2e/d^2 \cdot (u_{de} + u_p)T^2 \tag{9-16}$$

当我们准确测量出离子飞行时间 T 时，根据公式9－16可计算出离子的质量电荷比，从而鉴别出是什么元素。如果取 u_{dc}、u_p 以kV为单位，T 以 μs，d 以m为单位，则公式9－16变成原子探针中常用的计算质荷比公式

$$\frac{m}{n} = \frac{0.193}{d^2}(u_{dc} + u_p)T^2 \tag{9-17}$$

原子探针问世以后的10年间，一些优秀的科学家不断地改进并设计出新的仪器，其中有Panitz设计的成像原子探针，它可由样品的基本图像得到具有原子分辨的被选择的元素图。还有Kellogg等人设计的脉冲激光原子探针；Barofsky等设计的磁偏转扇形原子探针；Müller等人设计的能量补偿原子探针。随着计算机和数字化技术的发展，原子探针在参数输入、采样、存储及 m/n 计算的分析程序中已被普遍采用，这无疑给使用者带来了极大的方便并可节省大量的时间。

9.3.3 场离子显微镜样品制备

样品制备是原子探针场离子显微镜实验中非常关键的问题，一般说有以下几点值得注意。

1.样品必须制备成非常尖锐的针尖状，且具有均匀的横截面，针尖的曲率半径要求在10～100nm之间；

2.针尖颈部必须光滑，无表面膜和污染，且不能有任何突起和应力区；

3.大多数金属、半导体和其他材料均能成功地制备出合格的样品，但材料不可有较多的裂缝、气孔等缺陷；

4.非常软的材料，例如铅或锻后的铜等很难制备出合格的样品；

5.其他一些高蒸气压的材料如锌或低熔点材料如锗，因不能满足超高真空系统的要求，所以很难用于场离子显微镜。

很明显，制备原子探针场离子显微镜的样品的最理想的基材应该是细金属丝，一般金属丝的直径在0.05～0.5mm，要达到这种尺寸的丝材必须经过各种加工工序，例如拉丝、

锻细、拉伸、打磨等，然后进行抛光处理，最后制备出理想的尖锐的针形样品。在上述的加工工序中不可避免地出现对材料微结构的影响及应力的产生，所以在热处理的安排上要十分讲究，即不能在样品已制成针状后进行处理，以避免可能导致的氧化、表面膜形成。

图 9－29 为一般样品制备的流程图。

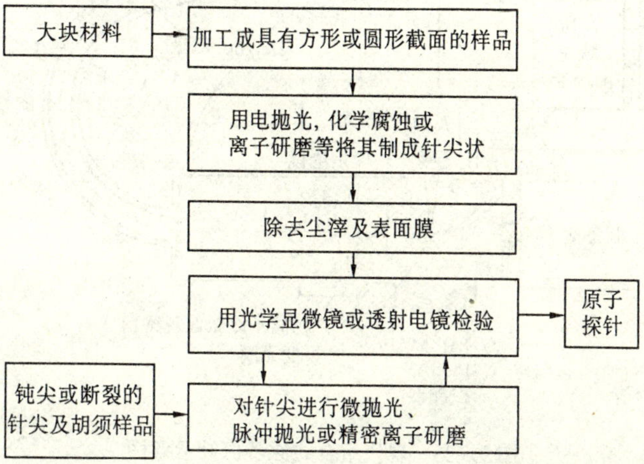

图 9－29　场离子显微镜样品制备流程图

制备好的样品一般直径小于 0.5mm，长约为 10mm。为了便于操作，在样品制备和检验阶段需将基材压接到支架上或用点焊法将其焊接到支撑短截线上。一般选用铜作为支架材料，因为铜在低温下是导电和导热的良导体，且非磁性，也可以选用镍、铝和铂。

原子探针场离子显微镜样品制备技术像透射电镜的薄膜样品制备一样，都是既重要又复杂的技术，近些年来，在样品制备技术方面也有很大进展，不断涌现新的制备技术。

9.3.4　原子探针分析方法

现代原子探针都采用计算机辅助测量控制系统联机来对实验过程中的原始数据及时进行许多复杂处理，从而可以采用不同方法来分析数据，以获取尽可能多的信息。无论数据采用何种方式表示，都应该对其进行统计分析与模拟处理，这样可保证对数据有正确的解释。

1.单原子识别

单原子分析的应用之一是识别界面偏析，如图 9－30。实验中先将质谱仪对中，然后将选定原子移至探孔中心，在一定时间内由脉冲计数器记录检测器接收的信号，测定成像气体的平均离子流，该电流决定于场离子像的局部亮度。此过程中，需将原子探针中用于能量补偿的静电透镜处于收集对应直流电压能量成像气体离子的状态，之后，再将其处于收集对应直流加脉冲总电压能量离子的状态。这时，对样品加以常规脉冲场蒸发，同时测量蒸发离子的飞行时间。从离子显微像观察窗里可以看到亮斑的出现，这个亮斑就是选定的单个原子，随着场蒸发的进行，这个亮斑更亮，这是因为样品的其余部分场蒸发掉了，该原子也就更突出了。每加几个蒸发脉冲或质谱仪收集到一个离子后，都要重新观测气体离子流，重复此步骤直到离子流突然下降，表明引起亮斑的原子已经场蒸发掉了，质谱仪所收集的最后一个原子就应是产生亮斑的原子。

这种方法仅限于分析场离子显微像中明亮的元素，故可以通过观察孔拍摄清晰的离子像。除用于成像明亮的偏析原子分析外，表面扩散研究中还可采用这种方法识别被吸

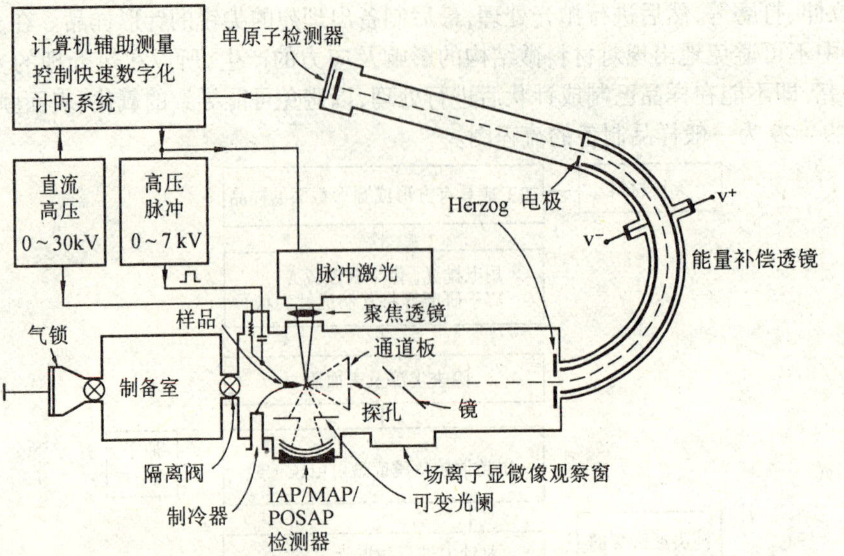

图 9－30　现代组合式原子探针示意图

附的原子及表面化学反应产物等。

2.选区分析

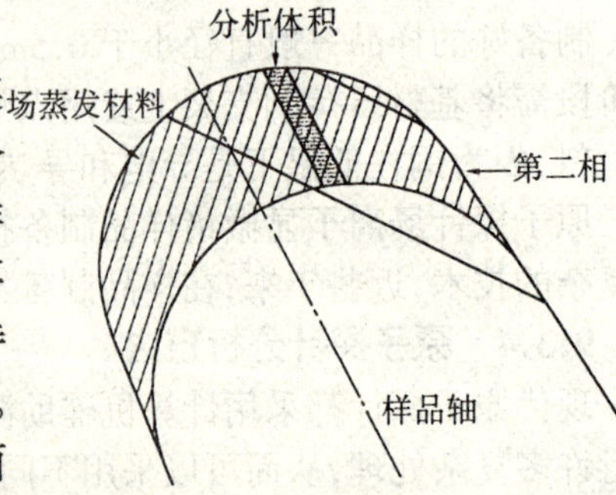

图 9－31　选区分析示意图

一般来说，选区分析用来测定场离子像中的某一特征部位的成分。通过转动样品台可以把要分析的区域对中质谱仪的探孔(图 9－31)，随后对样品进行场蒸发，测定该区域的成分。选区分析主要用来分析析出物的特殊形貌，还可用来确定距某特征物(如析出相、界面)不同距离的成分变化情况。在特定电压下通过计算探孔在样品表面的等效面积，可估算出从每层原子可收集的平均原子数，从而粗略做出深度标定。精确做深度标定则要监测场离子像中与分析点相邻参考平面的蒸发原子层数，这种方法一般称深度监测分析。数据单元之间的距离由标记剖面的极点的面间距确定，当然还要考虑场离子像中极点和探孔位置不同的修正。

3.随机区域分析

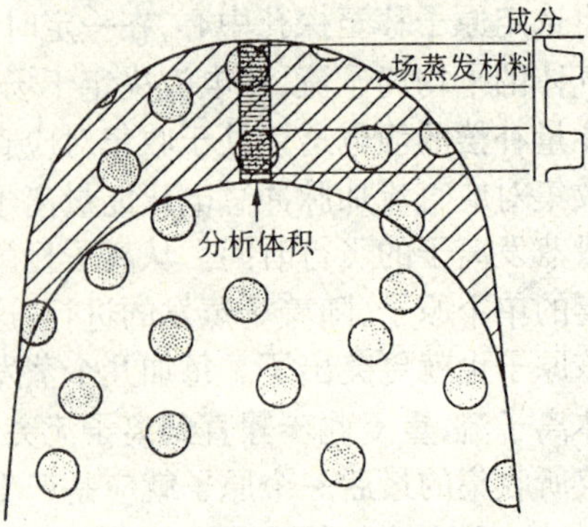

图 9－32　随机区域分析示意图

随机区域分析适用于无法做选区分析的样品，或用来获取微观结构中元素分布的一般信息。实际应用包括有：凝聚及共偏析研究；第二相占很大体积分数的微观结构，如调制分解系统；不同相间场离子像衬度很低或衬度为零的系统。该方法不管像中有何特征物，随机地收集一小圆柱体中的原子测量随深度不同的成分变化，如图 9－32 所示。随着材料场蒸发的进行，样品中的析出物或凝聚团或迟或早都会与样品表面相交，那些处在探孔内的就相当于被取样分析，就像地质样品取芯分析的芯一样，只不过是个原子尺度的芯而已。

9.2.5 原子探针场离子显微镜的应用

近些年来，随着科学技术的飞速发展，原子探针场离子显微镜无论在性能还是质量上都得到了极大的改善，因而其应用领域也在不断地扩大。由于原子探针场离子显微镜具有原子级分辨本领，因而它已成为材料科学和表面物理领域内不可多得的实验手段。

1.晶体表面结构的研究

由于原子探针场离子显微镜具有原子级的分辨率，因此具有检测单个原子的特点。金属钨在FIM－AP研究中广泛用作表面原子迁移及功函数测量等方面基体材料，因此对钨晶体的场离子显微镜观察及图像分析有助于了解金属及合金复杂结构的成像机理及其结构特征。图9－33为钨的场离子像。对于大多数元素，特别是难熔金属如钼(Mo)、铱(Ir)、铼(R_e)等能观察到类似的原子像。它显示出原子占据在场稳定的低坐标位置，而不是通常的晶格位置。

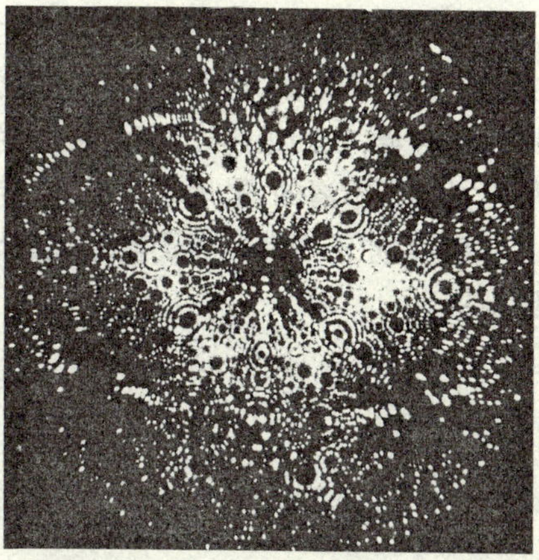

图9－33 一个(011)取向钨样品的场离子像

同样，FIM－AP在研究合金相变、晶体缺陷、有序无序转变、固溶体短程有序化及簇和合金中沉淀分解过程等都是有力的手段。图9－34为螺旋位错的场离子显微图像，(a)为在Fe－Be合金中的单螺旋位错；(b)为经中子辐照过的容器压力钢中的双螺旋位错。

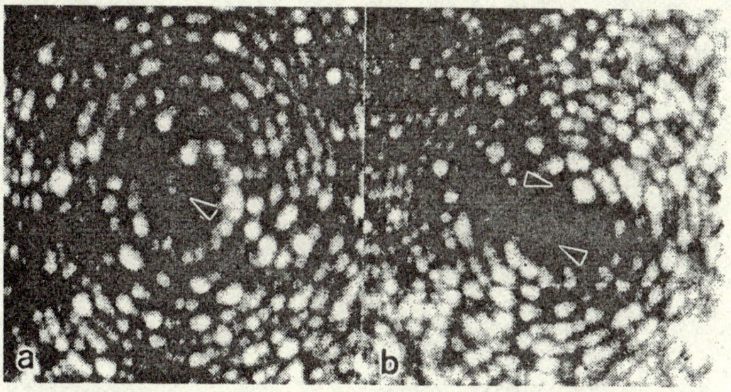

图9－34 螺旋位错的场离子显微像

2.金属中氢的研究

金属中氢的研究至今已有一百多年，随着近代科学技术的迅速发展，氢对金属性能的影响日益引起人们的重视，研究氢与金属的交互作用也逐渐深化。以前较少有人用原子探针场离子显微镜研究过氢，因为氢与金属的交互作用很强，而氢在某些金属中扩散非常快，并且不易在真空中移去，控制实验非常困难，分辨金属与金属氢化物更加不易。利用直型飞行时间质谱仪的原子探针，是不能获得极高的分辨率的。

1974年在美国宾州大学发展的能量补偿原子探针，通过利用一个聚焦型静电透镜消除了场蒸发离子的能量不稳定性,而获得了高的质量分辨率($m/\Delta m \geqslant 1\ 000$)。应用此高效能原子探针研究了 Fe - 0.29w%Ti 合金在充氢前与高温充氢后,进行原子探针分析和场离子显微结果发现,在晶粒边界聚集了 H,H_2,FeH,及 TiH_2,还观察到一个微裂纹的形成和扩展。

原子探针场离子显微镜在精确地测定存在于合金中的相成分;高熔点元素是否在相界面上偏聚等方面,也都成为一种重要手段。例如,IN939 是一种主要用于造船业的高铬镍基超合金,在四级热处理后,将产生超细化的二次沉淀物,而这种二次沉淀物在 TEM 图像上是模糊不清的,采用场离子显微镜就能清晰地观察到它们。

显然,原子探针场离子显微镜在研究晶(相)界元素偏聚和分布方面是其他仪器无法比拟的。

第 10 章　扫描探针显微镜

扫描探针显微镜(SPM)是用来探测表面性质的仪器的一个大家族,其中最引人注目的是扫描隧道显微镜(STM)和原子力显微镜(AFM)。扫描隧道显微镜是由比尼格(Binnlg)和罗勒尔(Rohrer)等人最早于 1981 年发明, 随后又于 1986 年发明了原子力显微镜(AFM)。

自从扫描隧道显微镜(STM)和原子力显微镜(AFM)发明以后,相继出现了许多同 STM 和 AFM 技术相似的新型扫描探针显微镜,主要有扫描隧道电位仪(STP)、弹道电子发射显微镜(BEEM)、扫描离子电导显微镜(SICM)、扫描热显微镜(SThM)、光子扫描隧道显微镜(PSTM)和扫描近场光学显微镜(SNOM)等 。虽然 SPM 在目前可以测量许多表面的其他性质,但是揭示表面形貌一直是它的主要应用目的。SPM 是我们这个时代中最为有力的表面测量工具,其测量表面特征的尺寸可以从原子间距到 100 μm 之间变化。这些 SPM 镜群的出现,极大地拓展了它们的应用空间。以 AFM 为代表的 SFM(扫描力显微镜)是通过控制并检测针尖 - 样品间的相互作用力,例如原子间斥力、摩擦力、弹力、范德华力、磁力和静电力等来分析研究表面性质和信息,相应的扫描力显微镜有原子力显微镜(AFM)、摩擦力显微镜(LFM)、磁力显微镜(MFM)和静电力显微镜(EFM)等。近年来, SFM 正在向检测材料不同组分的方向发展,并出现了力调制(Force Modulation)技术及相位成像技术(Phase Imaging),这对于人们在极高的分辨率上研究物质的组成提供了一种强有力的手段。

10.1　扫描探针显微镜(SPM)的基本原理

10.1.1　导体间的电子隧道效应

长期以来人类就有一个幻想:希望能直接“看”到原子,而不是采用 X 衍射方法,通过 X 衍射图的分析间接地看到原子。直至 20 世纪 80 年代初除了个别情况外,原子还是不能直接被“看”到。这个幻想在 1981 年由于扫描隧道显微镜(STM)的发明终于成为现实。

在瑞士苏黎世的 IBM 实验室内,德国博士生比尼格(Binnig)在罗勒尔(Rohrer)教授的指导下,研究导体间的电子隧道效应问题发现,带偏压的两个平板导体间只要不接触是不会有电流流过的(图 10 - 1),可是当这两个导电平板靠得很近,相隔小于 1 个纳米时,即使不接触,也会产生电流,电子像穿过中间的隧道一般形成电流,故而称作隧道电流。并且这种隧道电流是随着间距的减少而呈指数上升(见图 10 - 2)。这种现象就是量子力学中的隧道效应。

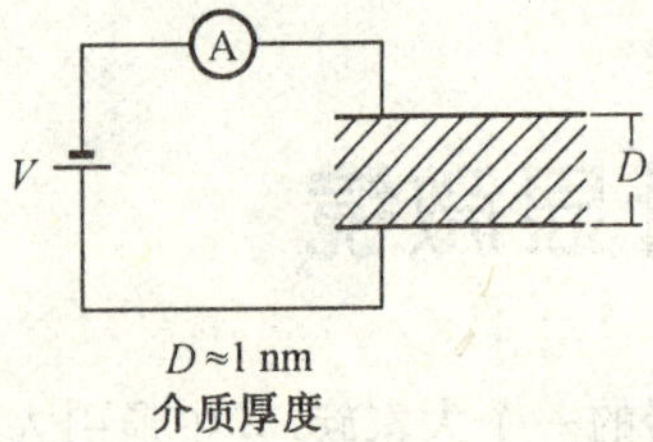

图 10-1　导体间的电子隧道效应

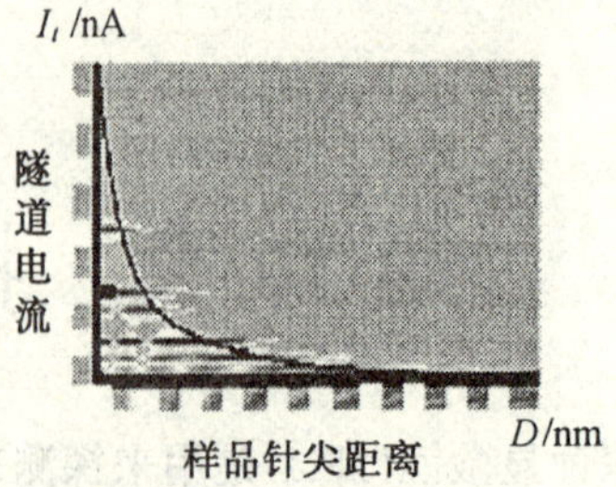

图 10-2　隧道电流与针尖样品表面距离呈指数关系

10.1.2　扫描隧道显微镜(STM)的结构原理

扫描隧道显微镜与其他显微镜的主要不同处在于它不是使用外源的光线或电子束，而是直接使用存在于待测样品中的束缚电子来进行观察。物体表面的电子分布不同于经典物理中像几何界面这样界限分明，而是呈离散状的分布，即电子云状地分布。因此两个导体即便不接触，只要靠近到 1 nm 以下，两导体表面的电子云会重叠时，电子便会以一定的几率从一端飞向另一端。同时隧穿电流 I_t 对在纵向 z 方向的间距的变化极其灵敏，因而在 z 方向的空间分辨率也就极高。

这种对于两个导体间距十分敏感的效应有没有可能成为显微镜成像的原理呢？答案是肯定的。关键的一点是把一个平板导体替换为一个很尖的导电针尖，再让这个针尖对另一个平板导体(样品)做两维扫描(图 10-3)。

正像电视显像管中电子束扫描一样，同时记录下每个扫描点相应的隧道电流，而这个电流是直接与表面高低起伏有关的，即与表面形貌有关的。这样一来测量平板间隧道电流的实验装置就变成了观察表面形貌特征的显微镜了，这就是比尼格和罗勒尔发明的扫描隧道显微镜(STM)。由于针尖可以做得很细、很尖，其顶端甚至只有一个原子(图 10-4)，所以 STM 是有原子级的分辨率，可以观察到物体表面单个原子。实现了人类直接“看”到单个原子的愿望。比尼格和罗勒尔也因此获得了 1986 年的诺贝尔物理奖。

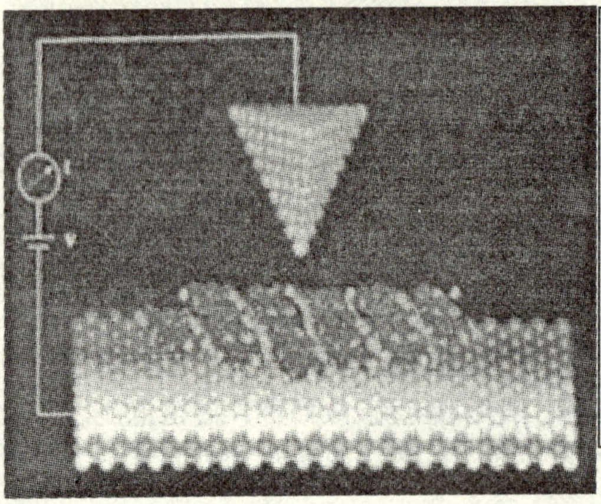

图 10-3　隧道显微镜中针尖对样品作两维扫描

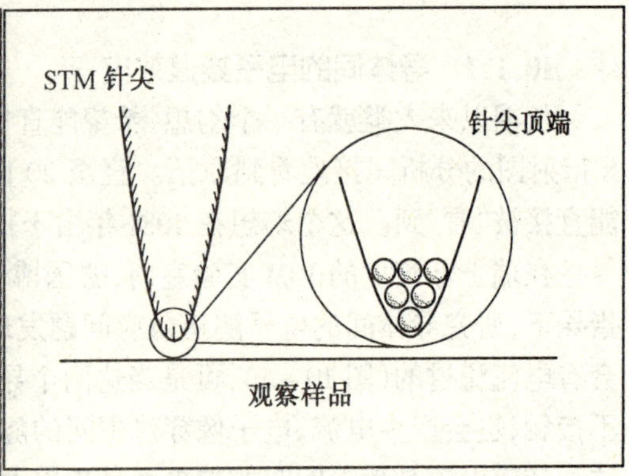

图 10-4　针尖放大图

STM 由探针、扫描器、电子仪器、计算机数据处理及显示系统等组成，见图 10-5。

探针与待测样品两者之间的介质可以是空气、液体或真空。电子云占据在样品和探针尖之间(图 10－5),电子云是电子位置具有不确定性的结果,这是其波动性质决定的。导体的电子是“弥散“的,故有一定的几率位于表面边界之外,电子云的密度随距离的增加而指数式地衰减。这样,通过电子云的电子流,就会对表面和探针间的距离变化极为灵敏。探针在表面上扫描时,有一套反馈装置会感受到这一隧穿电流,并据此使探针尖保持在表面原子的恒定高度上(图 10－5)。探针尖即以这种方式扫过表面的轮廓。读出的针尖运动情况经计算机处理后,或在银幕上显示出来,或由绘图机表示出来。针尖以一系列平行线段的方式扫描,可获得高分辨率的三维表面图像。

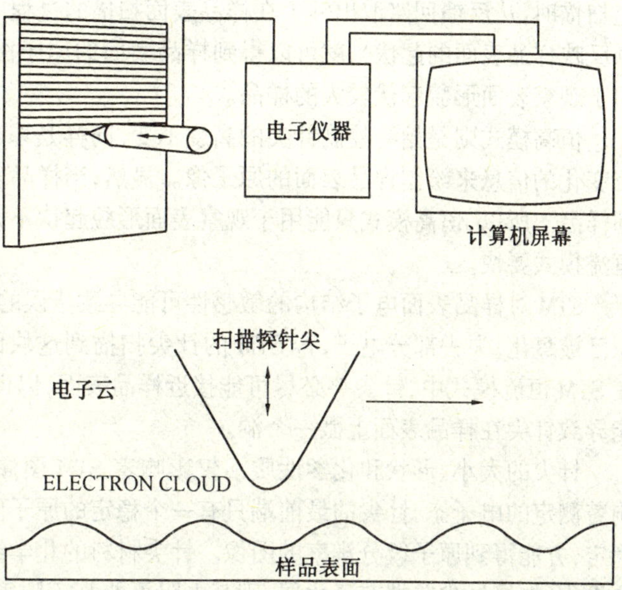

图 10－5　STM 结构及原理

通过 I_t 对间距 z 的灵敏关系,我们可以知道在纵向,即 z 方向上 STM 可获得极高的分辨率,这种极高的分辨率基本上只受到振动干扰探针与样品间的稳定性的影响,因此只要防震足够好,很易达到 0.01nm 的分辨水平。另一方面看样品表面(x,y 方向)的横向分辨则受制于探针的尖锐程度,一般情况下,制成的优良探针的针尖曲率半径可达 10nm 左右,当然,这水平距离原子分辨率(0.1nm)还相差很远。幸运的是,上述认识仅就针尖最外层的平均几何形状而言。仔细地观察放大的针尖顶部,会发现,针尖最顶部的局域其实会形成仅有一个原子的锥体结构,使用这样的单个原子针尖,即可获得(x,y)水平方向上的原子分辨率。

STM 是利用隧道效应原理进行工作的,所以,样品和针尖都必须是导体或半导体,通常针尖由 W 或 Pt－Ir 合金制成,针尖固定在压力传感器上,压力传感器由三个相互垂直的压力传感器:x 方向压电元件,y 方向压电元件,z 方向压电元件构成。再加以电压的情况下,压电传感器膨胀或收缩,即在 x 压电元件上加一锯齿形电压,在 y 压电元件上加一斜坡形电压,针尖就在 xy 平面内扫描。运用定位器和 z 压电元件,把针尖控制在几纳米范围内,针尖与样品间加上电压,形成隧穿电流,隧穿电流经电流放大器放大转换为电压,并与参考值相比较,其差值然后再次放大以驱动 z 压电元件,若隧穿电流大于参考值,则通过 z 压电元件驱使针尖从样品表面后撤,反之亦然,由此通过反馈回路建立 z 的平衡位置。当针尖沿 xy 平面扫描时,即可得到隧穿电流所形成的轮廓图。

STM 的工作模式有两种:恒流模式和恒高模式。

恒流模式是在图像扫描时始终保持隧道电流恒定,其可以利用反馈回路控制针尖和样品之间的距离的不断变化来实现隧穿电流始终不变。当压电陶瓷控制针尖在样品表面上扫描时，从反馈回路取出针尖在样品表面扫描的过程中他们之间距离变化的信息（该信息反映样品表面的起伏），就可以得到样品表面的原子图像。所以，STM 的恒流模式可以用于观察表面形貌起伏较大的样品。

恒高模式则是始终控制针尖的高度不变，同样是取出扫描过程中针尖和样品之间电流变化的信息来绘制样品表面的原子像。显然，当样品表面起伏较大时，针尖很容易碰撞到样品。所以，恒高模式只能用于观察表面形貌起伏不大的样品，但其获得图像的速度比恒流模式要快。

STM 对样品表面电子结构的敏感性可能导致错误的信息，例如，样品表面上有一块面积已被氧化，失去部分电子，若 STM 的针尖扫描到这块面积上，隧穿电流会大幅度降低，在 STM 恒流模式中，针尖势必尽可能接近样品表面，以保持可检测到隧穿电流，此时就可能导致针尖在样品表面上戳一个洞。

针尖的大小、形状和化学性质不仅影响着 STM 图像的分辨率和图像质量，而且也影响着测定的电子态，针尖的最前端只有一个稳定的原子而不是多重原子时，隧穿电流才会稳定，方能得到原子级分辨率的图像。针尖材料的化学纯度高，就不会引起多重系列的势垒发生，如果针尖前端有氧化层，则其电阻可能高于隧穿电流，从而导致在针尖和样品间产生隧穿电流之前，两者就发生碰撞。

10.1.3 原子力显微镜（AFM）的结构原理

图 10－6 是原子力显微镜工作原理示意图，在针尖与样品间距稍大（＞1nm）的情况下，以吸收力为主，包括范德瓦耳斯力、价键力、表面张力、万有引力、粘附力和摩擦力等。在间距小于 1 nm 时，则以短程斥力为主，有静电力、磁力等。

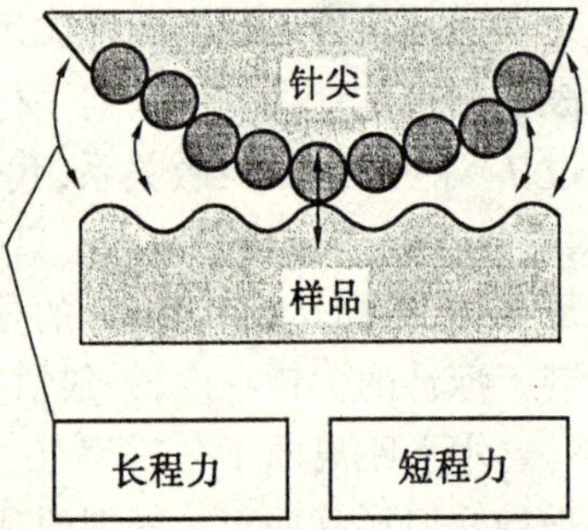

图 10－6 针尖与样品之间的相互作用力

图 10－7 是针尖与样品之间的相互作用力曲线，相互作用合力曲线的最小值极点（即吸引力为最大），所对应的间距为拐点 R_0，一般小于 1nm。当合力为零时，所对应的间距 r_0 为分子间的平衡距离，因为在这个距离上分子间既无吸引力也无排斥力，处于相对稳定的状态。

STM 是靠隧道电流来观察的，那么对不导电的样品怎么办呢？是否有一种方法，不管样品导电与否，也能观察到一个个原子？原子、分子的相互作用力与导电无关，是个普通的现象，若能用来作为观察的原理就很适合。只是这个作用力很小很小，若这个力能被探测出来，就可以像 STM 一样观察到样品表面的图像。比尼格进行了推算，得出：①当两物体靠得很近，它们之间的原子、分子作用力会变大，当间距小于 1nm 时相互间的吸引力会达到纳牛顿（nN）的水平；②这个力若作用在一片弹性系数很小（很软的），如铝箔条的一端时，会造成铝箔条的弯曲。比尼格惊奇地发现可以很容易地制造一个悬臂，例如一片长 4mm、宽 1mm 的家用铝箔，其弹性系数为 1N/m。利用它可敏感到 0.1nm 的偏移量，若在这个悬臂端装上一个很尖锐的针尖，相应地就可以获得原子级分辨的形貌图像了。利用原子力来实现显微观察的装置，就是原子力显微镜。

AFM 的原理见图 10－8，一个很尖的探针固定在一个很灵敏的弹性悬臂上，当针尖很

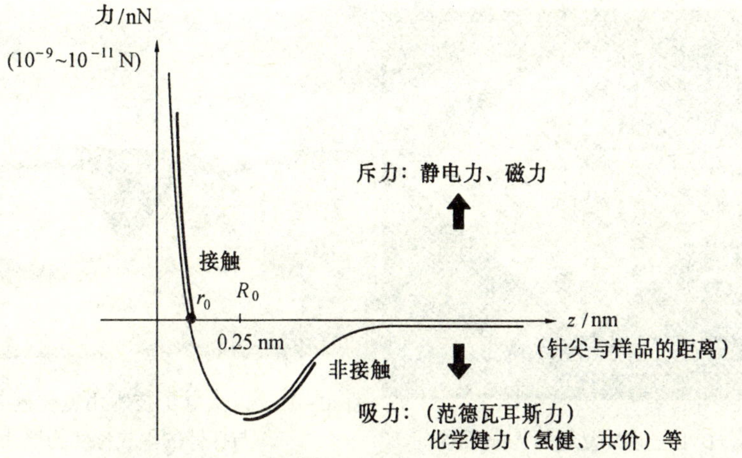

图 10-7 针尖与样品之间的相互作用力曲线

靠近样品时，其顶端的原子与样品表面原子间的作用力会使悬臂弯曲，偏离原来的位置。倘若有灵敏的方法能测量这个偏离量，则当探针扫描样品表面时就能获得原子级的表面形貌图。这与唱机的唱针扫描唱片纹路的情况差不多。AFM 与电流无关，因此 AFM 还可应用于非导电样品。现代的 AFM 均以激光束来测量弹性悬臂的上下起伏(图 10-9)。一束激光聚焦后射至悬臂顶端，由于悬臂的偏离导致反射光的偏折，用一对光二极管可灵敏地测量这激光偏折的大小。用一个电子学反馈系统可保持折射激光束的位置，即原子间的作用力(也即原子间的间距)不变。这点可由反馈系统控制样品的上、下(z 方向)移动来实现。同时 x、y、z 扫描器还可将样品在水平面(x、y 平面)内做两维扫描。这样在计算机屏幕上即可能获得样品表面的三维结构(图 10-10)。图 10-11 是以微电子技术用氮化硅制作的悬臂与探针的集成件实物照片。水平弹性悬臂长为 100~200μm，顶端下面为四方锥形的探针，在理想情况下探针尖端的曲率半径仅十至几十纳米(称纳米探针)。这种微型悬臂的弹性系数为 0.1~1N/m，共振频率为 10~100kHz，适合于 AFM 的需要。

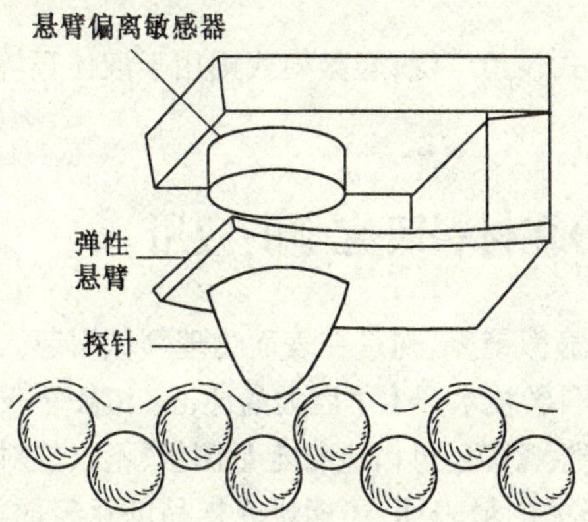

图 10-8 AFM 原理示意图

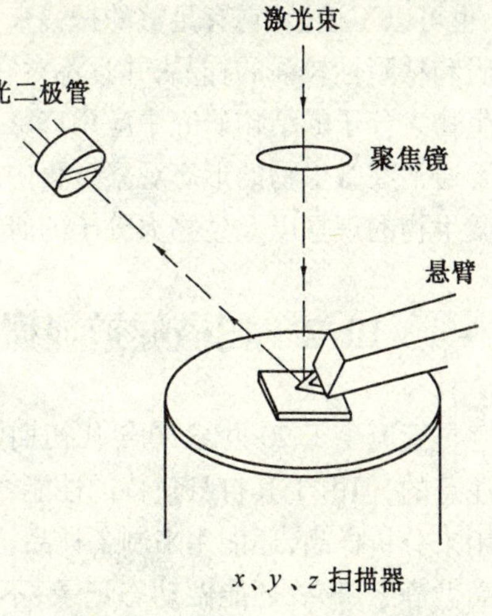

图 10-9 用激光束测量弹性悬臂起伏的 AFM

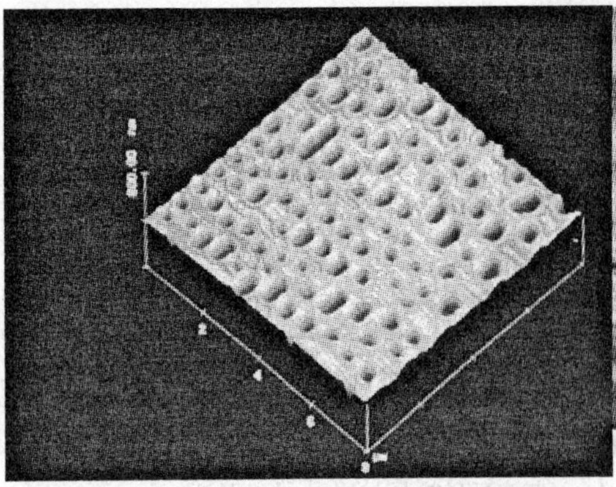

图 10-10　DVD-ROM 复制的 AFM 图像

图 10-11　以微电子技术用氮化硅制作的悬臂与探针的集成件实物照片

10.1.4　原子力显微镜(AFM)的工作模式

AFM 有两种不同的工作模式:接触模式(contact mode)和动态模式(dynamic mode)。接触模式是探针与样品表面紧密接触并在表面上滑动。针尖与样品之间的相互作用力是两者相接触原子间的排斥力,约为 $1.0^{-11} \sim 1.0^{-8}$ N。接触模式通常就是靠这种排斥力来获得稳定、高分辨率样品表面形貌图像。但由于针尖在样品表面上滑动及样品表面与针尖的粘附力,可能使得针尖受到损害,样品产生变形,故对易变形的低弹性样品存在缺点。动态模式是探针针尖始终不与样品表面接触,在样品表面上方 5~20nm 距离内扫描,针尖与样品之间的距离是通过保持微悬臂共振频率或振幅恒定来控制的,这样样品的高度值准确,适用于物质的表面分析。动态模式主要有轻敲模式,它通过调制压电陶瓷驱动器使带针尖的微悬臂以某一高频的共振频率和 0.01~1.0nm 的振幅在 z 方向上共振,而微悬臂的共振频率可通过氟化橡胶减振器来改变。同时反馈系统通过调整样品与针尖间距来控制微悬臂振幅与相位,用记录样品的上下移动情况,即在 z 方向上扫描器的移动情况来获得图像。采用轻敲模式时,针尖与样品之间频繁接触的时间相当短,针尖与样品可以接触,也可以不接触,它有足够的振幅来克服样品与针尖之间的粘附力。因此适用于柔软、易脆和粘附性较强的样品,并且不对它们产生破坏,这种模式在高分子聚合物的结构研究和生物大分子的结构研究中应用广泛。

通常在微生物的形态观察过程中采用接触模式较为广泛,轻敲模式则用于液体环境中微生物的观察以及生物大分子的研究方面。

10.2　扫描隧道显微镜(STM)在材料研究中的应用

尽管诞生于 20 世纪 80 年代初期的扫描隧道显微镜,最初是在表面物理领域引起人们注意的,但由于其自身独特的性能,它很快就对科学技术产生了巨大的冲击。STM 不仅能用来分析样品,还能用来制备样品;不仅能做定性观察还可以进行定量测量;不仅能对样品做静态研究,还能做动态记录;不仅能研究样品的最表面,还能研究样品的亚表面。此外, STM 还可以用来做多种不同机理的加工(机械、电加工等),甚至有用来制作器件的可能，因此，它横跨在科学与技术之间。

10.2.1 扫描隧道显微镜在材料相变中的应用

1.纯金属表层原子结构及表面相变

Au元素化学性质不活泼，表面氧化及吸附相对较弱，Binnig等人用STM观察了Au(110)表面原子结构。他们的研究还证实：Au(111)表面通常发生点阵重构，即伴随表面相变。这种重构并非简单的表层源于收缩或弛豫，Au(100)表面重构后形成了有界畴。

STM还成功地观察了Al、Cu、Pt等金属表层原子排列，在真空中得到Al(111)、Cu(100)表面原子结构STM图像，此外，Jensen等人还证实：Cu(001)表面原子也会发生点阵重构。

2.半导体材料表面原子结构及表面相变

Binnig等人首次用STM观察到Si(111)表面的(7×7)重构结构。最近的工作表明：Si(111)的(7×7)重构可能存在各类缺陷，如空位、空位团、单原子层台阶、变形带等。此外，单晶Si(111)表面还可能形成Si(111)(1×1)重构，且在一定条件下它将转变为(7×7)重构，除(111)面外，Si的其他低指数晶面也发生显著的原子重构，如在室温下Si(100)(2×1)重构结构及Si(110)面重构等。

3.纯金属表面吸附(表面反应)过程的动态研究

Besenbacher等研究了预先吸附在Ni(111)上的O原子与H_2S间反应的动力学，结果表明，在反应初期，H_2S与附加(2×1)O原子列中的O原子反应形成水分子，Ni原子聚集形成Ni(1×1)小岛(约2.5×2 5nm)，而S原子形成(4×1)原子重构。Leibsle等研究N在Cu(110)面上的吸附过程，当吸附量较少时，N原子在沿Cu[110]方向形成矩形岛状(2×3)结构重构。若有O存在时，将形成O的(2×1)及N的(2×3)重构的聚合区。加热(2×3)N重构时，被吸附的N解吸后，可观察到聚集在表面台阶边缘的纯Cu原子团。该结果表明，N原子的吸附过程可能首先发生在表面台阶的阶面附近。

将含饱和CO的0.lmol高氯酸溶液覆盖在单晶Pt(111)电极表面上，则CO分子将吸附在Pt的表面上，形成Pt(111)(2×2)CO表面重构.若Pt(111)(2×2)CO表面被氧化，CO将转变为CO_2，此时Pt(111)面表面原于结构将发生变化。

4.材料表面物理沉积过程的原位观察

Strscio等用STM研究了多种金属在Fe晶须表面的形核长大过程，以探索磁性材料表面原子尺度形貌与磁性能之间的关系。Grutter等用STM观察了不同温度下Co在Pt(111)面上的形核长大过程。STM还用于化合物半导体表面结构观察、半导体表面的电荷密度波测量、多相催化反应过程的研究、单个原子操作等方面。此外，STM还广泛应用于与生命科学相关的生物材料微观结构的研究。

5.材料组织结构及相结构的研究

Bruce等最早用STM研究热浸蚀多晶Cu的组织结构，得到双晶晶界及三角交叉晶界的STM图像，并测试了晶界处相邻晶粒的高度变化。Pancorbo等用STM观察60.6Zn－38.0Al－1.4Cu合金中富Al的α相和富Zn的β相的形态。清华大学方鸿生等人用STM研究合金相变及相结构方面的工作，目前在国内外尚处于起步阶段。方鸿生等人曾用STM研究Fe－1.0C－4.0Cr－2.0Si(w%)合金中贝氏体的精细结构时，合金组织由无碳化物贝氏体和残余奥氏体组成，STMF 观察到的贝氏体片是由 0.4 ~ 0.2μm 的亚片条组成，亚片条由 0.25 ~ 0.1μm 的亚单元组成，能够观察到贝氏体铁素体亚单元的内部精细结构，即亚单元由尺寸更小(≤30 nm)超亚单元组成(见图 10 - 12)。超亚单元形状规则，排列整齐，具有极强的自相似性。并通过 STM 观察提出台阶 - 激发机制。认为超亚单元的形成机理可归因于贝氏体铁素体的台阶长大及激发形核。

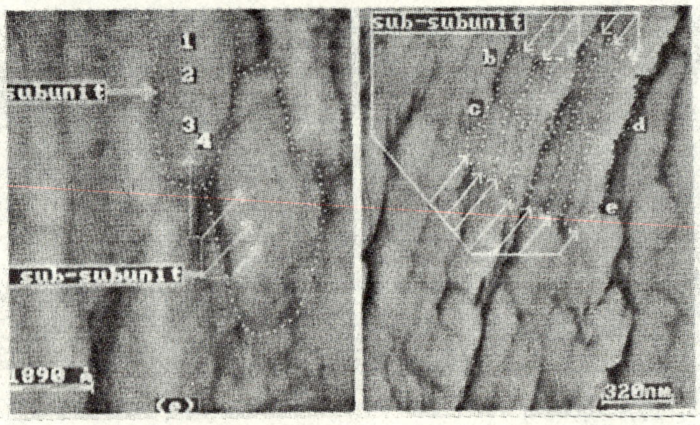

(a) 低倍　　　　(b) 高倍

图 10 - 12　Fe - 0.5C - 3.28Mn 合金贝氏体超亚单元 STM 观察

扫描隧道显微分析技术可直接观察表层原子结构，研究合金内各种相、组织的形态及精细结构，还可研究相变过程所伴随的表面浮突、表面相变的原位观察、薄膜相变、表面腐蚀过程的动态观察、界面结构分析、纳米材料研究、应力诱发相变、裂纹扩展及材料的断裂行为。随着 STM 仪器的不断完善与发展，它必将成为材料科学研究的重要测试分析手段。

6.表面纳米加工及单原子的操纵

STM 在工作时，针尖与样品之间总是存在一定的作用力。该作用力由静电力和范德瓦耳斯力两个部分组成。调节针尖与样品之间的位置及所加的偏压，可以改变这一作用力的大小和方向，从而达到使吸附在针尖上的原子或分子沿样品表面移动，或从样品表面“拔出”原子，再移送到所需之处。沿样品表面移动单个原子所需的力的大小远小于使原子离开样品表面所需的力，想从样品表面“拔出”原子，往往需施加一瞬间电压(1 ~ 10 V)脉冲于针尖上。

1989 年在美国加州的 IBM 实验，依格勒博士(D. Eigler)在低温、超高真空条件下采用 STM 操纵着一个个氙原子。STM 的针尖成了搬运原子的“抓斗”，在一个位置上抓起一个原子，如图 10 - 13(a)所示，移动到另一个预先设计好的位置上，再放下该原子，如图 10 - 13(b)所示。重复这样的步骤，依格勒将 35 个氙原子排布成了世界上最小的 IBM 商标(图 10 - 14)，实现了人类另一个幻想——直接操纵单个原子。他们所研究的体系为吸附在 Ni(110)面上的 Xe 原子，选择 Ni(110)面的原因是由于该面上的势起伏适宜，Xe 原子容易在该表面上移动，又不会脱离该表面。实验在低温(4K)和超高真空的条件下进行，是为让剩余气体在 Ni(110)表面产生的吸附污染足够小，以保证实验能长时间进行。具体的做法是，先释放一定量的 Xe 气进入超高真空室，使 Xe 原子被 Ni(110)表面吸附，这时的 Xe 原子在 Ni(110)表面上呈杂乱无序的状态。然后通过改变隧道电流($1\sim6\times10^{-8}$A),移动了吸附在 Ni(110)表面上的一个个 Xe 原子。在许多实验中都要根据不同的实验对象,分析其所处的具体的物理、化学环境条件,创造出巧妙的工艺过程才能完成的。

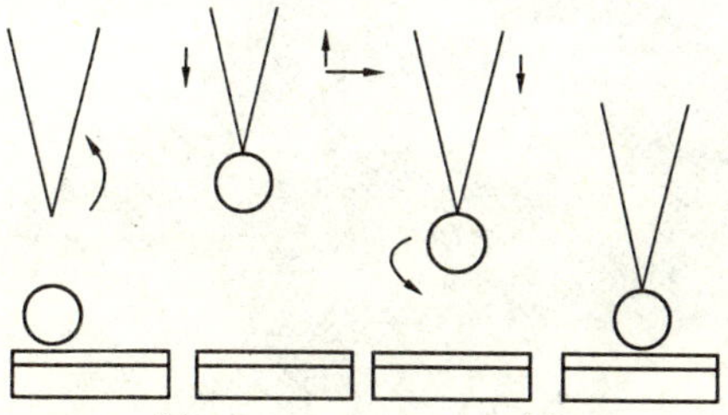

图 10-13　单原子操纵示意图

图 10-14　世界上最小的 IBM 商标

由于操纵原子或分子的工作既困难又新奇,所以每一个成果,每一张图案的发表都会引人关注。操纵原子或分子制造任何人类可能制造的东西是纳米科技发展的目标,表面纳米加工是纳米科技的核心之一。这也是扫描隧道显微镜问世后才出现的新苗头,从而也是国际上研究的热点之一。

纳米尺度加工中的另一种常用方法是在针尖和样品之间施加脉冲电压,从而在表面上形成凸起或凹坑等结构,即电脉冲加工。尽管人们对不同环境下的脉冲加工机理作了一些研究,却一直未达成共识。我们用 STM 研究了在金针尖和金样品间施加偏压时所发生的各种不同现象,通过实时记录在改变偏压的过程中针尖样品发生的变化,发现在缓变大偏压作用下针尖表面原子会发生场致扩散,引起针尖形状发生变化,从而导致针尖样品接触,形成表面结构,同时我们还观察到了场发射和共振隧穿现象,并且提出针尖原子的场致扩散是偏压电场使针尖表面极化引起的。

10.2.2　原子力显微镜(AFM)在材料研究中的应用

STM 同电子显微镜相比一个最大的优点在于克服了电镜中样品必须处于真空的限制,可在大气中、真空中和水中无损伤地在原子尺度上观察样品表面,直接得到实空间中样品表面结构的三维图像,因而获得了巨大成功。STM 的诞生导致了一系列此类技术为基础的扫描探针显微镜的发展,它们与 STM 相比功能有许多扩充和发展,其中原子力显微镜被认为最具有应用价值和发展潜力。尽管 STM 发明之后获得了极大的成功,但是也存在着由其工作机理本身带来的局限性。它测得的是表面 Fermi 能级附近的电子态密度,因而要求所观测样品的表面必须是导体或半导体,这样就限制了一大类绝缘材料或导电性不好的材料,比如生物样品、玻璃等的观测。而 AFM 研究的是样品表面力同距离的关系,记录的是样品表面原子同探针尖端原子之间相互作用的等值线,所以 AFM 不但能在原子尺度上研究导体和半导体表面的结构,而且可以观测非导体表面。AFM 一出现就获得了飞速的发展,是目前扫描探针家族中发展最快的显微术,在表面科学、材料科学,尤其是生物科学中获得了广泛的应用。

AFM 的最大特点是可以在导电性差或不导电的试样表面进行 AFM 图像和图谱分析。使用 AFM 可以通过研究磁记录介质的形貌来探讨提高磁密度和减少磨损的机理,各种无机材料的涂层和镀层的形貌及粒子之间的相容性也均须采用 AFM 进行观察和分析。图 10－15 是电弧镀二氧化钛的表面形貌像。

此外,AFM 在医学研究领域也大有用武之地。原子力显微镜不仅能对单个分子进行观察,而且能对它进行可控操纵。从原子力显微镜诞生至今,在生物大分子的观察和操纵方面已经取得了明显的进展,表现出独有的特点。AFM 技术的样品制备简单,甚至无需样品制备,其破坏性较其他常用生物技术(如电镜、光镜)要小得多;AFM 能在多种环境(包括空气、真空和液体)中运作,可在生理条件下对生物分子直接成像,还能对活细胞进行实时动态观察;能提供生物分子和生物表面的分子/亚分子水平分辨率的三维图像(现在已经能达到原子级分辨率);能以纳米尺度的分辨率观察局部的电荷密度和物理特性,测量分子间(如受体和配体)的作用力;能对单个生物分子进行操纵。在观察的同时,由 AFM 获得的信息还能与其他分析技术和显微技术互补,这是其他生物检测技术所难以比拟的。尤其是近几年,将 AFM 的成像和对生物分子的操纵能力相结合,实现了对细胞乃至单个分子进行精确可控的修饰,成为其成像和功能研究的一种独特的研究方法。人类红血球在人体内起着输送氧分子的重要作用,患病者的红血球其表面形貌将发生变化。AFM 有能力观测红血球的细微形貌图,直接观察到红血球表面的 AFM 形貌像图,测试出红血球直径。

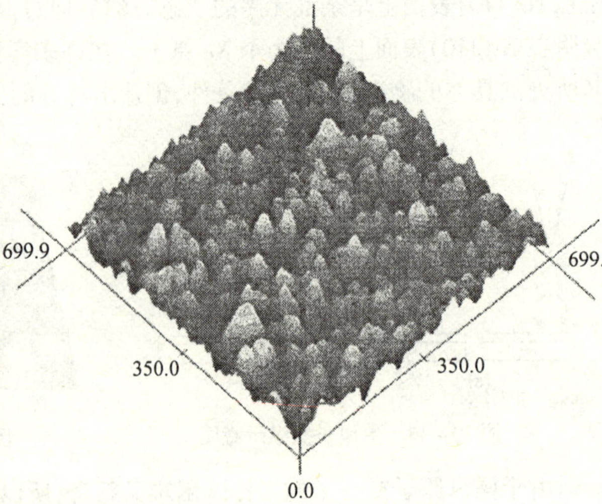

图 10－15　二氧化钛 AFM 形貌像

1.原子力显微镜(AFM)在涂层中的应用

原子力显微镜(AFM)的迅速发展,为涂料科研人员提供高分辨率的方法来测试涂层的表面形貌,并得到三维的涂层结构图。AFM 在涂层中的应用最先集中于乳胶漆聚结程度的研究,例如对涂履于平坦底材上的苯丙乳胶漆的分析。由于其具有分辨率高,样品无需特殊制备,实验可在大气环境中进行,无需真空和无尘环境等优点,因而在涂料领域的应用具有相当大的潜力。

(1)乳胶漆聚结程度的分析　A.G.Gilicinski 和 C.R.Hegedus 使用 AFM 对乳胶漆进行了研究。他们采用了粒度为 40～60nm 的丙烯酸/聚氨酯混合乳胶漆作为研究对象,对比实验如下:涂料 A 含有的丙烯酸单体的玻璃化温度(T_g)较低,而涂料 B 含有的丙烯酸单体的 T_g 较高。两种涂料干燥后,分别进行 AFM 测试。从 AFM 图中可明显观察出,涂料 A 形成的涂层比较光滑.表明粒度为 40～60nm 的乳胶颗粒已充分聚结;相比之下,涂料 B 形成的涂层比较粗糙。未聚结的乳胶颗粒从漆膜表面凸出。对以上的实验结果同样可以作定量分析,只要计算出凸出漆膜表面至少 5nm 的乳胶颗粒密度即可。通过这种实验,可以非常直观地定量地分析乳胶漆的聚结程度,进而同其他性能,如耐水性、光泽、硬度等建立相应关系。

(2)涂料聚合物 T_g 的研究　B.Gerharz 等人使用 AFM 研究了不同 T_g 的乳胶漆对涂层结构的影响。他们作了三种不同组成的涂料的对比实验。其中涂料 A 以聚甲基丙烯酸甲酯－丙烯酸丁酯(40∶60, $T_g = 6℃$)乳胶为成膜物;涂料 B 以聚甲基丙烯酸甲酯－丙烯酸丁酯(60∶40, $T_g = 37℃$)乳胶为成膜物;涂料 C 以聚甲基丙烯酸丁酯和聚甲基丙烯酸－丙烯酸丁酯(60∶40)各占 50%的乳胶($T_g \sim 43℃/33℃$)为成膜物。三种涂料都在室温(22～25℃)下干燥成膜,然后绘制 AFM 图。涂料 A 的 AFM 图中,乳胶颗粒形状比较扁平,颗粒平均高度为 26nm(原颗粒直径为 140nm),这是由于成膜物的 T_g 比室温低,相对较软。因而乳胶颗粒在涂料成膜过程中会发生较大的形变,以致只有在少数情况下才能在涂层的 AFM 图中识别出乳胶颗粒;在涂料 B 的 AFM 图中.颗粒平均高度为 45nm,由于其 T_g 较室温高,相对较硬,虽然也发生了一定的形变,但形变程度较小,从 AFM 图中可明显观察到球形的乳胶颗粒;涂料 C 的 AFM 图中则形成了四周平坦而中间凸出的形貌,凸出部分高度平均为 36nm,其中平坦区域相对柔软,可被往复性的摩擦所剥起,但凸出部分却不发生形变。通过以上分析,可以认为,平坦区域是由 BA 相构成,而凸出部分则由 60∶40 的 MMA∶BA 组成。在涂料 C 的 AFM 图中,单个的乳胶颗粒可被识别出来,但它们一般不再是球形的,而变为半球形或扁平状的颗粒。

(3)涂料成膜温度的研究　A.G.Gilicinski 和 C.R.Hegedus 使用 AFM 研究了丙烯酸/聚氨酯混合乳胶漆体系。其中高 T_g 和低 T_g 的丙烯酸单体的比例为 1∶1,涂料在 21℃、相对湿度 50%的环境下干燥 15mim,作对比实验。涂料 A 在如上环境中继续干燥 30mim,而涂料 B 则在 65.5℃的烘箱中继续干燥。在 AFM 图中,A 涂层在低 T_g 组分区域形成了宽为 50～100nm、数个纳米深的低洼区。据分析,最初可能是由于涂层中残留溶剂导致颗粒膨胀,继而又因为成膜物质聚结后水和有机溶剂挥发导致收缩所引起的。然而,从 B 涂层来分析,由于升高了烘烤温度,增大了聚合物间的流动性,增强了相互之间的扩散,进而增大了聚结程度,使在涂料 A 情况下出现的表面形貌的不均匀性大大降低。通过对涂层 AFM 图的分析.可以找到涂料成膜的最佳温度,从而实现涂料施工工艺的优化。

(4)AFM 在涂料领域的应用前景　AFM 使在原子尺度上描述材料的表面结构特征成为可能,通过结构分析使涂料性能变得直观,可以在涂料成分和外界影响因素与性能之间建立直接的联系。

利用 AFM 测量中对力的极端敏感性,还可以测量样品表面纳米级的力学性质。现在已经可以用摩擦(侧向)力显微镜对样品的弹性、塑性、硬度及悬臂针尖与样品之间的范德华吸引力、附着力和摩擦力进行研究。

AFM 正在研究对多组分水溶性涂料的表面不同区域进行鉴别。目的是研究多组分涂料在不同外界条件下的成膜机理,从而建立一些基础性的数据,使涂料的配方更趋于合理化。

AFM 也可以与其他分析仪器联合使用,如用 AFM 与小角度中子散射(SAKS)共同研究乳胶漆涂层中乳胶颗粒的排列顺序、聚合物对颜料的润湿情况,以及涂层的光泽、附着力和内聚力等性能。

2. AFM在材料微结构中的应用

纳米技术的发展迫切需要能够检测纳米尺度及在此尺度上的各种物理化学现象的仪器，以往的多种测量仪器，如扫描电镜、激光干涉仪、X射线检测等只能对整体结构和由微观现象所产生综合宏观现象进行测量，难以满足要求。扫描隧道显微镜（STM）和原子力显微镜（AFM）的发明，正好可以满足要求，已被迅速应用到纳米测量中。

利用原子力显微镜探测经化学腐蚀剂腐蚀过的晶体表面显示出的缺陷取得了令人满意的结果。原子力显微镜所给出的照片质感非常强，可以得出表面的许多定量信息，如不同区域范围的平均粗糙度和方均根粗糙度等，从图中可以十分清晰地看出，晶体晶面上位错蚀坑及对应位错蚀坑的立体照片。实验结果表明，与常规光学方法相比，用原子力显微镜探测晶体表面缺陷具有放大倍数高、分辨率强的突出特点，是研究晶体表面缺陷的一种非常有效的方法。

用原子力显微镜观察晶体生长揭示了一个分子不断键合和溶解的杂乱世界，偶尔以任意方式附着在大晶种的表面 然后可能会连接在一起.成为螺旋丘、扩散层和小岛状物生长结构的一部分。在晶体生长最简单的形式中，落在生长中晶种的表面并被表面弱吸附的分子可能会连接起来形成小的、二维岛状物，并向外扩散，形成一个分子厚度的层（台阶），同时在扩散层上方还有其他岛状物形成和成长 在这个动态生长过程中 分子不停地在岛状物上附和溶化。随着台阶边缘的增长.单分子随着台阶边缘的增长.单分子可能从台阶外边缘附近的岛状物或从溶液中扩散，并被那个边缘“捕获”。在这种方式下，边缘作为水槽来扩散分子。然而，分子具有复杂的形状，这种形状妨碍了其在任意方向上的键合。例如，一个分子可能会在台阶的边缘扩散很多次，直到其具有正确的方位进行结合连续的螺旋台阶由螺旋位错形成。螺旋位错实际上指杂质或失配不同晶块交界处的应力使晶体产生结构断裂。这样的“螺旋”位错创造了螺旋多层的小丘结构，即“邻位小丘”。应用原子力显微镜也很容易发现另外两种生长现象，第一个过程是三维生长，由小分子团簇从溶液中沉淀到生长着的晶面表面，然后和下层的结构完全啮合组成。第二个过程是相当大的“微晶”结合后沉淀到成长着的晶体表。上述所有生长特性都可能同时发生，哪种生长过程占优势由分子的形状和大小、材料的物理性质、过饱和度、pH值、溶液中杂质的种类和数量以及晶体结构中缺陷的存在形式等因素决定。

10.3　其他扫描探针显微镜简介

10.3.1　力调制显微镜FMM（Force Modulation Microscope）

FMM是用来检测被测表面的机械性质，诸如表面硬度及弹性强度，也可以同时得到表面形貌信息及材料性质数据。对于FMM来说，微悬臂上的针尖同样品表面进行接触式扫描，这样可以得到形貌图像。一个振动器振荡样品或者针尖，被调制的微悬臂的振动幅值取决于样品表面弹性模量的变化情况，如图10－16所示。

FMM系统会产生一个反映样品硬度分布和形貌信息的FMM图像，硬度的分布情况是被调制的微悬臂振幅的反映。加载的振荡信号频率在几十到几百kHz之间，快于反馈回路的跟踪速度，所以，形貌信息可以同样品的局部硬度信息分离出来，因此两种图像便

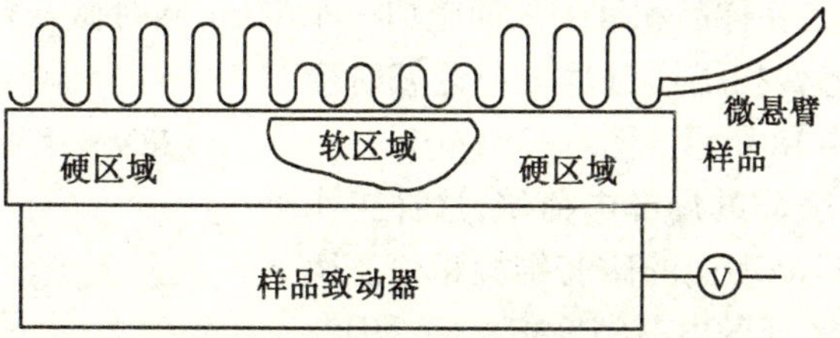

图 10－16　力调制显微镜工作原理图

可以同时得到。振荡信号可以加到样品或者针尖上(分别称为样品调制和针尖调制)。样品调制技术是把一个压电陶瓷振动器置于样品下方,驱动样品以恒定频率振荡,因此可以同时驱动微悬臂振荡,这种振荡信息被系统电子组件捕获经处理便可成像;针尖调制技术则是直接把振荡信号加于针尖而探测出的表面硬度信息。以前的力调制技术大都以针尖调制,而目前则是以样品调制为发展方向,因为对于硬度比较高的样品针,尖调制将无能为力,而样品调制则可产生可靠的结果。

力调制技术可以应用于复合材料、结构材料、橡胶和塑料、黏质层、薄膜涂层、镀膜、亚表层结构、表面杂质、润滑薄膜以及细胞、分子、植物和结构生物学的研究。

10.3.2　相位检测显微镜 PDM(Phase Detection Microscope)

相位检测指的是监测驱动样品或微悬臂振荡的周期性信号与被检测到的微悬臂响应信号的相位差的变化,或者叫相位滞后,以反映样品表面黏弹性的差异,如图 10－17 所示。相位检测成像可以在任何微悬臂振荡模式下进行,比如非接触式或接触式。

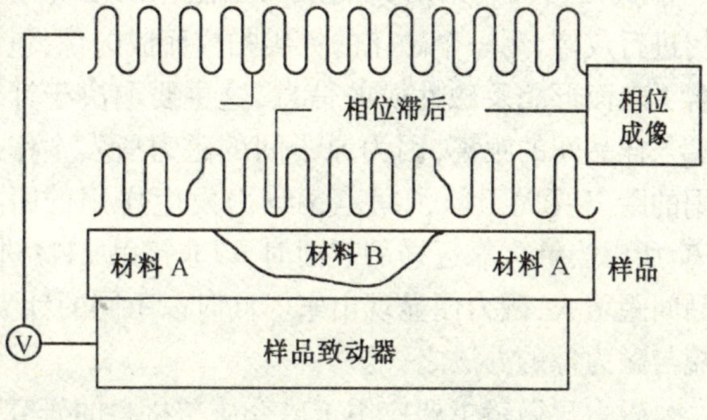

图 10－17　相位检测显微镜工作原理图

AFM 或者 MFM,同时也包括 FMM。相位检测信息可以和力调制图像同时获得,因此样品表面形貌特征、弹性模量和黏弹性等信息可被同时捕捉以便进行对比分析。用户可以有选择地对样品和微悬臂进行振荡,以同时得到形貌、幅值(硬度)和相位(黏弹性)等表面信息,样品上任何位置的相位及幅值能谱都可同时获得。

大量研究结果表明,相位成像对于相对较强的表面摩擦和黏附性质变化的反应是很灵敏的。目前,虽然还没有明确相位差与材料单一性质间的确定性关系,但是实例证明,相位成像在较宽的应用范围内可以给出很有价值的信息,它弥补了力调制和 LFM 方法中有可能引起样品破坏和较低分辨率的不足,可提供更高分辨率的图像细节。还能提供其他 SFMs 技术所揭示不了的信息。相位成像技术在复合材料表征、表面摩擦和黏附性检测,以及表面污染发生过程的观察研究中的广泛应用表明,相位成像定会在纳米尺度上研究材料的性质中起到重要作用。

10.3.3 静电力显微镜 EFM(Electronistatic Force Microscope)

静电力显微镜是在样品和针尖之间施加一个电压,同时微悬臂悬浮在样品表面上方不进行接触,当微悬臂扫描通过静电荷区域时会发生偏转,如图 10-18 所示。

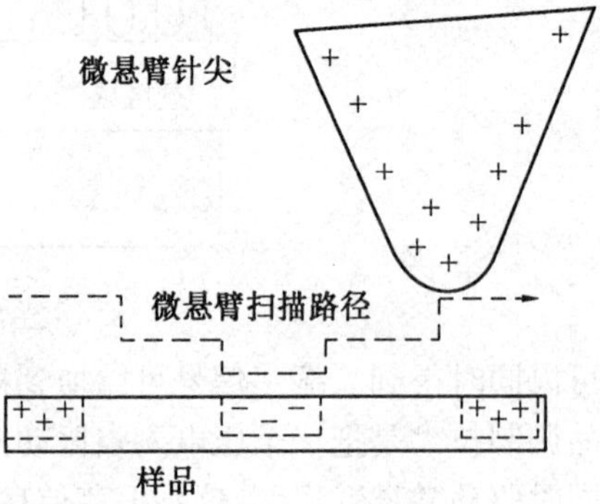

图 10-18 静电力显微镜工作原理图

EFM 描绘样品表面的局部电荷域,这种工作方式同 MFM 描绘样品表面的磁畴结构相似。微悬臂偏转的幅值与表面的电荷密度正比例。因此用标准光束反射系统便可测量微悬臂偏转的幅值。EFM 是用来研究表面的电荷载体密度的空间分布变化情况。例如,当一个静电芯片被用作开关装置时,EFM 可以被用来探测其静电场。这种技术被称做"电压探针",并被认为在亚微米量级上测试生物是一个很有价值的工具。

10.3.4 磁力显微镜 MFM(Magnetic Force Microscope)

MFM 是对样品表面的磁力空间分布成像的,此时针尖被涂了一层铁磁性薄膜,采用非接触模式,检测依赖于针尖-样品间的磁场变化所引发的微悬臂共振频率的变化(见图 10-19)。

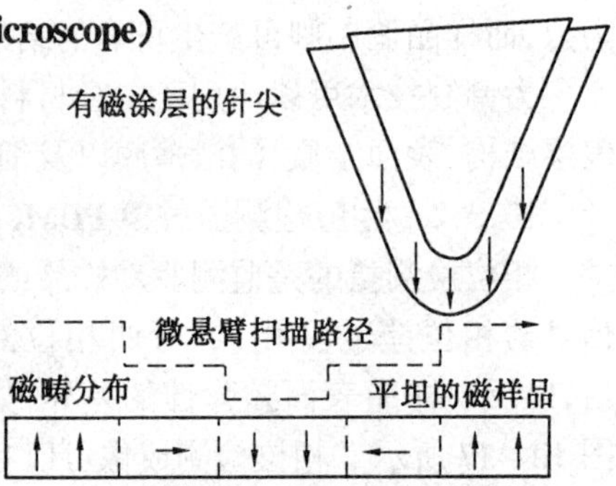

图 10-19 磁力显微镜工作原理图

MFM 可以用来对天然及人工制作的磁畴结构进行成像,用一个磁化的针尖扫描而成的像,包含了表面形貌及磁性质的信息,这主要取决于针尖与样品间的距离,因为原子间的磁力所发生作用的距离要大于原子间范德华力发生作用的距离,所以当针尖靠近样品表面时,以非接触 AFM 进行工作得到的是形貌信息;当针尖与样品间距增大,磁力便显现出来。同时以不同的针尖与样品间距获得的信息是分离表面形貌与磁力像的办法之一。

磁力显微镜主要应用于磁介质与材料的研究,前者包括磁畴结构、表面形态、媒体噪声、读写磁头,磁记录体系等.而后者包括亚表层磁结构、软磁材料和永磁材料的退火影响等。

10.3.5 扫描电容显微镜(Scanning Capacitance Microscope)

SCM 是扫描探针显微镜的一个很重要的扩展,SCM 能在不损失分辨率和精度的情况下,同时提供 AFM 图像及掺杂体和载流子的二维信息,这对于半导体器件的研发及制造极具价值。

SCM 的主要应用领域包括:以纳米尺度对载流体密度成像,因为半导体器件的工作基于载流子对所加电场进行反应而产生的运动,能直接观测这种运动的情况对于常见的分析性问题可提供直接的证据。严格的尺度确定性对于半导体的正常运作是很重要的,目前,除了 SCM 还没有什么手段能够得到这样的尺度确定性。SCM 可以探测到在 MOS-FET 门下的 PN 结的位置,这样便可以对半导体失效的分析找到真实的证据。总之,对于半导体器件的失效分析、加工处理的合理性、硅片的缺陷分析等，SCM 都能发挥出极大的作用。

SCM 的工作原理是，一个超高频谐振电容传感器是进行 SCM 工作的基础，谐振器通过一根导线连接到微悬臂/针尖组件上(针尖涂有金属膜)，见图 10－20。当谐振的针尖同半导体接触时，传感器、导线、针尖及样品上靠近针尖的载流体都变成谐振器的组成部分，这意味着针尖与样品间的电容及其变化量被加载到导线的末端，并能改变系统的谐振频率。谐振频率较小的变化可以引发谐振传感器输出信息很大的变化，最高的灵敏度可以小到 10^{-18}法拉。

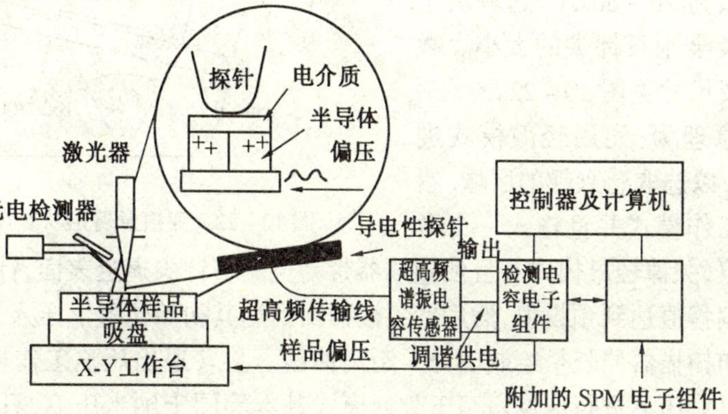

图 10－20　扫描电容显微镜工作原理图

SCM 通过在接触扫描的 AFM 针尖与样品之间施加交流电场便可在样品上靠近针尖的部分产生必要的电容变化，并能同时得到最终的电容变化结果，这些是通过对半导体加以上千赫兹的交流偏压实现的。由于交流变化的电场，半导体中在针尖下方的自由被针尖交变性地吸附和排斥。这些在针尖下方交替进行积聚和耗尽的载流体可以等价于移动中的电容极板，如图 10－21 所示。因为电容反比于极板之间的距离，这种运动所导致的电容变化会加载到谐振传感器系统，截取频率的幅值和相位便得到 SCM 图像。

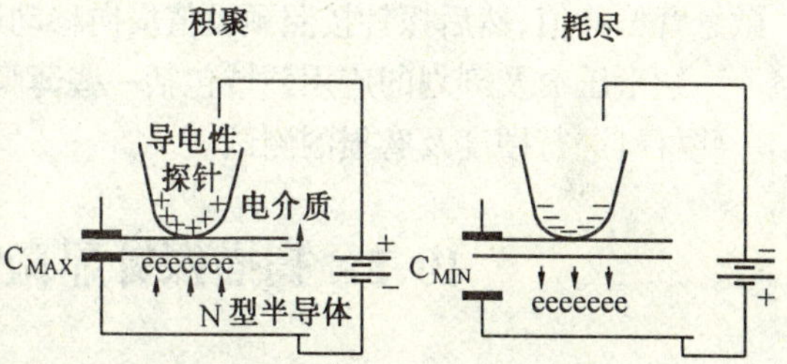

图 10－21　扫描电容显微镜改变电场时载流体从积聚到耗尽的变化

10.4　扫描探针显微镜(SPM)的硬度及磨损测试

纳米压痕(Nanoindentation)是最近 SPM 生产商开发出的又一新功能。把一个金刚石针头镶嵌在有金属衬底的微悬臂上，压入某一表面并且可以对压痕立即进行成像，这种实时的成像能力使人们不再需要移动样品、更换针尖或者用另外一个不同的仪器对其成像。

因为压痕只涉及微悬臂的介入,对于宽范围弹性常数的材料压痕实验可通过更换微悬臂获得。压痕微悬臂和正常的 AFM 微悬臂有很大的区别。接触模式、轻敲模式和压痕所使用的微悬臂的弹性常数分别为 1N/m、100N/m 和 300~800N/m ,压痕微悬臂同时也更厚、更宽、更长,由不锈钢制造。虽然纳米压痕微悬臂具有极高的弹性常数但仍能保持热漂移的稳定,这样,即使在纳米级的深度也可以进行良好重复性及再现性的纳米压痕实验。镶嵌于微悬臂末端的金刚石针尖的曲率半径大约为 100nm ,其共振频率大致为 20~80kHz,这取决于微悬臂尺寸及金刚石针尖的大小。微悬臂的外形及尺寸见图 10-22。

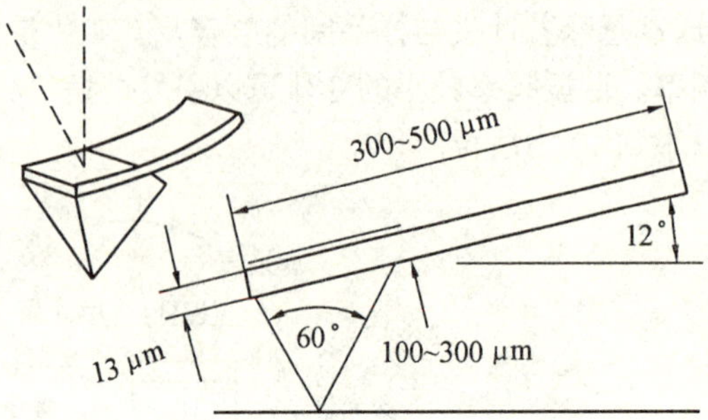

图 10-22　亚痕悬臂形状及尺寸示意图

其工作原理为:先用轻敲模式进行 AFM 成像,以选取感兴趣的区域,然后选择压痕工作模式并且输入一个微悬臂的偏移值,关掉轻敲模式并且使扫描器带动金刚石针尖逼近表面,针尖被压入表面直到微悬臂的偏移值达到预设值,然后针尖被撤回到达其初始位置。压入过程中,借助微悬臂的偏移值和扫描器伸长量绘制出力-距离曲线。接着退出压痕工作模式,重新激发轻敲模式便可以对压痕进行成像。至于刻划模式基本等同于纳米压痕,只是进行压痕工作时扫描器停止水平扫描,刻划模式停止横向扫描而进行纵向扫描,待输入刻划参数,比如力、长度和方向后便可进行刻划。此时微悬臂停止振荡,针尖被压入表面直到达到预定的微悬臂偏移值,然后探针按照预设值横向移动即可。

纳米压痕及刻划的应用领域包括一些薄膜机械性质的测量,比如金刚石薄膜,也可对一些材料进行硬度及磨损的测试。

10.5　扫描探针显微镜(SPM)的计量化

在最初的发展阶段,SPM 重点用于描绘被测量的表面,通过对这种描绘所观测到的各种物理现象进行分析研究,使得人们获得了重要的新的表面科学知识。但用这种描绘不能获得更加准确,具有测量不确定度的计量意义的科学数据,而目前不论是科学领域的研究还是工业上的需要,都迫切希望 SPM 能作为一种定量的计量型显微镜。尤其是在工业技术方面,希望 SPM 能作为开拓解决工艺技术问题的新工具,如用于半导体工业和超精密加工技术。为此,现在的 SPM 还需要解决两个问题:①作为计量型显微镜,必须能满足相应科学计量仪器的技术要求;②所得的测量量值必须能溯源到计量基准上。

这种计量化实质就是对 SPM 的三个移动轴必须用一个计量标准(如台阶样板、石墨原子结构、水平格栅样板)进行校准或进行绝对测量。下面就对这两种定量方法进行简要的阐述。

(1)用一个计量标准进行校准比较简单,就是以一个拥有已知尺寸的试件作为评定物,比如台阶样板、光栅、石墨等,若在每毫米内有 600 条光栅线,那么经 AFM 或 STM 检测所得到的图像中通过查光栅线的条数便可得到 xy 方向上的尺度，同理对于石墨而言，则是查出碳原子在 xy 方向上的个数即可，因为我们已经知道碳原子的间距及大小。在 z 方向上可以用台阶样板的高度差或石墨原子的垂直原子大小及其间距进行标定。这种方法简单却不可靠，尤其是在 z 方向上，因为如前所述，每种被测试样都会因表面物理量的差异而引发探针运动的不确定性，从而导致 z 方向成像上的差异。但就目前的技术状况，大多数标定是利用这种被动的标定方法。

(2)这种方法就是利用精密位移传感器来准确测量出 SPM 的扫描体在 xyz 方向上的扫描位移值，因此便可以给所得到的图像加以硬性的主动标定，这样我们便可以在确定已知的空间域来分析被测表面的形貌特征。通常所用的传感器有电容式位移传感器、激光干涉仪等，它们都能提供很高的分辨率和精度，图像标定的准确性也比较好。中国计量科学院的赵克功、高思田与德国联邦物理技术研究院的 M. Bienias 、K. Hasche 等人联合研制成功了国际上第一台在纳米测量中，在中等测量范围内具有微型光纤传导激光干涉三维测量系统，可自校准和进行绝对测量的计量型原子力显微镜。图 10-23 为简化了的干涉测量系统结构原理图。干涉三维测量系统绝大部分光学部件安装在一个圆筒内，该圆筒将测量工作台与弹性位移台的三维移动部分连接在一起。从图 10-23 左边的部分可以看到带有测量工作台及三个压电陶瓷驱动器的扫描部件。图 10-23 的右边部分是干涉系统的示意图。在测量工作台的背面，固定了一个立体平面反射镜，作为干涉测量系统的测量反射镜，它与测量工作台一起移动。通过这种方法便可实现 AFM 的绝对测量。日本国家计量研究室的 Toru Fuji, Masataka hmaguch, Masatoshi Suzuki 等人也已经利用光学干涉仪监测扫描管的三维移动，这种监测能把扫描陶瓷管的非正交性和阿贝误差降低到最低限度。也就是说，这种机制不仅对所生成的图像进行了三维的标定，同时也对误差的产生进行了控制。SPM 的计量化将在误差测量和标定方面有巨大的发展。

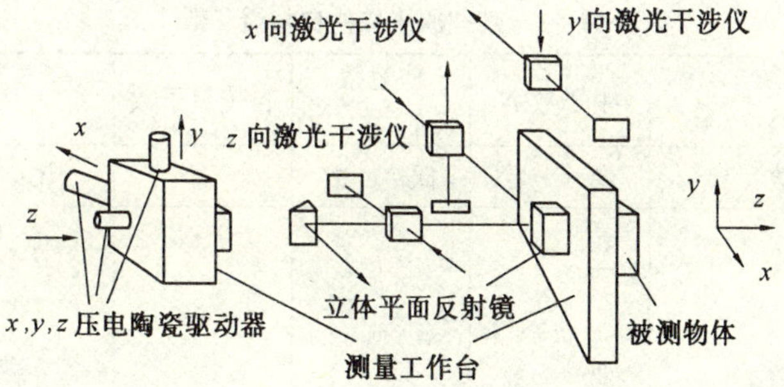

图 10-23　三维激光干涉系统示意图

SPM 的特殊工作模式及技术上的特点同其他表面分析技术相比，不仅可以进行高分辨率的三维表面成像和测量，还可对材料的各种不同性质进行研究。同时，SPMs 正在向着更高的目标发展，即它不仅作为一种测量分析工具，而且还要成为一种加工工具，也将使人们有能力在极小的尺度上对物质进行改性、重组、再造。由于受制于其定量化分析的不足，因此 SPM 的计量化也是人们正在致力于研究的方向。

第11章　核磁共振与电子自旋共振波谱

11.1　核磁共振的基本原理

核磁共振现象于1946年分别由E.M.Purcell和F.Bloch领导的小组独立发现，后来两人合作制造了世界上第一台核磁共振谱仪。核磁共振谱(Nuclear Magnetic Resonance Spectroscopy简称NMR)技术发展之快，应用范围之广与光学光谱如UV、IR等相比毫不逊色，它能够给出结构变化很敏感的信号，而且具有很好的惟一性。它对解决高聚物的微结构、序列分布、立体规整性、数均序列长度、组成分析、相变等问题有其独到之处，特别是对高分子序列分布的测定，是其他方法，如IR、GPC无法比拟的。

11.1.1　核磁共振的基本原理

核磁共振谱是检测和记录磁性核在外加磁场中能级之间转变的技术。只有磁性核才能吸收电磁波发生磁能级跃迁。

1.原子核的磁性

大量实验事实表明，在各元素的同位素中有一半左右的原子核有自旋现象，即有磁性。凡自旋量子数 $I>0$ 的原子核都具有磁性。但研究较多的是 $I=1/2$ 的核。比较好的NMR谱仪都能测 ^{1}H，^{13}C，^{15}N，^{19}F，^{31}P 这五种核。

表11-1　某些原子核的自核量子数

原子序数 Z (质子数)	中子数 N	质量数 $A(A=Z+V)$	自旋量子数	例　子
偶　数	偶　数	偶　数	0	$^{12}C_6$　$^{16}O_8$　$^{32}S_{16}$
奇　数	偶　数	奇　数	半整数	$I=\frac{1}{2}$，$^{1}H_1$，$^{13}C_6$，$^{15}N_7$，$^{19}F_9$，$^{31}P_{15}$ $I=\frac{3}{2}$，$^{37}Cl_{17}$，$^{11}B_5$
偶　数	奇　数	奇　数	半整数	$I=\frac{5}{2}$，$^{35}Cl_{17}$，$^{17}B_8$
奇　数	奇　数	偶　数	整　数	$I=1$，$^{2}D_1$，$^{14}N_7$

$I=1/2$ 的原子核可以粗略地看作是由正电荷均匀分布在表面上的一个圆球，当它自旋时电荷随之运动产生一个环流(好比电流通过线圈)，这样就必然产生一个磁场。这样的核可以看成是一个小磁体叫做核磁，产生磁场的方向用右手法则来确定(见图11-1)。核磁矩 $\boldsymbol{\mu}$ 由下式确定

$$\boldsymbol{\mu} = \gamma \cdot \boldsymbol{P} \qquad (11-1)$$

式中，γ 为旋磁比，各种自旋核都有自己的定值，如 $\gamma^{1H} = 26.752\text{rad/(s·Gs)}$，$\gamma^{13C} = 6.726\text{rad/(s·Gs)}$；$\boldsymbol{P}$ 为自旋角动量。原子核是个有质量的物体，当它作旋转运动时必然产生机械能，这就是自旋角动量

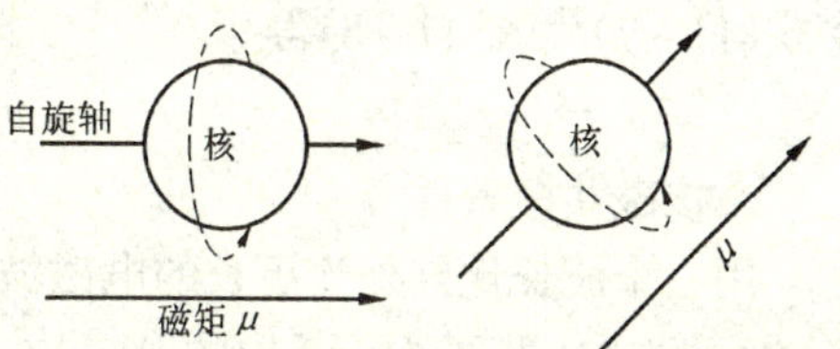

图 11-1　核磁产生磁场的方向

$$\boldsymbol{P} = \frac{h}{2\pi}\sqrt{I(I+1)} \doteq \frac{hI}{2\pi} \qquad (11-2)$$

式中，h 为普朗克常数。将式(11-2)代入式(11-1)得

$$\boldsymbol{\mu} = \gamma\frac{hI}{2\pi} \qquad (11-3)$$

2. 核磁在外磁场中的行为

以^1H核为例进行讨论，它在外磁场中会发生下述几种行为。

(1)核磁 μ 与外磁场 H_0 之间的作用能　在无外磁场时，^1H 核的排列是杂乱无章的，磁性相互抵消；当加上外磁场以后，在外磁场 H_0 的作用下^1H 核便有序排列。排列方式应有$(2I+1)$种。^1H 核的自旋量子数 $I=1/2$，所以它有两种排列方式，即有两种取向。这两种取向是量子化的，两个自旋磁量子数为 $M_I = \pm 1/2$。

外磁场 H_0 与^1H 核之间存在一个相互作用能

$$E = \mu H_0 \qquad (11-4)$$

^1H核的两种取向相应于两个能级(见图 11-2)。当 μ 与 H_0 同向时为低能级，$E_1 = -\mu H_0$；当 μ 与 H_0 反向时为高能级，$E_2 = +\mu H_0$。两能级差为

$$\Delta E = E_2 - E_1 = 2\mu H_0 = \frac{\mu}{I}H_0 \qquad (11-5)$$

将式(11-3)代入式(11-5)得

$$\Delta E = \gamma\frac{H_0 h}{2\pi} \qquad (11-6)$$

(2)拉摩(Larmor)进动　把核磁放到强大的外磁场中，核的自旋轴与外磁场方向之间有一个倾角 θ(见图 11-3)。外磁场的作用使核磁受到一个垂直于核磁矩的扭力，这样核磁就围绕外磁场的方向回旋，好比一个在重力场中的陀螺，核磁这种回旋运动就叫做拉摩进动。

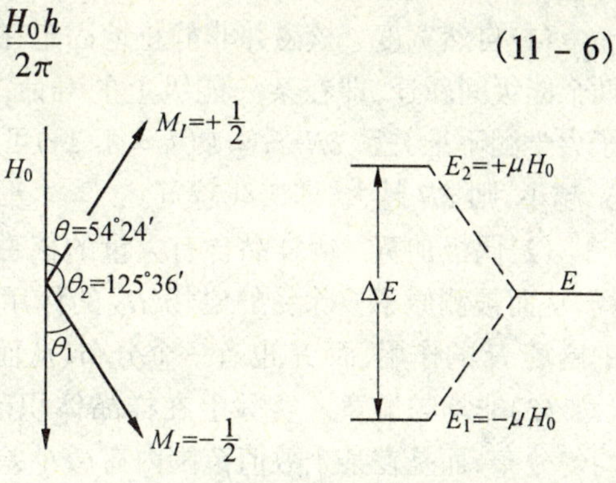

图 11-2　^1H在外磁场中的取向能级

进动频率由拉摩方程给出，拉摩进动角频率

$$\omega_I = \gamma H_0 \qquad (11-7)$$

拉摩进动线频率

$$\nu_l = \omega_l / 2\pi \tag{11-8}$$

将式(11-7)代入(11-8)得

$$\nu_l = \gamma H_0 / 2\pi \tag{11-9}$$

3.核磁共振条件

用一个波长比红外光更长的电磁波(波长为 10~100mm,频率为 $\nu_电$),在垂直于外磁场 H_0 的方向,即图 11-3 中的 X 轴方向辐照样品。使核磁得到一量子化能量 $h\nu_电$,当 $h\nu_电$ 满足相邻两能级的能量差 ΔE 时有

$$h\nu_电 = \Delta E = \gamma \frac{hH_0}{2\pi}$$

$$\nu_电 = \gamma \frac{H_0}{2\pi} \tag{11-10}$$

比较式(11-9),式(11-10)可知

$$\nu_电 = \nu_l = \gamma \frac{H_0}{2\pi} \tag{11-11}$$

当满足式(11-11)条件时,便发生核磁的磁能级取向跃迁,核磁自旋轴的方向翻转,这是量子化的。这就是核磁共振,相邻两能级跃迁的选律是 $\Delta M_I = \pm 1$。^1H 核 $I = \frac{1}{2}$, $M_I = \pm \frac{1}{2}$,所以 $\Delta M_I = \pm 1$。

对于同一种核来说 γ 是定值,所以 $\nu_电$ 与 H_0 有对应关系。对 ^1H 核,外磁场 H_0 的单位强度为 MGs,对应电磁波的频率 $\nu_电$ 应是 4.3Hz,这时便发生核磁共振。60MHz 对应的磁场强度为 14 092Gs。

11.1.2 核磁共振谱线特征

1.谱线的宽度

由 NMR 共振条件可知,NMR 谱线应为无限窄,但由于以下一些原因,谱线总有一定宽度。

(1)自然宽度　核磁并非静止地固定在某一能级上,而是在两个能级间跃迁,即在某一能级上的寿命 δt 是有限的,根据量子力学测不准关系 $\delta E \cdot \delta t = \hbar$ ($\hbar = h/2\pi$)可知,$\delta H \cdot \delta t = 1/\gamma$。即 δt 越小,则 δH 越大,即谱线越宽。

(2)偶极加宽　因样品含有大量的核磁,并在其周围产生磁场,从而被测原子核除受外磁场 H_0 的作用外,还受相邻核产生的磁场 H 的作用,而 H 也有一个分布,从而使谱线加宽。

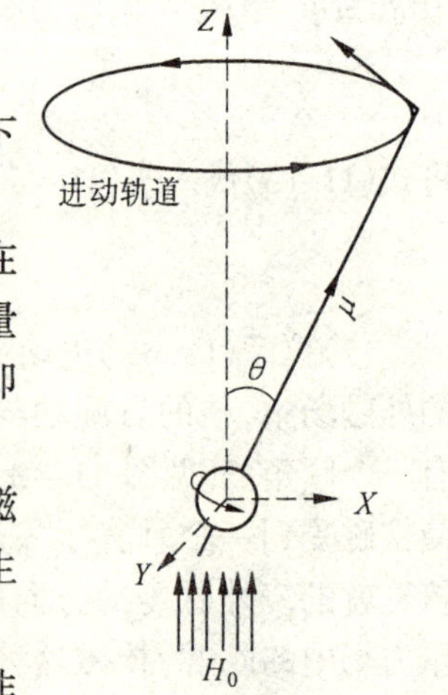

图 11-3　自旋核在外磁场 H_0 中的进动

(3)非均匀加宽　实际上在样品体积范围内的外磁场并非均匀分布,而是在某个数值范围内有微小差别,从而在样品体积范围内各部分原子核的共振频率(或共振磁场)值也不同,故导致谱线的加宽。

(4)弛豫加宽和调制加宽　自旋-晶格弛豫过程使原子核在给定能级中的平均寿命减少,当然谱线加宽。用连续波测定 NMR 吸收时,往往改变磁场,即相当于加了一个调

制，从而产生一定的频谱，也使谱线加宽。

2.谱线的线型

溶液中的 NMR 谱线的线形一般为罗伦兹(Lorentz)型；固态中的 NMR 谱线的线型为高斯(Gaussian)型。

3.谱线的强度

一般 NMR 谱线的积分强度正比于产生此峰之核数。由此可进行定量测定。简单的例子是 CH_3CH_2OH 中 CH_3、CH_2 和 OH 基团质子峰的相对强度比为 3:2:1，正好是这些基团所含质子数之比。这在 H^1NMR 中经常是成立的。但在 $C^{13}NMR$ 中，由于分子中各个 C^{13} 核所受影响的因素各不相同，使之谱峰的强度一般不与产生各谱线之 C^{13} 核数成正比。

4.化学位移

由前述可知，同类核应有相同的共振频率(或共振磁场)。但 1951 年 Arnold 等观察到 CH_3CH_2OH 的 $H'NMR$ 谱三条谱峰组成，相对强度比为 3:2:1，如图 11-4 所示，而且谱峰间的距离随外加磁场 H_0 增大而增加。表明它们来源于三种化学环境不同的质子。人们把分子内或分子间的同类核，因化学环境相异而引起的共振频率(或共振磁场)不同的现象称为化学位移。它起源电子对核的屏蔽，对分子中任一核 i 可用一屏蔽常数 σ_i 来描写。因此在 H_0 中，核 i 处的有效磁场 H_i 为

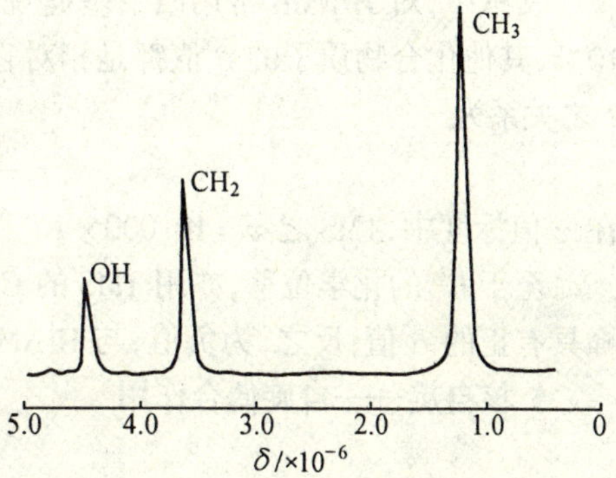

图 11-4　CH_2CH_2OH 的低分辨 H^1NMR 谱

$$H_i = (1 - \sigma_i)H_0 \tag{11-12}$$

从而共振条件为

$$\nu_{电} = (1 - \sigma_i)H_0\gamma/2\pi \tag{11-13}$$

由此可见，同一分子内同类核的化学环境不同，其 σ_i 就不同，当然 $\nu_{电}$ 也不同。

实际工作中，化学位移是相对某一参考标准来测定的，并以无因次的数 δ 来表示。根据不同的实验方法说明如下。

磁场恒定，改变频率测定 NMR 谱时，设样品与参考标准的共振频率分别为

$$\nu_{样} = (1 - \sigma_{样})H_0\gamma/2\pi$$

$$\nu_{参} = (1 - \sigma_{参})H_0\gamma/2\pi$$

故

$$\Delta\nu = \nu_{样} - \nu_{参} = \gamma\nu H_0(\sigma_{样} - \sigma_{参})/2\pi \tag{11-14}$$

即 $\Delta\nu$ 正比于 H_0，为了便于比较，一般定义与 H_0 无关的无因次的化学位移 δ 来表示

$$\delta = \frac{\nu_{样} - \nu_{参}}{\nu_{参}} \times 10^6 = \frac{\sigma_{样} - \sigma_{参}}{1 - \sigma_{参}} \times 10^6 \approx (\sigma_{参} - \sigma_{样}) \times 10^6 \tag{11-15}$$

频率固定，改变磁场测 NMR 谱时，样品和参考标准的共振磁场分别为

$$H_{样} = \frac{2\pi\nu}{\gamma(1 - \sigma_{样})}$$

$$H_{参} = \frac{2\pi\nu}{\gamma(1-\sigma_{参})}$$

从而 δ 为

$$\delta = \frac{H_{参} - H_{样}}{H_{参}} \times 10^6 = \frac{\sigma_{参} - \sigma_{样}}{1 - \sigma_{样}} \times 10^6 \approx (\sigma_{参} - \sigma_{样}) \times 10^6 \qquad (11-16)$$

从式(11－15)和式(11－16)可知,如果样品的 $\sigma_{样}$ 越大,则扫频时,其共振频率 $\nu_{样}$ 就低;反之,扫场时,其共振磁场 $H_{样}$ 就高。如($\sigma_{参} - \sigma_{样}$)越大,则 δ 也越大,注意 δ 不随实验仪器之工作频率或工作磁场改变而改变。

文献中,对 H^1NMR 常用四甲基硅烷(TMS)的质子共振峰为参考标准,取其 δ 为 0×10^{-6},其他化合物质子的 δ 值都是相对它来测量的;文献上也用 τ 值表示化学位移,τ 与 δ 之关系为

$$\tau = 10.000 - \delta \qquad (11-17)$$

在 τ 值标度中,TMS 之 $\tau = 10.000 \times 10^{-6}$。

至于 C^{13}的化学位移,亦用 TMS 的 C^{13}峰为参考标准,取为 0×10^{-6},在其低场方向的峰具有正的 δ 值;反之,为负值,与 H^1NMR 谱完全类同。

5. 核自旋——自旋偶合作用

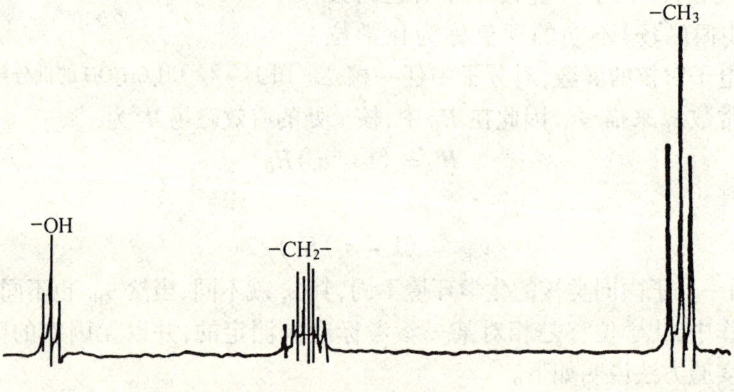

图 11－5　CH_3CH_2OH 的高分辨率 H^1NMR 谱

在比图 11－4 有更高分辨率的条件下测 CH_3CH_2OH 的 H^1 谱,发现原有三条谱线的每一条进一步分裂为更多的谱线,它们间的距离表现出一定的规律性,见图 11－5。这种分裂起因于核 i 与核 j 的磁矩 μ_i 与 μ_j 间的相互作用,通常用自旋偶合常数 J_{ij}来表示偶合作用的大小。J_{ij}之大小与核磁的原子序数、化学键数目、核的电荷密度及分子中的取代基等因素有关,但与外磁场的大小无关。值得注意的是分子中某一基团 A 之谱线因核自旋——自旋偶合作用产生的分裂或精细结构谱线数目与其本身核数目无关,仅同与之相作用的基团 B 中核的数目有关。基团 A 和基团 B 的精细结构谱线数分别为($2n_BI_B+1$)和($2n_AI_A+1$),其中 n_A、n_B 和 I_A、I_B 分别为基团 A 和 B 中彼此相互作用的核数及核自旋量子数。而且($2nI+1$)重精细结构谱线的相对强度服从二项式系数分配,表 11－2 是 $I=1/2, n=1\sim8$ 的($2nI+1$)重吸收峰的相对强度的二项式系数分配值。

表 11-2　$I=1/2, n=1\sim8$ 的 $(2nI+1)$ 重吸收峰的相对强度

n	(2nI + 1 重谱线的相对强度)																
1								1		1							
2							1		2		1						
3						1		3		3		1					
4					1		4		6		4		1				
5				1		5		10		10		5		1			
6			1		6		15		20		15		6		1		
7		1		7		21		35		35		21		7		1	
8	1		8		28		56		70		56		28		8		1

11.1.3　核磁共振实验方法

1. 核磁共振谱仪

NMR 实验与 IR、UV 光谱中变更波长记录样品吸收电磁波的能量相似。一般是于恒磁场 H_0 附加一线性变化的磁场 $H(t)$，当 $H=H_0+H(t)$ 和与之垂直的、频率为 ν 之射频场 H_1 满足共振条件时，样品中的核从射频场吸收能量，而射频场的能量变化，经接收、放大后，可用示波器显示或记录仪记录下来，其框图示意如图 11-6。对天然峰度较高的核 H^1、F^{19} 等用这样的谱仪一般可得满意的结果，但对天然峰度较低的核 C^{13} 等，则须用计算机多次累加，才能获得可观察的信号，很费时间，而且要求仪器长时间稳定。

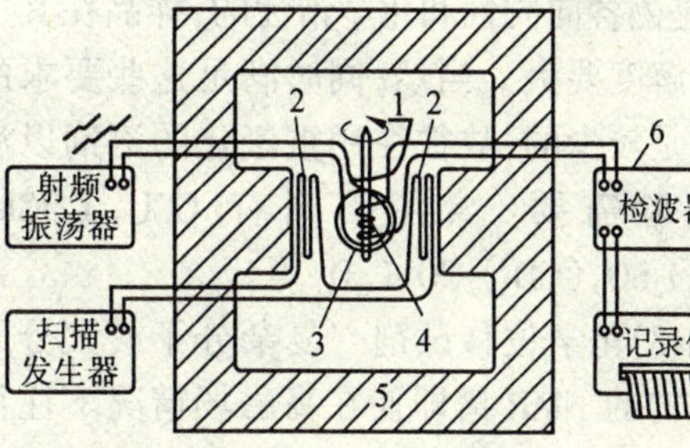

图 11-6　连续波 NMR 谱仪示意框图
1—样品；2—扫描线圈；3—振荡线圈
4—吸收线圈；5—磁铁；6—射频接收器

如能同时激发所有的跃迁，并同时接收所有的信号，对提高效率是有利的。原则上可采用图 11-7 所示的多通道谱仪即可达到此目的。实际上，一强的射频脉冲，就包括一定宽度的各种频率，显然为一理想的多频率激发源，它作用于样品上，使所有因化学环境相异而具有不同共振频率的核同时发生跃迁，但在脉冲结束时，每个核以其各自的特征拉摩频率自由进动，其宏观磁化强度 M_y 在接收线圈中感应的信号作指数衰减，

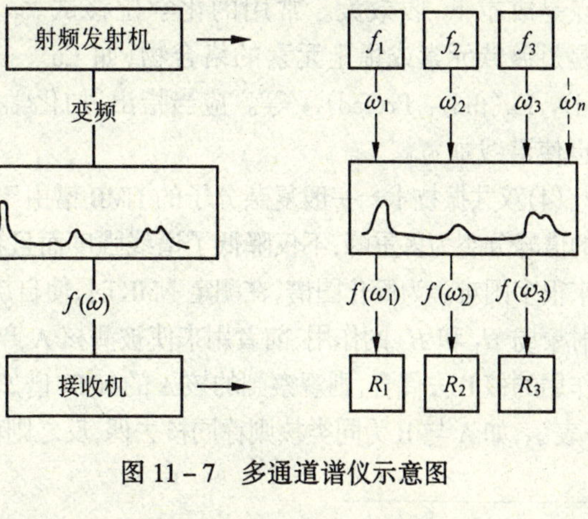

图 11-7　多通道谱仪示意图

常称之为自由感应衰减(FID)信号,但这种信号$F(t)$是时间的函数,一般 NMR 中的信号是$F(\omega)$或 $F(H)$为频率或磁场的函数,但前者包含了后者的信息,可通过数学上的傅氏变换

$$F(t) = \int F(\omega) \exp 2\pi i\omega t \mathrm{d}\omega \quad (11-18)$$

$$F(\omega) = \int F(t) \exp(-2\pi i\omega t) \mathrm{d}t \quad (11-19)$$

将 $F(t)$变成 $F(\omega)$,这可借助计算机来完成。一般是对 FID 信号进行取样,经模数转换,傅氏变换及数模转换,即可在记录仪上得到人们熟悉的 NMR 谱。此即近年发展起来的脉冲傅氏变换 NMR 谱仪,它使天然峰度低的核的 NMR 测定变为可能。

2.核磁共振实验方法

(1)样品　定量工作都要求高分辨的 NMR 谱,这只能从液态样品测得,并且欲得到分辨率较好的谱,溶液的浓度应为 5%~10%。如纯液体粘度大,应用适当溶剂稀释或升温测谱。固体杂质或顺磁性物质往往使谱线加宽或产生畸变,应仔细除去。当要求特别高时,还应将样品反复冷冻抽空去气。

(2)溶剂　理想的溶剂应不产生 NMR 信号,是磁各向同性和化学惰性的,样品在其中的溶解度要大。当然,同时满足这些要求的溶剂是较少的,故往往用重氢化的溶剂以满足实验需要。常用溶剂有 CCl_4, $CDCl_3$, $(CD_3)_2SO$, $(CD_3)_2CO$, C_6D_6 等。

(3)化学位移试剂　复杂分子或大分子化合物的 NMR 谱即使在高磁场情况下往往也难分开,如辅以化学位移试剂来使被测物质的 NMR 谱中各峰产生位移,从而达到重合峰分开的方法,已为化学家所熟悉和应用,并称具有这种功能的试剂为化学位移试剂,其特点是成本低,收效大。常用的化学位移试剂是过渡族元素或稀土元素的络合物,如 $Eu(fod)_3$, $Eu(thd)_3$, $Pr(fod)_3$* 等。应当指出,加化学位移试剂,虽然引起诱导化学位移,但同时也使谱线加宽。

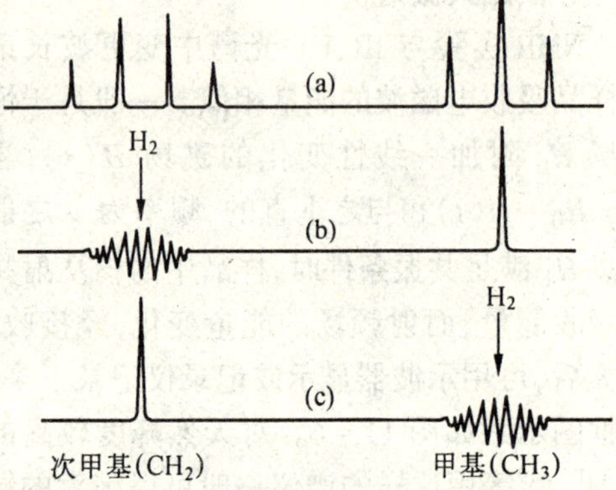

图 11-8　乙基苯中 CH_3 和 CH_2 的正常谱与去偶谱(a)正常谱(b)去 CH_2 的偶合观察 CH_3 信号(c)去 CH_3 的偶合观察 CH_2 信号

(4)双共振技术　一般复杂分子的 NMR 谱由于同类核及不同类核间的偶合作用,使被测核的谱峰分裂为多重峰,不仅降低了谱线强度而且各多重分裂峰彼此重合在一起给谱的解释带来很多困难。为简化图谱,在测定 NMR 时,使自旋体系样品同时受到两个不同频率 ν_1 和 ν_2 的射频场 H_1 和 H_2 的作用,前者用来使被测核 A 产生共振吸收,后者用来使与被测核 A 有偶合作用的核 B 去偶合,则观察到的核 A 的 NMR 谱如同 A 与 B 未发生偶合作用一样。并以 A—{B}表示,如 A 与 B 为同类核则称同核去偶,反之则称为异核去偶。见图 11-8。

* fod = 1,1,1,2,2,3,3—七氟 7,7—二甲基辛二酮
thd = dpm = 2,2,6,6—四甲基 3,5—庚二酮

在 C^{13}NMR 谱中，往往以中心频率为 ν_2 的谱带宽度大于质子谱宽的射频场 H_2 连续作用于样品，则可消除全部质子与 C^{13}的偶合，并称之为宽带去偶，见图 11－9。其他双共振技术不拟赘叙。

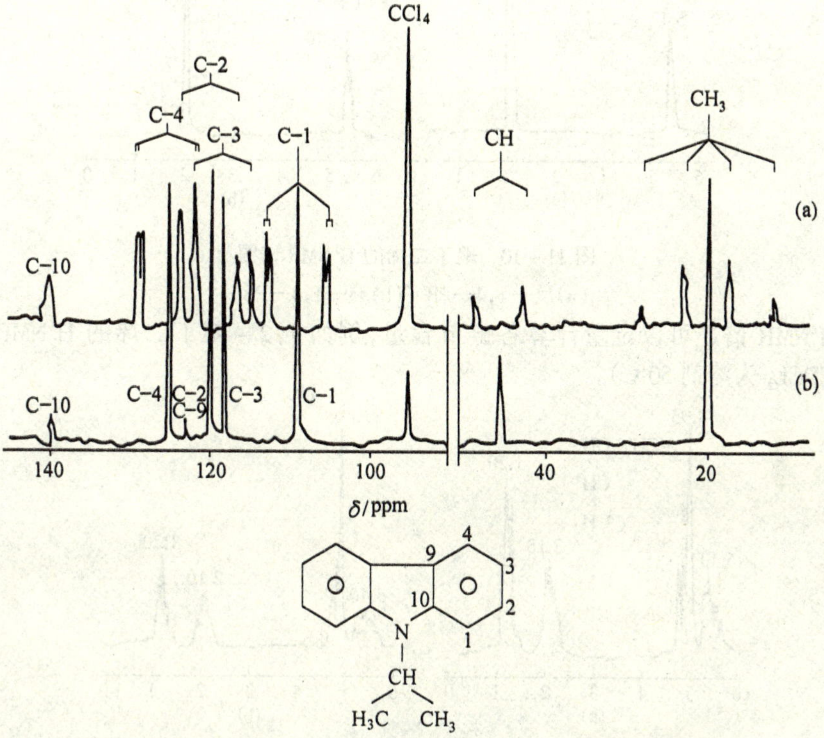

图 11－9　异丙基咔唑 C^{13}NMR 偶合谱(a)和质子噪声去偶谱(b)

11.1.4　核磁共振在高聚物研究中的应用

1. 研究高聚物主链结构

(1)用 H^1NMR 谱研究聚丁二烯的内、外双键结构及各结构的含量

将 PB 样品用 H^1NMR 测得的谱图与标准谱对照即可知该样品的微结构。图 11－10 和表 11－3 给出了标准谱和化学位移数据。

表 11－3　聚丁二烯(PB)的 H^1NMR 信号排布

链　节	质子类型	$\delta/\times10^{-6}$
1.4－	= CH－	5.40
	＼CH₂／	2.12(cis－1,4) 2.04(trans－1,4)
1.2－	= CH－	5.04
	= CH_2	4.80－5.01
	＼CH—／	2.10
	＼CH_2／	1.20

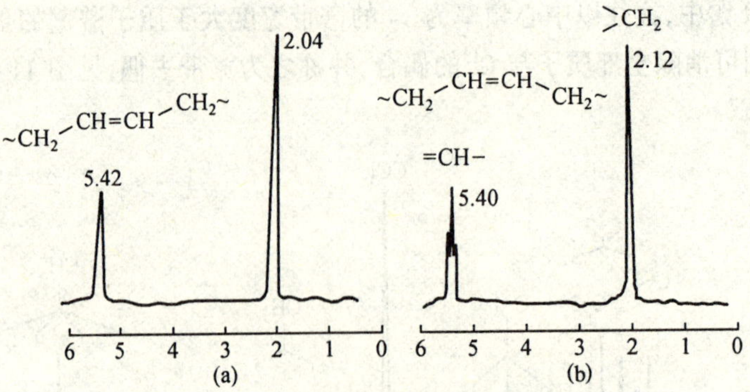

图 11-10　聚丁二烯的 H^1NMR 谱图

(a)反—1,4—PB　(b)顺—1,4—PB

用 H^1NMR 谱还可以定量计算各链节含量，例如 1,2-聚丁二烯的 H^1NMR 谱见图 11-11（$CDCL_3$ 为溶剂 50℃）。

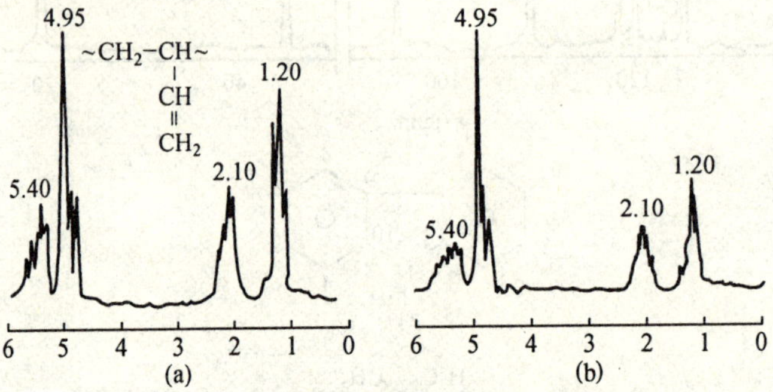

图 11-11　1,2—PB 的 H'NMR 谱图

(a)—间规 1,2—PB　(b)—无规 1,2—PB

该 1,2—PB 样品中含有 1,2—和 1,4—两种链节结构。各类质子对各峰强度的贡献情况如下

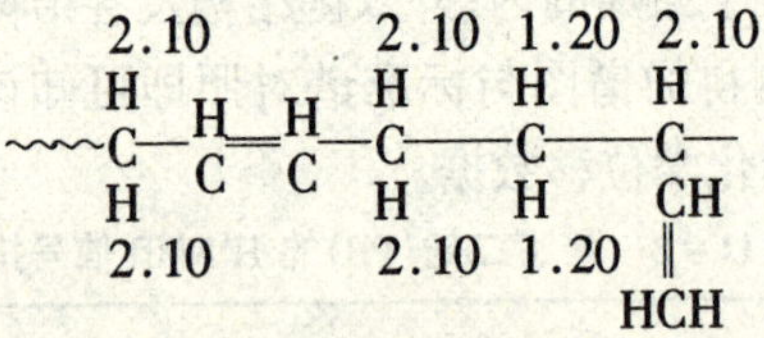

2.10×10^{-6}吸收峰强度 $I_{(2.10)}$ 是由五个质子的贡献，即 1,4—结构中的四个质子和 1,2—结构中的一个质子。

$$I_{(2.10)} = 4[1,4] + [1,2] \tag{11-20}$$

1.20×10^{-6}共振吸峰强度是 1,2—结构中两个质子的贡献。

$$I_{(1.20)} = 2[1,2] \tag{11-21}$$

则有

$$\begin{cases} \dfrac{I_{(1.20)}}{I_{(2.10)}} = \dfrac{2[1,2]}{[1,2]+4[1,4]} \\ [1,2]+[1,4]=1 \end{cases} \tag{11-22}$$

根据上述推导可进行 1,2—和 1,4—链节含量计算。例如,有一无规 1,2—PB 样品测得 H^1NMR 谱见图 11-12。求该样品中 1,2—结构和 1,4—结构的百分含量各是多少?

解　设该样品中 1,2—结构为 x;1,4—结构为 y。谱图上 2.10×10^{-6}峰为 1,4—结构(顺—1,4 与反—1,4 在一起)以 A 表示,1.20×10^{-6}峰为 1,2 结构,以 B 表示,因为

$$\begin{cases} I_{(2.10)} = 2[1,2] + 4[1,4] \\ I_{(1.20)} = 2[1,2] \end{cases}$$

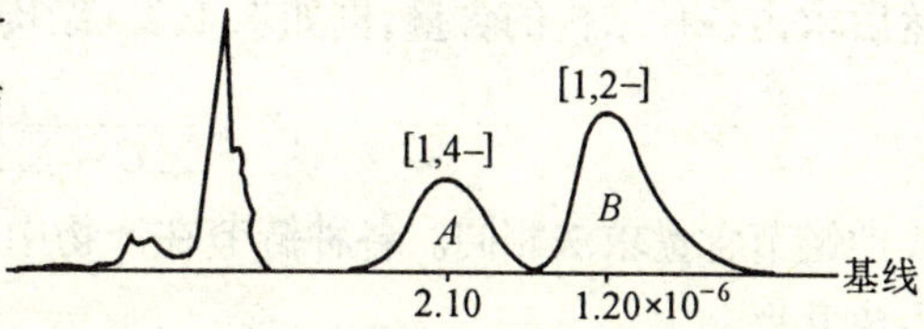

图 11-12　无规 1,2—PB 的 H^1NMR 谱图

则有

$$\begin{cases} A = x + 4y \\ B = 2x \end{cases}$$

在谱图上测量其 A、B 两峰的面积或将 A、B 两峰的记录纸剪下称重,然后代入上式即可解得 x 和 y

故

$$[1,2]\% = \frac{x}{x+y}\times100\%$$

$$[1,4]\% = \frac{y}{x+y}\times100\%$$

H^1NMR 法测得的数据可与 IR 法数据相比较,以便全面考察样品结构。

(2)用 $C^{13}NMR$ 谱研究高聚物的主链结构

①样品结构的测定　用全去偶方法测得样品的 $C^{13}NMR$ 谱以后与标准谱对照,即可认定该样品的结构。例如,顺丁橡胶的 $C^{13}NMR$ 谱上有两个强吸收峰,$27.361\,0\times10^{-6}$是饱和碳原子($-CH_2-$)的贡献,而 129.77×10^{-6}是烯碳原子($>C=C<$)的贡献,它们都是表征顺-1,4 结构。32.69×10^{-6}和 130.10×10^{-6}为反-1,4 结构,中间 76.90×10^{-6}为溶剂峰。

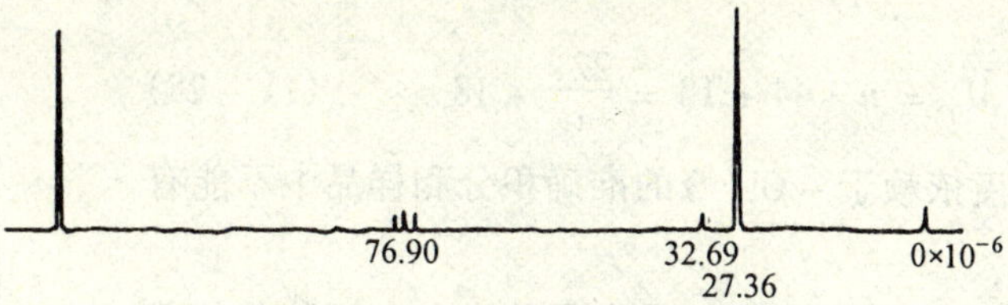

图 11-13　顺丁橡胶的质子噪声去偶 $C^{13}NMR$ 谱图

顺-1,4 含量为 98%,反-1,4 含量为 2%

②结构含量的计算　双烯类高聚物的 $C^{13}NMR$ 谱,饱和碳吸收峰在高场,烯碳的共振吸收在低场。在进行结构含量计算时可以用脂肪碳的峰也可以用烯碳峰。首先根据标准谱图和文献再将各共振吸收峰进行归属,如果用饱和碳吸收峰进行计算,在将各峰归属清楚的基础上,画好基线把表征各种结构的峰高加和归一化。例如,具有顺、反式 1,4-结

构和 1,2－结构的聚丁二烯

$$\sum(C+T+V)=1 \tag{11-23}$$

然后求出各种结构的含量，例如求 1,2－结构（乙烯基结构）的含量 P_v

$$P_v=\frac{\sum V}{\sum C+\sum T+\sum V}\cdot 100\% \tag{11-24}$$

其他链节含量求法相同。各种链节在产物中的含量 P_i，也就是该种链节在大分子链中的生成几率。

③各链节序列长度计算　各种链节在大分子链中排列长度称链节序列长度，以符号 $\overline{L}$ 表示，它是影响高聚物性能的诸因素之一。

以无规聚丁二烯（含有 $C-1,4$、$T-1,4$ 和 1,2－三种链节）为例，各链节平均序列长度由下列公式求得

$$\overline{L}_C=\frac{P_C^2+P_CP_T+P_CP_V}{P_CP_T+P_CP_V} \tag{11-25}$$

$$\overline{L}_T=\frac{P_T^2+P_TP_C+P_TP_V}{P_TP_C+P_TP_V} \tag{11-26}$$

$$\overline{L}_V=\frac{P_V^2+P_VP_C+P_VP_T}{P_VP_C+P_VP_T} \tag{11-27}$$

2.数均相对分子质量的测定

基于端基分析的高聚物数均相对分子质量的 NMR 测定方法，往往无需标准校正，而且快速，所以颇具诱惑力，惟一的要求是端基峰须与高聚物链中其他基团的峰彼此能分辨开。

聚乙二醇 $HO(CH_2CH_2O)H$ 在 $CDCl_3$ 中的 60MHz H^1NMR 谱如图 11－14 所示，其 OH 峰与 $-OCH_2-CH_2O-$ 峰相距甚远，设它们的面积（或积分强度）分别为 x 和 y，则因 $x/y=2/4n$，故 $n=y/2x$，据此，由下式可计算 $HO\text{⁅}CH_2CH_2O\text{⁆}_nH$ 的数均相对分子质量 $\overline{M}_n$ 为

$$\overline{M}_n=n\cdot 44+18=\frac{22y}{x}+18 \tag{11-28}$$

这种方法的准确度依赖于－OH 峰的准确积分和样品中不能有水。

上述方法可推广于聚丙二醇、有过量苯酚存在下制备的苯酚－甲醛树脂，甚至于不溶或不熔的高聚物。曾用脉冲 NMR 或宽线 NMR 测定过 1,2－二腈高聚物的 $\overline{M}_n$。

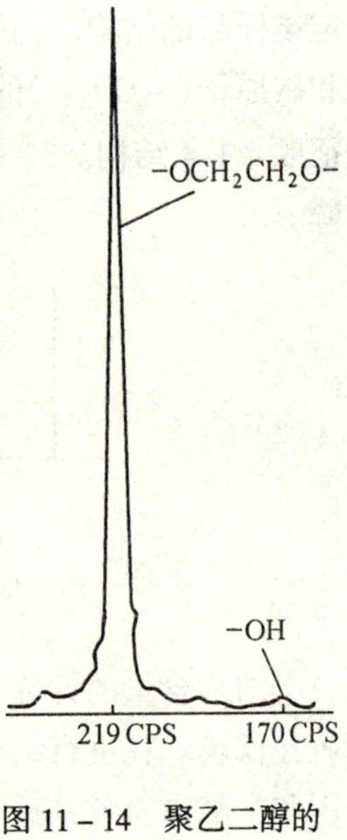

图 11－14　聚乙二醇的 60MHzH^1NMR 谱

3.测定高聚物的序列分布

高聚物的侧基结构、共聚物各单体链节之间以及均聚物中不同结构的链节之间的排列方式和排列长度，即为高聚物的序列分布。用 NMR 测定高聚物的序列分布是一种有独到之处的

方法。现就 NMR 研究高聚物立构体序列分布情况介绍如下。

例如,无规 1,2 - PB 的乙烯基有三种空间立构体,以平面排布的三元组为例

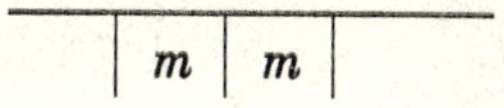

全同立构(isotactic)符号 mm 或 i

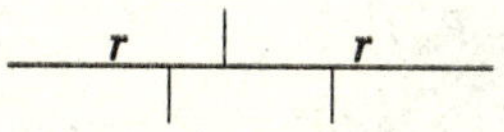

间同立构(syndiotactic)符号 rr 或 s

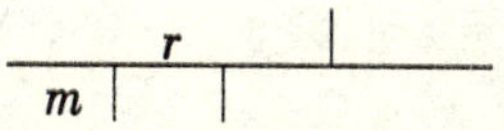

无规立构(heteratactic)符号 mr 或 h

从样品的 C[13]NMR 谱图上可以直接测出这三种立构序列分布的含量和序列长度。在无规 1,2 - PB 的谱图上可以用脂肪碳吸收峰来计算含量也可以用烯碳峰进行计算。将谱图画好基线,以峰高计算其各立构体含量。

$$mm\% = \frac{mm}{mm + mr + rr} \cdot 100\% \tag{11 - 29}$$

$$mr\% = \frac{mr}{mm + mr + rr} \cdot 100\% \tag{11 - 30}$$

$$rr\% = \frac{rr}{mm + mr + rr} \cdot 100\% \tag{11 - 31}$$

设 P_m, P_r 分别表示二元组全同和间同立构的浓度,即$\overline{|\,m\,|}$和$\overline{\,|\,r}$的生成几率(含量);设 P_i, P_s 和 P_h 分别为全同、间同和无规三元组生成几率,即 $P_i + P_s + P_h = 1$。对于无规分布应有

$$P_i = P_m P_m = P_m^2 = mm\% \tag{11 - 32}$$

$$P_s = P_r P_r = P_r^2 = rr\% \tag{11 - 33}$$

$$P_h = 2P_m P_r = mr\% \tag{11 - 34}$$

由上述三式可得

$$P_m = \sqrt{P_i}; \quad P_r = \sqrt{P_s}; \quad P_h = 2\sqrt{P_i P_s} \tag{11 - 35}$$

可用 P_h 与 $2\sqrt{P_i P_s}$ 是否相等来检验所处理的分布的无规性。相等即为无规分布。

设有一个长度为 K 的全同序列 $r\overbrace{mm\cdots m}r$,它是由二个间同二元组和 K 个全同二元组相连而成的,其生成几率为 $P_r^2 P_m^k$。

聚合度为 n 的 1,2 - 聚丁二烯(忽略其少量的 1,4 - 链节)是由$(n - 1)$个二元组相连而成的。因此全同立构的序列分布函数为

$$I_k = (n - 1) P_r^2 P_m^k \tag{11 - 36}$$

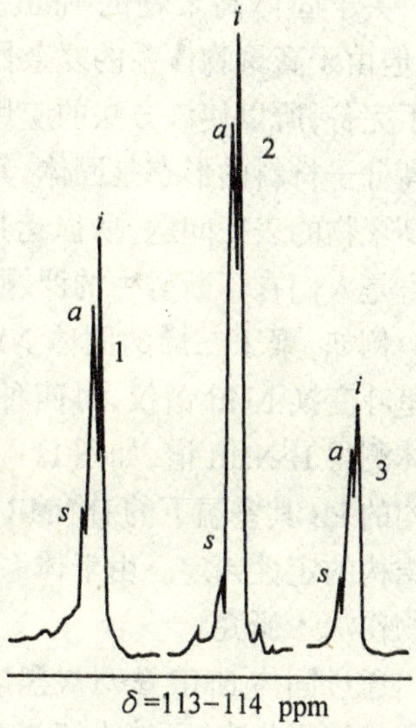

图 11 - 15 钼系 1,2 - 聚丁二烯 C[13] NMR 谱(烯碳部分)
($i - mm$; $a - mr$; $s - rr$)

同理,间同立构的序列分布函数为

$$S_l = (n - 1) P_m^2 P_r^l \tag{11 - 37}$$

各函数中的 P_m 和 P_r 值由谱图中烯碳吸收峰先算出 $mm\%$ 和 $rr\%$，然后即可求出 P_m 和 P_r，有了分布函数就可以计算各异构体的数均和重均序列长度。

全同数均序列长度

$$\langle M_i \rangle_n = \sum_{k=1} I_k / \sum_{k=1} KI_k = 1/(1 - P_m) \tag{11-38}$$

间同数均序列长度

$$\langle M_s \rangle_n = \sum_{l=1} lS_l / \sum_{l=1} S_l = 1/P_m \tag{11-39}$$

全同重均序列长度

$$\langle M_i \rangle_w = \sum_{k=1} K^2 I_k / \sum_{k=1} KI_k = (1 + P_m)/(1 - P_m) \tag{11-40}$$

间同重均序列长度

$$\langle M_s \rangle_w = \sum_{;=1} lS_l / \sum_{l=1} lS_l = (2 - P_m)/P_m \tag{11-41}$$

有了序列长度，可按下式求得序列分布：

全同序列分布：$\langle M_i \rangle_w / \langle M_i \rangle_n$ (11－42)

间同序列分布：$\langle M_s \rangle_w / \langle M_s \rangle_n$ (11－43)

4.固体高聚物的 NMR 研究

关于固体高聚物的 NMR 研究，早在 1947 年就有报道，但由于高聚物体系的复杂性，对谱图解析难度大，理论又不完备，所以使该方法的应用受到限制。由于通常使用的高分子材料的形态是固体，其他手段尚不能完全解决固体高聚物的表征问题，所以运用固体 NMR 法研究高聚物一直是人们在不断努力的课题。

例如，聚丁二烯的固体 NMR 研究。运用高功率脉冲傅里叶变换 NMR 谱仪，对四种不同链节结构的聚丁二烯固体测得 H^1NMR 谱，如图 11－16。由图可清楚看出，不同结构的 PB 其室温下的 H^1NMR 谱图有明显区别，可用于链段结构的定性判定。由于体系的复杂性，尚要制备模型化合物作深入研究。

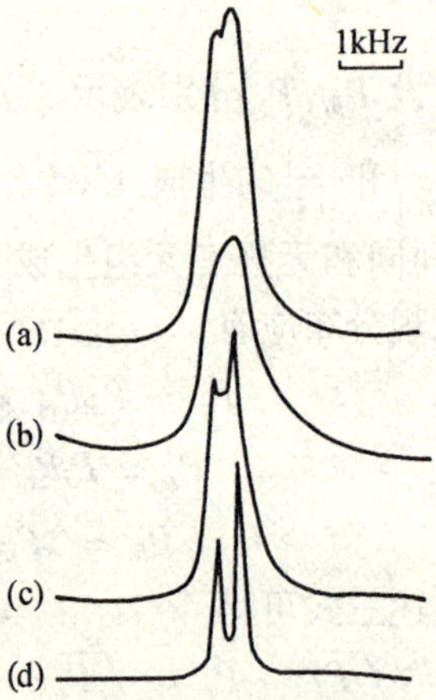

图 11－16　四种不同链节结构 PB 室温下的质子核碳共振谱

(a)－中乙烯基型(b)－1,4－1,2 嵌段型(c)－显型支化型(d)－低相对分子质量高支化型

通过固体 NMR 法对炭黑顺丁橡胶的补强作用进行了研究。结果指出，可能由于炭黑的加入改善了橡胶的相结构，提高了均匀性，避免了应力集中而起到补强作用。对双壳层模型却不能肯定。

11.2　电子自旋共振波谱

电子自旋共振是前苏联科学家 E.K.Забойский 于 1944 年发现的，次年进行了第一次电子自旋共振实验。电子自旋共振波谱法(Electron Spin Resonance 简称 ESR)对检测诸如催化、光化、辐照、生化等物理化学过程中产生的自由基是惟一直接的方法。不仅能检出低浓度、短寿命的自由基，而且能清楚地区分不同的自由基，同时还能追踪过程始终。在高聚物科学领域中，光照、电离辐射及阳离子或阴离子引发的聚合过程，接枝共聚和交联，高聚物与各种气体的作用，高聚物在紫外光照射下的降解以及由力学原因引起的链断裂等往往都与自由基有关。显然，电子自旋共振波谱对弄清这些过程的机理能提供有价值的信息，便于人们有效地控制它们，以期合成预定性能的高聚物和延长其使用寿命，这对国民经济、国防工业及科学技术发展的重要性是不言而喻的。

11.2.1　电子自旋共振的基本原理

1. 物质的顺磁性

物质的磁性是与该物质的分子内电子的某种形式的运动相联系的。电子有两种运动形式：一是电子绕自身中心轴作固有的自旋运动——产生自旋磁矩 μ 和自旋角动量 P；另一种运动形式是电子绕核运动——产生轨道磁矩和轨道角动量。物质的磁性主要来自电子自旋磁矩的贡献，而轨道磁矩的贡献不到百分之一，故可不计。

根据"量子限制"的要求，在同一分子中的成对电子自旋方向必然是相反的，这一电子对的自旋磁矩相互抵消，不具有净电子磁矩，这种物质是反磁性的。如果分子中含有一个未成对的电子(即自由基)，它没有同轨道与之相互补偿的"伙伴"，所以具有净电子磁矩，这种物质就是顺磁性的。

2. 电子自旋磁矩与外磁场的相互作用

将具有未成对电子的分子放到外磁场中，则电子自旋磁矩 $\boldsymbol{\mu}$ 与外磁场 $\boldsymbol{H}$ 之间产生一相互作用能 E

$$E = -\boldsymbol{\mu}\cdot\boldsymbol{H} = -\mu H\cos\theta \tag{11-44}$$

式中，θ 为 $\boldsymbol{\mu}$ 与 $\boldsymbol{H}$ 间的夹角，负号表示是吸引能。电子自旋磁矩和自旋角动量之间的关系是

$$\boldsymbol{\mu} = -\gamma\boldsymbol{P} \tag{11-45}$$

式中，γ 为旋磁比，$\gamma = \frac{|e|}{2mc}g$，这里 e 为电子电荷；m 为电子质量；c 为光速；g 称为 g 因子，是反映局部磁场特征的无量纲参数。

量子力学的结论指出，磁矩 $\boldsymbol{\mu}$、角动量 $\boldsymbol{P}$ 和自旋量子数 M 在已知方向上的分量只能有两个值。设磁场 H 为 Z 方向，则

$$P_Z = M_S\frac{h}{2\pi} \tag{11-46}$$

式中，电子自旋量子数 $M_S = \pm\frac{1}{2}$，h 为普朗克常数。将上述各式整理得 Zeeman 能(E)为

$$\begin{aligned} E &= -\mu H = -(-\gamma P)\cdot H = \\ &\frac{e}{2mc}gM_S\frac{h}{2\pi}\cdot H = \\ &g\frac{eh}{4\pi mc}\cdot M_S\cdot H = \\ &g\beta HM_S = \pm\frac{1}{2}g\beta H \end{aligned} \tag{11-47}$$

式中，$\beta=\frac{eh}{4\pi mc}$为玻尔(Bohr)磁子。

无外磁场时，能级是简并的，在外磁场作用下能级发生分裂，为能级跃迁准备了条件。两个自旋状态间存在的能量差为

$$\Delta E = E_1 - E_2 = g\beta H \qquad (11-48)$$

如果外界提供高频电场的能量 $h\nu$ 满足下式

$$h\nu = \Delta E = g\beta H \qquad (11-49)$$

这时就会发生两个自旋态 E_1 和 E_2 之间的跃迁，公式(11－49)便是 ESR 的共振条件。能级分裂及谱线形式如图 11－17 所示。

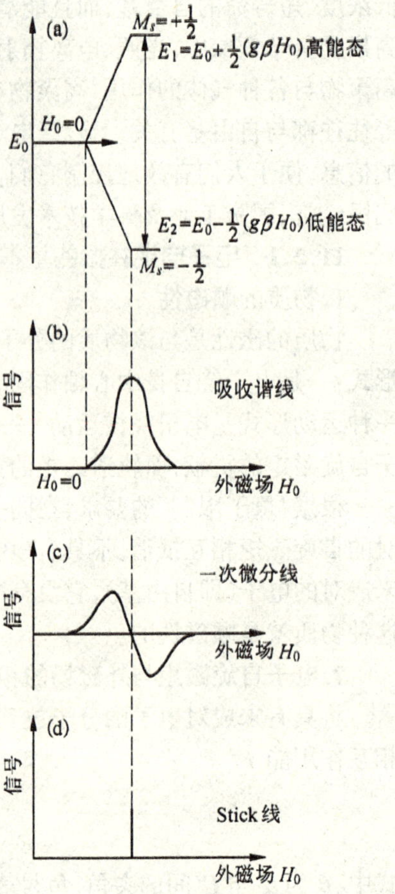

图 11－17 (*a*)在外磁场作用下 Zeeman 分裂能级图；(b)ESR 吸收曲线；(c)ESR 一级微分线；(d)Stick 图

11.2.2 电子自旋共振谱线特征

1. *g* 因子

g 因子是一个无量纲参数，它反映了局部磁场的特征，表示不成对电子所处的环境情况，环境不同，*g* 值就不同。例如，自由电子周围无约束，$g_e=2.00232$。实验表明，自由基的 *g* 值都很接近这个数字。例如：$g_{\dot{萘}}=2.003068$；$g_{\dot{苯}}=2.002757$；$g_{\dot{蒽}}=2.002713$。

g 值在宏观上表现为谱线出现的位置。*g* 值可根据公式 $g=h\nu/\beta H$ 求得，具体操作时又有绝对法和相对法之分。绝对法就是根据实验测出的 ν 和 H 值直接计算 *g* 值；相对法是以 *g* 值已知的标准样品作参考，根据实验测得的数据计算未知样的 *g* 值。

2. 线宽(ΔH_{pp})和弛豫时间(T)

ESR 的谱线有三种形式：积分线(也叫吸收线)、一次微分线和二次微分线。一般在 ESR 谱中采用一次微分线，在 NMR 中采用积分线。不同线型的线有不同的表示法(见图 11－18)。从理论上讲，只有满足共振条件($h\nu=\Delta E=g\beta H$)，才会发生共振吸收，谱线应是一条线或是无限窄。但实际上谱线都有一定的宽度。自由基 DPPH 的 ΔH_{pp}为1.9～2.7Gs，而过渡金属可达几十至几千高斯，谱线过宽会造成相互重叠，不利于谱图分析。谱线增宽的机理较复杂，一般认为是久期增宽和寿命增宽共同作用的结果。久期增宽是由许多自旋电子间“自旋-自旋”相互作用所产生的局部磁场对外磁场迭加的结果；而寿命增宽是自旋－晶格相互作用的结果，这种由能量交换导致的能级间跃迁对谱线增宽的影响，由测不准原理决定。

3. 超精细结构(*hfs*)

如果顺磁性分子在外磁场中只有电子自旋和外磁场之间的相互作用，则所有 ESR 谱都应当只有一条谱线。它们的差别不过是 *g* 值、线宽和线型上的不同。实际上在顺磁性

分子体系中，除了有未成对电子外，还存在自旋量子数 $I\neq 0$ 的磁性核。这样，自旋核与未成对电子之间产生一种与外磁场无关的磁相互作用，其结果使谱线劈裂成多条线，称之为超精细或超精细结构。谱线分裂的数目和强度都与一个磁性核的超精细作用有关。例如，$-\overset{\displaystyle H}{\underset{|}{\overset{|}{C}}}-\cdot$ 体系只含一个未成对电子和一个质子（自旋量子数 $I=\frac{1}{2}$），则谱线劈裂成 $(2I+1)=2$ 条线，见图 11-18 所示。

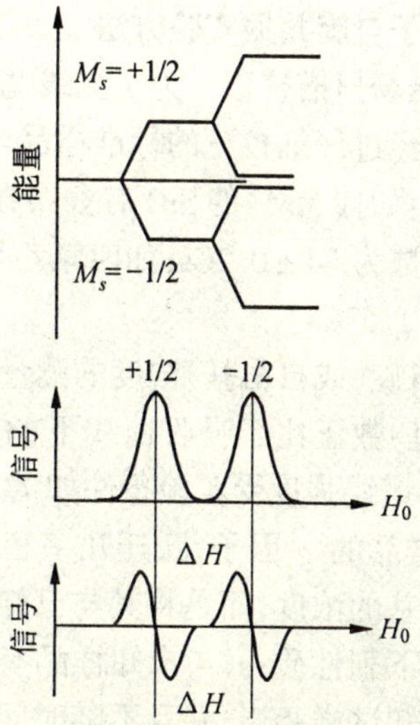

图 11-18　$-\overset{\displaystyle H}{\underset{|}{\overset{|}{C}}}-\cdot$ 体系的 ESR 图

对于一组几个等性核来说，则分裂为 $(2nI+1)$ 条线。如果不是等性核，则得 $2n$ 条谱线。例如，$HO\dot{C}HCOOH$ 自由基是由不等性质子组成的，它得到四条峰（见图 11-19）。图中较大的质子超精细劈裂（17.1Gs）是由 CH 质子引起的；小的（2.6Gs）是由 OH 质子引起的。ESR 谱线的相对强度以二项式系数比表示。

11.2.3　电子自旋共振实验方法

1. 电子自旋共振波谱仪

目前已有在不同射频频率工作的商品化的 ESR 谱仪，如 Varian 的 E-109，E-112 谱仪，JEOL 的 JES-3X 系列谱仪，Bruker 的 B-ER-420，B-ER-220 系列谱仪等。这些商品化仪器都是以固定射频频率和线性变化磁场来进行工作的，它由以下几部分组成。

(1)产生微波辐射的速调管，按其频率可将谱仪分为：

波段	S	X	K	Q	E
频率/kMHz	~3	~9	~24	~35	~70
波长/mm	~90	~30	~12	~8	~4
当 $g=2$ 时之磁场值/kGs	~1.1	~3.3	~8.5	~12.5	~25

速调管的频率由自动频率控制系统来稳定。速调管的寿命一般大于 7 000 h。

(2)能产生静磁场的磁铁，其磁场值能在较大的范围内变化，并且均匀性好，及有足够的磁极间隙；此外，磁场的稳定度一般应控制在 ±10mGs 内。

(3)插入样品的共振腔，以使样品满足共振条件时吸收微波能量。对于不同的测试目的，可用形状和大小都不同的共振腔，一般 TE_{102} 矩形腔适用于大量样品中如液体样品，

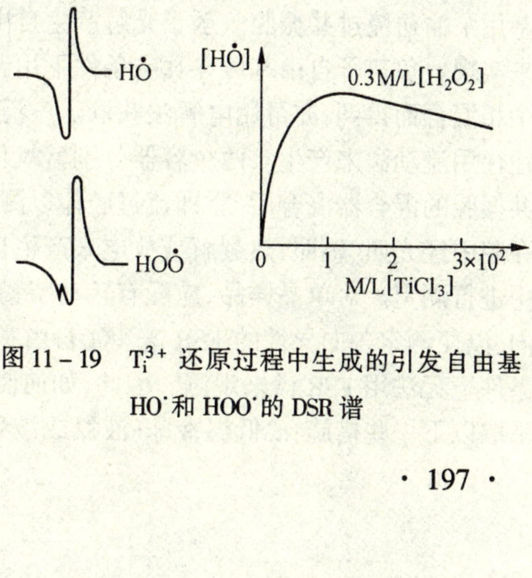

图 11-19　T_i^{3+} 还原过程中生成的引发自由基 HO˙ 和 HOO˙ 的 DSR 谱

而圆柱形 TE_{011} 腔则适用于气体样品及装在毛细管中的液体样品。

(4)检测系统。检波晶体检出的 ESR 信号，经放大、相检波后可在示波器上观察或由记录仪记录信号。

2. 电子自旋共振实验方法

(1)磁场扫描校正　为了测线宽和超精细分裂，需要对磁场进行校正。最简单的办法是将谱线经过仔细校正的标准样品与测试样品一起放入腔内，同时记谱校正。常用的标准样品有：如掺 Mn^{2+} 的 SrO 有分布在 420Gs 范围内的六条谱线，每条谱线宽为1.6Gs；超精细分裂常数为 84±0.2Gs；如四氰乙烯负离子(溶液)，有九条谱线，线宽为 100mGs，超精细分裂常数 1.57Gs。

(2)自旋(或自由基)浓度的测量　每单位质量(或间位体积，单位长度)样品中的自旋(或自由基)数正比于吸收曲线下的面积。对一次微商信号，应积分两次才能得到面积。由于 ESR 谱线强度受实验条件如谱仪的灵敏度，微波频率，调制幅度，样品中的自由基浓度多少，样品的 g 因子，跃迁几率和样品温度等因素的影响，所以一般不是直接测定样品中的自由基的浓度，而是将其与已知自由基浓度的标准试样相对比来测定，当然标准试样应当具备下列性质：a. 与未知样品有相似的主线宽、线型、物理形态和介电损耗；b. 自由基浓度与未知试样相当，并且不随时间和温度而变化；c. 有较短的自旋晶格弛豫时间 T_1，可避免信号的饱和。

常用的第二标准样品有红宝石、碳化葡萄糖、MgO、CaO 和 $CaCO_3$ 中的 M_n^{2+} 等；它们都是用不太稳定的第一标准样品，如新结晶的 DPPH，$CuSO_4.5H_2O$ 晶体、$MnSO_4H_2O$ 和 $K_2NO(SO_3)_2$ 的水溶液预先校正过的。

(3)变温测试　常常欲在低温下测试 ESR 谱，其好处是：a. 增加电子自旋在低能级与高能级的分布数值差，从而可提高检测灵敏度；b. 增长自旋-晶格弛豫时间，并可得到自旋体系与晶格间相互偶合的信息。

(4)样品制备　在 ESR 研究中，通常碰到的样品不外乎是气体、液体和固体三类。①对于气体，主要是顺磁分子如 O_2，NO，NO_2，ClO_2；原子如 H，N，O；气相中的自由基。一般在 13～133Pa(10^{15}～10^{16}分子/cm^3)的条件下测 ESR 谱，得到的分辨率最好。②对于液体样品，主要是液体经辐照和光解产生的自由基，溶液中产生的正或负离子自由基，以及化学反应中的活泼中间体。辐照产生自由基的测试有两种方法：一种是经辐照产生的自由基用泵输送流过共振腔。至于光解产生自由基，可将光通过腔壁之石英窗直接照射样品来实现。负离子自由基可在真空条件下用碱金属与芳香化合物于极性溶剂(如四氢呋喃)中相混合而得到，亦可用电解法获取。广泛用来引发聚合的氧化－还原反应中的自由基往往用流动法来产生。两个容器分别盛氧化－还原剂和单体溶液，二者经泵运送至靠近共振腔的混合器混合后，立即流过腔体以测定短寿命的中间自由基。③对固体样品，既可在腔中经光照、辐照、热裂解或放电来产生自由基，亦可在腔外产生自由基后再转移至腔中进行测定。对单晶样品，应配有转动装置附件来调节晶体相对于外磁场的各种不同取向，以便测定各向异性的 ESR 谱。④自由基的稳定，很多自由基的寿命太短，以至在常规条件下无法用 ESR 谱来观测。因此，如何使活泼自由基稳定是头等重要的。实验中常常采取以下一些措施：a. 低温冷冻(液氮或液氦温度)；b. 稳定在分子筛表面；c. 稳定在有机玻璃的基质中；d.稳定于有机晶体基质中；e.用自旋捕捉剂与之结合形成稳定自由基。

11.2.4 电子自旋共振波谱在高聚物研究中的应用

1.聚合过程

高聚物的链增长可以是自由基或离子型机理。对于前者无论由哪种方式引发的聚合反应中都有自由基形成，只要其浓度在 ESR 谱仪灵敏度极限范围之内，即可用 ESR 跟踪自由基的形成、变化和消失，为弄清聚合机理提供有价值的信息。对聚合过程中的自由基，人们感兴趣的是引发自由基 $\dot{R}_i$；单体自由基 $\dot{R}_m$；高聚物自由基 $\dot{R}_p$；链断裂形成的断链自由基 $\dot{R}_d$。

上述这些自由基的浓度及寿命都受实验条件及其本身结构的影响，要检测它们并非易事。但可采取各种措施以达到观察它们的目的，如通过高聚物沉淀、凝胶或交联而将自由基包裹于其中，使自由基彼此间难于反应；低温冷冻以减小 $\dot{R}$ 的活性；流动技术使腔中的 $\dot{R}$ 保持一定浓度，以及用自旋捕捉剂 S 与不稳定的自由基 $\dot{R}$ 结合形成稳定的自由基 $R\dot{S}$ 等方法来延长自由基的寿命和提高其浓度。由于受篇幅限制，下面仅介绍 $\dot{R}_i$ 的检查方法。氧化－还原反应

$$T_i^{3+} + H_2O_2 \longrightarrow T_i^{4+} + OH^- + HO^{\cdot}$$

$$HO^{\cdot} + H_2O_2 \longrightarrow H_2O + HOO^{\cdot}$$

产生的引发自由基 $HO^{\cdot}$ 和 $HOO^{\cdot}$ 的寿命都很短，只能用流动技术才能检出它们。例如 $TiCl_3$ 的硫酸溶液，流速为 4.5ml/s 时，其 ESR 谱如图 11－19 所示。改变 T_i^{3+} 的浓度〔T_i^{3+}〕，则〔$HO^{\cdot}$〕和〔$HOO^{\cdot}$〕亦发生变化。当〔T_i^{3+}〕低时，只有〔$HO^{\cdot}$〕；只有在〔T_i^{3+}〕增高时，〔$HOO^{\cdot}$〕才出现。

通过反应

$$T_iCl_3 + (CH_3)_3COOH \longrightarrow T_i^{4+} + HO^- + (CH_3)_3CO^{\cdot}$$

$$(CH_3)_3CO^{\cdot} \longrightarrow CH_3COCH_3 + CH_3^{\cdot}$$

给出 $\dot{R}_i = CH_3^{\cdot}$，由流动法测得的 ESR 谱见图 11－20。

单体中加入少量的引发剂过氧化苯甲酰或偶氮二异丁腈等，它们在光和热的作用下分解产生的 $\dot{R}_i$，只能在低温下才能被检测。

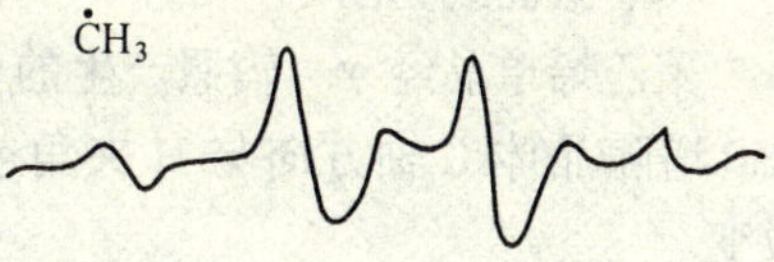

图 11－20　$CH_3^{\cdot}$ 的 ESR 谱

此外在很多情况中，辐照纯的单体也能引起聚合，此时的 $\dot{R}_i$ 是直接从单体分子中去掉一个 H 而形成，即在反应初期就形成了 $\dot{R}_m$。此外，$H^{\cdot}$ 亦可与单体分子作用形成中间自由基的引发聚合。

仔细研究 $\dot{R}_i$、$\dot{R}_m$、$\dot{R}_p$ 随时间的变化，以及它们相互间的变化，可得到有关动力学的信息。

2.高聚物的辐照和光降解

单体经辐照可以聚合，反之高聚物在 γ－辐照或光作用下也会形成自由基并导致高聚物降解。因自由基的产生和变化是同时发生的，所以用 ESR 谱来说明究竟形成了什么自由基有一定困难，氧的影响也使问题复杂化；从而，一般总是观察真空中的辐照降解，然后再研究氧的作用。

77K 时电子辐照聚乙烯如图 11－21 所示的 5 线 ESR 谱，结晶度不同的样品的 ESR 谱略有差异。它是聚乙烯高分子 RH 经激发分解或通过离子－分子反应产生的烷基自由基的反映。由理论谱与实测谱的拟合，求出

$$\underset{\gamma}{—CH_2}—\underset{\beta}{CH_2}—\underset{\alpha}{\dot{C}H}—\underset{\beta}{CH_2}—\underset{\gamma}{CH_2}—$$

$$a_{\alpha-H}=22.4Gs,\ a_{\beta-H}=33.1Gs$$

但在 293K 时用电子辐照聚乙烯，则得到分裂常数为 27Gs 的线 ESR 谱，它是由烯丙基自由基

$$—CH═CH—\dot{C}H—CH_2—$$

与 $—CH_2—CH_2—\dot{C}H—CH_2—CH_2—$

谱的叠加。

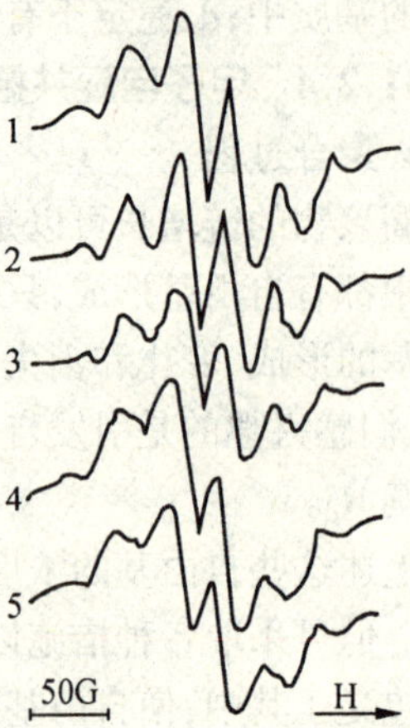

图 11－21　结晶度不同的聚乙烯的 ESR 谱

如辐照剂量达到几千兆拉特时，则其 ESR 谱为单线，它是由$—CH_2(CH=CH)_n—\dot{C}H—CH_2—$贡献的。而且上述自由基的寿命是不同的。在 77K 时，$—CH_2—CH_2—\dot{C}H—CH_2—CH_2—$和$—CH=CH—\dot{C}H—CH_2—$的寿命分别为一天或几个月，而$—CH_2(CH=CH)_n\dot{C}H—CH_2—$在室温条件下也很稳定。$—CH_2—CH_2—\dot{C}H—CH_2—CH_2—$在室温时的衰减是由下列反应引起的。

$$\dot{R}_i+\dot{R}_i \longrightarrow R_1-R_2$$

$$R\cdot+—CH_2—CH=CH— \longrightarrow RH+—\dot{C}H—CH=CH—$$

$$R\cdot+—\dot{C}H_2—CH=CH— \longrightarrow CH(R)—CH=CH—$$

其衰减曲线见图 11－22。

聚乙烯单晶经 γ－辐照产生的自由基的 ESR 谱随晶体 C 轴方向与 H 夹角 θ 改变而改变。

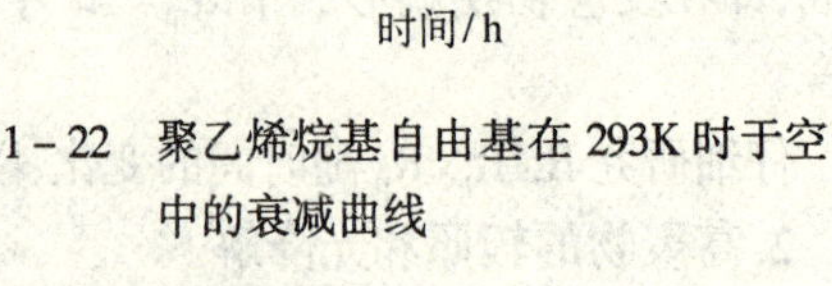

图 11－22　聚乙烯烷基自由基在 293K 时于空气中的衰减曲线

高聚物的光敏降解是众所周知的，如于聚乙烯中加入萘、蒽、菲、芘等光敏剂，则它们的激发三重态的能量可转移至聚乙烯中的不饱和键，而激发的不饱和基团很容易失去其烯丙基上的 H，而得到烯丙基自由基。

ESR 谱还可以用于高聚物氧化、接枝共聚等机理的研究。近年，关于稳定的高聚物自由基的研究日趋活跃，通过 ESR 谱研究可给出高聚物运动及链结构的信息。

第 12 章　固体高聚物的小角光散射

高聚物的光散射方法就是利用高聚物对光的散射现象来获得其内部结构状况的信息。在通常的研究中，散射光往往集中在很小的散射角范围内，例如小于 5°或 10°。因此这一方法亦被称为小角光散射(Small Angle Light Scattering 简称 SALS)方法。但在实际操作中并不绝对地局限于很小的角度，角度范围取决于所用样品和所研究的问题。

光波在物体中的散射是一个内容十分广阔的领域，本章主要介绍在高聚物研究中经常用到的方法，即 X 射线衍射法、小角中子散射法和小角激光光散射法。由于它们采用的入射光波长各不相同，所以上述各种方法的散射原理及其适用的可分析结构尺寸也各不相同。X 射线衍射法对结晶态高聚物的某些结构参数的研究测定是十分重要的，而对非晶态高聚物的研究主要运用小角中子散射技术。小角激光光散射主要用来研究结晶性高聚物的高次结构——球晶结构。

由于 X 射线衍射法的基本原理及实验方法在前面已详细论述，而小角中子散射由于受到中子源的限制使该方法难以普及，故本章主要介绍小角激光光散射技术，关于光散射技术在高聚物研究中的应用将在最后统一介绍。

12.1　小角激光光散射

球晶结构是结晶性高分子的高次结构，它对于高分子材料性能的影响至关重要。研究高分子材料球晶的生长过程、尺寸和形态，对于控制加工成型条件、提高制品质量具有重要的现实意义，同时也为高分子材料设计和改性提供科学依据。

12.1.1　小角激光光散射基本原理

1. 光散射的理论

当光波进入物体时，在光波电场作用下物体产生极化现象，出现由外电场 E 诱导而形成的偶极矩 D

$$D = \alpha E \tag{12-1}$$

D 和 E 之间的比例系数称为物体的极化率。电场 E 是一个随时间 t 变化的量，因而 D 也是随时间变化的。根据电磁波理论，一个变化着的偶极矩就是一个电磁波的辐射源。以球面波形式向外辐射的电磁波，也即散射光的电场强度 E_S 为

$$E_S = \frac{\sin\varphi}{Lc^2}\frac{\mathrm{d}^2 D}{\mathrm{d}t^2} \tag{12-2}$$

式中，φ 为偶极矩与辐射方向间的夹角；L 为由偶极矩中心到观测点的距离(见图 12-1)；c 为真空中的光速。物体不同部位给出的散射光之间可以是相干的，有干涉现象，因此在讨论一个物体的散射时，就要把散射体内各体元的散射贡献考虑到它们之间的相位关系

加和起来。

已经知道在绝对均匀的物体内是没有散射的，所以散射理论处理中的一个最基本的问题就是讨论一个粒子处于另一介质中时的散射。这一问题的严格解决，即使对形状十分规整的均匀粒子，仍是极为复杂的。Rayleigh 在他的散射讨论中曾提出过一种简化的假定。由于 Rayleigh 以及随后 Debye 和 Gans 等的贡献，人们通常把符合这一假定的散射称为 Rayleigh – Gans 或 Rayleigh – Debye 散射。假定的基本物理思想表示在图 12 – 2 中。散射粒子可以被分割成许多比波长小得多的体元，图中画出了两个体元。在计算每一体元对观测点的散射贡献时，其他体元对入射光和散射光的传播的影响均可忽略。这就相当于把图 12 – 2(a)近似为图 12 – 2(b)问题的计算就变得比较简单了。这时总的散射振幅可表示为

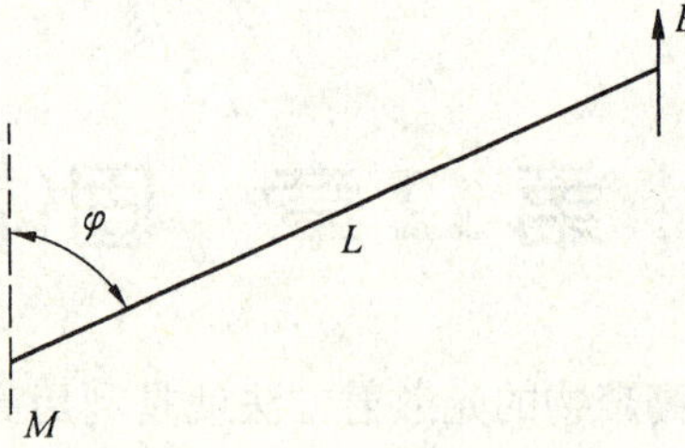

图 12 – 1　振荡偶极的辐射

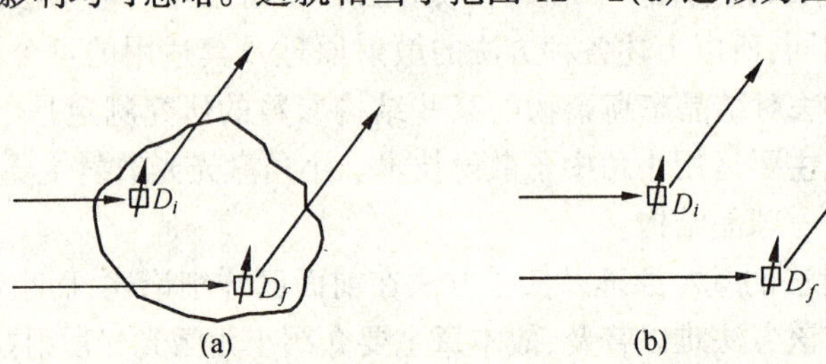

图 12 – 2　Raleigh – Gans 散射近似示意图

(a)实际情况　(b)近似模型

$$E_S = KF \tag{12-3}$$

式中，$K = \frac{\sin\varphi}{L}\left(\frac{4\pi}{\lambda_0}\right)^2 E$ 是一个与入射光的强度、在真空中的波长 λ_0 以及散射的方向和距离有关的参量，而与散射粒子的本质无关。结构因子 F 则反映了散射粒子的形状和内部的结构特性，也和散射方向有关。

$$F = \frac{1}{E}\sum(D_j \cdot O)\mathrm{e}^{ik_s(r_j - s)} \tag{12-4}$$

式中，D_j 是散射体内 r_j 处体元 j 的诱导偶极矩，O 是观测散射时选用的偏振方向上的单位向量，向量 $S = S_1 - S_0$，S_0 和 S_1 分别是入射光和散射光方向上的单位向量。$i = \sqrt{-1}$，$k_s = \frac{2\pi}{\lambda_s}$，$\lambda_s$ 是光波在介质中的波长。这里的加和是对散射粒子的所有体元进行的。$k_s(r_j - s)$项反映了不同体元贡献的散射的相位差别(见图 12 – 3)。总的散射光强正比于$|E_S|^2$。

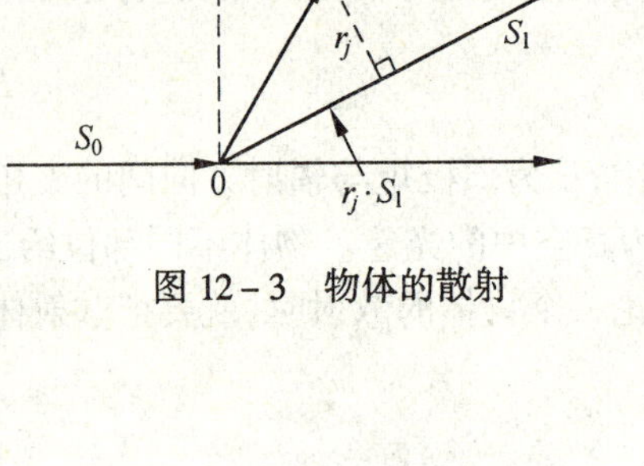

图 12 – 3　物体的散射

2. 小角激光光散射

小角激光光散射所用的光源为激光，当一束单色准直的激光光束($\lambda = 6.328 \times 10^{-7}$m)通过起

偏振器以后照射到高聚物薄膜样品上，由于样品的密度、取向涨落引起极化率的不均一性而使入射光发生散射现象。散射光再经过检偏振器到达照相底片上，便得到了 SALS 的散射花样。只有结晶性样品才有散射图样，无规高聚物不出现任何图样。SALS 法的工作原理如图 12－4 所示。

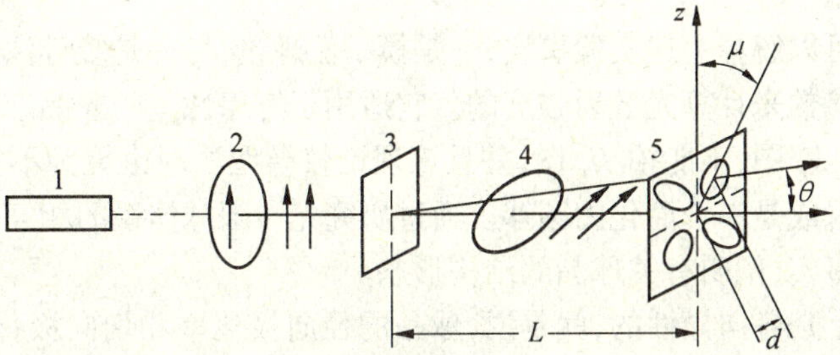

图 12－4　SALS 法工作原理示意图

1—He－Ne 激光器；2—起偏振器；3—样品；4—检偏振器；5—照相底片

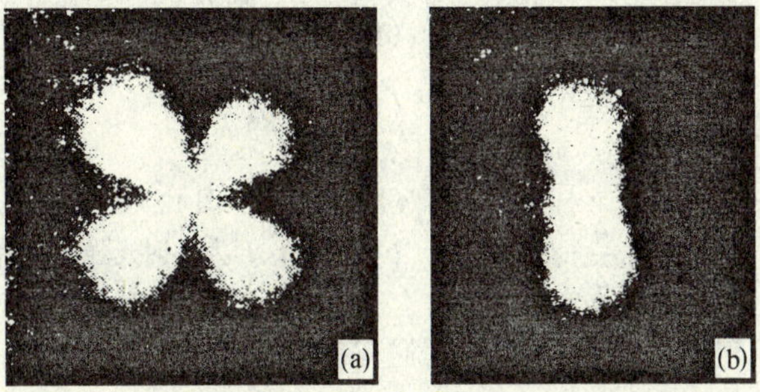

(A)

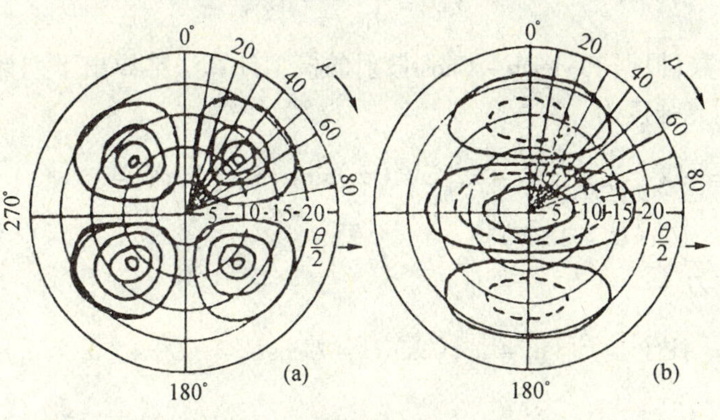

(B)

图 12－5　低密度聚乙烯的光散射图

(A)实验记录照片：(a) H_v 图；(b) V_v 图

(B)理论计算图：(a) H_v 图；(b) V_v 图

图 12－4 中的 θ 角称散射角，是某一束散射光与入射光方向的夹角；μ 为方位角，定义为记录面上某一束散射光的光点 P 与中心点 O 的连线 OP 与 z 轴之间的夹角；L 为样

晶与照相底片之间的距离。

定义:起偏振器与检偏振器相互垂直时,得到的散射图称 H_v 图;当两者相互平行时得到的散射图称 V_v 图。图 12-5(A)是结晶性很好的低密度聚乙烯的光散射图样的实验记录。图 12-5(B)是理论计算的光散射图。

3.模型法理论

有两种理论可以解释上述实验事实,一是模型法理论;另一是统计法理论。统计法理论是以一些结构参数来计算光散射强度的。它适用于有序性差的非晶态高聚物的内部结构,加之它仅能拍 V_v 图,不能拍 H_v 图,并且该理论较模型法理论更为不完善。模型法理论把高聚物球晶看成是一个简化的圆球。通过研究光与圆球体系的相互作用及散射光的强度来解释实验事实,阐明有关球晶的结构形态。

球晶在光学上是各向异性的,就是说,球晶的径向极化率和切向极化率是不相等的。把一个各向异性的球晶放到均匀介质中来描述它的光散射行为和推导各项参数,见图 12-6。

设 V 为球晶的体积,U 为半径等于 R 的球晶的形状因子

$$U = hR \tag{12-5}$$

$$h = \frac{4\pi}{\lambda}\sin\left(\frac{\theta}{2}\right) \tag{12-6}$$

则

$$U = \frac{4\pi}{\lambda}\sin\left(\frac{\theta}{2}\right)R \tag{12-7}$$

式中,θ 为散射角;μ 为方位角。定义 S_iU 代表正弦积分

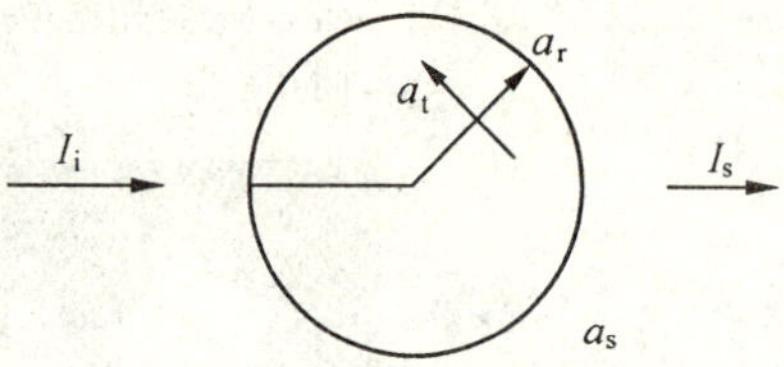

图 12-6 球晶的各向异性示意图

I_i 为入射光强,I_s 为散射光强,R 为球晶半径,α_s 为介质极化率,α_r 为球晶的径向极化率,α_t 为球晶的切向极化率

$$S_iU = \int_0^u \frac{\sin x}{x}\mathrm{d}x \tag{12-8}$$

运用上述这些参数,根据 Reyleigh - Gans 散射的模型计算法推导出下列计算散光强度的公式。H_v 的散射光强度为

$$I_{H_v} = AV^2\left(\frac{3}{U^3}\right)^2\left[(\alpha_t - \alpha_r)\cos^2\left(\frac{\theta}{2}\right)\sin\mu\cos\mu(4\sin U - U\cos U - 3S_iU)\right]^2 \tag{12-9}$$

V_v 的散射光强度为

$$I_{V_v} = AV^2\left(\frac{3}{U^3}\right)^2\left[(\alpha_t - \alpha_s)(2\sin U - U\cos U - S_iU) + (\alpha_r - \alpha_s)(S_iU - \sin U) - (\alpha_t - \alpha_r)\cos^2\left(\frac{\theta}{2}\right)\cos^2\mu(4\sin U - U\cos U - 3S_iU)\right]^2 \tag{12-10}$$

式中,A 为比例常数。

用上述公式对结晶性很好的低密度聚乙烯样品进行 I_{H_v} 和 I_{V_v} 计算,得到了光散射理论图,见图 12-5(B)。通过等强度线标示出的 H_v 图呈四叶瓣;V_v 图呈二叶瓣。这与实验拍摄的照片完全符合,见图 12-5(A)。

在 I_{H_v} 公式中，H_v 散射强度只与球晶的各向异性项$(\alpha_t-\alpha_r)$有关，而与周围介质 α_s 无关。H_v 散射光强度随方位角 μ 以$(\sin\mu\cos\mu)$的形式而改变。当 $\mu=0°,90°,180°,270°$时，$\sin\mu\cos\mu=0$，所以在这四个方位上 $I_{H_v}=0$；当 $\mu=45°,135°,225°,315°$时，$(\sin\mu\cos\mu)$有极大值，所以在这四个方位 I_{H_v} 也出现极大值，故 H_v 图呈四叶瓣，如图 12-7 所示。在 I_{V_v} 公式中，V_v 散射光强度与介质极化率 α_s 有关，是密度涨落的贡献，见公式第一项中$(\alpha_t-\alpha_s)$、第二项中的$(\alpha_r-\alpha_s)$。而公式的第三项是各向异性的贡献$(\alpha_t-\alpha_r)$，它随方位角以 $\cos^2\mu$ 的形式而改变。可见，只有当 $\mu=0°$、$180°$时，I_{V_v} 才有极大值，所以 V_v 图呈两叶瓣花样，见图 12-8 所示，I_{V_v} 是密度涨落和取向涨落的共同贡献。

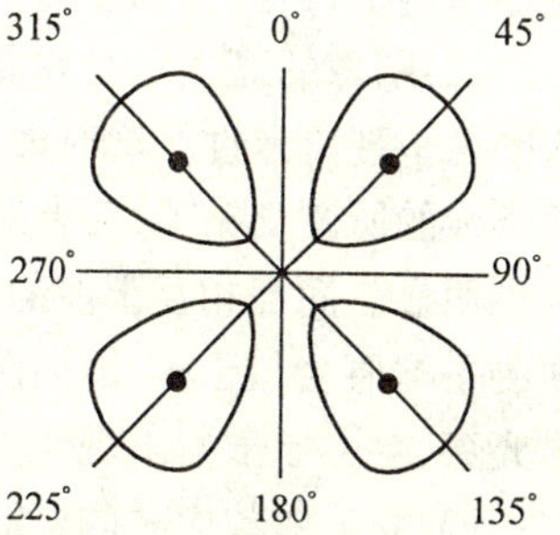

图 12-7　μ 与 I_{H_v} 的关系

从上述讨论结果可知，用模型法理论来研究聚乙烯这类高结晶的高聚物是适合的。它能较好地解释实验事实。当然，它也有局限性。表现在，只考虑了光与单个球晶之间的相互作用，而没有考虑球晶之间的相互作用，也没有考虑球晶内部微细结构对光散射强度的贡献。此外，当高聚物内部结构的有序程度较低时，就很难用某种一定形状和有一定边界的模型来处理。

12.1.2　小角激光光散射实验方法

1. 实验仪器

SALS 方法所用的仪器装置通常由光源、偏振系统、样品台和记录系统组成（见图 12-4）。目前一般采用激光器做光源，例如小型的 He-Ne气体激光器（波长为 632.8nm）即可适用。可采用偏振片作起偏镜和检偏镜，它们应能分别绕入射光方向转动调节以适应 V_v、H_v 等不同条件下的测量。为了保证能在足够大的散射角范围内进行工作，检偏镜的尺寸应尽可能大些（例如直径达 8cm）。样品台一般与显微镜所用的载物台相似，保证样品台方便地作二维的平移和转动。必要时还可倾斜，作垂直入射条件下的研究。

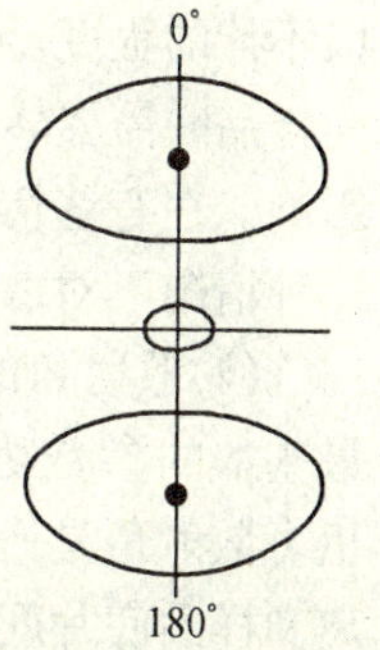

图 12-8　μ 与 I_{H_v} 的关系

在 SALS 研究中，人们广泛地采用照相方式来记录散射图像。这一方法的优点是设备很简单，只要在记录部位放上照相机（暗盒架）即可工作。由于激光光源的光强很大，所以曝光时间很短，通常少于 1s。若能采用一次成像片（Polaroid）记录，则半分种内就可看到结果。照相法的另一个优点是一次就可以得到散射图像的全貌，这一点对散射图像并非圆对称的样品尤为重要。散射图像的记录还可以采用高速摄影法和光电记录法。近年来采用电视摄像管来代替机械式的扫描装置，加之计算机的介入，使传统的光电记录法有了质的飞跃。

2. 实验方法

(1)样品制备　首先，样品的厚薄是要注意的。厚薄的选择要根据样品的透明程度，一般认为样品的透明度应在 80% 以上为宜。样品太厚时，不只是透过光和散射光太弱，而且由于多次散射现象，散射图像会变得弥散而不利于分析研究。其次为了获得清晰的图像，试样的表面应尽量平整。若在表面有散射干扰测量效果时，可选用与试样具有相同折射率的浸渍液滴加在试样表面上，也可用两盖玻片把涂有浸渍液的试样夹在中间。试样在浸渍液中应不溶解和不溶胀，常用的有硅油、香柏油等。在对纤维样品研究中，纤维应尽可能平行排列。此外，一定要用浸渍液消除表面散射的干扰。

(2)图像的斑点　对球晶散射的理论分析表明，不同球晶的散射之间的干涉现象会引起图像呈现斑点性。这时散射光强中除有反映单个球晶的散射项外，还包括了反映球晶间干涉的所谓交错项，后者对光强度的分布起到调制作用。这种作用在球晶数量不大时特别明显。而当相互干涉的球晶数目很大，而它们之间的相对位置又是无规的时候，交错项的平均值会趋于零，因而图像的斑点性会减弱。因此，在实际测量中，若采用过细的入射光束，会由于散射出现斑点性而使图像质量下降。

(3)双折射效应对散射的影响　当样品存在宏观取向时，样品和偏振系统的相对取向对散射图像会有很大影响。对球晶散射的研究表明，当球晶处于一个均匀的单轴取向的介质中时，若让其取向方向与偏振镜方向成45°夹角，则双折射效应的影响最大。不只是强度值有影响，散射图形也会随双折射量的增加而明显变化。当试样中双折射引起相位差为 π 的奇整数倍时，图形绕入射光方向转过45°角。取向对散射影响的原因是双折射，它使得入射光和散射光在传播过程中的偏振方向发生变化，从而引起散射图像的巨大变化。若在观测时使取向方向与偏振镜的方向成0°或90°夹角，则双折射的影响会减小到可以不计的程度。在一般的光散射理论处理中均不考虑双折射效应的影响，因此在研究取向样品时需要转动样品使其光轴方向和入射光的偏振方向平行或垂直，以消除双折射的影响。在有些情况下，由于样品内部取向的不均匀性，完全消除这种影响是不可能的。在这种情况下对散射结果的讨论应十分小心，要充分估计到双折射的影响。

(4)散射角的测定和修正　散射角是散射测量中最基本的参数之一。在照相法中一般采用平板式相机。散射角是通过测定观测点到入射光中心斑点的距离和样品底片间距离来计算的。在原理类似的光电记录设备上角度测定的方法是同样的。由于实际操作中样品到检测面的垂直距离有时不易测准，为了得到散射角的数值，也常用标准样品标定的办法。例如每厘米1 000线的小型光栅的第一级衍射极大出现在3.628°处(632.8nm)就是比较方便的。在一些检测器绕样品转动的仪器上应能读出散射角的数值，但因散射角一般很小，所以能有标准样品来标定也是很好的。

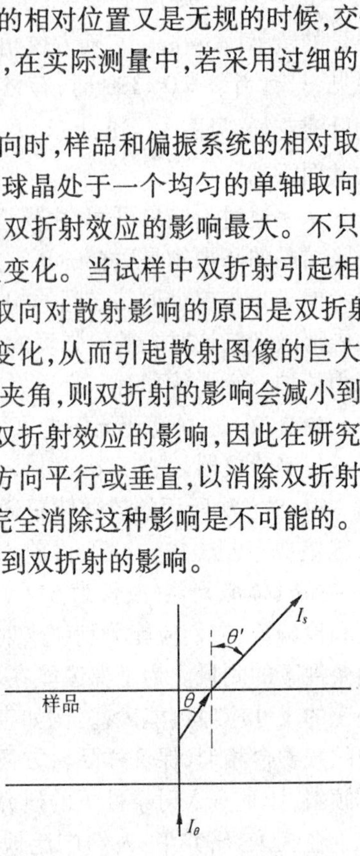

图 12-9　散射光在样品表面的折射

在散射理论的讨论中，散射方向或散射角都是对在散射样品中的散射光而言的，而实际观察到的都是在样品表面折射后出来的散射光(见图12-9)，因此在工作时需按Snell定律进行修正以获得真正的散射角 θ

$$\sin\theta = \frac{n'}{n_s}\sin\theta' \doteq \frac{1}{n_s}\sin\theta' \qquad (12-11)$$

式中，θ' 为实际测到的散射角；n_s 和 n' 分别是样品和空气的折射率。在计算球晶大小的一些公式中这种修正实际上往往是可以省略的。由于考虑到 $n_s\lambda_s = \lambda_0$，结合上式，实际

可按下式计算样品中球晶的尺寸

$$R = 1.02\frac{\lambda_s}{\pi}\left(\sin\frac{\theta_m}{2}\right)^{-1} \doteq 1.02\frac{\lambda_0}{\pi}\left(\sin\frac{\theta'_m}{2}\right)^{-1} \tag{12-12}$$

式中，θ_m 为 I_{H_v} 出现极大值处的散射角，就是说，λ_s 和 θ_m 同时用入射光在真空中的波长 λ_0 和表观的散射角 θ'_m 代替时，按公式(12－12)计算球晶尺寸一样准确。

(5)散射强度的测定　不管是进行理论的检验还是表征试样的内部结构状况，准确地得到真正的散射强度数据是十分重要的。光电记录法得到的是一个与单位时间内进入检测器截面积 A 的光能量有关的电信号 $T(\theta)$。$T(\theta)$中往往包括了散射光能量以外的一些其他效应的贡献，例如中心透过光的影响，仪器中的杂散光以及电子仪器本身的本底信号。由于散射光强度总是很弱的，所以扣除这些效应是必需的。中心透过光应设法挡去，其他部分则作为背景扣除，剩余部分才是真正与进入截面积 A 的散射光强度成正比的信号 $T_s(\theta)$

$$T_s(\theta) = T(\theta) - T_b(\theta) \sim AI_s(\theta) \tag{12-13}$$

$T_b(\theta)$是背景信号。$T_s(\theta)$和 $AI_s(\theta)$间的比例系数一般不是一个常数，而是与散射方向有关的量，可以写成

$$T_s(\theta) = KS(\theta)AI_s(\theta) \tag{12-14}$$

这里 K 是一个仪器常数，$S(\theta)$叫做灵敏度或灵敏度函数。$S(\theta)$的出现是由于每一台仪器经过加工、安装和调试后仍可能偏离理想情况。对于靠检测器在垂直入射光方向上移动来改变散射角的仪器，$S(\theta)$还包括了由于截面积 A 所对应的立体角 Ω 的大小和样品到检测器间距离 L 均随检测器移动而变化所带来的差别(见图 12－10)。$S(\theta)$可通过对具有均匀散射的标准样品，例如均匀的乳白玻璃等，进行测定来获得。这样，按下式就可以得到比例于散射光强度的相对强度了。

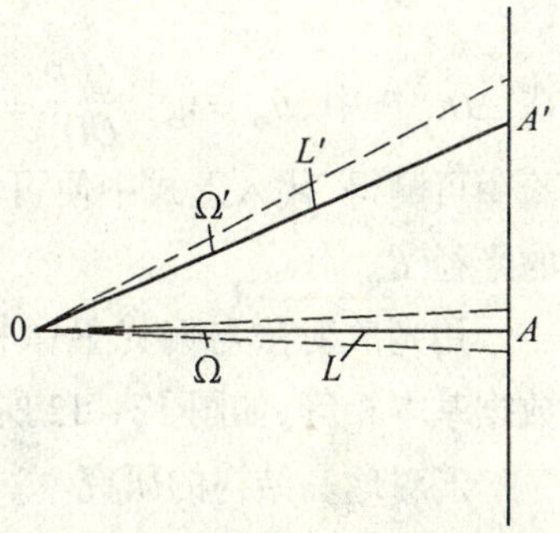

图 12－10　检测散射的立体角变化

$$\frac{T(\theta) - T_b(\theta)}{S(\theta)} \propto I_s(\theta)$$

有了不同角度下散射的相对强度就可以根据散射理论得到引起散射的结构的大小和形状。但若要得到有关散射粒子的数量和它们与周围介质的极化率或折射率差别的程度，就必须讨论散射光的绝对强度。这时一般采用瑞利(Rayleigh)比的形式

$$R_s = \frac{I_s L^2}{I_0 V} \tag{12-15}$$

式中，V 为散射体积，L 为散射体到观测点的距离，R_s 是一个反映散射物体结构状况的量，而与测量所用的仪器、方式或条件无关。为了得到 R_s 值，必须精确测定 L 和 V。因为 I_s 和 I_0 通常是在两次实验中分别测定的，所以必须把它们换算到相同的基准上方能用于计算 R_s 值。若能有一个瑞利比已知的标准样品用来标定，对工作会有很大帮助。实际工作也正是这样操作的。

12.2 光散射技术在高聚物研究中的应用

12.2.1 小角激光光散射在高聚物研究中的应用

1.用 H_v 散射法测定高聚物球晶的尺寸

用光学显微镜可以观测尺寸在几个 μ 以上的大球晶。但是对于球晶在生长的早期阶段尺寸较小,而且还很不完善时用光学显微镜就难以观察。另外,当很多球晶重叠在一起时图像模糊不清了。用电子显微镜可以观察较小的球晶,但制备样品复杂费时。相比之下,用 SALS 法测定球晶大小,比较简单方便。

利用 H_v 散射法拍摄高聚物球晶样品可得到一个四叶瓣的散射图。散射光强度的分布随散射角 θ 而改变,图上的 P 点是散射光强度最大的点。当 I_{H_v} 出现最大值时 θ 与 L、d 之间的关系见图 12-11。

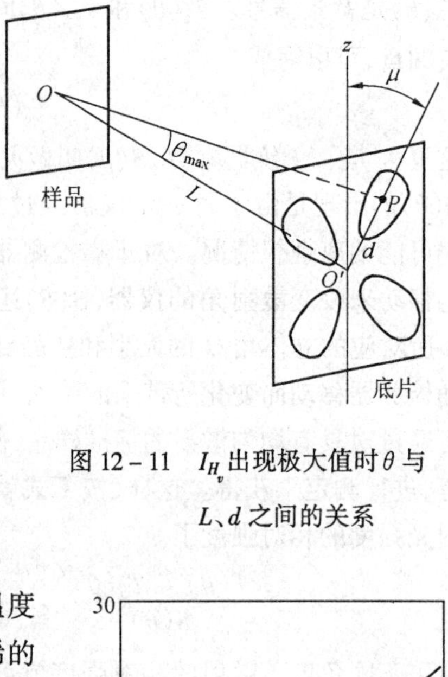

图 12-11 I_{H_v} 出现极大值时 θ 与 L、d 之间的关系

已知 $\lambda_0 = 632.8\text{nm} = 0.632\ 3\mu\text{m}$,根据公式(12-12)可求

$$R = 0.206/\sin\frac{\theta' m}{2}$$

在 $\Delta OO'P$ 中,$\theta_m = \text{tg}^{-1}\dfrac{O'P}{OO'} = \text{tg}^{-1}\dfrac{d}{L}$。$d$ 与 L 在实验中可测得,代入上式中便可以求出被测样品球晶的半径 R。

用光散射法与偏光显微镜法测得的球晶尺寸数据基本相等,如图 12-12 所示。

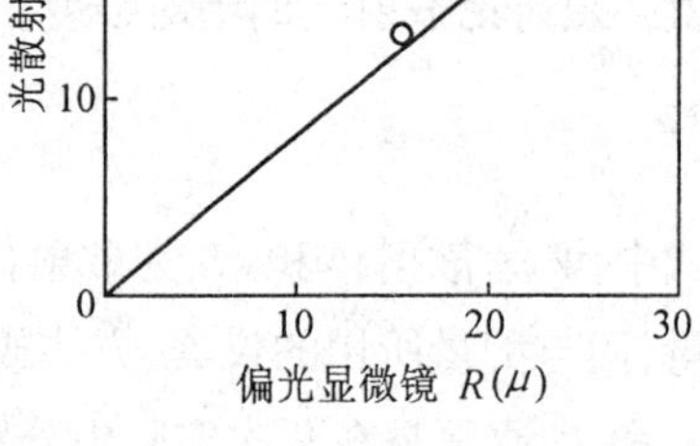

图 12-12 SALS 法与偏光显微镜法所测球晶尺寸的比较

2.对球晶结构的研究

结晶性高聚物在加工成型过程中,常常是进行缓慢冷却,这就使得高聚物内部形成高次结晶结构——球晶。例如,聚丙烯熔融注入模中成型时的温度为 230℃,成型后慢慢冷却降至 130℃时正是聚丙烯的结晶温度,由于降温速度慢,在此温度停留时间长,使其有充分结晶机会,所以生成了大球晶。球晶的大小对材料性能有直接影响。球晶大则使材料的断裂伸长和韧性下降。在球晶生成过程中,影响其球晶大小的因素是多方面的,主要有如下两点:

(1)淬火温度对聚丙烯球晶形态的影响　把全同立构的聚丙烯粒料($\overline{M}_\eta = 3.2\times10^5$)熔融压片成膜以后,在不同温度的水浴中淬火,得到一系列不同结晶度的样品。分别摄取其 H_v 图,见图 12-13。

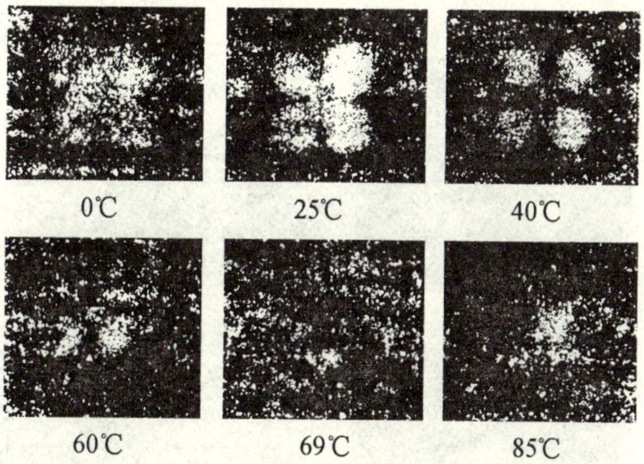

图 12－13　淬火温度对全同立构聚丙烯球晶大小的影响（H_v 图）

以球晶的直径 $D(\mu)$ 对淬火温度作图得一曲线，如图 12－14 所示。从图可见，淬火温度升高有利于生成大球晶。为了获得具有优良性能的聚丙烯制品，就必须控制淬火温度，使其生成小球晶。

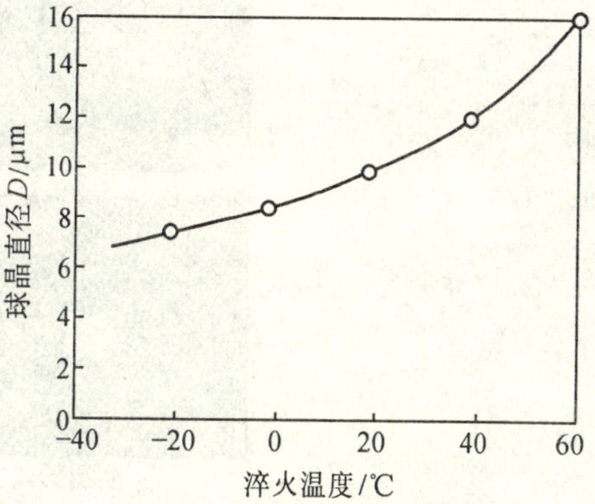

图 12－14　全同立构聚丙烯球晶大小与淬火温度的关系

高聚物球晶的生长过程包括晶核形成和球晶长大两个阶段。淬火温度升高有利于球晶长大。所以，若想获得小球晶就在足够低的温度下淬火。但是应指出，除淬火温度外，试样的内部组成及结构等因素对生成球晶的大小也是有影响的。

(2)成核剂对生成球晶大小的影响　为了考察成核剂对球晶生长的影响，在聚丙烯粉料中混入 0.25% 的苯甲酸钠（于 105℃下混炼 5 分钟），然后熔融压片，放 40℃水浴中淬火处理。用 SALS 法在相同条件下分别摄取这两个样品的 H_v 散射图。发现加入苯甲酸钠的样品所生成的球晶明显变小，见图 12－15，说明苯甲酸钠是一种成核剂。

3. 对聚丙烯薄膜拉伸过程中球晶变形情况的研究

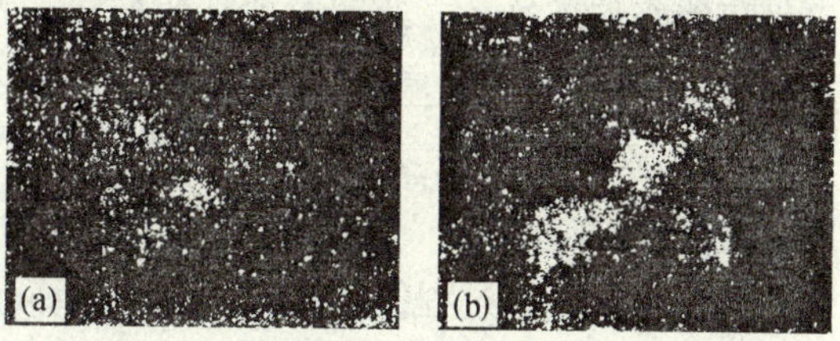

图 12－15　成核剂对聚丙烯球晶生长的影响
(a)未加成核剂的样品，球晶大小为 3.3μm
(b)加成核剂后的样品，球晶大小为 1.4μm

将聚丙烯粒料熔融压成薄膜，室温下淬火，得到的样品固定于拉伸装置的夹具上，在 100℃下热处理 5 分钟，使其充分结晶。将处理后的样品逐次拉伸，拍摄其 H_v 图，见图 12－16。很明显，随着样品拉伸比的增大，聚丙烯球晶的 H_v 图也在发生变化。四叶瓣花样被拉长，并向赤道方向($\mu = \pm 90°$)靠近。

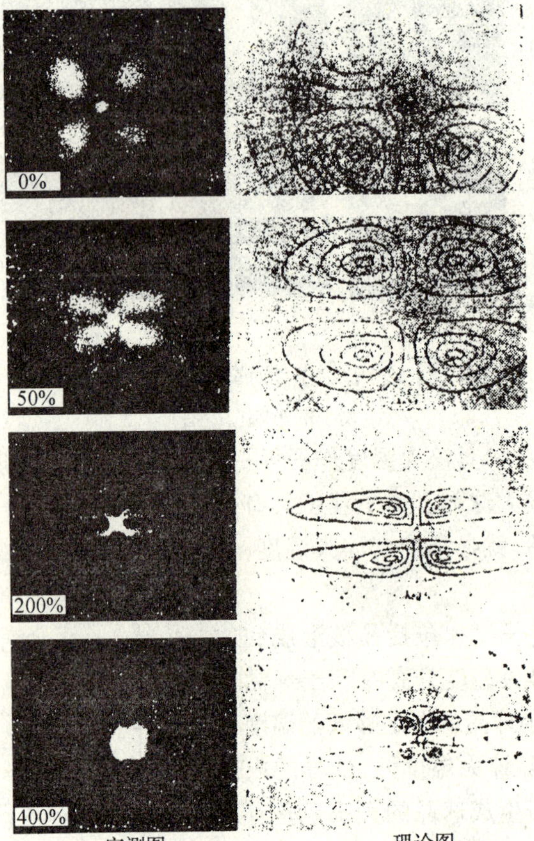

图 12-16　全同立构聚丙烯薄膜在垂直方向拉伸不同倍数时的光散射 H_v 图(0% ~ 400%)

在拉伸过程中,最大散射强度位置移向小散射角范围,散射强度较低的位置则伸展到大角范围。此外,散射强度随伸长比增大而有所降低。Samuels 报道,聚丙烯拉伸 400% 的时候,光散射的理论计算图仍能较好地符合实验图。球晶的形状在拉伸中由球形变成椭球形,与光学显微镜下看到的形状一致,如图 12-17 所示。在热拉伸过程中球晶只产生相应的塑性变形而不至于破坏。

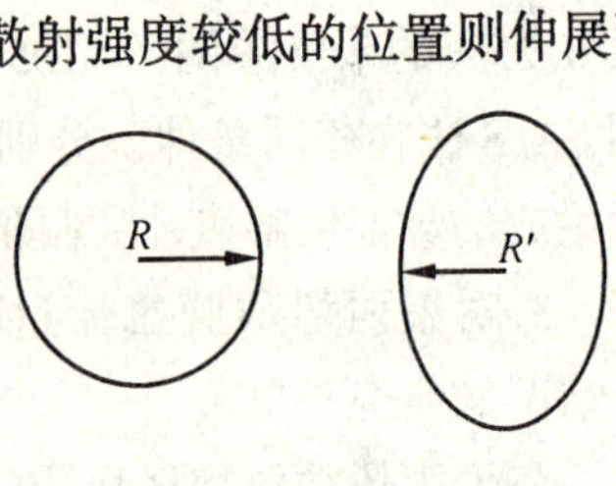

图 12-17　球晶拉伸过程的形变

4. 高聚物结晶过程的研究

用 SALS 法表征高聚物的结晶过程是有独到之处的。例如对聚乙烯冷却过程及聚酯升温过程中结构形态变化的研究。

(1)聚乙烯的冷却过程　将低密度聚乙烯熔融压成薄膜,于室温淬火后置于加热炉中,迅速升温至 170℃左右停 3min 后开始缓慢降温,用 V_v 图记录降温过程中聚乙烯球晶的生长情况,见照片 12-18 所示。

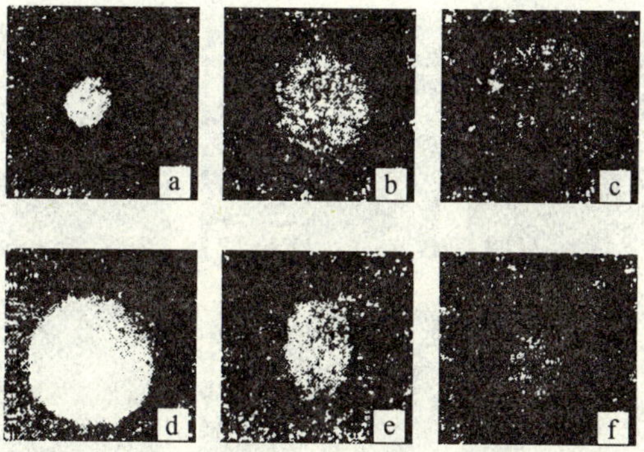

图 12－18　低密度聚乙烯冷却过程中 V_v 图的变化

聚乙烯冷却结晶过程包括球晶生长和球晶结晶内部两个阶段，从图 12－18 可见，当样品逐渐降温至 108℃（熔点附近）时，无光散射图样，见图 12－18(a)，说明此时尚无晶粒生成。随温度继续下降，在整个过程中散射光强度不断增大。在微晶形成的初期，晶粒小而少，内部结构也很不完善，见图 12－18(b) V_v 图形呈与相位角 μ 无关的圆对称图形。这是因为，根据模型法理论，由 I_{V_v} 公式可知，由于初期微晶小而且结构也不完善，所以晶粒内部各向异性($\alpha_t-\alpha_r$)项的贡献相对来说很小，散射主要是($\alpha_t-\alpha_s$)和($\alpha_r-\alpha_s$)项的贡献。随着温度的下降，圆对称散射图形逐渐变大，在 100℃左右时，达到最大，见图 12－18(c)。可能是由于不断生成较多新的球晶，使球晶平均尺寸下降的结果。随着结晶过程的发展，球晶逐渐充满散射体，新球晶的产生不占重要地位，V_v 图又变小了，见图 12－18(d)。当温度降到 96℃时，球晶充分长大，内部结构已趋完善，这时的光散射图样主要由($\alpha_t-\alpha_r$)项决定，所以 V_v 呈现两叶瓣特征，见图 12－18(e)。温度继续下降，球晶进一步增大，V_v 散射图相应缩小，见 12－18(f)。以上实验说明，利用 SALS 法研究低密度聚乙烯降温过程中球晶的生长及结构形态的变化情况是直观而有效的。

(2)聚酯的等速升温过程　将聚酯粒料熔融压片成膜，在冰中迅速淬火，以 4℃/min 的速度升温，用照相法摄取 H_v 图观察聚酯球晶的生长与熔化情况，如图 12－19 所示。当温度升至 T_g 以上直到 120℃附近，由于结晶作用尚不明显，无散射出现，H_v 图呈圆斑点，见图 12－19(a)。当温度升至 126℃左右，突然出现大而弥散的四叶瓣图形，见图 12－19(b)。直到 134℃时图形仍无变化，见图 12－19(c)，表明样品的球晶开始生长，只是小而不完善。温度继续升高到 167℃时，由于球晶迅速增长而且趋于完善，结晶度大大增加，出现散射极强的四叶瓣图形，见图 12－19(d)。当升温至熔化温度 257℃左右时，球晶内部结晶不完善的部分首先熔化了，结晶度明显降低，H_v 图呈现散射强度极弱的四叶瓣图形，见图 12－19(e)。当温度超过熔点 10℃左右时，四叶瓣消失变成了圆斑点，见图 12－19(f)，此时聚酯样品已成为各向同性的熔体了。说明聚酯生成的球晶要在一定的熔化温度范围里(熔限)才能熔化完全。

5. SALS 法用于共混体系的研究

例如，PP/EPT 体系的形态研究，用 SALS 法是一目了然的。随着 EPT 含量的增加，球晶越来越小，以至当达到 50/50 时，球晶已不完善，H_v 图的四叶瓣变得模糊了，如图 12－20 所示。

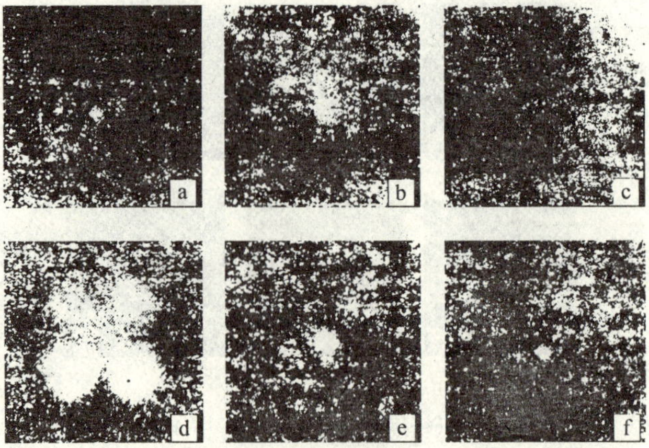

图 12-19　聚酯升温过程中 H_v 图的变化情况

a—122℃　b—126℃　c—134℃　d—167℃　e—257℃　f—267℃

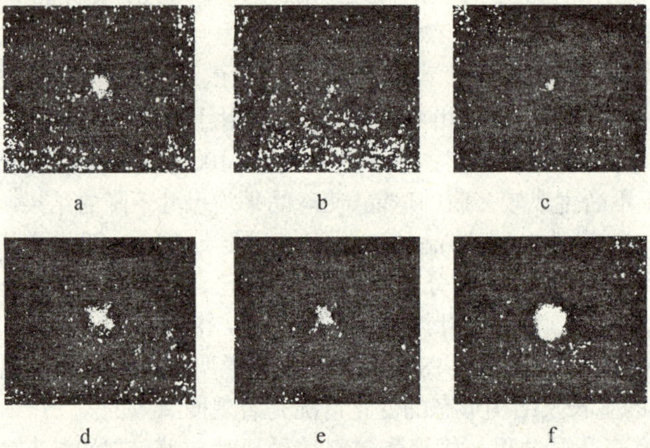

图 12-20　PP/EPT 共混物的 H_v 散射图

a—100/0　b—90/10　c—80/20　d—70/30　e—60/40　f—50/50

12.2.2　X 射线衍射法在高聚物研究中的应用

1. 对高分子材料的鉴定

根据 X 射线衍射得到的衍射环(照片)或衍射曲线,将衍射角 2θ 代入 Bragg 方程可得出一组 d 值。由 d 值查国际粉末衍射标准卡片(JCPDS)便可知是何种高聚物。X 射线衍射法配以其他手段,可对高聚物中的各种添加剂进行剖析。

2. 对高聚物的晶态与非晶态以及各种晶型的确定

晶态结构中的粒子是三维周期性规则排列在结晶点阵上。它能使单色 X 射线的散射线满足 Bragg 条件而相互增强,在照片上出现晶体特有的清晰明亮的环或弧(取向情况下),在衍射曲线上呈现尖锐的衍射峰。而非晶态不存在有序结构,至少缺少晶体的长程有序性,散射的 X 射线干涉混乱而图案模糊,在照片上呈现弥散环,衍射曲线没有尖峰而是一条连续的弥散峰。总之,通过照片和衍射曲线这两种谱的图形来判定高聚物的结晶与否是一目了然的。

例如,钼系催化剂催化合成1,2-聚丁二烯,随所加调节剂的变化而得到产物的规整性是不同的。图12-21是四个样品的X射线衍射曲线图。很明显,它们都是非晶态,不过它们之间的立体规整性是按4#,3#,2#,和1#样品的顺序排列的。

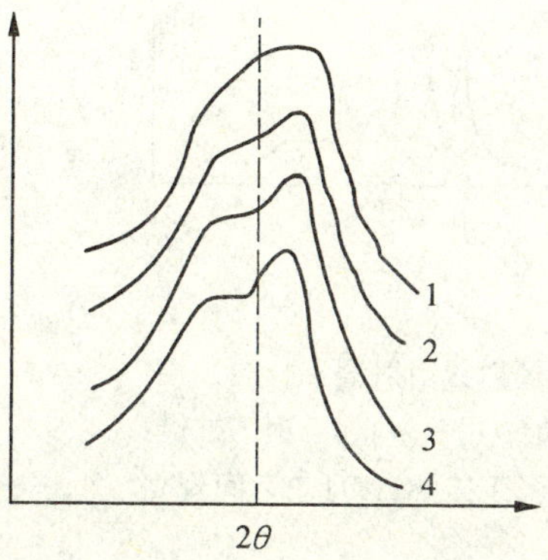

图12-21 1,2-PB的X射线衍射图
(图中数字为样品号)

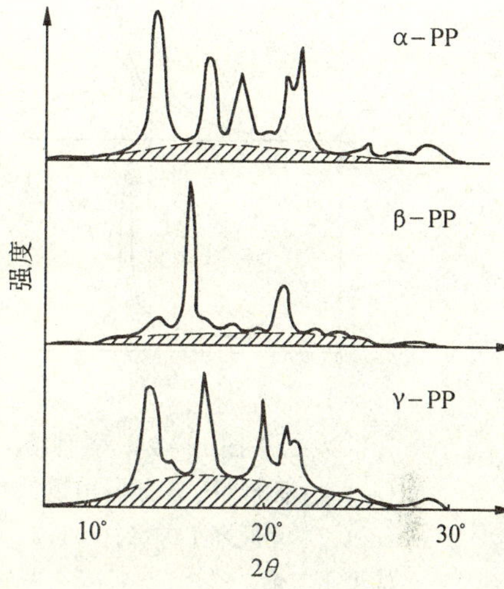

图12-22 不同晶型的聚丙烯X射线(CuK_α)谱图

通常将测得的衍射曲线与标准谱相对照可鉴别结晶高聚物的晶型。图12-22表示了三种不同晶型的聚丙烯。由于高聚物晶胞的对称性不高,一般均属低级晶族的三斜或单斜晶系。

由图12-23可以看出,取向样品的衍射强度有明显增强的趋势。取向可导致某些晶面的反射强度增加,促使另一些晶面的反射强度降低,甚至消失。

X射线衍射法用来鉴别高聚物的微观结构是十分有效的方法。例如,图12-24是各种不同结构的聚丁二烯X射线衍射谱。

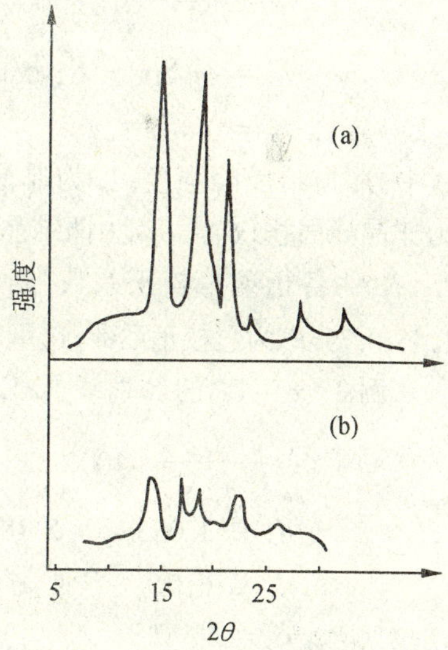

图12-23 聚丙烯(CuK_α)谱
(a)取向聚丙烯
(b)无规取向(未经退火)聚丙烯

3.某些结晶态结构参数的测定

(1)结晶度　测定高聚物结晶度的方法较多,例如密度梯度管法、反相色谱法、红外光谱法、热分析技术等。采用X射线衍射法较为简便。一般结晶性高聚物样品的X射线衍射谱中,在照片上同时有清晰的圆环和弥散环存在;在衍射曲线上既有尖锐的衍射峰又有平滑的弥散曲线,说明都不是百分之百的结晶。常用衍射曲线图作结晶度的定量计算。在应用中,根据所测样品的种类查阅文献可直接得到计算公式和各种参数。

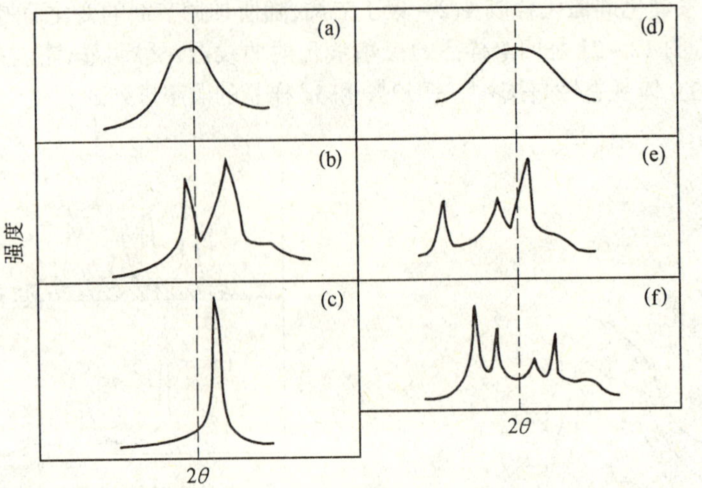

图 12－24　各种结构聚丁二烯 X 射线衍射谱

(a)1,4－无规聚丁二烯；(b)顺 1,4－聚丁二烯；(c)反－1,4－聚丁二烯；(d)1,2－无规聚丁二烯；(e)1,2－等规立构聚丁二烯；(f)1,2－间规立构聚丁二烯

例 1　图 12－25 是聚乙烯的 X 射线衍射谱。可按下式计算该样品的结晶度

$$x_c = \frac{I_c}{I_c + KI_a} \cdot 100\%$$

$$I_c = K_1 S_{110} + K_2 S_{200}$$

$$I_a = K_3 S_a \qquad (12-16)$$

式中，I_c 为结晶峰强度；I_a 为非晶峰强度；S_a 为非晶峰面积；S_{110}，S_{200} 为两结晶峰面积；K_1，K_2，K_3 为各衍射峰校正系数，$K_1 : K_2 : K_3 = 1 : 1.46 : 0.75$；$K$ 为总校正系数，这里 $K = 1$。

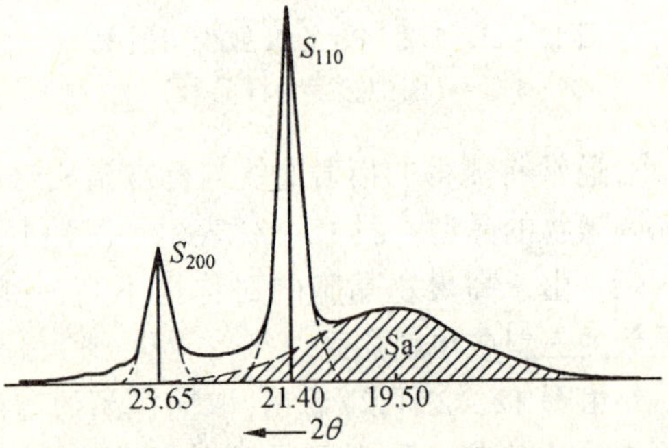

图 12－25　PE X 射线衍射谱图（CuK_α）

例 2　α－PP 的 X 射线（CuK_α）衍射谱如图 12－26 所示。可按下列公式计算结晶度。

$$x_c = \frac{I_c}{I_c + KI_a} \cdot 100\%$$

$$I_c = 3.06 S_{110} + 5.18 S_{040} + 6.89 S_{041} + 10.30 S_{041}$$

$$I_a = 6.9 S_a \qquad (12-17)$$

这里 $K = 0.9$。

(2)测定微晶大小　用高聚物的 X 射线衍射谱，根据 Sherrer 方程可计算各衍射峰所表示的那一系微晶的尺寸。

Sherrer 方程

$$L_{hkl} = \frac{K\lambda}{\beta\cos\theta} = \frac{K\lambda}{\sqrt{B^2 - b_0^2}\cos\theta}(\text{nm}) \qquad (12-18)$$

式中，K 为形状因子；λ 为 X 射线波长(nm)；β 为衍射峰的纯半高宽(弧度)；B 为实测半高宽(见图 12－26)；b_0 为仪器增宽因子。

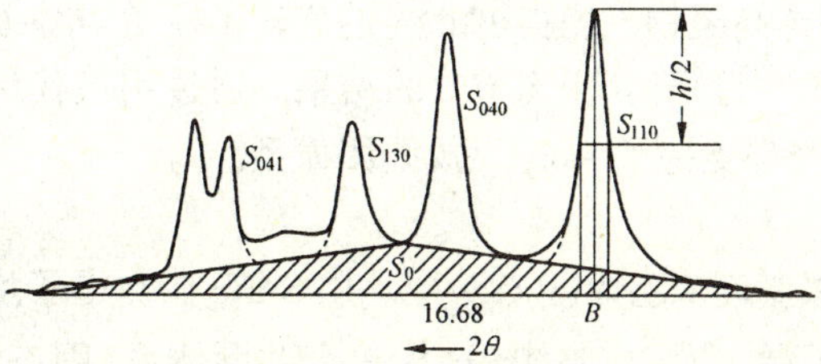

图 12－26　α-PP 的 X 射线(CuK_α)衍射谱

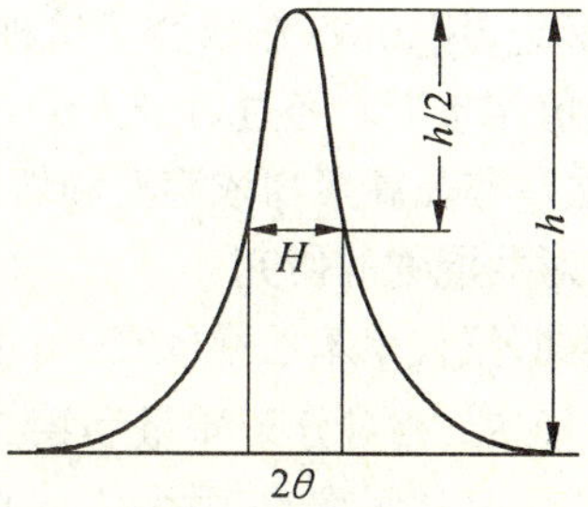

图 12－27　衍射峰最大值的半高宽

(3)测定取向度　在 X 射线衍射仪上加一附件——纤维样品台，可测得如图 12－27 所示的衍射强度曲线。

H 为沿赤道线上 Debye 环(常用最强环)的强度分布曲线的半高宽，用度表示。根据经验公式可计算所测样品的取向度。

$$\pi = \frac{180° - H°}{180°} \times 100\% \qquad (12-19)$$

理想取向，峰极窄，$H = 0°$，$\pi = 100\%$；无规取向，无峰，$H = 180°$，$\pi = 0\%$。

4. 研究橡塑共混物相容区域所在的位置

图 12－28 为 PP 与几种橡胶共混物的 X 射线衍射谱。由图可见，纯 PP 及其在与橡胶的共混物中均生成 α 型结晶，橡胶的加入没有改变原 PP 的晶型，这说明橡胶没有进入晶格，而是有 PP 的非晶区与其互容。按 Sherrer 方程($L = K\lambda / \beta\cos\theta$ 取 $K = 0.9$)计算结果如下表。

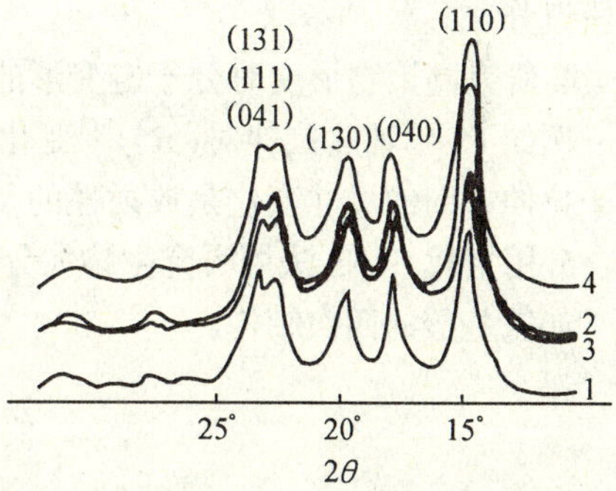

图 12－28　PP 与几种橡胶共混物的 X 射线衍射图 1—PP；2—EPDM/PP(10/90)；3—PBR/PP(10/90)；4—SBR/PP(10/90)

试　样	$L(110)$/nm	$L(040)$/nm
PP	130	156
EPDM/PP	118	126
PBR/PP	107	121
SBR/PP	98	115

很显然，共混物的晶粒尺寸都比纯 PP 变小了。说明橡胶的加入阻碍了 PP 晶粒的生长，使晶粒形状也有改变。值得注意的是，三种胶粒对 PP 晶粒生长的影响不同，所以它们的共混物粒晶尺寸不同。

12.2.3　小角中子散射法在高聚物研究中的应用

1. 对非晶高聚物的研究

SAXS 法和光散射法是研究高分子晶态和稀溶液的有效方法。而 SANS 法可以用来研究非晶高聚物固体，熔融态或浓溶液。

Kirst 用相对分子质量 25 万的氘代聚甲基丙烯酸甲酯(D－PMMA)作基体，以 H－PMMA 为标记，用 SANS 法研究了这种非晶固体高聚物。测得 PMMA 的旋转半径 R 与在 θ 溶剂中的值相接近。经过后来人的进一步研究得出$[R^2]^{1/2}\alpha M^{1/2}$的结果。通过用氘代标记 SANS 法对非晶高聚物浓溶液和熔体的研究都支持了 Flory 无规线团模型。

2. 对共混物的研究

例如，氘代聚苯乙稀(PSD)分散于聚邻氯代苯乙烯(P_0ClS)中。用 SANS 法测得了均方旋转半径 $\overline{R}^2$、相对分子质量和第二维利系数。对 P_0ClS/PS 这样一个共混体系(固态)用 SAXS 法研究是困难的，因为体系的电子密度差太小，得到的共混物散射曲线与 PS 的散射曲线差别不大。

3. 研究嵌段共聚物中各组分链段的结构

把嵌段共聚物中的一种组分氘化，以增大组分之间散射中子能力的差别。所用的溶剂也作成氘代和非氘代的混合物，改变这种混合溶剂的比例就能用 SANS 法逐一研究各嵌段组分。

4. 研究高聚物形变时分子链变形的情况

例如 PS 单轴热拉伸对$[\overline{R}^2]^{1/2}$变化的影响，研究表明，当拉伸比不大时，分子链在垂直于拉伸方向的尺寸变化是放射性的，在平行拉伸方向的变化则有些偏离。

5. 用氘代 SANS 法可研究生物大分子复杂结构

如氨基酸的四次结构。

第13章 热分析技术

人类对于热的发生过程和本质的认识已有几十万年的历史了,可是把热作为一种分析和研究物质的手段却是近代的事情。随着热分析技术和研究的发展,于1968年成立了国际热分析协会(International Comfederation for Thermal Analysis 简称 ICTA)。ICTA 1977年对热分析定义如下:热分析是测量在受控程序温度条件下,物质的物理性质随温度变化的函数关系的技术。这里所说的物质是指被测样品以及它的反应产物。程序温度一般采用线性程序,但也可能是温度的对数或倒数程序。

热分析技术的基础是当物质的物理状态和化学状态发生变化时(如升华、氧化、聚合、固化、硫化、脱水、结晶、熔融、晶格改变或发生化学反应时),往往伴随着热力学性质(如热焓、比热容、导热系数等)的变化,因此可通过测定其热力学性能的变化,来了解物质物理或化学变化过程。

目前热分析已经发展成为系统性的分析方法,它对于材料的研究是一种极为有用的工具,特别在高聚物的分析测定方面应用更为广泛,因为它不仅能获得结构方面的信息,而且还能测定性能。热分析用于研究高分子材料的重要方法有:差热分析(Differential Thermal Analysis 简称 DTA);示差扫描量热法(Differential Scanning Calorimetry 简称 DSC);热重分析(Thermogravimetric Analysis 简称 TGA);热机械分析(Thermomechanic Analysis 简称 TMA)。本章主要介绍 DTA、DSC 两种热分析技术。

13.1 差热分析

13.1.1 差热分析的原理及设备

差热分析是在程序控温条件下,测量试样与参比的基准物质之间的温度差与环境温度的函数关系。实验的具体方法是用两个尺寸完全相同的白金坩埚,一个装参比物——选择一种在测量温度范围内没有任何热效应发生的惰性物质如 $\alpha-Al_2O_3$ 及 MgO 等;另一个坩埚装欲测高聚物样品。将两只坩埚放在同一条件下受热——可将金属块开两个空穴,把两只坩埚放在其中,也可以在两只坩埚外面套一温度程控的电炉。热量通过试样容器传导到试样内,使其温度升高。这样,通常在试样内多少会形成温度梯度,故温度的变化方式会依温度差热电偶接点处的位置(测温点)而有所不同。测温点插入试样和参比物中,也可放在坩埚外的底部。考虑到升温和测温过程中的这些因素,DTA 的严密理论要求,必须按照各个装置的特有边界条件、几何形状,进行热传递的理论分析。

通常采用图13-1中的方式控温。同极相连,这样它们产生的热电势的方向正好相反,当炉温等速上升,经一定时间后,样品和参比物的受热达到稳定态,即二者以同样速度升温。如果试样与参比物温度相同,$\Delta T=0$,那么它们热电偶产生的热电势也相同。由于反向连接，所以产生的热电势大小相等方向相反，正好抵消，记录仪上没有信号；如果高聚物样品有热效应发生（如玻璃化转变、熔融、氧化分解等），而参比物是无热效应的，这样就必然出现温差 $\Delta T \neq 0$，记录仪上的信号指示了 ΔT 的大小。当样品的热效应（放热或吸热）结束时，$\Delta T = 0$，信号也回到零。这就是 DTA 的工作过程，见图 13－1。

13.1.2 差热分析曲线

差热分析得到的热谱图（即 DTA 曲线）是以温度为横坐标，以试样和参比物的温差 ΔT 为纵坐标，以不同的吸热和放热峰显示了样品受热时的不同热转变状态。图 13－2 为 DTA 吸热转变曲线。

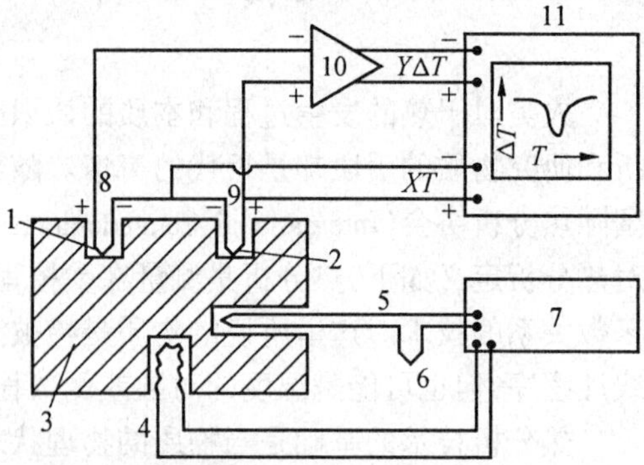

图 13－1 DTA 工作原理图

1—参比物；2—样品；3—加热块；4—加热器；5—加热块热电偶；6—冰冷联结；7—温度程控；8—参比热电偶；9—样品热电偶；10—放大器；11—$X-Y$ 记录仪

由于热电偶的不对称性，试样、参比物（包括它们的容器）的热容、导热系数不同，在等速升温情况下划出的基线并非 $\Delta T = 0$ 的线，而是接近 $\Delta T = 0$ 的线，另外升温速度的不同，也会造成基线不同程度的漂移。

设试样和参比物（包括容器、温差热电偶等）的热容 C_s、C_r 不随温度而改变，并且假定它们与金属块间的热传递和温差成比例，比例常数 K 与温度无关。基线位置 $(\Delta T)_a$ 为

$$\Delta T_a = \frac{C_r - C_s}{K} \cdot \phi;\phi = \frac{\mathrm{d}T_w}{\mathrm{d}t}\text{（升温速度）} \qquad (13-1)$$

可见，基线偏离仪器零点的原因是由于试样和参比物之间的热容不等（$C_s \neq C_r$），因此参比物最好采用与试样在化学结构上相似的物质，有时在试样中混些参比物来稀释，使 C_s 与 C_r 相近。此外，K 与装置的灵敏度有关，K 增加，则 ΔT_a 下降。升温速度 ϕ 变化，基线就会漂移，故必须采用程序调节器，使 ϕ 固定不变。

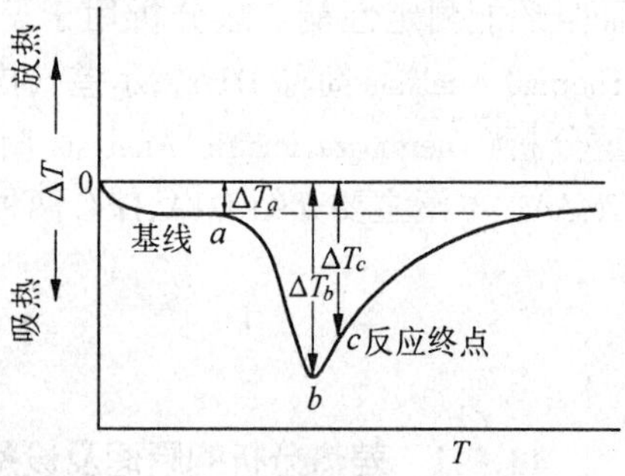

图 13－2 DTA 吸热转变曲线

如果试样在加热过程中热容有变化，基线就要变动。因此，从 DTA 曲线便可知热容发生急剧变化的温度，这个方法被用于测定高聚物的玻璃化转变温度。

当温度过了 a 点，试样发生了某种吸热反应，ΔT 不再是一个定值，而随时间（即温度）急剧增大，因为试样发生了吸热反应，就需要环境（保温金属块）向试样提供热量。由于环境提供热量的速度有限，吸热使试样的温度上升变慢，从而使 ΔT 增大。达到 b 点时出现极大值，吸热反应开始变缓，直到 c 点时反应停止，试样自然升温。以 ΔH 表示试样吸收（或放出）的热量，如果环境温度的升温速度 ϕ 是恒定的，熔化时试样的吸热速度为 $\mathrm{d}\Delta H/\mathrm{d}t$，则可得到

$$C_s \frac{\mathrm{d}\Delta T}{\mathrm{d}t} = \frac{\mathrm{d}\Delta H}{\mathrm{d}t} - K[\Delta T - \Delta T_a] \qquad (13-2)$$

吸热反应发生后，DTA 曲线偏离基线，由于 ΔT 增加，等式右边的第二项变大。当 $\mathrm{d}\Delta H/\mathrm{d}t > K[\Delta T - \Delta T_a]$时，DTA 曲线呈偏离基线趋势；但随着吸热反应的趋于完成，$\mathrm{d}\Delta H/\mathrm{d}t$ 逐渐下降，当 $\mathrm{d}\Delta H/\mathrm{d}t = K[\Delta T - \Delta Ta]$，$\Delta T$ 达到极值ΔT_b；当 $\mathrm{d}\Delta H/\mathrm{d}t < K[\Delta T - \Delta Ta]$，$\Delta T$ 逐渐减小，DTA 曲线慢慢回到基线。

当 ΔT 处于最高峰 b 点时，ΔT 为ΔT_b，此时 $\mathrm{d}\Delta T/\mathrm{d}t = 0$，则式(13－2)可以写成

$$\Delta T_b - \Delta T_a = \frac{1}{K} \cdot \frac{\mathrm{d}\Delta H}{\mathrm{d}t} \tag{13-3}$$

从上式可以看出，K 值越小，转变峰值越高(即 $\Delta T_b - \Delta T_a$ 值越大)。这表明仪器灵敏度变大，所以为了使 K 值减小，常在样品容器和金属块之间设法留一个气隙，这样就可以得到尖锐的峰。

当实验进行到 c 点，整个过程交换的总热量应为

$$\Delta H = C_s[\Delta T_c - \Delta T_a] + K\int_a^c [\Delta T - \Delta T_a]\mathrm{d}t \tag{13-4}$$

上式实际上是把式(13－1)由 a 点积分到 c 点来求峰的面积，为了简化上式，可以假设 c 点偏离基线不远，即$(\Delta T)c \doteq (\Delta T)a$，则上式可写成

$$\Delta F = K\int_0^\infty [\Delta T - \Delta T_a]\mathrm{d}t = KA \tag{13-5}$$

此处 A 表示峰面积(即积分项)。

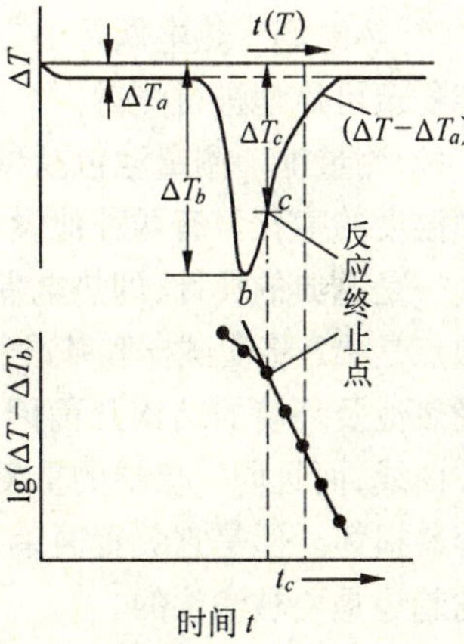

图 13－3　确定反应终点的作图法

关于反应终点 c 的确定是十分必要的，因为可以得到反应终止的温度。假设物质的自然升温(或降温)过程是按指数规律进行的，则可以用 b 点以后的一段曲线数据，以 $\lg[\Delta T - \Delta T_a]$对 T 作图，即可得到图 13－3下端的曲线。曲线上开始偏离直线(即不服从指数规律)的点即 c 点。

如果在升温过程中试样仅发生比热容的变化(即 $C_s \rightarrow C'_s$)，按照式(13－1)即会影响到 ΔT_a 值，使基线发生水平偏移。这种情况常在高聚物试样中出现，因为当高聚物发生玻璃态转变时，自由体积变大，会使热容增加。

图 13－4 示出高聚物 DTA 和 DSC 曲线示意图。图中可以看到固态结构形态一级转变的吸热峰，玻璃化转变引起的基线平移，结晶放热峰，晶体熔融吸热峰，固化、氧化、化学反应或交联的吸热或放热峰和分解挥发的吸热峰等。

应当指出，从 DTA 曲线上可以看到物质在不同的温度情况下所发生的吸热和放热反应，但是并不能得到热量的定量数据。因为不论试样和基准物都通过其容器与外界有热量流动，而这种热交换情况与仪器的结构有关。虽然已经有经过精心设计的仪器，称之为量热式 DTA 或定量 DTA，但也需要用标准物质来标定，而且也不能令人十分满意，所以，当能够准确地获得热量的示差扫描量热计(DSC)出现以后，大有取代 DTA 之势。但因 DSC 仪器较贵，某些 DSC 商品仪器还存在一定的技术问题，所以 DTA 还在普遍使用。

13.1.3　差热分析仪

DTA 的装置如图 13－1 所示，仪器包括下列几个主要部分。

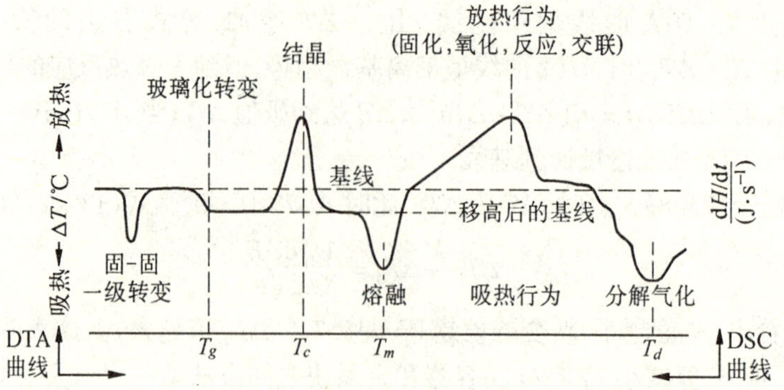

图 13－4　高聚物的 DTA 和 DSC 曲线示意图(固-固一级转变)

(1)热电偶　热电偶是 DTA 的关键元件,一般用铂-铂铑,经过仔细加工和热处理使之能稳定可靠地进行测量。

(2)测量池　测量池包括试样池和参比池。测量池与其托架接触良好以保证能追随程序温度的变化。有两种池设计:

一是经典的设计,即热电偶放入试样和基准物之中,如图 13－5 所示。这种形式的主要缺点是 ΔT 将受试样和基准物的密度、导热系数、比热容、热扩散等因素的影响极大,而且受热池及环境的结构几何因素影响亦很大。所以常常用不同的仪器得到差别较大的 DTA 曲线,而且同一仪器的重复性亦不好。特别是某些物质会对热电偶有腐蚀作用而使之容易损坏。但是它装置简单,所以还是被一些实验室采用(特别用于矿物分析)。然而总的趋势是要被淘汰的。

另一种改进型的测量池是把热电偶放在测量池底部的热沉块中,而且位于热流途径中,如图 13－6 所示。此热沉块具有适当的热惯性,保证热电偶不受其他因素的影响,这就比上述的形式受试样性质和几何因素等影响优越得多了。

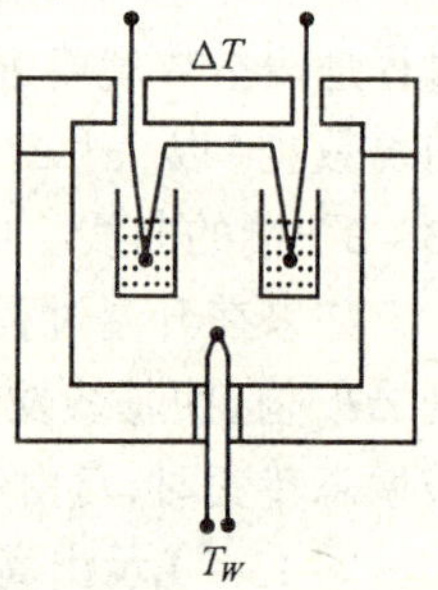

图 13－5　经典的 DTA 测量池结构

试样池和参比池的托架是仔细设计和加工的,保证在正常升温条件下传给两个测量池的温度是均衡的,以实现基线的水平。

(3)程序温控装置　DTA 实验升温的线性非常重要。同时对它有升温、降温和恒温的要求,而且升温速度可以在较大范围内调节,以适应实验的需要,同时需要能从负温度开始工作,例如－170℃到 500℃范围(对高聚物分析是足够的,但对无机非金属和金属材料则要求 1 000℃以上)。

(4)热电偶用的微伏放大器　为了能进行精密的测量,这个放大器是十分重要的。不但要求它灵敏,而且还要稳定。由于电子技术的进步,目前提供稳定的小于 10μV 的直流放大器已经不成问题。

(5)记录仪　先进的仪器常采用多笔记录仪,用以记录程序升、降温曲线,差热信号 ΔT 的曲线,有时还能同时记录 ΔT 曲线的微分曲线(需要配置电子微分电路)。有的仪器用 $X-Y$ 函数记录仪,这对直接读取温度比较方便,但是观察不到程序控温的线性情况。当然现在已经采用微处理器把数据处理后用打印机或绘图仪来绘制曲线。

(6)气氛控制系统　在低温(－170℃～20℃)操作时必须通入干燥的氩气或氮气至测量池,以免水汽的凝聚。在高于600℃的情况下也经常需通入氩气来带出分解产物,以免对分析系统的干扰。

13.1.4　DTA测量时应注意的要点及其影响因素

(1)注意程序控温的线性和速度。前文已经提到程序控温的线性将影响DTA基线的平直性,必要时应先做基线空白试验。而升温速度对曲线的结果有较大的影响。例如高的升温速度常使峰的最高点$(\Delta T)_b$移向高温方向,因为加热速度高引起反应剧烈,所发生的热来不及散发,从而使$\mathrm{d}\Delta H/\mathrm{d}t$增加,这样按式(13－3)可以看出将使峰高增大,并使峰顶移向高温。

(2)在选择基准物的时候应考虑尽可能使Cr与Cs相近,使基线接近零线。基准物要选择在测量范围内本身不发生任何热变化的稳定物质,通常用熔融石英粉、$\alpha-Al_2O_3$和MgO粉末等。在试样与基准物的热容相差较大时,亦可以用基准物稀释试样来加以改善。同时基准物的导热系数也应当选择与试样尽可能相近。稀释的方法亦可以达到同样目的,此外这种处理还有防止试样烧结,帮助试样与周围气氛接触等优点。

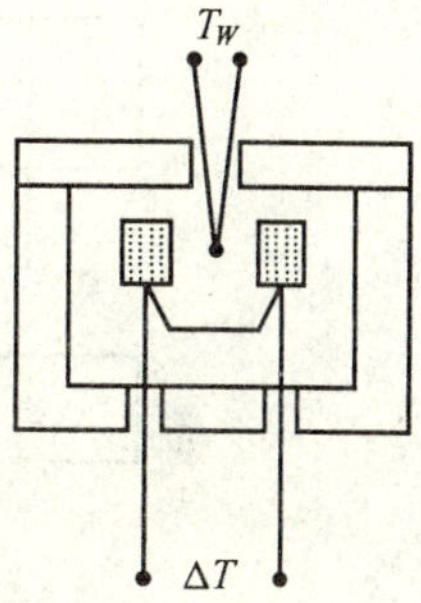

图13－6　改进的DTA测量池结构

(3)在测定过程中应注意水分的干扰影响,因为试样如果吸附一定的水分,将在100℃附近出现一个大的蒸发吸热峰干扰实验结果。为此,常需要把试验预先经过干燥处理。

(4)测定过程中可能发生双峰交叠的情况,应设法分峰(这表示两个热反应)。如果仪器没有带微处理机分峰功能,可利用前述指数规律来确定第一个反应的终止点温度加以区分。

(5)注意反应中的挥发物发生二次反应带来反应热的干扰。

(6)对预结晶物质程序升温和降温所得的曲线是不可逆的。

(7)DTA(包括DSC)需要用标准物质来校正测定的温度准确性。所用的温度标准物质必须是化学稳定的,而且蒸汽压低(它的蒸发热应对测量不发生干扰),因此多数系金属盐类、纯金属或纯有机化合物。

13.2　示差扫描量热法

由于一般DTA输出的信号是温差(ΔT),而用温差来描述热量不但间接而且不够准确,难于进行热量的定量测定。这引起人们不断地改进设计,以求得到定量化的DTA,虽然取得一定的效果,但并不理想。直到Watson和O'Neill设计了两个独立的量热器皿,分别有各自的电加热器,在相同的环境温度下,采取热量补偿的方式保持两个量热器皿的平衡,从而测量试样对热能的吸收和放出(以补偿对应的参比基准物的热量来表示)。这两个量热器皿都放在程序控温的条件下,采取封闭回路的形式。所以能精确迅速地测定热容和热焓。他们把这种设计叫做示差扫描量热计(DSC)。

目前发展了两种DSC方法,即功率补偿式示差扫描量热法和热流式示差扫描量热法。前者即上述的方法，后者实际上并不严格，仍脱离不了定量型 DTA 的痕迹。下面主要介绍前一种方法。

13.2.1 示差扫描量热法的基本原理

图 13-7 为功率补偿式 DSC 工作原理图，与 DTA 相比，仪器多了一个功率补偿放大器，样品与参比池下面多了补偿加热丝。如果试样吸热，补偿器便供热给试样，使试样与参比物的温度相等，$\Delta T=0$；如果试样放热，补偿器便供热给参比物，使试样与参比物温度相等，$\Delta T=0$。这样，补偿的能量就是样品吸收或放出的能量。

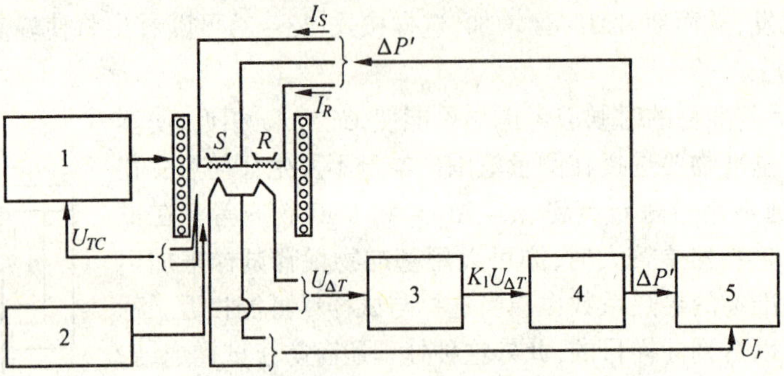

图 13-7 功率补偿式 DSC 示意图

设补偿回路总的电流强度为 I，其中样品池下面加热丝的电流强度为 I_S；参比池下面加热丝的电流强度为 I_R，且在整个测试过程中，补偿回路总的电流强度保持不变。根据 DSC 补偿电路可知

$$I=I_S+I_R \tag{13-6}$$

I_S 上升，I_R 必然下降；反之亦然。DSC 补偿电路中试样和参比物下面的补偿加热丝电阻 R_S 和 R_R 相等，这样补偿功率的大小只与补偿电路的电流强度有关。当样品没有热效应发生时，$\Delta T=0$，这时补偿电路 $I_S=I_R$，补偿给试样和参比物的功率相等；当样品有热效应发生时，$\Delta T\neq 0$，这时补偿电路 $I_S\neq I_R$。补偿给试样和参比物的功率不相等，若试样放热，则 $I_S<I_R$；若试样吸热，则 $I_S>I_R$。目的是使试样与参比物之间的温差 ΔT 趋于零，使试样和参比物的温度始终维持相同。当温差热电偶输出一个温差信号 $U_{\Delta T}$

$$U_{\Delta T}\propto \Delta T\propto(\Delta P-\Delta P')\,U_{\Delta T}=K_1\cdot(\Delta P-\Delta P') \tag{13-7}$$

温差信号经差热放大器和功率补偿放大器放大后，输出补偿给试样和参比物的功率之差 $\Delta P'$ 为

$$\Delta P'=K_2\cdot K_3U_{\Delta T}=K_1\cdot K_2\cdot K_3(\Delta P-\Delta P')=K(\Delta P-\Delta P') \tag{13-8}$$

这里 K 是一个系数，$K=K_1\cdot K_2\cdot K_3$，K_1 为 $\Delta P-\Delta P'$ 转换为热电势的变换系数；K_2 为差热放大器的放大系数；K_3 为电压转换为功率的变换系数；ΔP 为试样的放热或吸热速率。将式(13-8)整理后可得

$$\Delta P\cdot K=\Delta P'(K+1) \tag{13-9}$$

若 $K\gg 1$，则有

$$\Delta P=\Delta P' \tag{13-10}$$

由上述分析可知使热效应充分补偿的条件。$\Delta P'$ 是可被测定的量，由于 $\Delta P'=\Delta P$，$\Delta P'$ 从

侧面反映了样品热效应的大小，由补偿电路可知

$$\Delta P' = I_S^2 R_S - I_R^2 R_R \tag{13-11}$$

根据 DSC 补偿电路特点

$$I = I_S + I_R; R_S = R_R$$

式(13－11)可改写成

$$\Delta P' = (I_S + I_R)(I_S R_S - I_R R_R) = I(\Delta U)$$

式中，ΔU 为补偿电路中试样支路与参比物支路的电压差。记录 $\Delta P'(I\Delta U)$ 随 T(或 t)的变化就是 DSC 曲线。DSC 曲线的纵坐标代表试样放热或吸热的速度，横坐标是温度或时间。同样规定吸热峰向下，放热峰向上。

13.2.2 示差扫描量热仪

示差扫描量热仪的核心部位是测量池的设计。图 13－8 示出两种 DSC 测量池，(a)为用铂电阻温度计测量温度，而(b)为用热电偶测量。应该指出，(a)型池结构复杂，制作有相当难度，但由于铂电阻稳定度和灵敏度均优于热电偶，所以(b)型尽管结构简单，但目前所达到的性能指标不如(a)型。

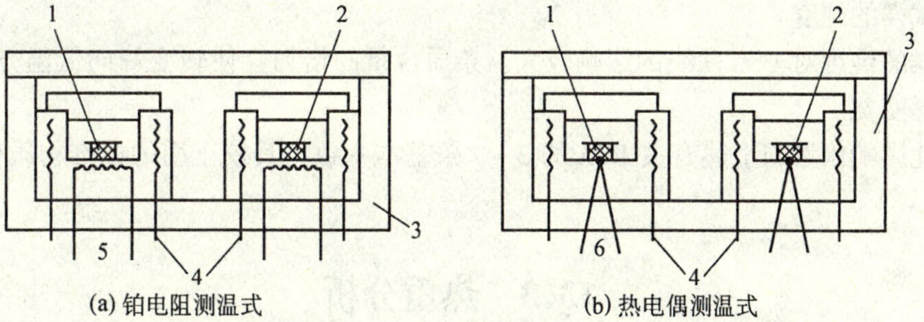

图 13－8 两种 DSC 测量池的示意图

整体仪器的结构示意图如图 13－7。图中各部分的作用已在原理部分予以阐明。应当补充说明的是在电路中有一个双刀双接点的继电器来交替完成两个回路的工作，即把测温元件的信号交替地输入平均温度计算机和温差放大器。交替的次数为每秒 60 次，由于交替频率相对于记录仪的动作来说是很快的，所以对于温度和补偿功率的记录可以看成是连续进行的。

另外，程序控温电路中带动电位计所用的电机一般用步进电机，由重复频率可任意调节的脉冲电压来驱动，以改善升温的线性和所需要的程序速度。

以 Perkin Elmer 公司的 DSC－2 型为例，其程序扫描速度可由 0.6℃/min 到 8℃/min；输出灵敏度最低可读到 0.134J/s；使用温度范围为 －100 ~ 500℃；样品量为 0.1 ~ 10mg。

13.2.3 DSC 在使用中应注意的要点

1. 取样方面的问题

DSC 可以分析固体和液体试样。固体试样可以是粉末、薄片、晶体或颗粒状。对高聚物薄膜来说，可以直接冲成圆片，块状的可用刀或锯分解成小块。一般样品均放入铝制(或铂制)的浅碟状测量皿中，并用盖盖紧(但不能太严实)。

样品量可根据要求在 0.5 ~ 10mg 之间变动。样品量少，有利于使用快速程序温度扫

描，这样可得到高分辨率，从而提高定性效果。同时可能产生较重复的峰形，有利于与周围控制的气氛相接触，容易释放裂解产物，还可获得较高转变能量。但样品量大，也有一些优点，如可以观察到细小的转变，可以得到较精确的定量结果，并可获得较多的挥发产物，以便用其他方法配合进行分析。但样品质量的大小对热量的数据呈规律性的变化，如表 13－1 所列。由表中也可看出程序升温对热量数据影响较小。

表 13－1　钼的 DSC 测定中样品质量与温度程序速度的关系

样品质量/mg	熔融焓 $\Delta H_f/\times 4.187J\cdot g^{-1}$	程序速度/ $℃\cdot min^{-1}$	熔融 $\Delta H_f/$ $\times 4.187J\cdot g^{-1})$
1.36	7.05±0.096	2.5	6.82±0.006
5.34	6.80±0.088	5.0	6.81±0.006
11.70	6.79±0.042	10.0	6.82±0.004
18.46	6.76±0.075	20.0	6.79±0.013

另外，样品的几何形状对 DSC 峰形亦有影响。大块样品常使峰形不规则，这是由于传热不良所致。细或薄的试样则得到规则的峰形，有利于面积的计算。一般来说，这对峰面积而言基本上没有影响。

2. 试样的纯度

试样的纯度对 DSC 曲线的影响较大。杂质含量的增加会使转变峰向低温方向移动，而且峰形变宽。

其他影响因素与上述有关 DTA 的 3～7 条基本一致。其校正用的标准物质也与 DTA 相同。

13.3　热重分析

13.3.1　热重分析的基本原理

热重分析是在可调速度的加热或冷却环境中，把被测物质的重量作为时间或温度的函数来记录的方法。所测得的记录称为热重曲线或 TGA 曲线。给出热重曲线对时间或温度的一阶微商的方法称为微商重量法。其记录称为微商热重曲线或 DTG 曲线。

热重分析装置由加热炉与分析天平组成，如图 13－9 所示。试样可以在真空中，也可以在气氛中加热，并在受热中连续称取试样的重量。热重分析有两种控温方法。

1. 升温法

升温法也叫动态法，高聚物样品在真空或其他任何气体中进行等速加温，则试样将随温度的升高发生物理变化（如溶剂从高聚物中解析出来或水分蒸发出来）和化学变化（试样分解）使原样失重。在某特定温度下，会发生重量的突变，用以确定试样特性，这就

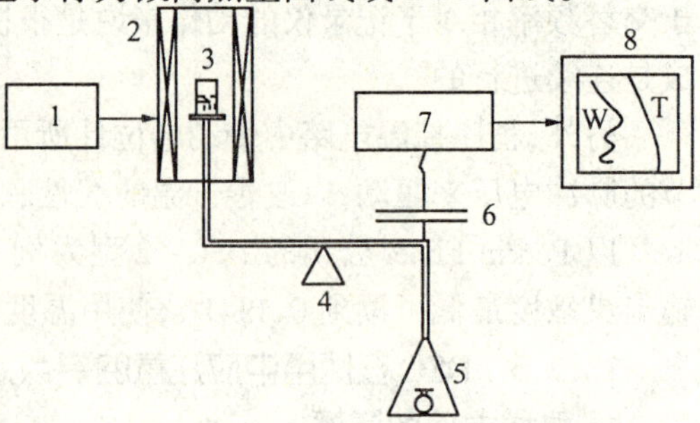

图 13－9　热重法实验装置示意图

1—温度程控装置；2—加热炉；3—样品杯；4—天平；5—砝码；6—电容换能器；7—放大器；8—记录仪

是升温法。

2. 恒温法

恒温法也叫静态法，实验在恒温下进行，把试样的重量变化作为时间的函数记录下来，这就是恒温法。

常用升温法。图 13－10 是升温法测得的 TGA 温谱图。试样原来重量为 W_0，等速升温的开始阶段（100℃左右），样品有少量的重量损失，$W_0 \to W_1$，这主要是高聚物中溶剂的解吸和失水所致。继续升温，到达 T_3 时，试样重量显著下降，$W_1 \to W_2$，这是因试样大量分解而失重。分解温度有两种求法，一是开始偏离直线的 b 点对应的温度 T_2 就是分解温度 T'_2，T'_2 作为分解温度偏高。$T_3 \sim T_4$ 这一段存在着其他稳定相，然后再进一步分解。

在实验中，升温速度要适当，一般为 5～10℃/min。若升温速度太快，会使分解温度明显升高。同时，因为升温快试样受热尚来不及达到平衡，就会使两个阶段的变化为一个阶段，对谱图无法分辨。其次，试样颗粒不能太大，否则会影响热量传递。颗粒太小则使开始分解的温度和分解完毕的温度都会降低，所以颗粒大小要适当。还有一点，样品杯不能太深，最好将试样铺成薄层，以免分解放出气体时把试样冲走。如果分解出来的气体或其他气体在试样中有一定溶解性，则会使测定结果不正确。

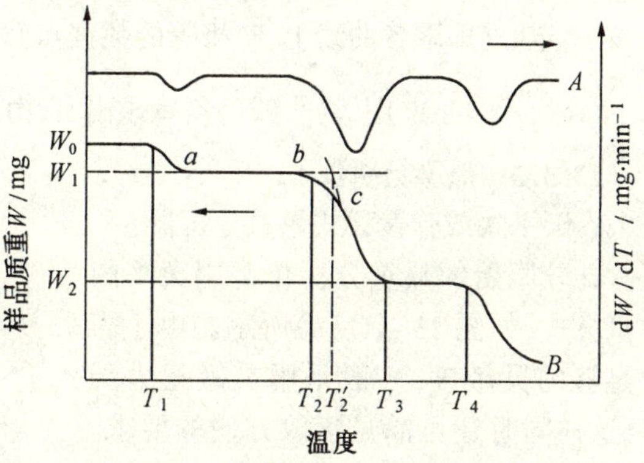

图 13－10　典型热失重法的谱图

A—微商热力学曲线　B—热失重曲线

13.3.2　热重曲线分析

试样在程序控温条件下，发生热失重的过程可用下式表示

$$A(\text{固体}) \to B(\text{固体}) + C(\text{气体})$$

试样失重的速率（$-\mathrm{d}\overline{W}/\mathrm{d}t$）可用下式表示

$$-\mathrm{d}\overline{W}/\mathrm{d}t = K\overline{W}^n \tag{13-12}$$

式中 K 为热失重速率常数；n 为热失重反应级数；$\overline{W}$ 为高聚物分解反应过程中剩余活性物质的质量百分数。设 W_0 与 W_∞ 分别为试样原质量和裂解最终质量，t 时刻试样质量为 W。则有

$$\overline{W} = \frac{W - W_\infty}{W_0 - W_\infty} \tag{13-13}$$

设实验的升温速率为常数，即 $\beta = \mathrm{d}T/\mathrm{d}t$，则 $\mathrm{d}t = \mathrm{d}T/\beta$，代入上式得

$$-\mathrm{d}\overline{W}/\mathrm{d}T = \frac{K}{\beta}\overline{W}^n \tag{13-14}$$

根据 Arrhenius 方法，热失重速率常数 $K = A\mathrm{e}^{-E/RT}$，则

$$-\frac{\mathrm{d}\overline{W}}{\mathrm{d}T} = \frac{A}{\beta}\mathrm{e}^{-E/RT} \cdot \overline{W}^n \tag{13-15}$$

将上式两边取对数，在两个不同温度下得到的对数式相减（这时 β 为常数）得

$$\Delta\lg\left(-\frac{\mathrm{d}\overline{W}}{\mathrm{d}T}\right)=n\Delta\lg\overline{W}-\frac{E}{2.303R}\Delta\left(\frac{1}{T}\right) \tag{13-16}$$

若在一条热失重曲线上（热失重发生区域）取多组数据，使各组数据间 $\Delta\left(\frac{1}{T}\right)$ 保持恒定，这时 $\lg\left(-\frac{\mathrm{d}\overline{W}}{\mathrm{d}T}\right)\sim\Delta\lg\overline{W}$ 呈直线关系，直线的斜率为 n；从直线的截距可求 E。

另一种处理方法是在多种加热速率下，从几条 TGA 曲线求得动力学参数。由热失重速率的原始定义可知

$$\ln\left(-\frac{\mathrm{d}\overline{W}}{\mathrm{d}t}\right)=\ln A-\frac{E}{RT}+n\ln\overline{W} \tag{13-17}$$

若 $\overline{W}$ 一定时（即取各曲线上 $\overline{W}$ 相等的数据点），根据各 TGA 曲线上 $\mathrm{d}\overline{W}/\mathrm{d}t$ 和 T 的数值，作 $\ln\left(-\frac{\mathrm{d}\overline{W}}{\mathrm{d}t}\right)\sim\ln\overline{W}$ 图，由直线的斜率求出 n，由几条直线的截距求出 E 和 A。

13.3.3 热重分析仪

1. 天平式或弹簧秤式热重分析器

比较原始的热重分析仪都用天平的称量方式，如图 13－11(a)所示。由于需要足够的灵敏度，一般采用灵敏扭力天平，这样同时还可满足读取方便的要求。但是这样还不能适应微量样品分析的要求，所以又发展了弹簧秤式（或称簧式）热重分析仪，如图 13－11(b)所示。弹簧用石英丝绕成，或用钨丝在 H_2 中退火绕成。用读数望远镜来读取弹簧上的标记，标记的偏移是由于试样失重发生的移动量。这种方法灵敏度较高，但容易受外界振动干扰的影响。这两种方法都需要人工逐点读取温度和失重量，操作繁琐、效率较低。因此，在此基础上又设计了自动装置，例如，用天平上的反射镜带动光点追踪式自动记录仪，或直接用光点在照相纸上记录。亦有用测量微小形变的换能器（如差动变压器）装在天平臂上或弹簧秤上，把失重引起的形变转换成电信号，即可放大记录。图 13－12 即用弹簧秤连接差动变压铁芯构成的一种热重分析仪。这种仪器敏感度较高，但如果不用适当的磁阻尼装置来遏制发生的阻尼振动，往往不能得到满意的曲线。同时差动变动器铁芯有一定重量，这就限制了样品用量不能太小。但是这种形式的仪器，还在很多实验室内使用。

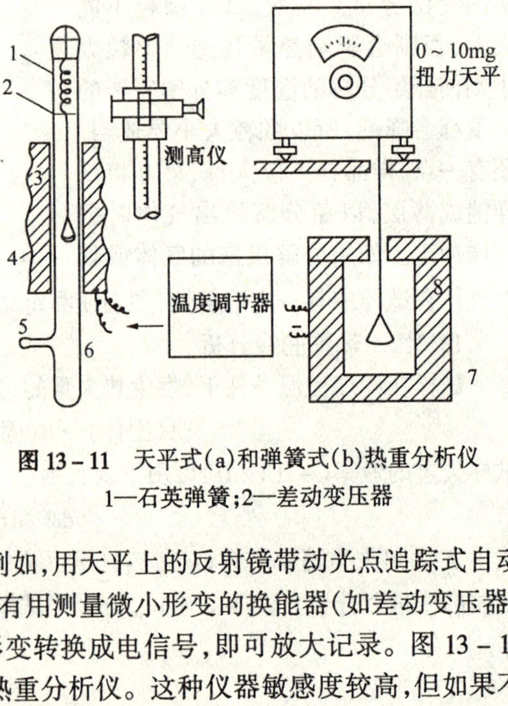

图 13－11 天平式(a)和弹簧式(b)热重分析仪
1—石英弹簧；2—差动变压器

2. 电磁式微量热天平

目前最新的热分析仪是电磁式微量热天平，它不仅样品用量少，而且灵敏度很高，使用也方便可靠，它的原理如图 13－13 所示。其核心部分是一个电磁秤，利用与动圈式电

表相似的装置，以流过和天平固定在一起的线圈中的电流所产生的电磁场与外面固定磁相互抗衡的力来平衡样品重量的扭力。线圈的电流是受控制的，因为在天平的另一端装有挡板，在天平平衡时，此挡板恰好使双光电池两部分曝光面积相等，所以这一对反向串联的光电池输出电压抵消为零。如果天平由于样品失重而偏侧，挡板将双光电池两部分曝光面积不相等，而输出电压信号。此信号送到放大器即可提供反馈电流来伺服地调整电磁线圈的电流强弱，使天平再次恢复平衡。此流过线圈的电流经电阻 R 所产生的电压降即可标志重量的变化而输到记录仪绘成失重曲线。这种微量热天平亦可与其他热重分析仪一样能在不同气氛中进行实验。

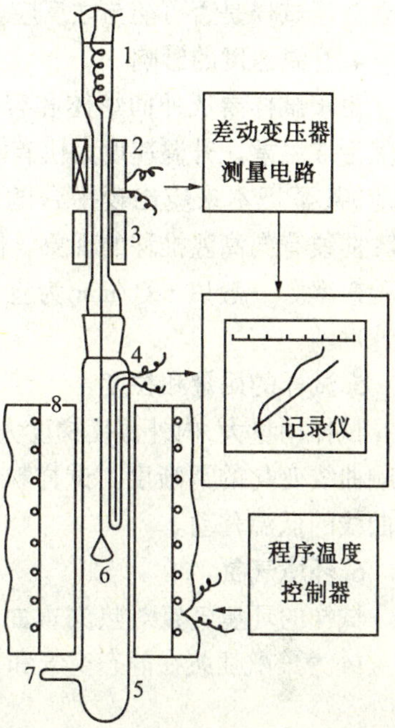

13－12　自动记录的弹簧式热分析仪框图

1—石英弹簧；2—差动变压器；3—磁阻尼器；4—测量热电偶；5—套管；6—样品皿；7—通气口；8—加热炉

13.3.4　影响 TGA 数据的因素

虽然由于技术的进步，在设计 TGA 仪器时进行了周密的考虑，尽管减少各种因素的影响，但是客观上这些因素还不同程度地存在着。为了数据的可靠性，有必要分述如下。

1.气体的浮力和对流

试样周围的气体因温度不断升高而发生膨胀，使比重变小，这样试样的 TGA 值表现为增重。可以计算气体在 300℃时的浮力约为室温的一半，而 900℃时只有 1/4 了。对流是因为试样处于高温环境，而与之气流相通的天平却处在室温状态必然产生对流的气动效应，使测定值出现起伏。这些影响因素可以通过仪器的结构设计途径来加以克服或减小。

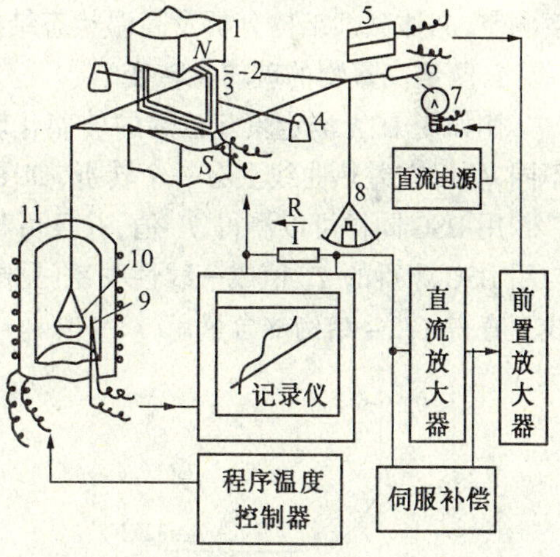

图 13－13　电磁式微量热天平示意图

1—电磁秤；2—臂；3—线圈；4—支点；5—双光电池；6—挡板；7—光源；8—平衡重量；9—测量热电偶；10—样品皿；11—加热炉

2.挥发物的再凝聚

物质分解时的挥发物可能凝聚在与称重皿相连而又较冷的部位上，影响失重的测定结果。这可以在称重连杆较低的部位设置一系列固定隔板来附着挥发物。

3.试样与称量器皿的反应

一般试样称量皿用石英或铂金制造，但某些物质在高温下也会与之发生化学作用。例如，聚四氟乙烯在一定条件下与石英皿形成硅酸盐化合物，所以在实验时选择称量皿材质要注意试样是否可能与之反应。

4.升温速度的影响

由于试样要从外面炉体和容器等传入热量，所以必然形成温差。升温速度太快有时会掩盖相邻的失重反应，甚至把本来应出现平台的曲线变成折线，同时 TGA 曲线有向高温推移的现象。但速度太慢又会降低实验效率。一般以 5℃/min 为宜，有时需要选择更慢的速度。

5.试样的用量和粒度

试样用量大，内外温度梯度大，挥发物不易逸出会影响曲线变化的清晰度。试样粒度细，反应提前会影响曲线的低温移动。

6.环境气氛

试样的环境气氛对热失重曲线有明显的影响，图 13－14 为聚酰亚胺在静态空气和 N_2 中的测定结果。

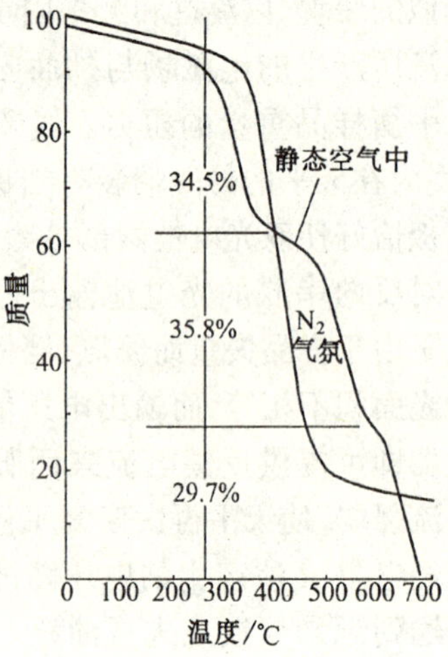

图 13－14 聚酰亚胺在不同气氛中的 TGA 曲线

13.4 热分析技术在高聚物研究中的应用

13.4.1 DTA 和 DSC 在高聚物研究中的应用

DSC 和 DTA 的功能基本相同，在测定高聚物的物理特性，研究聚合热、反应热及固化反应和高分子反应等方面，这两种方法都是十分有效的。除此之外，用 DSC 还可进行纯度测定、晶体微细结构分析及高温状态结构变化的研究等。

1.测定高聚物的玻璃化转变

例如用 DTA 测定聚苯乙烯的玻璃化转变。由于聚苯乙烯的玻璃态与高弹态的热容不同，所以在差热曲线上有一个转折，如图 13－15 所示，$T_g = 82$℃。

用 DSC 同样可以测得 T_g 值，并且可与结构相关联。例如聚丁二烯中 1,2－结构含量与用 DSC 测得的 T_g 值成一线性关系（见图 13－16）。这样通过测定样品的 T_g 值，可从曲线上查得 1,2－结构的含量。

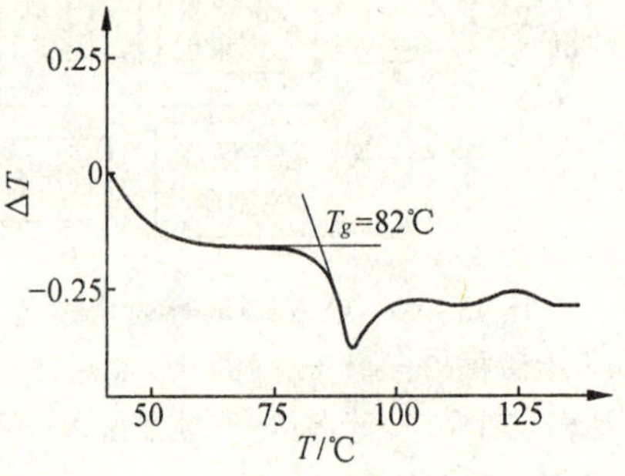

图 13－15 聚苯乙烯的 DTA 曲线图

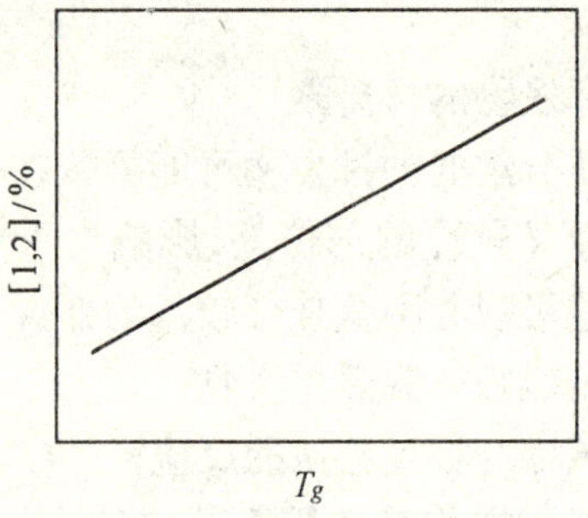

图 13－16 DSC 测得聚丁二烯的 T_g 与 1,2－结构含量关系

2. 高聚物在空气和惰性气体中的受热情况

图 13－17 是商品尼龙－6 在氮气和空气中的 DTA 曲线。在空气中由于氧化约从 180℃基线急剧偏向放热方面，并与熔融吸热峰相重合，而在氮气中因去除氧化的影响，只呈熔融吸热峰。其他高聚物也有同样现象，如低压聚乙烯的 DTA 曲线，在空气中的差热曲线上于熔融和分解两吸热峰之间出现两个小氧化峰（见图 13－18）。可见在较高温度下氧化作用是显著的。对于高聚物氧化类化学反应，由于反应热比熔融热大，故须在惰性气体中实验。

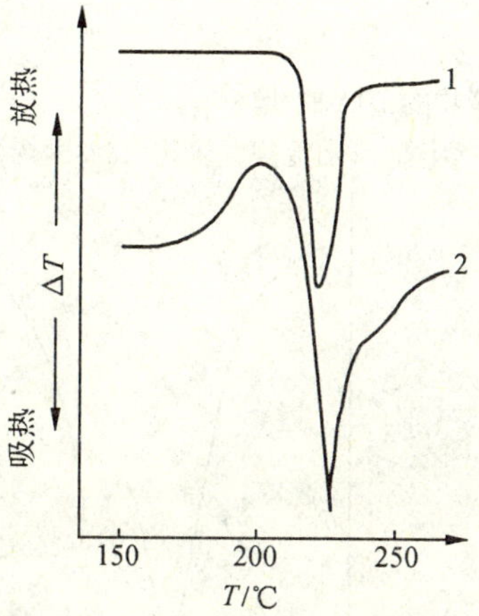

图 13－17　尼龙－6 的 DTA 曲线

1—在氮气中；2—在空气中

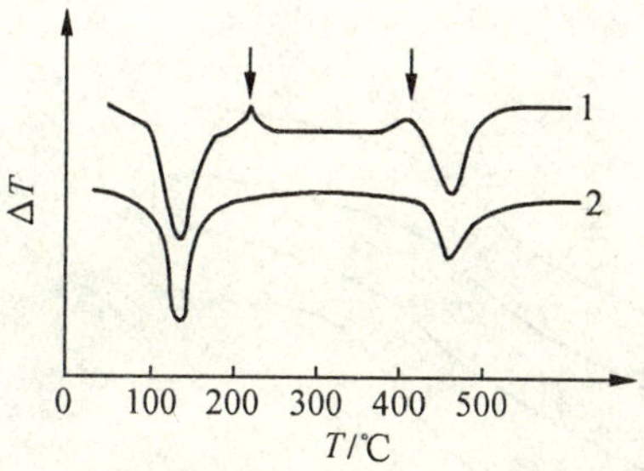

图 13－18　低压聚乙烯的 DTA 曲线

1—在空气中；2—在氮气中

3. 研究高聚物中单体含量对 T_g 的影响

图 13－19 是聚甲基丙烯酸甲酯的差热曲线，可明显看出，PMMA 的 MMA 含量不同则曲线形状不同，玻璃化温度随 MMA 含量的增加而降低。

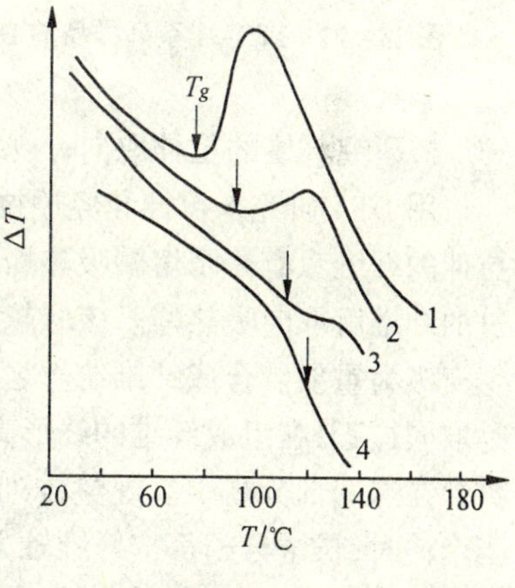

图 13－19　PMMA 中 MMA% 对 T_g 的影响

1—MMA6.9%；2—MMA2.9%；

3—MMA0.8%；4—MMA0%

4. 共聚物结构的研究

用分析手段测定共聚物热转变，可借以阐明无规、嵌段及多嵌段共聚物的形态结构。图 13－20 中差热曲线出现两个峰，表明是嵌段乙丙共聚物，一个峰表示聚乙烯的熔点，另一个峰表示聚丙烯的熔点。只有一个峰的是无规共聚物。

用 DSC 法研究双酚 A 型聚砜－聚氧化丙烯多嵌段共聚物的热转变。结果表明，各样品的软段相转变温度均高于软段预聚的转变温度（206℃），如图 13－21 所示。产生这种结果的原因是硬段与软段之间的相互作用不仅有分子间力而且有连接硬段与软段的氨酯键，所以硬段对软段的作用特别大，使得软段的玻璃化转变温度被显著提高。这是多嵌段高聚物不同于其他多相高聚物的标志之一。

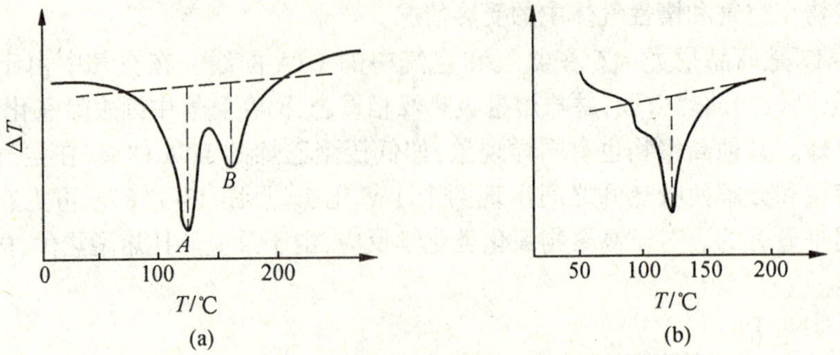

图 13-20　乙丙共聚物的 DTA 曲线

(a)嵌段共聚物(49%丙烯);A—乙烯;B—丙烯　(b)无规共聚物(15%丙烯)

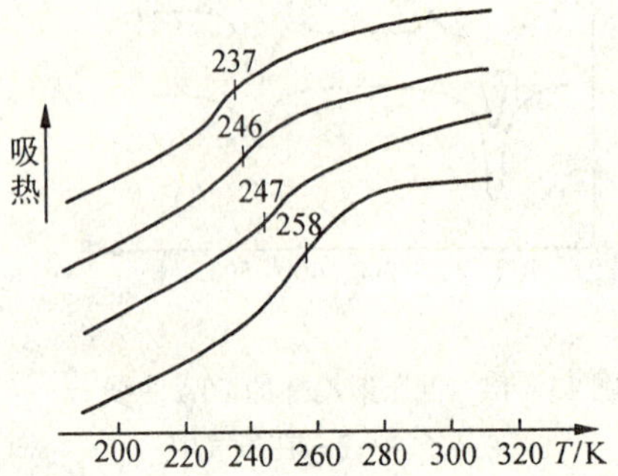

图 13-21　BPS-1 系列样品的 DSC 谱图

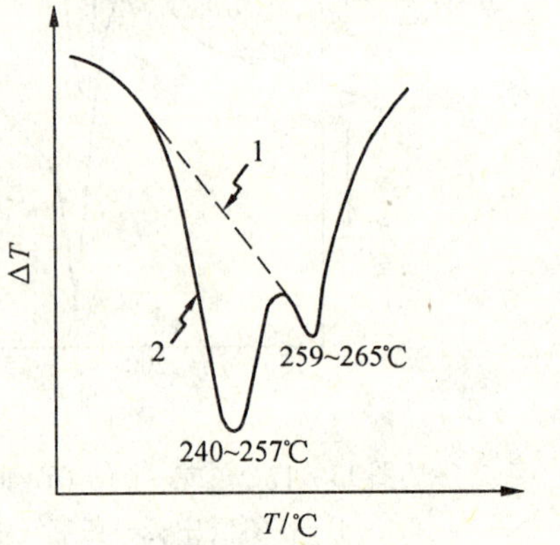

图 13-22　尼龙 66 的 DTA 曲线

1—未经拉伸;2—拉伸四倍

5.研究纤维的拉伸取向

用 DTA 研究未拉伸和经过拉伸的尼龙 6、尼龙 66、尼龙 610 和涤纶等纤维时,发现未拉伸的纤维只有一个熔融吸热峰,而经过拉伸的纤维有两个吸热峰,其中第一个峰是拉伸过的纤维解取向吸热峰。该峰越大说明取向度越大,研究取向度的问题对于合成纤维的生产极为重要。合成纤维纺丝之后,紧接着的一道工序就是把抽出的丝进行牵伸,牵伸即是取向过程,在组成纤维的线形高分子链中有规整排列和不规整排列两部分,所有的链都贯穿在这两部分之中。规整排列的链在纤维中能够形成结晶区,而无规排列的则不能。当牵伸时,长链分子都按纤维轴方向取向,即作规整排列。这就使不规整排列的部分减少了,而规整排列的部分增多了,在规整排列的区域里,分子的堆砌密度较高,分子间的作用力较强。宏观性能表现出纤维有好的强度,但延伸率降低。为了克服这一问题,使纤维既有好的强度又能有好的弹性,所以要对牵伸后的纤维进行内部结构上的调整。具体方法就是进行热定型处理,也就是解除纤维的

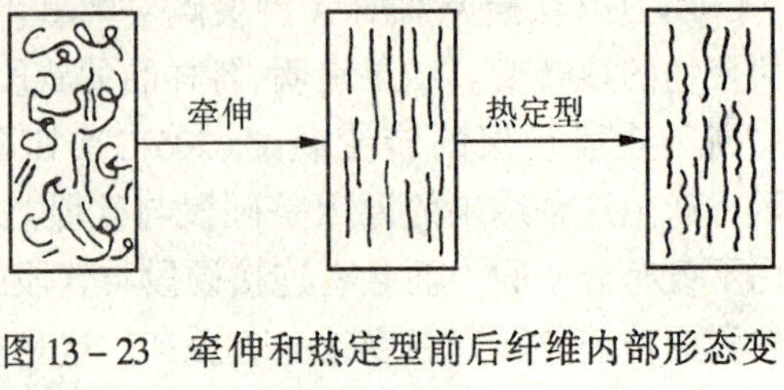

图 13-23　牵伸和热定型前后纤维内部形态变化示意图

内应力，使之内应力受热松弛解取向。要控制受热温度和受热时间，使已取向的纤维部分地解取向，分子链稍有弯曲，这样就获得了一定的弹性。图 13 - 23 是纤维内部结构形态示意图。

6. 用 DSC 直接计算热量和测定结晶度

DSC 谱图具有热力学函数的意义，因为

$$\frac{dH}{dt} / \frac{dT}{dt} = \frac{dH}{dT} = C_p \text{（比热容）} \quad (13-18)$$

dH/dt 为 DSC 谱的纵坐标；dT/dt 为升、降温速率（在 DSC 实验中一般为定值），所以 DSC 谱中纵坐标的高低表明了此时样品热容的相对大小。若在记录纸上已知单位面积热量为 3.53×10^{-4} J/mm^2（可由标准物质通过实验求得），实验误差为 ±2.6%，用分割法求出待测样品各吸、放热峰的面积。通过计算即可求得各吸、放热峰的热量值，例如涤纶样品的 DSC 谱图上结晶峰面积为 633.2mm^2，则其放热量为

$$3.53 \times 10^{-4} \times 633.2 = 0.224\text{J}$$

熔融峰面积为 1010.9mm^2，则其吸热量为

$$3.53 \times 10^{-4} \times 1010.9 = 0.357\text{J}$$

也可以把各峰剪下来用称重法计算热量。如果纸速打快一些，峰变得很窄，可通过峰高计算热量。

用 DSC 法求得的熔融热可计算结晶性高聚物的结晶度。将结晶性高聚物样品以一定升温速度加热至熔融，保持几分钟待试样完成熔融后得到熔融吸热峰，即可求得熔融热，然后按下式计算结晶度

$$x = \Delta H_f / \Delta H_\infty \quad (13-19)$$

式中，ΔH_f 为试样的熔融热；ΔH_∞ 定义为完全结晶高聚物的熔融热。对于每一种高聚物来说，ΔH_∞ 是一定值，其值可从表中查得，也可通过外推法求得。

7. 橡胶交联度与 Tg 关系的研究

用 DSC 法测定具有不同交联密度（V_s）的硫化天然胶的 T_g 值得图 13 - 24。由图可见，试样密度越低则在 T_g 时所观察到的热容异常现象越显著。

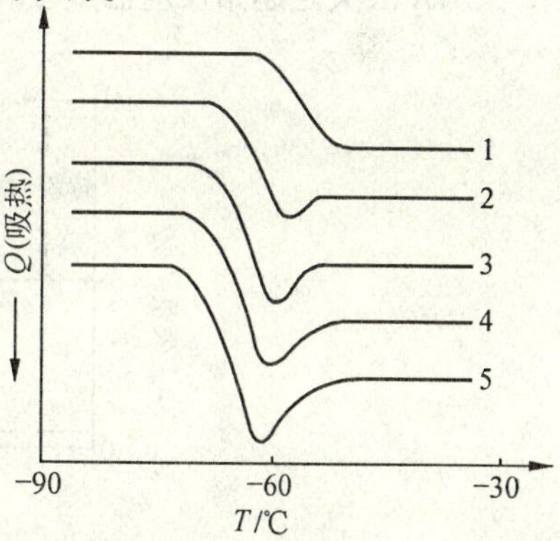

图 14 - 24　硫化天然胶的 DSC 曲线随交联密度的变化

1—交联密度 0.0 × 10^{3}mol/g；2—3.8 × 10^{3}mol/g；3—9.0 × 10^{3}mol/g；4—12.9 × 10^{3}mol/g；5—17.4 × 10^3 mol/g

13.4.2　TGA 在高聚物研究中的应用

1. 测定高聚物的物性

用 TGA 法进行高聚物脱溶剂化的测定以及评价耐热性都能提供有效的数据。脱溶剂化对于提高高聚物的纯度以及聚合反应完成与否均起重要作用。用 TGA 法很容易测得高聚物的分解温度，借以评价其热稳定性。

2. 快速老化和分解反应动力学的研究

由 TGA 曲线分析可知，由一条 TGA 曲线作进一步数据处理，用 $\Delta\lg(-\frac{d\overline{W}}{dT})$ 对 $\Delta\lg\overline{W}$ 作图，得一直线（见图 13 - 26）。从直线的截距可求分解反应的活化

能 E;从直线的斜率可求分解反应级数 n。以图 13－26 为例

$$n=\frac{4.5}{2.65}=1.7-\frac{E}{2.303\ R}\Delta\left(\frac{1}{T}\right)=-4.5$$

因为 $\Delta\left(\frac{1}{T}\right)=0.00005$(常数)

所以 $E=\dfrac{4.5\times2.303\times1.987}{0.00005}=1.7\times10^{6}\mathrm{J/mol}$

用 TGA 法研究分解动力学是比较方便的,只要有一条热失重曲线就可以得到 n、E 等动力学参数。此外,可以在一个完整的温度范围内连续研究动力学。这对于研究高聚物裂解时,动力学参数随转化率而改变的场合特别重要。

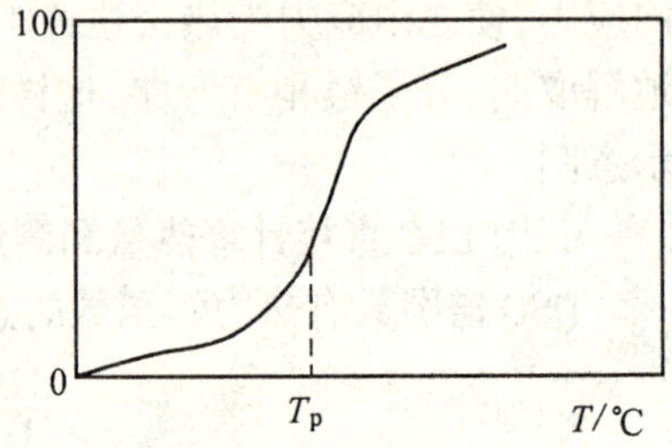

图 13－25　聚氯乙烯的 TGA 曲线

T_P—分解温度

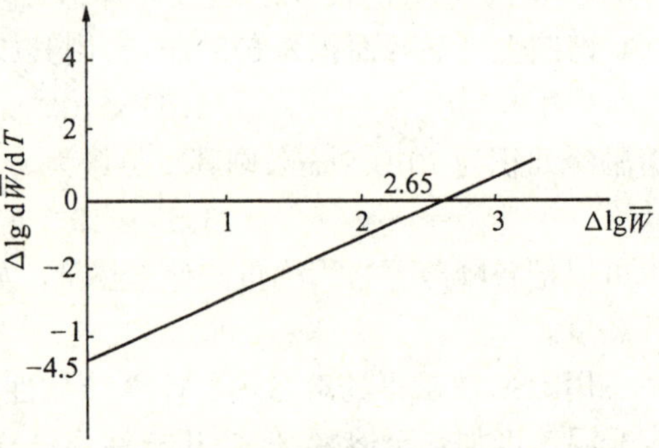

图 13－26　聚苯乙烯的 $\Delta\lg\left(-\frac{d\overline{W}}{dT}\right)\sim\Delta\lg\overline{W}$ 图

3. 硫化胶中炭黑的定性分析

通过 TGA 法进行硫化胺(主要是丁基橡胶)中炭黑的定性分析。图 13－27 是用 TGA 法得到的温度与失重关系。胶样在氮气中加热,到 500℃左右时除炭黑以外的有机物几乎均分解气化。炭黑在 800℃以上仍是稳定的,为了促进其分解,将空气通入体系中。其结果是从图上的温度 T_0 到 T_t 观察到第二减量。这期间炭黑完全分解,剩下的只是灰分。不同表面积的炭黑可测得不同的 T_0、T_t 值,这些温度值即作为炭黑的分解特征温度。如果用 DTA 法决定起始反应温度 T_0,任意性很大,而以失重法测定较为可靠。

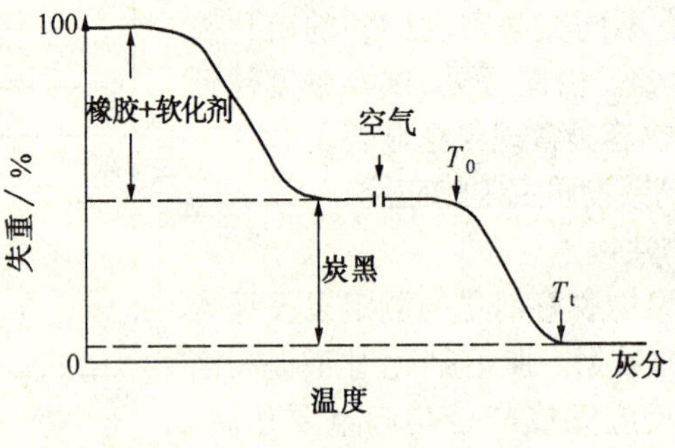

图 13－27　硫化胶的 TGA 曲线

第14章　红外光谱与拉曼光谱

红外(IR)和拉曼(Raman)光谱在高聚物研究中占有十分重要的地位,它们是研究高聚物的化学和物理性质以及表征的基本手段。红外光谱技术发展到60年代末,已为高聚物的研究提供了各种信息。至今,已逐渐扩展到多种学科和领域,应用日趋广泛。随着激光技术的发展,激光拉曼光谱仪器问世以来,拉曼光谱在高聚物研究中的应用也日益增多。

原则上,在高聚物研究方面,红外和拉曼光谱能对其组成和结构提供以下定性和定量信息:

(1) 化学性质　结构单元、支化类型和支化度、端基、添加剂及杂质。

(2) 立体结构　顺-反异构体、立构规整性。

(3) 构象　高聚物链的几何排列,即平面折叠或螺旋构象。

(4) 序态　晶相、结晶相和非晶相、单位晶格链的数目、分子间力、晶片厚度。

(5) 取向　在各向异性材料中,高聚物链和侧基择优排列的类型及程度。

从应用角度来说,红外和拉曼光谱在下列方面已广泛应用:

(1) 高聚物材料的分析和鉴定;

(2) 共聚物的组成分析和序列分布的研究;

(3) 聚合过程、反应机理的研究;

(4) 老化、降解机理的研究。

红外和拉曼光谱统称为分子振动光谱,但它们分别对振动基团的偶极矩和极化率的变化敏感。因此可以说,红外光谱为极性基团的鉴定提供最有效的信息,而拉曼光谱对研究共核高聚物骨架特征特别有效。在研究高聚物结构的对称性方面,红外和拉曼光谱两者相互补充。一般来说,非对称振动产生强的红外吸收,而对称振动则表现出显著的拉曼谱带。红外和拉曼分析法相结合,可以更完整地研究分子的振动和转动能级,从而更可靠地鉴定分子的结构。

红外和拉曼光谱虽然经历了较长的发展过程,但从某种意义上来说,它们仍是一门经验科学。因此,人们十分重视用它们从实验中直接获得数据和资料,总结归纳出大量有用的经验和规律,制成各类图表。这些图表直观地提供有关物质的性质、结构和组成等信息。必须指出,尽管红外和拉曼光谱对研究高聚物结构特征具有十分重要的意义,但是作为光谱技术,不可能要求它们能解决研究工作中的所有问题。

14.1 红外光谱

14.1.1 红外光谱的基本原理

1.电磁辐射与物质分子的相互作用

光是一种电磁波(或称电磁辐射),它具有一定的振动频率 ν,光又是一种高速运动的粒子,具有一定的能量 E。爱因斯坦利用 $E = h\nu$ 这一简单的方程式,把光子的能量和光波的振动频率直接联系了起来。当一束连续的光辐射通过物质后,其中频率为 ν_0 的光的强度减弱了,就说是光被物质所吸收,这时有 $\Delta E = h\nu_0$。ΔE 是被物质分子所吸收的光能量,它等于该物质分子的两个能级之间的能量差,ν_0 便是被吸收的光的频率,这样在一定频率范围内,由于被物质吸收而产生的光强度按其频率的分布称为吸收光谱。

红外光谱的波长范围是0.8 ~ 1 000 μm,相应的频率是12 500 ~ 10 cm^{-1}(波数)。μm和 cm^{-1} 是红外光谱经常使用的波长和波数单位,它们之间的关系是

$$\nu(cm^{-1}) = \frac{1}{\lambda(\mu m)} \times 10^4 \tag{14 - 1}$$

由于用以研究的对象及实验观测的手段不同,红外光谱范围又可分成三个部分,即0.8 ~ 2.5μm或12 500 ~ 4 000cm^{-1} 部分,称为近红外区;2.5 ~ 50μm或4 000 ~ 200cm^{-1} 部分,称为中红外区;50 ~ 1 000μm或200 ~ 10cm^{-1} 部分,称为远红外区。中红外区的光谱是来自物质吸收能量以后,引起分子振动能级之间的跃迁,因此称为分子的振动光谱。远红外区的光谱,有来自分子转动能级跃迁的转动光谱和重原子团或化学键的振动光谱以及晶格振动光谱,分子振动模式所导致的较低能量的振动光谱也出现在这一频率区。近红外区为振动光谱的泛频区,中红外区是分子振动的基频吸收区,也是红外光谱应用中最重要的部分,是本章讨论的内容。

随着红外光谱仪制造技术的发展,中红外区的频率下限有所变化。在最早的棱镜式红外光谱仪中,由于使用 NaCl 单晶制成的棱镜作为分光元件,它只能工作到 16μm,即650cm^{-1}。因此中红外区便定义为2.5 ~ 16μm,即4 000 ~ 650cm^{-1}。早期的简易光栅型光谱仪,使用一块光栅分光,其工作范围也是如此。近几年来,带有微处理机的红外光谱仪,采用两块以上光栅分光,可把中红外区扩展到50μm,即200cm^{-1}。当然也有一些型号的商品仪器的工作范围是2.5 ~ 25μm,即4 000 ~ 400cm^{-1},它们也是采用光栅分光的。

当用一束红外辐射照射高聚物样品时,包含于高聚物分子中的各种化学键或基团,如C－C、C＝C、C－O、C＝O、O－H、N－H、苯环等便会吸收不同频率的红外辐射而产生特征的红外吸收光谱。因此利用红外光谱可以鉴定这些化学键或基团的存在。

由于某些化学键或基团处于不同结构的分子中,它们的红外吸收光谱频率会发生有规律的变化。利用这种变化的规律可以鉴定高聚物的分子链结构。当高聚物的序态不同时,由于分子间的相互作用力不同,也会导致红外光谱带的频率变化或是发生谱带数目的增减或谱带强度的变化,因此可用以研究高聚物的聚集态结构。

此外,红外吸收谱带的强度与相应的化学键或基团的数目有关,因此可以利用红外光谱对高聚物的某些特征基团或结构进行定量测定。

2. 大分子的简正振动

一个含有 N 个原子的分子应有 3N－6 个简正振动(线性分子为 3N－5),每个简正振动具有一定的能量,应在相应的波数位置产生吸收。高聚物分子内的原子数目是相当大的。例如,含有 1 000 个苯乙烯单元的聚苯乙烯包含 16 000 个原子,应有 48 000 个简正振动。由此看来,聚苯乙烯(或所有其他高聚物)的红外光谱将是非常复杂的。但事实并非如此,结晶等规聚苯乙烯只有 50 条左右的红外谱带,无规聚苯乙烯仅有约 40 条(见图 14－1),可见它们的红外光谱往往比单体还要简单。那么高聚物的红外光谱为什么会有这种特点呢? 其主要原因是,高聚物是由许多重复单元构成的,各个重复单元具有大致相同的力常数,因而简正振动的频率相近,在光谱上无法分辨,只能看到一个吸收带。其次,高聚物的选择定则十分严格,只有少数简正振动具有红外或拉曼活性。此外,由于振动相互耦合而使振动频率发生位移。不同链长的分子,其振动耦合不完全相同。因此,经耦合而发生不同位移的单个谱带重迭混合,出现扩散型的强宽峰。同时,强宽峰往往要覆盖与它频率接近的弱而窄的吸收谱带。

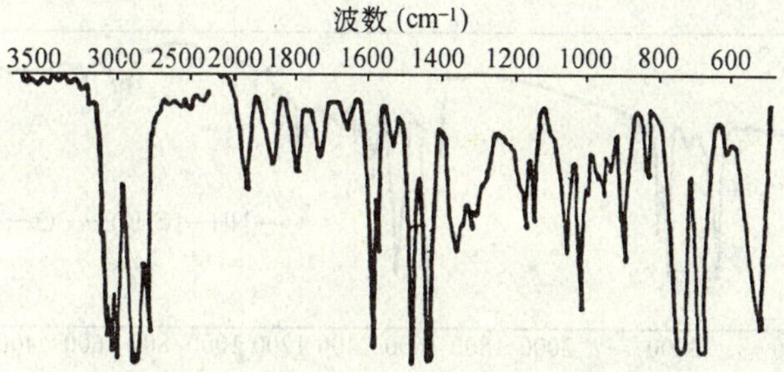

图 14－1　无规聚苯乙烯的红外光谱

3. 基团频率

对于高聚物光谱的解析,是建立在基团频率这一基本前提之上的,即高聚物中原子基团的振动与分子其余部分的振动之间的机械耦合及电子耦合均很少。因此,从小分子或简单的高分子所获得的理论或经验的特征频率数据均可应用于高聚物的光谱解析。例如 C＝O、C－O、C≡N、苯环及酰胺基等的光谱吸收带均位于一定的特征频率范围以内。图 14－2中三种不同碳链长度的聚酰胺 6、7 和 8 的红外光谱,均在以下各处出现酰胺基的特征谱带:3 300cm^{-1}[ν(NH)],1 635cm^{-1}[ν(C＝O)],1 540cm^{-1},[ν(NH)＋ν(N－C)],以及 690 和 580cm^{-1}。这些谱带在三种聚酰胺中的相应位置几乎完全相同。但在 1 400～800cm^{-1}波数范围内又各保留了细微的差别。

在高聚物光谱中,除特征的基团频率本身,还有大量来自邻近基团相互耦合的其他谱带。这些谱带可看作高聚物的指纹。例如,线型脂肪族聚酯的 CH_2 基团的弯曲振动带,按其所处的分子环境不同,可分为三类。第一类 CH_2 连接酯链上的氧原子;第二类为 CH_2 自身相互为邻;第三类是 CH_2 与羰基相连。由于耦合的程度不同,这些 CH_2 的振动行为各异。红外光谱基团频率表可参考有关专著。

4. 序态

序态(State order)系指高聚物的分子结构(即平衡状态分子中原子的几何排列)和聚集态结构(即分子与分子间的几何排列)。在解析高聚物的红外光谱时,必须考虑到大分

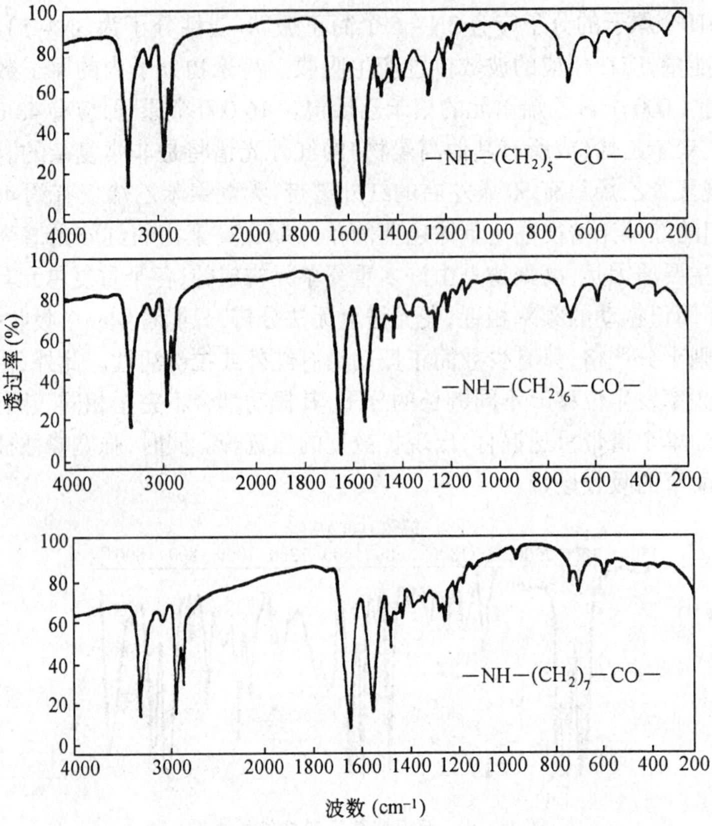

图 14－2　聚酰胺 6、7、8 薄膜(α－形)红外光谱

子系统的这种化学和物理的序态。因为处于不同序态的高聚物，它的光谱也将出现特征性的变化。其中有些谱带对不同序态有特殊的敏感性，而另一些谱带则是不敏感的。这样，为了表征不同序态的高聚物，把有关的谱带进行如下分类。

(1)构象带(Conformational bands)　构象带是高聚物分子链组成单元中的基团构象的特征谱带。这类谱带在液态、晶态或液晶态的光谱中均可出现。由于高聚物在非晶态时可能有旋转异构体存在，所以这种构象谱带的数目要比结晶态时来得多。

(2)构象规整带(Conformational regularity bands)　这类谱带取决于高聚物分子链内相邻基团之间的相互作用，它在熔融态或液态时消失或者谱带强度减弱。

(3)立构规整带(Stereoregularity bands)　这类谱带随高聚物分子链的构型不同而异。这类谱带的数目在各种不同相态的光谱中都相同。

(4)结晶带(Crystallinity bands)　真正的结晶带是来自结晶高聚物晶胞内相邻分子链之间的相互作用。当一个晶胞内有两个或两个以上的高分子链通过时，可能引起谱带的分裂。图 14－3 是不同序态聚丙烯的红外光谱，从谱图上可以看到不同序态对光谱的影响。

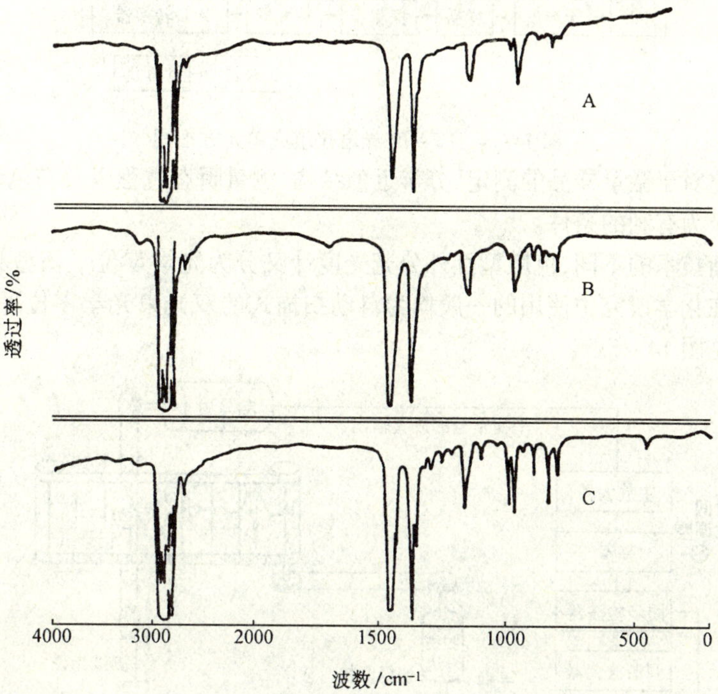

图 14-3 无规立构聚丙烯 A,间同立构聚丙烯 B 和全同立构聚丙烯 C 的红外光谱

14.1.2 实验设备及实验技术

1. 红外光谱仪

目前红外光谱仪可分为两大类,即利用分光原理制成的色散型红外光谱仪和利用干涉调频原理制成的傅里叶变换红外光谱仪。根据分光元件的不同,色散型红外光谱仪又分为棱镜型和光栅型两种。

色散型红外光谱仪由于是利用分光原理制成的,其主要部分是带有色散元件的单色器,因而叫作分光光度计。红外分光光度计主要由三大部分组成,即光源、单色器和记录系统。

红外分光光度计的色散元件将复色光分成单色光,经出射狭缝进入检测器,这样就使到达检测器的光强大大减弱,时间响应也较长,并且仪器的分辨率和灵敏度随着波长不断改变。这些弱点的存在限制了色散型红外光谱仪的发展。

傅里叶变换红外光谱仪的关键部分是干涉仪系统。通常是采用迈克尔逊干涉仪(Michelson Interferometer)。由干涉仪完成干涉调频,在连续改变光程差的同时,记录下中央干涉条纹的光强度变化,即得到干涉图。利用电子计算机将这一干涉图进行傅里叶函数的余弦变换,最后得到人们可辨认的红外光谱图。构成单元如图 14-4 所示。

傅里叶变换红外光谱仪由于排除了色散型仪器的单色器和出射狭缝,使得到达检测器的光能量大为提高,因而提高了仪器的灵敏度。此外,在整个测量范围内分辨率是一个常数,不随波长变化而改变。加之采用了高响应的检测器(如 TGS),大大提高了光谱的时

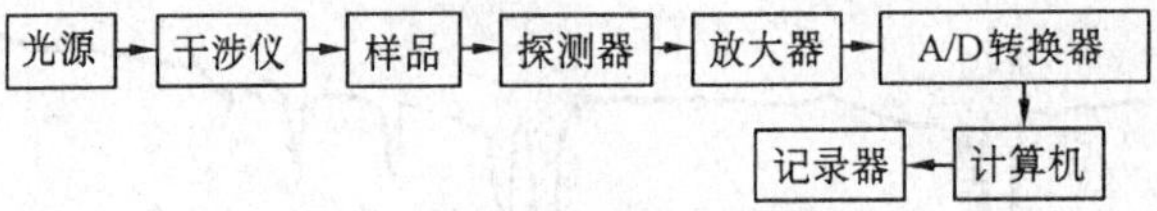

图 14－4　FT－IR 光谱仪组成单元方框图

间响应。因此对于微量样品的测定、分辨近似结构、测量瞬态过程以及与色谱仪联机使用等均提供了极为有利的条件。

根据平衡技术的不同,色散型红外分光光度计又分为光学零位平衡型和电学零位平衡型两种。在化学研究中使用的一般均为自动扫描式的双光束光学零位平衡型的仪器,其结构原理见图 14－5。

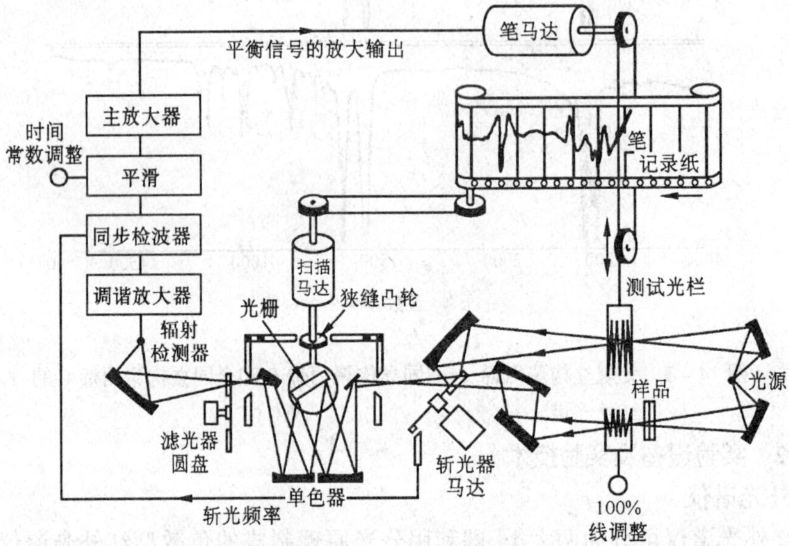

图 14－5　光栅型光学零位平衡红外分光光度计结构原理图

光源辐射被两个凹面镜反射形成两束收敛的光,分别形成测试光路和参比光路,两束光首先通过样品室,然后到达斩光器。一般的斩光器具有一个半圆形或两个直角扇形的反射镜,由马达带动以一定频率旋转,使测试光路的光(透射)和参比光路的光(反射)交替通过到达入射狭缝处成像并进入单色器,光线交换的频率为 10Hz。在单色器中,连续的辐射被光栅色散后,按照频率高低依次通过出射狭缝,由滤光器滤掉不属于该波长范围的辐射后,被反射镜聚焦到检测器上。

如果两光束具有相等的强度,则在检测器上产生相等的光电效应使检测器仅有稳定的电压输出而没有交流信号;另一方面,当测试光路的光被样品吸收而减弱时,由于两光路能量不等,则到达检测器的光强以斩光器的频率为周期交替地变化,使检测器的输出在恒电压的基础上伴随有 10Hz 的交变电压,其强度由两光路光能的差所决定。这个交流信号经电学放大系统放大后,用以驱动伺服马达运转,使一个梳型的测试光栏(减光器)插入参比光路以降低其光能,插入越深,衰减光能就越大,直至两光路的能量趋向平衡为止。这时检测器没有交流信号输出,伺服马达停止转动。在记录系统中,记录透射比的笔是和测试光栏联动的。在光栏插入参比光路的同时,记录笔将向透射 10%线方向移动。与此相反，当仪器继续扫描到超过吸收最大的波数位置后，由于样品吸收光能减小，测试光路的能量增强，这时两光路的能量又变得不平衡，使检测器产生相反的交流信号，经放大后驱动伺服马达以相反方向转动，使测试光栏逐渐退出参比光路；记录笔也相应向透射100%线移动，完成了对一吸收带的记录。

波数的扫描是靠扫描马达转动波数凸轮，进而控制光栅的转角，使色散后的单色光按波数的线性关系依次通过出射狭缝到达检测器，扫描马达同时使记录纸同步等速移出，因此记录的谱图是对波数线性的。另有一个狭缝凸轮也是与此同步地运转，它在扫描过程中控制狭缝的宽度，以补偿光源辐射强度随频率的变化，使到达检测器的光能维持在一个恒定的水平。

2. 制样技术

高聚物红外光谱图的质量，很大程度上取决于样品的制备。如果样品制备不当，诸如样品的厚度不适当、分布不均匀、产生干涉条纹以及含有杂质或是样品内留有残余溶剂等情况，都会造成把许多有用的光谱信息丢失、误解或混淆。

红外光谱要求样品厚度：定性分析 10 ~ 30μm；定量分析对样品厚度有更苛刻的要求，可以从几个 μm 一直到 mm 以上。在测试过程中，要保证透光度应在 15% ~ 70% 的范围内。样品过厚，许多主要的谱带都吸收到顶，彼此连成一片，看不出准确的波数位置和精细结构；样品过薄，许多中等强度和弱的谱带由于吸收太弱，在谱图上只有一个模糊的轮廓，失去谱图的特征。

有机化合物样品由于对入射光产生反射，可使能量损失百分之几，特别在强吸收附近损失可达 15%，在谱带低频一侧，由于折射能量损失更大，造成谱带变形。一般在参比光路放一个比测试光路样品薄许多的同组分样品，以消除这种由反射对谱带的影响。

反射引起干涉条纹，干涉条纹与光谱迭加一起，将使谱带变形，特别对定量分析的精确度影响较大，这种影响在长波区域更为突出。消除干涉条纹的方法有：①样品表面粗糙化，可以在粗糙的物体表面做膜，也可以做膜后用砂纸将样品一侧或两侧打毛；②采用楔型薄膜；③在样品薄膜两侧涂上一层折射率和样品相近，且对红外透明的物质，最常用的有石蜡油和全氟煤油。

(1)溶液

尽管溶液制样技术在小分子化合物的红外光谱测量中获得广泛应用，特别是在定量分析中，这一制样技术具有很多优点。但在高聚物的研究中却用得很少。这是因为难于找到在红外辐射区既有良好的透明度，又能溶解高聚物这样理想的溶剂。另外，为了消除溶剂光谱的干扰，需要在参比光路中放入溶剂以作补偿。这样，便希望溶液的浓度尽量高些。但溶液的浓度高了，常会变得很粘稠，红外光谱通常所用的液体吸收池都比较薄，这在实验处理上也很麻烦。如果作定量分析，由于只测量很窄波长范围内的分析谱带，这一困难可小得多。

自从 FT - IR 谱仪商品化以后，排除溶剂吸收的干扰问题变得容易多了。过去由于水的强而宽的吸收存在，红外光谱用于水溶液的分析是很困难的，在 FT - IR 光谱中则可采用差谱技术把水的光谱减掉。这对生物组织的红外光谱研究将是非常有利的。

(2)薄膜的制备

①溶液铸膜法　将高聚物用适当的溶剂溶解(溶液的浓度视所需的薄膜厚度而定,通常在20%以内),滴在经过洗净干燥的平面玻璃或金属板上,使其均匀分散,将溶剂尽量缓慢挥发,以保证制成的薄膜质量良好。待溶剂挥发完毕,将膜取下。为了除去可能残存的溶剂,可将薄膜置于真空干燥箱内适当加热。

如果高聚物溶液在玻璃表面分散不好,可将玻璃表面先用水洗净,然后用一块柔软的绸布浸以二甲基二氯硅烷的四氯化碳溶液擦揩玻璃表面,待溶剂蒸发后,把玻璃板放在水中洗净待用。这样的玻璃表面对大多数高聚物的溶液都能很均匀地分散。

此外,还可以将高聚物溶液直接滴在NaCl盐片上,待溶剂挥发后,连同NaCl盐片一起进行红外光谱测量。当然,这样制成的薄膜,厚度可能不够均匀,但对于定性分析是无大妨碍的。

如欲制备很薄的薄膜,可将极稀的高聚物溶液撒在水面上制膜。只要溶剂不与水混溶,便可制出很好的薄膜。

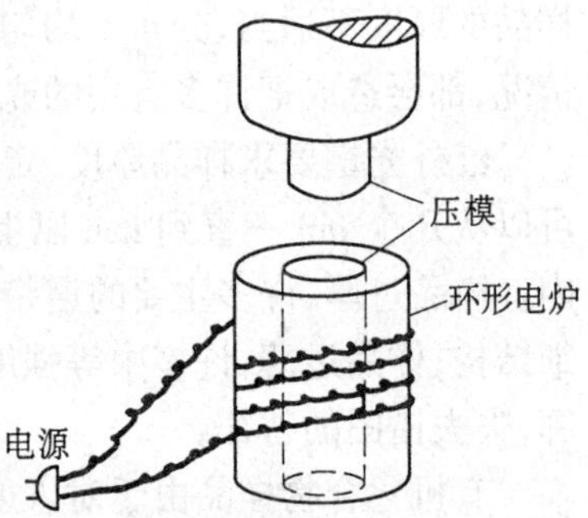

图14-6　简易热压铸膜装置

②熔铸或热压制膜法　对于热塑性高聚物,只要在所需温度下,不使高聚物发生分解、氧化或降解,便可采取熔融铸膜或热压法来制备。将少量高聚物夹在两片KBr小片之间,放入压模内。在压模的外面用一空心圆柱形小电炉加热,待高聚物软化或熔融后,用油压机加压,在适当压力下,可压制成所需的薄膜。图14-6的热压模是实验室常用的一种设计方案。所需的加热温度和时间,随高聚物样品的性质而定,加热电压由调压变压器来调节。

热压膜的优点是没有残留溶剂的干扰。常见高聚物热压成膜的温度范围为350~550℃。以上所列各种制膜法所制得的高聚物薄膜,都是各向同性膜。

另外,还可用拉伸、压延(或辊压)法制备取向薄膜,用于取向高聚物的红外光谱研究。

(3)压片技术

压片技术中常用的分散介质——KBr,取高聚物样品约1~2mg,研细后和KBr粉末100~200 mg进行混研,待样品与KBr混合均匀,装入模具内放在油压机上加压成形,使之成为透明的晶片。

在通常的红外光谱测量中,KBr晶片的直径约为10~12mm,晶片厚度为0.3~0.5mm。压片时的压力约为700MPa。

为了防止压制出的晶片表面出现龟裂现象,压片时应先用机械泵抽气,真空度一般为133.3~266.6Pa即可。至于加压时间的长短,对所压出的晶片质量影响不大,因为KBr形成结晶是在压力达到所需极大值的一瞬间形成的,所以继续延长加压时间,对结晶的形成无明显的影响。

为了避免散射现象的发生,制作KBr压片时必须使样品与KBr粉末混合均匀,当分散介质与样品的折光指数相近时,散射效应就很小。此外,为避免出现Christiansen散射现象而导致谱带轮廓的不对称,应使分散介质与样品的颗粒小于所测的红外辐射波长。

(4)糊剂制样法

在 KBr 压片的红外光谱中,常在 3 450 和 1 635cm^{-1}处出现强而宽的水吸收,很难完全除去。有时为了避免这种干扰,采用一些液态悬溶剂,如液体石蜡、六氯丁二烯、全氟化碳等,将研细的高聚物粉末放在悬溶剂内研磨,使成糊状,然后测量这一糊剂的光谱。

(5)纤维

纤维样品的制备可分为两类:①破坏纤维外形的制样方法有:KBr 压片,溶液铸膜,糊剂悬浮,热压铸膜,冷压膜,热解和水解。②保留纤维外形的制样方法有单根纤维的微量红外光谱技术,单根纤维可用反射式红外显微镜直接进行观察。把纤维夹在特制的显微夹具上,夹具透光的缝隙宽度是固定的,可根据需要进行选择。如果所测纤维的直径过粗,则需进行显微切片处理后方可进行光谱测量。纤维栅法:测量多根纤维时,重要的是要把样品纤维排列整齐,平行而且不出现漏光的缝隙。通常是使用 U 型金属夹,把纤维平行地夹于其上,如图 14－7 所示。也可把纤维按同样要求夹于两块盐片之间进行测量。干燥的纤维可以产生足够强的红外光谱,但可能对红外辐射产生表面散射。因此以适当的液体把纤维浸湿,可以减小这种表面散射效应。

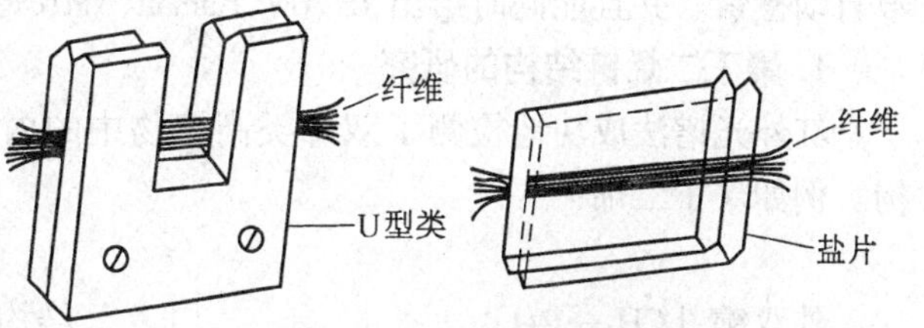

(a) U型金属夹　　(b) 盐片夹

图 14－7　纤维栅

(6)切片

如果所研究的高聚物样品太厚,不便进行红外光谱测量,但又不能采用溶解、熔融或加压等手段改变样品的物理状态时,就须考虑显微切片技术来解决。此外,有些高聚物的交联树脂等既不能溶解,也不能熔融,制备这样的红外光谱用高聚物样品也需采用切片技术。

显微切片的关键是掌握切削技巧,正确选择切削条件。例如切削速度,刀具的形状,切削角度以及切削温度等。这些切削条件的选择,主要由高聚物样品的硬度来决定。一般来说,软的样品要比硬的样品所用切削速度快些。在实验中,样品的硬度可以通过改变样品的温度进行调节。太硬的样品可以适当的加热使其软化,或使用合适的溶剂把样品溶胀后再进行切削。

应当注意的是,在切片过程中可能使高聚物样品产生轻微的结晶或取向,从而引起红外光谱的变化。

14.1.3　红外光谱在高聚物研究中的应用

在振动光谱的许多应用中,分析方面的应用是最早为人们感兴趣的,同时也是最普遍的。它不仅可对样品的化学性质进行定性分析,而且也可以以样品的组成进行定量分析(如纯度、添加剂的含量、共聚物的组成等)。定量吸收光谱不仅可用于纯粹的分析,而且可广泛应用于高聚物的结构测定,如构型、构象、构象规整度、序列分布、取向度、结晶度等。由于红外光谱的强度依赖于振动分子的偶极矩变化,因此还可以从绝对强度的数据推导出其他结构信息(如键矩的计算,强度与结构参数之间的关系等)。

红外光谱图吸收峰的归属方法主要是依赖基团频率关系。表示特征谱带位置的波数(cm^{-1})是红外光谱法的最重要参数。对于高聚物来说，虽然种类比小分子少得多，但仍有数百种，要记住它们的全部红外光谱图是难以办到的，主要依靠查标准谱进行对照。红外标准谱有 D.O.Hummel 等编著的《高聚物、树脂和添加剂的红外分析谱图》；还有美国的《萨特勒标准谱》；文件式的商品光谱图还有英、德两国合编的 OMS 卡片。近代红外光谱仪的计算机有储存系统，存有各种分子结构的标准图。可按分子式、化学名称以及最强波数自动检索。并且能同时给出 IR、UV、Raman、NMR 谱图以供对照比较。

1. 聚丁二烯链结构的研究

红外光谱法成功地检测了双烯类高聚物中的内、外双键以及内双键中的顺、反式结构。例如聚丁二烯

			吸收峰位置
外双键	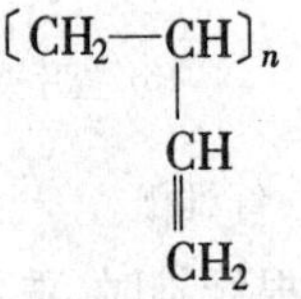	1,2－结构	$910cm^{-1}$
内双键	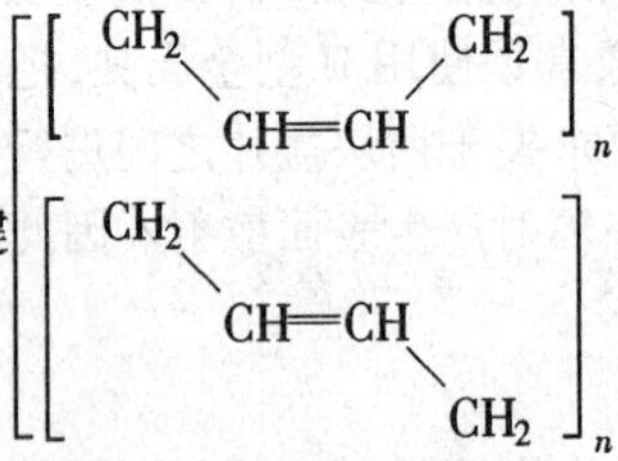	顺－1,4－结构	$738cm^{-1}$
		反－1,4－结构	$967cm^{-1}$

在检测了双键位置之后(见图 14－8)，可根据聚丁二烯的红外光谱图测定各种结构体的浓度，这方面的研究工作做得比较多。主要采用基线法对三种异构体进行定量计算。

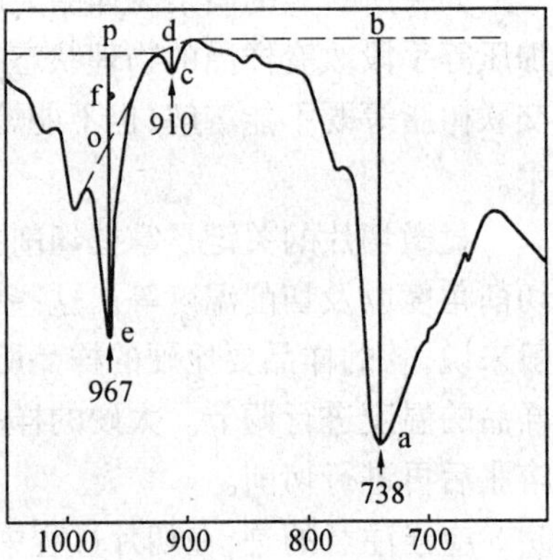

图 14－8　聚丁二烯红外光谱图(f 点为 op 线的中点)

总吸光度为

$$A = 17\,667D_{738} + 3\,673.8D_{910} + 4\,741.4D_{967} \quad (14-2)$$

各吸收峰的光密度

$$D_{738} = \lg\frac{b}{a}\ ;\ D_{961} = \lg\frac{d}{c}\ ;\ D_{967} = \lg\frac{f}{e} \quad (14-3)$$

$$[1,2-]\% = \frac{3\,673.8D_{910}}{A} \quad (14-4)$$

$$[C-1,4-]\% = \frac{17\,667D_{738}}{A} \quad (14-5)$$

$$[t-1,4-]\% = \frac{4\,741.4D_{967}}{A} \quad (14-6)$$

2. 研究橡胶老化

橡胶经过光、热或辐射后，在红外光谱中如发现有 $\rangle C{=}O$ 和—COH 基团存在，说明发生了氧化作用。如果 C＝C 基团增多说明有断链发生。

3. 共聚物序列分布的测定

例如，乙丙共聚物的序列分布。首先把乙烯和丙烯两种链可能的连接方式都排列出来。

(1)全是丙烯链节的情况：

连接方式	结构式	间隔 CH_2 个数
头—尾	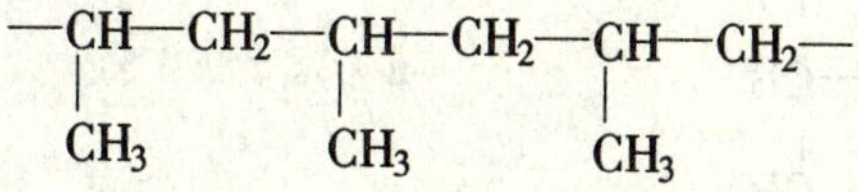	1
尾—尾	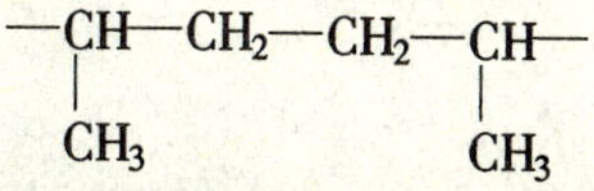	2

(2)乙丙共聚(二种链节)的情况：

结构式	间隔 CH_2 个数
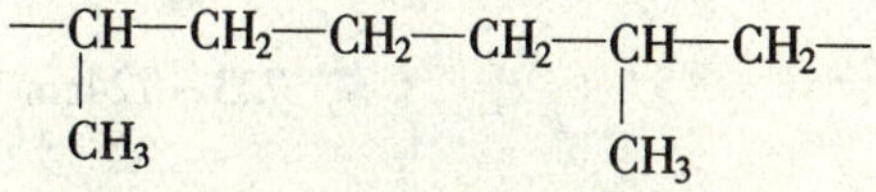	3
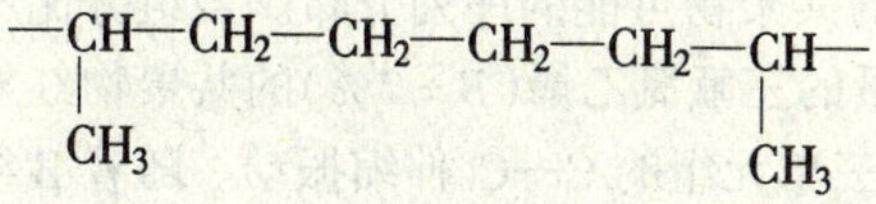	4
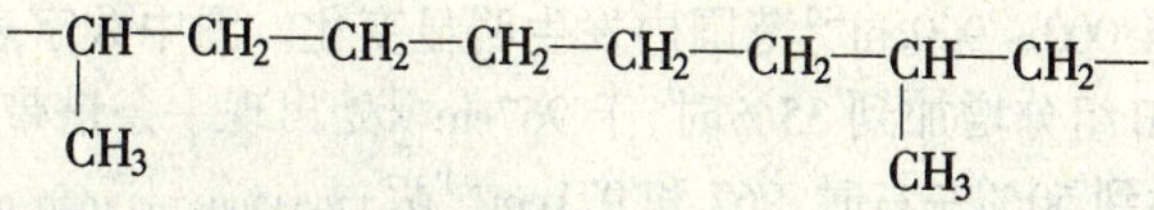	5

(3)全是乙烯链节的情况

间隔 CH_2 个数大于 5。

排列好以后，将实测的吸收峰波数对照模型化合物——已知间隔 CH_2 个数的化合物的波数。相符合的排法即为该样品的序列分布情况。常用到的模型化合物有：

化合物	间隔 CH_2 个数	波数
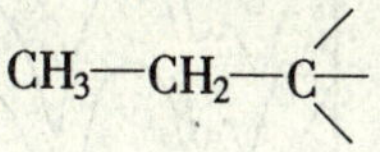	1	$780 \sim 785 cm^{-1}$
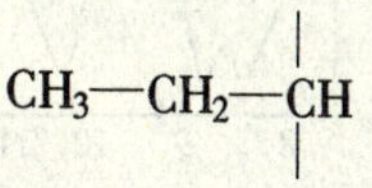	1	$770 \sim 776 cm^{-1}$
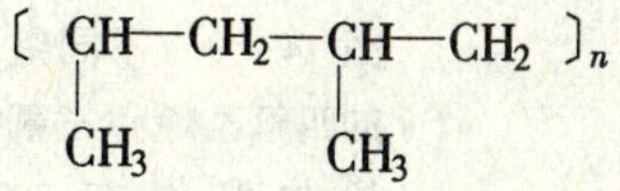	1	$815 cm^{-1}$
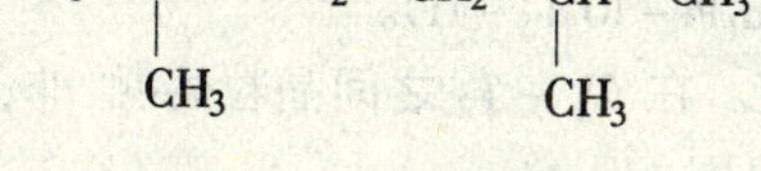	2	$753 cm^{-1}$
交替丁烯-2与乙烯共聚物	2	$752 cm^{-1}$

2、4、10、14—四甲基十五硫烷	3	735、733cm^{-1}
加氢聚异戊二烯	3	735cm^{-1}
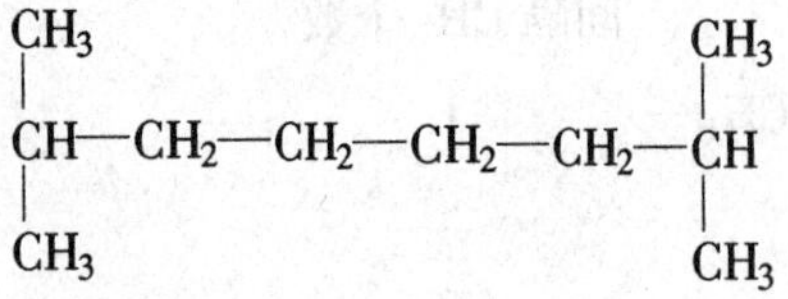	4	728cm^{-1}
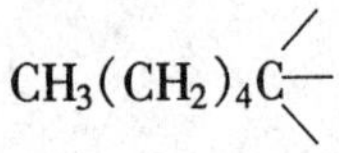	4	724～726cm^{-1}
$CH_3(CH_2)_5CH_3$	5	722cm^{-1}
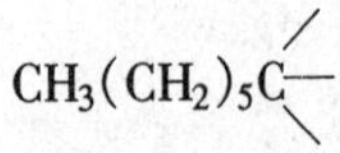	5	723～724cm^{-1}

再例如，四氟乙烯(A)与三氟氯乙烯(B)的共聚物可能的序列分布。当组分比不同时红外光谱图也不一样(见图 14－9)。在含少量的三氟氯乙烯($B = 7\%$)的共聚物红外光谱中，于 957cm^{-1}处出现一条谱带，对应于 ABA 三单元组的 C—Cl 伸缩振动。随着 B 组分含量的增加，共聚物红外光谱带在 1 000～900cm^{-1}范围内发生明显变化。图中数字表示三氟氯乙烯的摩尔百分比浓度，当 B 组分增加到 35%时，于 967cm^{-1}处出现一条谱带，它对应于 ABB三单元组。当 B 组分达到 50%左右时，967 和 971cm^{-1}两条谱带强度近似相等，分别对应于 ABB 和 BBA。如果 B 组分进一步增加，对应于纯 B 的 971cm^{-1}谱带(BBB)越来越强，最后成为惟一的谱带，见下表。

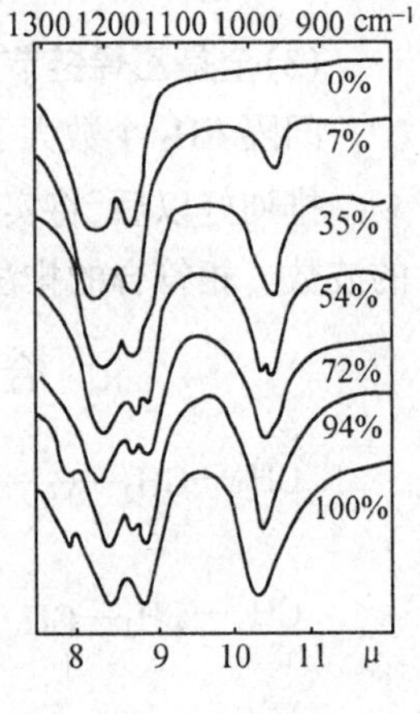

图 14－9 不同组分比的四氟乙烯和三氟氯乙烯共聚物在 1000～900cm^{-1}区域谱带的变化

表 14－1 红外光谱数据

B%	吸收峰	可能的序列
0	—	AAA
7	957cm^{-1}	ABA
35	967cm^{-1}	ABB
54	967、971cm^{-1}	ABB、BBA
100	971cm^{-1}	BBB

4. 研究高聚物的相转变

例如，PE 的非晶型吸收带在1 308cm^{-1}处。通过测定不同温度下 1 308cm^{-1}峰的强度变化，可以求出 PE 的结晶度(见图 14－10、14－11)。

在温度 T_1(熔融)以前，吸收带强度维持恒定。在 T_1～T_2 之间晶粒熔融，非晶相增加，使 1 308cm^{-1}吸收带强度增加(透光率下降)，见图 14－11。

当温度大于 T_2 时，PE 完全以非晶态存在，此时非晶相浓度为 $C_a = 1$。当温度小于 T_2

时，非晶相浓度为

$$C'_a = D_2/D_1 \quad ; \quad D = \lg a/b \tag{14-7}$$

式中 D_1 为 1 308cm^{-1} 峰在 T_2 时的光密度；D_2 为 1 308cm^{-1} 峰小于 T_2 时的光密度。结晶度由下式给出

$$X_c = (C_a - C'_a) \times 100\% \tag{14-8}$$

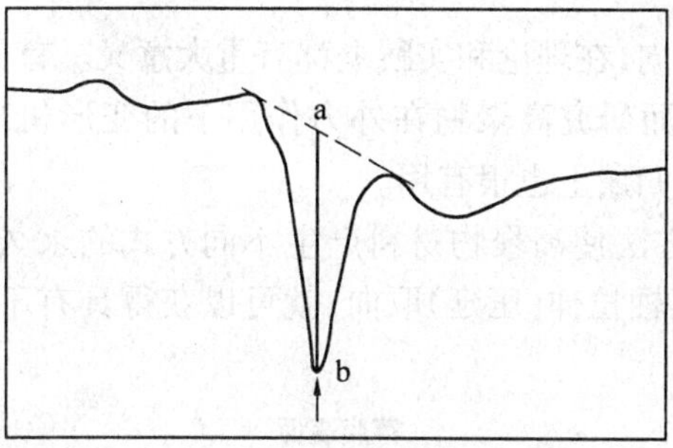

图 14－10 非晶型 PE 的吸收峰

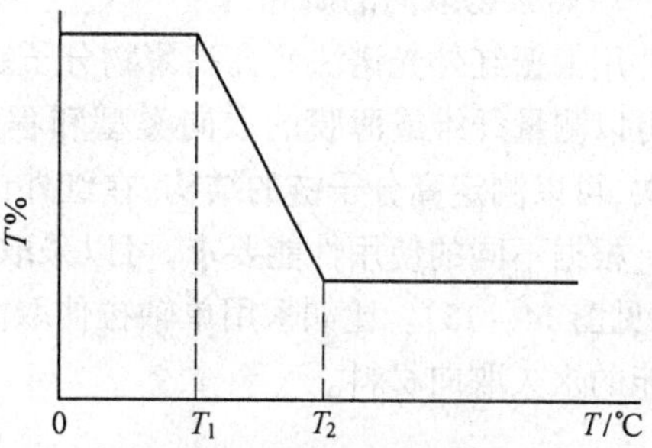

图 14－11 PE 1 308cm^{-1}非晶性吸收带的透光率与温度的关系

5. 对结构相近的高聚物的红外光谱鉴别

例如，丁二烯和苯乙烯的嵌段和无规共聚物的鉴别。这两种共聚物由于结构不同其物理性能也不相同。无规丁苯是橡胶，而嵌段共聚物则是热塑弹性体。两种结构的红外光谱图在 650 ~ 450cm^{-1}区域中有明显差异（见图 14－12）。在嵌段共聚物的红外光谱中，位于 542cm^{-1}处有一中等强度的谱带（图 14－12(b)）。而在无规共聚物中，则谱带位移至 560cm^{-1}处，强度较弱，而形状变宽（图 14－12(a)）。

Schnell 把在这两个波数位置所测量的谱带吸光度的比值定义为嵌段指数 β，即

$$\beta = A_{542}/A_{560} \tag{14-9}$$

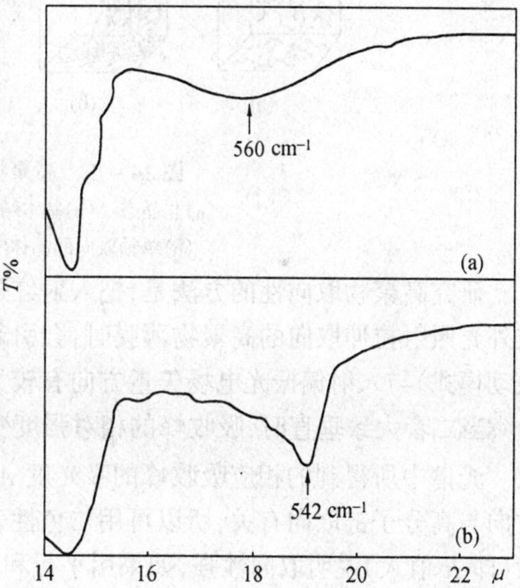

图 14－12 丁二烯—苯乙烯共聚物的红外光谱图（丁二烯:苯乙烯 = 75:25）

(a)无规共聚物 (b)理想嵌段共聚物

6. 聚乙烯支化度的测定

由于聚合方法不同，聚乙烯有高密度和低密度之分。低密度聚乙烯的分子链中含有较多的短支链。它对聚乙烯的拉伸行为、熔点、晶胞尺寸和结晶度等物理性质都有很强的影响，所以支化度的测定具有重要实际意义。

在红外光谱法中，采用测定聚乙烯端基（甲基）的浓度来表征它的支化度。取位于 1 378cm^{-1}的甲基对称形振动谱带作为分析谱带。

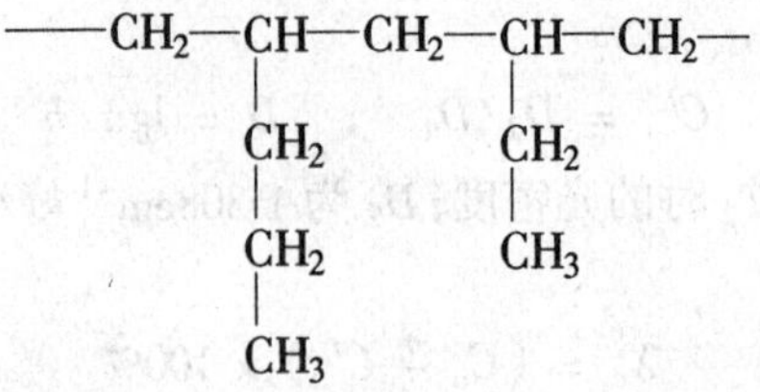

7. 高聚物取向的研究

用偏振红外光谱法研究高聚物分子链的取向,在理论和实践上都有重大意义。首先,它可以测量纤维或薄膜的取向类型和程度,从而研究高聚物在外力作用下的变形机理。其次,可以测定高分子链的结构,在红外谱带的归属上也很有用。

根据不同的使用性能要求,可以采取不同方法使高聚物材料产生不同方式的永久取向(见图 14-13)。比如采用单轴拉伸取向或双轴拉伸(压延)取向,就可以获得具有不同性能的永久取向材料。

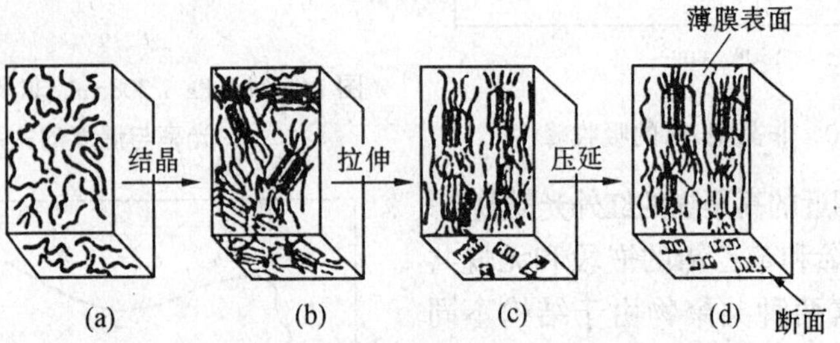

图 14-13　高聚物形态的简单模型

(a)非晶态　(b)基本结构单元没有取向的晶体

(c)单轴取向的晶体　(d)双轴取向的晶体

研究高聚物取向性的方法是,把入射红外光加一偏振器使其成为偏振红外光,在偏振红外光照射拉伸取向的高聚物薄膜时,会引起某基团偶极变化方向(即跃迁距方向,也即振动模式)与入射偏振光电场矢量方向有较大的平行度时,吸收峰的相对强度加强,记为 $A_{/\!/}$;当二者大致垂直时,吸收峰的相对强度变弱,记为 $A_{\perp}$。

光谱中所得到的相应吸收峰的吸光度 A 之比叫二色性,$A_{/\!/}/A_{\perp}=R$。因为偶极变化方向与高分子链取向有关,所以可用二色性表征高聚物的取向性。$A_{/\!/}$ 与 $A_{\perp}$ 之值变化愈大(即 R 值大)说明取向性强,如果用平行和垂直的偏振红外光照射样品,A 值无变化,则说明样品分子的取向是杂乱的。

14.2　拉曼光谱

水溶性高分子以及结构上没有偶极矩变化的高聚物用 IR 和其他方法进行研究是困难的,而 Raman 光谱正好适合于这类高分子材料的分析研究。

拉曼光谱是印度科学家 Raman 于 1928 年正式建立的,但由于当时没有强光源,拉曼效应很弱,使拉曼光谱这一技术的发展受到限制。直到 1961 年激光出现后,拉曼光谱有了新的单色强光源,这一技术便迅速发展起来。

14.2.1 拉曼光谱的基本原理

1. 拉曼散射

当一束单色光($h\nu_0$)照射到透光的样品上以后,一部分光沿入射方向透过样品,另一部分被散射介质向各方向散射。散射有两种类型,当入射光子与样品分子进行弹性碰撞而发生散射时,只是改变了入射光子的方向,散射光与入射光的频率相等,没有能量交换。这种散射被称为瑞利(Rayleigh)散射。当入射光子与分子发生非弹性碰撞时,光子与分子之间有能量交换。散射光的频率低于或高于入射光的频率。在散射谱图上,这种散射线分布在瑞利线的两侧,文献上称斯托克斯(Stokes)线和反斯托克斯(Anti Stokes)线,这种散射被称为拉曼(Raman)散射。

在高分子溶液的光散射中,瑞利散射和拉曼散射同时存在,但它们的频率范围不同(拉曼散射线很弱,频率变化范围十至几千波数)。因此,要用不同的仪器进行检测。用溶液光散射仪测定的是瑞利散射光强的浓度和角度依赖性,可以计算高聚物的分子量等数据。用拉曼光谱仪则通过研究拉曼散射线获取结构信息。

拉曼散射和瑞利散射的谱线和能级跃迁情况如图 14-14 所示。

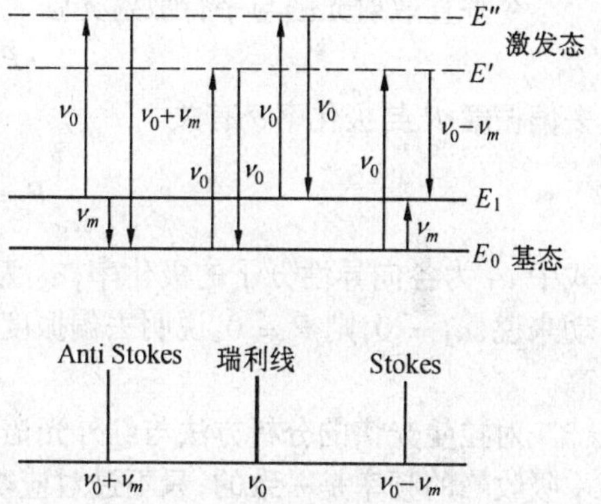

图 14-14 拉曼散射的能级和散射谱线

当处于基态 E_0 或激发态 E_1 的分子与频率为 ν_0 的入射光子相碰撞时,分子得到能量立即提高到 $E_0 + h\nu_0$(或 $E_1 + h\nu_0$) 能级,这是不稳定能级。分子会散射出相应能量回到它们原来的基态能级。在这一过程中,散射光的频率与入射光的频率相等,这就是瑞利线。如果分子与入射光子相碰撞,提高到激发态能级后不回到原来能级,而是回到另一个能级,这一过程得到的是拉曼线,即 Stokes 和 Anti Stokes 线。拉曼线与入射光频率之差 $\Delta\nu$ 被称为拉曼位移。Stokes 线和 Anti Stokes 线的跃迁几率是相等的,但由于在常温下处于振动基态 E_0 的分子要比处于振动激发态 E_1 的分子数目大得多,所以斯托克斯散射谱带要比反斯托克斯谱带的强度大得多。故拉曼光谱分析多采用斯托克斯线。

2. 拉曼活性

分子在振动时,如果极化率发生改变,它就是拉曼活性的分子。拉曼散射可以发生在异核分子中,也可以发生在同核分子中,而红外活性取决于振动时偶极矩的变化,非极性分子没有红外活性。

极化率 α 是指分子在电场作用下,分子中电子云发生变形的难易程度。极化率 α 与诱导偶极矩 D 以及电场 E 有关,见下式

$$D = \alpha E \tag{14-10}$$

拉曼散射谱线的强度依赖于分子的极化率 α。

3. 拉曼光谱的主要参数

拉曼光谱的主要参数是拉曼位移,即频率位移。和红外光谱一样,给出的基团频率是

一个范围值,单位是波数(cm^{-1})。另一个参数是去偏振度,也称退偏振比。在三维空间中,当入射激光 L 在 X 轴上与不对称分子 P 相碰撞时,分子被激发散射出不同方向的偏振光。如果在 Y 轴上加一偏振器 Q,当偏振器与入射激光方向平行时,则 ZY 面上的散射光可以通过,若偏振器与激光方向垂直时,则 XY 面上的散射光就可以通过。如图 14 - 15 所示。

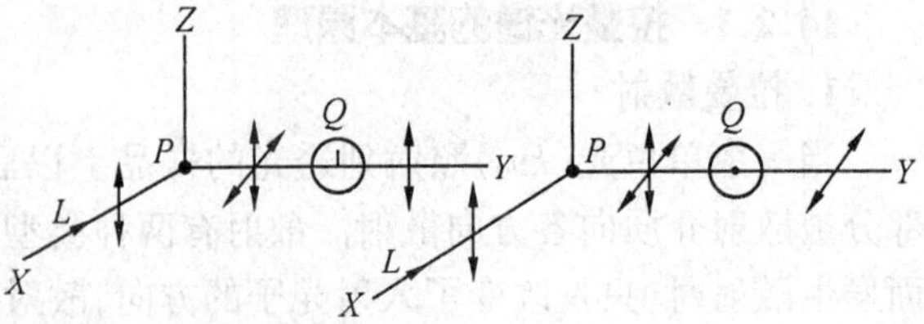

图 14 - 15　去偏振度示意图

L— 入射激光　P— 不对称分子　Q— 偏振器

令垂直散射光强与平行散射光强之比为去偏振度 P

$$P = I_{\perp} / I_{/\!/} \tag{14 - 11}$$

去偏振度 P 与极化率 α 有关

$$P = \frac{3\alpha_1^2}{45\alpha_2^2 + 4\alpha_1^2} \tag{14 - 12}$$

式中 α_1 为各向异性分子的极化率;α_2 为各向同性分子的极化率。对于完全对称的球形振动来说,$\alpha_1 = 0$,则 $P = 0$。说明去偏振度可以表征分子的对称性。P 值越大,分子对称性越高。

对拉曼光谱的分析方法与红外光谱基本相同。拉曼光谱图中的拉曼位移与红外光谱中吸收峰的频率是一致的,只不过对应峰的相对强度不同而已。它们都是通过对谱带频率、形状和强度等的分析来推断分子结构。

14.2.2　实验设备及实验技术

1. 激光拉曼光谱仪

激光拉曼光谱仪由以下部分组成:激光器(光源)、样品光学系统、单色仪和接收器,电子线路和记录器系统。仪器所用光源多为气体激光器。假的激光必须使用滤光片或前置单色器加以消除。激光辐射是高度的平面偏振光,偏振度大于 98%。当测量偏振度时,激光束的偏振平面可以利用半波长板加以转动。在大多数情况下,散射光是在 90°(纤维、粉末、大块材料、液体等)或 180°(透明薄膜、晶体等)观察。透镜把散射光聚焦在单色器的入射狭缝上。在作退偏振测量时,可利用放在入射狭缝与聚焦透镜之间的偏光板进行检偏。因为光谱仪的好几个组成部分,如反射镜、光栅、狭缝都对光的偏振特性有影响,因此检偏光在到达入射狭缝之前必须进行扰频(Scrambled)或是用半波减速板旋转偏振平面。通过适当地调节这个板的位置,进入单色器的偏振光的偏振平面,可以用检偏器的位置加以选择。

为了获得与红外光谱可比拟的拉曼光谱,拉曼光谱仪的分辨能力必须比相应的色散型红外谱仪高一个数量级,这是因为拉曼实验的检偏光的波长短得多。散射光在单色器中受到反射镜系统和两个(双单色器)或三个(三重单色器)慢旋转光栅的检偏,最后衍射光聚焦在出射狭缝上,由灵敏的光电倍增管把入射光转换为电脉冲,再经直流放大器加以放大。所记录的散射光的强度与转动光栅的位置无关。为获得线性波长刻度,用一个余弦驱动器来驱动光栅。在记录拉曼光谱时应注意以下几点:

(1)因为散射光强度正比于 ν_0^4,因此低频激发线(红光和黄光)所产生的拉曼带一定比高频激发线(蓝光和绿光)来得弱。

(2)通常所用的 S_{20}光电倍增管的响应依赖于入射光的频率。从图 14－16 可以看出，蓝光 Ar^+ 488nm 线的光电倍增管的灵敏度比红光 Kr^+ 647.1nm 线的要高出约两个数量级。扫描一张从 0 到 4 000Δcm^{-1}的光谱，如果用氪离子激光器光源，灵敏度的下降要更快。因此，采用高频激发线可获得更佳的信噪比。但是，有时荧光和带颜色的样品可能产生严重的干扰，所以改用低频激发线往往是有利的。

为了研究瞬态过程(transients)，不稳定样品或超快速反应，要求仪器可测出 2×10^{-11}s 内的拉曼光谱。在这种仪器中使用了多道探测器，在脉冲激光束的脉冲持续时间内可同时检出一个相当宽阔的波数范围。

近年来还发展了一种双单色器激光拉曼微探针(MOLE)，可以测绘出多相样品的组分分布。

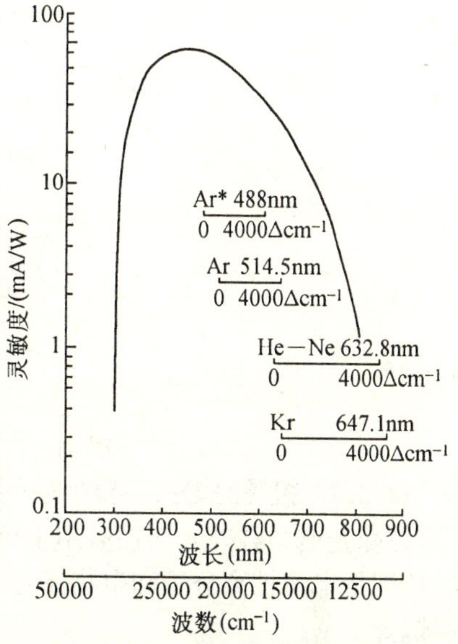

图 14－16　S_{20}光电倍增管的灵敏度曲线

2. 拉曼光谱制样技术

拉曼光谱的信号强度与吸收介质的浓度呈线性关系，而不是像红外光谱那样的对数关系。但是到目前为止，应用拉曼光谱进行定量分析的实例还不多。这主要是因为在采用单光束发射的条件下，所测量的拉曼信号强度明显地受到样品性质和仪器因素的影响。

Tuncliff 等提出的拉曼光谱定量分析方案，很大程度上消除了上述影响(荧光和颜色这两个样品因素除外)。

带有颜色的样品，一般多采用旋转技术(如转速取 50r/s)。这样不但可避免样品的局部过热，而且还可改善信噪比。此外，也可采用旋转平面反射镜或旋转透镜的办法。

拉曼光谱定量分析可采用内标法，即以溶剂的谱带作为内标。也可选择适当的标准物作为外标。

拉曼光谱可以测量气、液、固体各种样品。具体制样技术有：

(1)气体　气体样品可装在激光器的共振腔内进行拉曼实验。

(2)溶液　只要溶液或高聚物具有足够的纯度，即可把这类液态样品装在毛细玻璃管中，在相对于激发辐射的 90°方向进行观察，见图 14－17(a)。因为水的拉曼光谱很弱，所以水是十分理想的拉曼溶剂。因此，水溶性高聚物，生物高分子水溶液的拉曼光谱研究，便引起人们的很大兴趣。

(3)固态样品　样品的位置相对于激发光源或收集透镜的几何排布，随所观测的样品性质来决定。根据实验所需，设计不同的样品支架。例如强散射样品或混浊的样品一般是采用前方表面反射方式进行测量，见图 14－17(b)。粉末样品可封入一个空洞中或是装入透明的玻璃管内，对着激发光源水平斜放，见图 14－17(c)和(d)。透明的样品可以从背面照射，并在前方收集发生于样品内部的辐射，见图 14－17(e)。对透明样品，也可将样品钻孔以测定其透射光谱，见图 14－17(f)。纤维样品的排布方式，可按图 14－17(g)和(h)来进行。

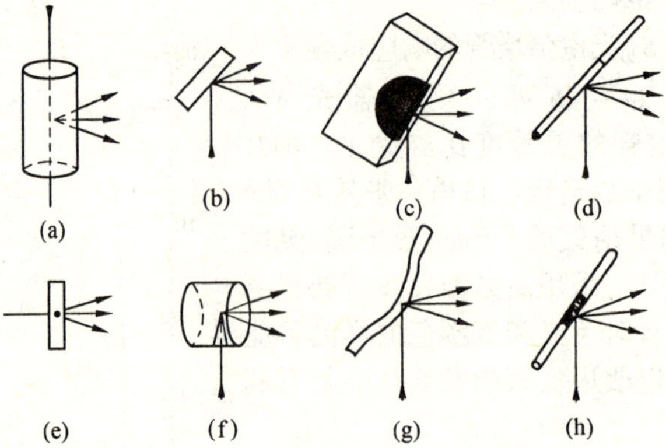

图 14-17 拉曼光谱的各种制样设备

14.2.3 拉曼光谱在高聚物研究中的应用

拉曼光谱与红外光谱在应用上可以互相配合。近年来,对高聚物的立规性、结晶和取向,特别是水溶性高分子和生物高分子方面的研究,已成为激光拉曼光谱研究的一个重要领域。

1. 测定聚烯烃的内、外双键和顺、反结构,运用拉曼光谱法是十分有效的。因为 C=C 键的拉曼散射很强,且因结构而异。

例如,聚异戊二烯的拉曼光谱,1,4-结构的谱带在 1 662 cm^{-1};3,4-结构在 1 641 cm^{-1};1,2-结构在 1 689 cm^{-1}。再如,聚丁二烯的外双键—1,2-结构在 1 639 cm^{-1};内双键中的顺 1,4-结构的谱带在 1 650 cm^{-1};反 1,4-结构在 1 664 cm^{-1}。

2. 结晶性高聚物的拉曼光谱研究。例如,聚四氟乙烯的拉曼光谱(见图 14-18),可明显地看出,600 cm^{-1} 处谱带的变宽标志着结晶度的降低。

3. 用拉曼光谱研究生物大分子,要比其他手段优越。因为研究生物大分子的结构和行为,多处于水溶液体系,不少情况都是有颜色的,显然用红外光谱研究是困难的。例如,血色素带氧的问题,人体碳酸酐酶-B 的组成和结构等都可运用拉曼光谱进行研究。由图 14-19 可以看出,人体碳酸酐酶-B 中含多种氨基酸和其他基团。

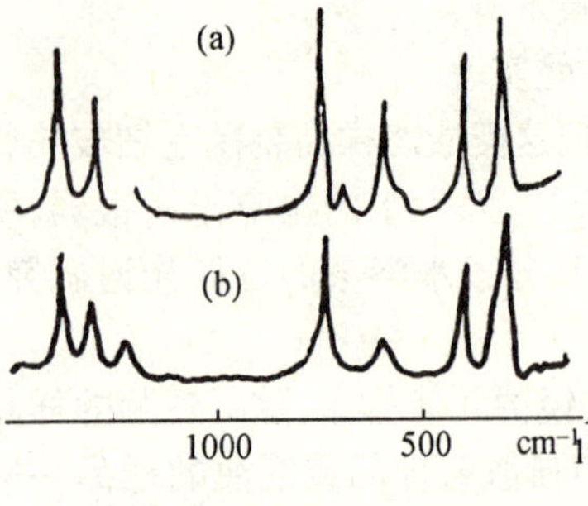

图 14-18 聚四氟乙烯的拉曼光谱

(a)结晶度 90% (b)结晶度 60%

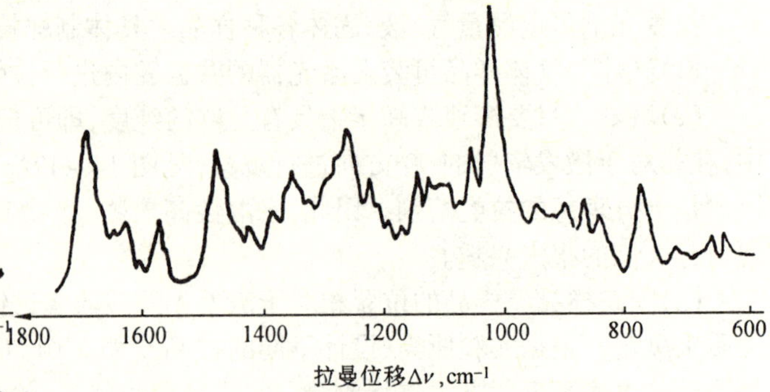

图 14-19 人体碳酸酐酶-B 的拉曼光谱图

近年来,共振拉曼光谱和计算机拉曼差谱在生物大分子研究中更加显示出了其独到之处。前者的散射强度比一般拉曼散射大几个数量级,可以研究浓度很小的有生色团的生物大分子，不破坏样品。计算机拉曼差谱技术，可通过重度扫描、信息存储，扣除水和荧 光本底的方法得到纯蛋白质的结构。

4. 分析共聚物组成的含量。例如，氯乙烯和偏二氯乙烯共聚物，氯乙烯组分含量 $\bar{P}_1$ 与拉曼谱带2 906 cm^{-1}/2 926cm^{-1}(内标)强度有线性关系(见图 14－20)。

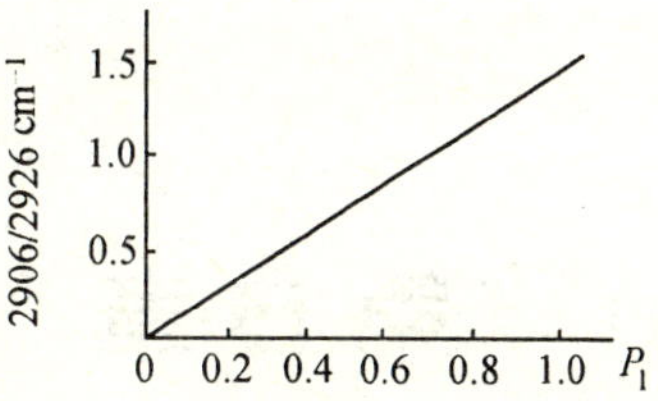

图 14－20　氯乙烯－偏二氯乙烯共聚物组成曲线

用拉曼光谱法的退偏振比与红外光谱法的二色性相配合，去推断高聚物的立构性是比较可靠的。

第15章　色谱及色质联机技术

色谱法又称色层法、层析法，它是现代有机分析的基本方法之一，也是分析测定物质多种物理化学性质的有效手段。色谱(Chromatography)一词，始于本世纪初俄国植物学家Tswett分离植物色素。他把树叶色素的石油醚提取液倒入装有碳酸钙的玻璃试管中，用石油醚淋洗，试管中呈现一圈圈不同颜色的绚丽色带。这种色带就称之为“色谱”，它由希腊字Chroma(色彩)和Graphos(图谱)复合而成。后来这种分离色素方法广泛用于分离无色物质，而色谱这一名称一直沿用下来。

色谱法包括一大类操作方式不同但原理相同的分离、分析技术。其共同点是：

1.任何色谱方法都存在两个相，即流动相和固定相。流动相可以是气体，也可以是液体；固定相为固体或涂渍在固体表面上的高沸点液体。

2.流动相对固定相做相对运动，它携带样品通过固定相。

3.被分离样品中各组分与色谱两相间具有不同的作用力，这种作用力一般表现为吸附力或溶解能力。正是这种作用力的差异导致各组分通过固定相时达到彼此分离。

色谱法按其固定和流动相状态不同，可分为气相色谱和液相色谱。气相色谱又分为气固色谱(流动相是气体，固定相是固体)和气液色谱(流动相是气体，固定相是涂渍在固体表面上的高沸点液体)；液相色谱又分为液固色谱(流动相为液体，固定相为固体)和液液色谱(流动相为液体，固定相为涂渍在固体表面上的高沸点液体)。

色谱法若按固定相的性质分为：柱色谱、纸色谱和薄层色谱(TLC)。

研究高聚物微观结构最常用的色谱法有裂解色谱法(PGC)、反气相色谱法(IGC)、凝胶渗透色谱法(GPC)和薄层色谱法(TLC)。而一般的气相色谱主要用于高分子材料及制品中、高分子材料制备及加工过程中，可挥发性物质的检测。20世纪60年代兴起的色谱与质谱联用分析系统，使色谱技术应用于高聚物研究得到进一步完善和发展。

15.1　气相色谱

气相色谱是使用最为广泛的现代分析方法之一。尽管气相色谱分析的对象是具有挥发性的物质，然而它在高聚物领域内却有着非常重要的应用。概括起来有以下几个方面：

(1)高聚物的单体和溶剂纯度分析；

(2)聚合反应过程监测，聚合反应动力学参数测定；

(3)高聚物中残存挥发组分分析；

(4)高聚物材料及制品中有机添加剂分析；

(5)高聚物的定性鉴识；

(6)共聚物或均聚物的共混物的组成定量分析；

(7)高聚物热稳定性、热降解机理测定；

(8)高聚物微观结构(链结构)分析；

(9)高聚物的某些物理化学性能测定。

采用一般气相色谱方法就能满足(1) ~ (4)提出的分析要求；测定高聚物的物理化学性能(尤其是热力学性质)需要运用反气相色谱技术；而(5) ~ (8)则主要依靠裂解色谱分析方法来实现。

本节主要介绍气相色谱用于高聚物自身分析测试的两个比较特殊方法——裂解色谱法和反气相色谱法，重点讨论裂解色谱技术，对于一般气相色谱限于篇幅仅做简介。

15.1.1 气相色谱的原理、特点及应用

1.气相色谱基本原理

(1)气相色谱分离原理　气相色谱是色谱中的一种，与其他种类色谱比较，气相色谱在仪器和操作上虽有差别，但其分离原理是一致的。它同样有两个相：流动相和固定相。流动相(即载气)为氮、氦等惰性气体；固定相则是填装在金属或玻璃柱内的某种固体吸附剂或涂渍在多孔性惰性担体(如硅藻土)表面的高沸点有机化合物，即固定液。按固定相所处的物理状态，气相色谱又可分为气固色谱和气液色谱两种。气固色谱的固定相是固体物质，如硅胶、活性炭或氧化铝等；气液色谱固定相即为担体表面的固定液。气相色谱分析时，两相做相对运动，载气以恒定的流速连续通过固定相，样品在进柱前预先气化，以气态形式随载气在色谱柱中运行。对于气液色谱来说，样品中各组分在色谱柱内的分布情况，可以用它们在两相中的量或浓度比例，即分配系数 K 的差别来描述。

$$K = \frac{\text{组分在固定相中浓度}}{\text{组分在载气中浓度}} = \frac{C_s}{C_g} \qquad (15-1)$$

样品随载气运行，根据柱温下分配系数，各组分在气－液两相间建立分配平衡。由于各组分在固定液中溶解度不同，组分从固定液中析出进入载气中的能力也各不一样。各组分在固定液和载气间发生溶解—解析—溶解—解析反复多次(10^3 ~ 10^6 次)的平衡分配。由于分配系数上的差异，各组分在色谱柱内移动速度逐渐发生变化。那些分配系数大，即在固定液中溶解度大的组分移动较慢，而分配系数小，即溶解度小的移动较快，经过一定柱长后，混合组分就彼此分开了。图 15－1是 A、B 两组分在色谱柱中逐渐分离的示意图。

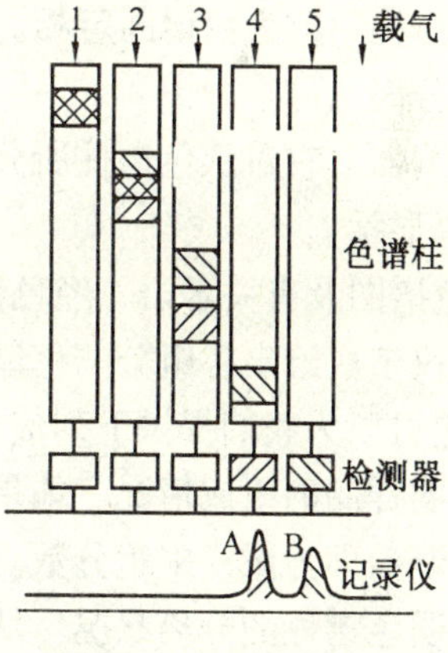

图 15－1　A、B 两组分混合物在色谱柱内分离示意图

1—样品刚进入色谱柱时，组分 A 和 B 混合在一起；2—经过一段距离后，由于分配系数不同组分逐渐分离成 A，A + B 和 B；3—组分不断地进行分配和平衡的过程，A 和 B 在柱内得到分离；4—组分 A 先进入检测器，记录仪上记得峰 A；5—组分 B 后进入检测器，记录仪在 A 峰出完后又得 B 峰

气固色谱与气液色谱的过程相似，差别在气固色谱的分离是取决于组分在吸附剂上的吸附力，而不像气液色谱那样取决于组分在固定液中的溶解度。

(2)气相色谱仪流程　图 15－2 给出以热导池为检测器的气相色谱仪基本流程示意图。载气由高压钢瓶供给，经减压阀、载气净化管、稳压阀后形成稳定压力和流速的气流。通过压力计、流量计，指示载气的柱前压和流速，然后进入检测器热导池的参比池，至汽化室。样品从进样口(汽化室)注入，随载气进入色谱柱，于是混合的各组分在柱内发生分离，并随载气先后进入检测器进行检测，然后通过仪器末端的皂膜流量计测得柱出口流速后放空。

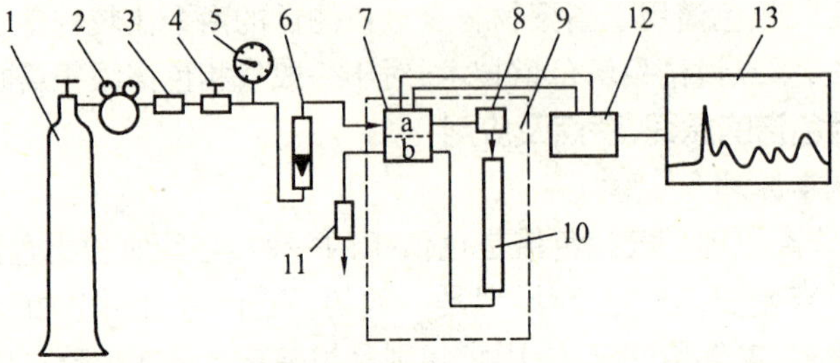

图 15－2　气相色谱仪基本流程示意图

1—高压钢瓶(载气源)；2—减压阀；3—载气净化管；4—稳压阀；5—压力表；6—转子流量计；7—热导池检测器(a—参比，b—测量)；8—汽化室；9—恒温炉；10—色谱柱；11—皂膜流量计；12—检测器桥路；13—记录仪

归纳起来，气相色谱仪主要由三大部分构成：

①载气　它是构成色谱分离必不可少的两相之一，即流动相。它在参与色谱过程的同时，为样品各组分在色谱柱中运行提供动力，并将分离组分输至检测器进行检测，起到“运输工具”的作用。

②色谱柱　即为色谱固定相。它是仪器的心脏部分，样品通过它由混合物而达到各组分彼此分离。

③检测器　它对从色谱柱所分离的组分及其浓度变化逐一检测，并通过二次仪表(记录仪)予以显示。

(3)色谱图及有关术语　经色谱柱分离后的各组分随载气进至检测器，产生检测信号并由记录仪依次绘出各组分的色谱峰形图——色谱图。色谱图是气相色谱分析的主要技术资料，它可以为我们提供下列信息：

①指明样品的组成情况。如果样品各组分在此色谱条件下能彼此分离并检测的话，那么色谱峰数即为试样中组分数。

②说明色谱柱的分离状况。从色谱图不仅可以直接看出组分是否定量分离，而且还可以根据它计算色谱柱效、选择性和分离度。

③提供色谱峰定性的数据。保留时间(或其他保留值)是组分定性的依据。

④给出定量数据。色谱峰高和峰面积均系组分定量分析的数据。

⑤为评价色谱仪性能提供依据。如了解仪器稳定性，计算检测器灵敏度等。

下面根据图 15－3 所示的某单一组分由色谱柱流出时检测得到的色谱峰形图，来介绍有关术语和定义。

基线——仅有载气通过色谱柱时检测器的响应信号，稳定的基线是一直线，如 Ot。

色谱峰——组分由柱流出时检测器的响应信号,如曲线 CAD。

峰高(h)——峰顶至基线的垂直距离,取长度(mm)为单位;亦可用电压(mV)表示,如 AB。

峰宽(Y)——从峰两边拐点作切线与基线的交点间的距离,如 IJ。

半峰宽($Y_{\frac{1}{2}}$)——峰高一半处的峰宽度,如 GH。

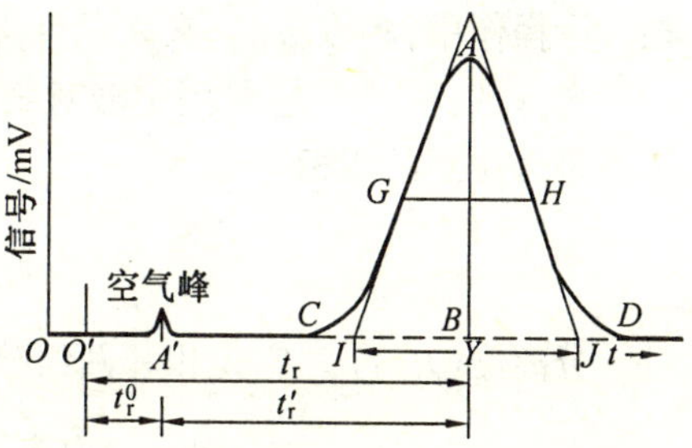

图 15-3 单一组分色谱峰形图

峰面积(A)——色谱峰面积与组分量成正比,它是色谱定量的主要依据。当色谱峰呈高斯分布时

$$A = h \cdot Y_{1/2} \tag{15-2}$$

保留值 —— 是时间保留值、体积保留值的总称,说明组分在色谱柱内停留的时间,描述组分从柱中流出的顺序。它反映了组分与固定相相互作用力的大小,故与两者的许多物理化学性质有关。保留值取决于组分和固定相的分子结构,因而它是色谱定性的依据。

而时间保留值又分为:

保留时间(t_r)—— 从进样到组分在柱后流出最大浓度的时间,如图中 $O'B$。

死时间(t_r^0)—— 从进样到空气(或甲烷) 峰最大浓度的时间,如图中 $O'A'$。它基本上不与柱内固定相作用,与载气等流经色谱柱,故它仅反映载气通过色谱柱的时间。

校正保留时间(t'_r)—— 扣除死时间的保留时间,如图中 $A'B$。t'_r 反映了组分与固定相相互作用所消耗的时间

$$t'_r = t_r - t_r^0 \tag{15-3}$$

与时间保留值相对应的是体积保留值(V_R)、死体积(V_R^0) 和校正保留体积(V'_R)。体积保留值以 ml 表示,此外尚有比保留体积 V_g,它定义为 0℃ 时色谱柱中每克固定液的校正保留体积

$$V_g = \frac{273.2}{T_C} \cdot \frac{V'_R}{W} \tag{15-4}$$

式中,T_C 为柱的绝对温度(K),W 为固定液的质量(g)(对气固色谱来说,W 为吸附剂的体积,以 ml 表示)。比保留体积 V_g 和分配系数 K 间的关系为

$$V_g = \frac{273.2}{T_C} \cdot \frac{K}{\rho} \tag{15-5}$$

式中,ρ 为系固定液的密度。

理论塔板数(n) 和有效塔板数($n_{有效}$)　塔板的概念是把色谱柱设想成很多小段,在每一小段内被分离组分在气液两相间建立平衡,这样的一个小段就叫作一个“理论塔板”。因此,色谱柱的理论塔板数即是组分在柱内气液间平衡分配的次数,它用以表示色谱柱效率。其计算公式为

$$n = 5.54\left(\frac{t_r}{Y_{1/2}}\right)^2 = 16\left(\frac{t_r}{Y}\right)^2 \tag{15-6}$$

$$n_{有效} = 5.54\left(\frac{t'_r}{Y_{1/2}}\right)^2 = 16\left(\frac{t'_r}{Y}\right)^2 \tag{15-7}$$

在实际操作中，多取 $n_{有效}$ 来表示色谱柱效率。

选择性($r_{2,1}$)　它是固定液对某一难分离物质对的校正保留值之比，是评价固定液选择是否得当的指标。

$$r_{2,1} = \frac{t'_{r,2}}{t'_{r,1}} = \frac{V'_{R,2}}{V'_{R,1}} \tag{15-8}$$

分离度($R_{2,1}$)　它是相邻两组分的保留值之差与其各自半峰宽之和的比值

$$R_{2,1} = \frac{t_{r,2} - t_{r,1}}{\frac{1}{2}(Y_{1/2,1} + Y_{1/2,2})} \approx (t'_{r,2} - t'_{r,1})/Y_{1/2,1} \tag{15-9}$$

分离度是色谱柱总分离效能指标，它总括了两组分保留值大小和色谱峰宽窄的两个效应。

2.气相色谱的特点

(1)高效能　气相色谱的独特优点是它的高分离能力。气相色谱一次分析 10～20 个组分的混合物是很容易的事，特别是近年来发展起来的毛细管色谱，它一次可以完成石油馏分中数百个组分的分离分析问题，这是其他分析技术无法比拟的。

(2)高选择性　通过选用高选择性固定液，使对性质极为相似的组分间的分配系数有较大差别，以此来实现对如同位素、有机化合物的各种异构体等的分离。如采用氧化铝土涂敷氧化铁的色谱柱，并用二氧化碳部分去除活性，柱长 3m，内径 4mm。在 －196℃液氮温度下，氖气为载气，半小时内使氢的同位素氢、氘、氚所形成的六种异构体完全分离。

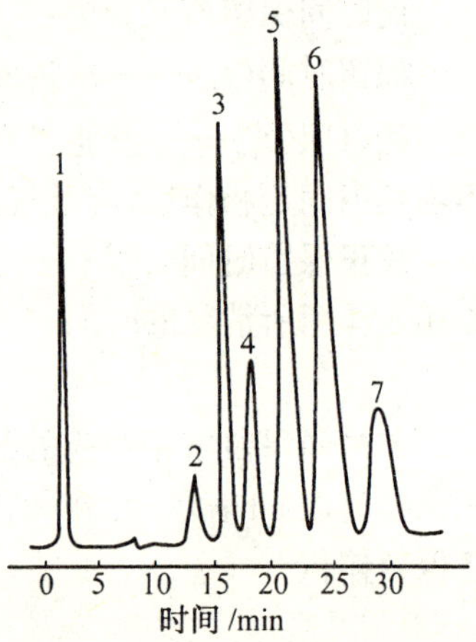

图 15－4　氢同位素的色谱分离图

1—氦^3（He^3）；2—氢（H_2）；3—氘氢(HD)；4—氚氢(HT)；5—氘(D_2)；6—氚氘(DT)；7—氚(T_2)

(3)高灵敏度　高灵敏度检测器可检测 10^{-11}～10^{-13} g 物质。因此在痕量分析中，可以测定超纯气体、高聚物单体、超纯试剂中 ppm(10^{-6})至 ppb(10^{-9})乃至于 ppt(10^{-12})级的杂质。这对环境保护、生物基础代谢、法医科学等部门的分析鉴定尤为适用。表 15－1 给出气相色谱最常用的四种检测器的性能。由于气相色谱的灵敏度高，故样品用量极少，一般一次分析只需几微克。

表 15－1　四种最常用的检测器性能

检测器	敏感度(检测限)	最小检测浓度	线　性	适用范围
热导(TCD)	10^{-6}～10^{-8}mg/ml	0.1ppm	10^5	所有化合物
氢焰(FID)	10^{-13}g/s	1ppb	10^5～10^7	含碳有机物
电子捕获(ECD)	10^{-14}g/ml	0.1ppb	10^2～10^4	含卤及氧、氮化合物
火焰光度(FPD)	10^{-12}g/s(磷) 10^{-11}g/s(硫)	10ppb	10^2～10^3	硫、磷化合物

(4)分析速度快　一般几分钟，多至几十分种即可完成一个比较复杂混合物的分离和分析过程。采用计算机(微处理机)控制气相色谱分析，使操作及数据处理完全自动化，更

能加快分析的速度。

(5)仪器造价低,有利普及推广。

(6)应用范围广　有机物的20%,石油化工中约85~90%的分析任务由气相色谱来承担,气相色谱也能用于部分无机化合物的分析(包括阳离子和阴离子的分析),它在催化、热力学和动力学方面都有广泛的应用。

3.气相色谱的应用

(1)定性分析　直接利用保留值定性是气相色谱分析中最普通、最方便的一种定性方法。其依据是:当固定相和操作条件(柱温、柱长、柱径、载气流速等)严格固定时,任何物质都有一确定的保留值。因此在此同一条件下,对照已知纯样和未知组分的保留值,就有可能定性出某一色谱峰代表什么化合物。为使定性结果更充分,一般应使用两种以上不同极性柱来定性,若找不到已知组分,可使用文献中查到的相对保留值(γ_{is})对照定性。相对保留值定义为任一组分 i 与标准物 s 的校正保留值之比

$$\gamma_{is}=\frac{t'_{ri}}{t'_{rs}}=\frac{V'_{Ri}}{V_{RS}}=\frac{V_{gi}}{V_{gs}}=\frac{K_i}{K_s}$$

依照保留值来定性的方法,只是必要条件而并不充分,利用气相色谱法与其他分析仪器,如质谱、傅里叶变换红外光谱等联用进行定性,是比较可靠方法。

(2)定量分析　气相色谱定量分析方法很多,常用的有归一化法、内标法和外标法三种。外标法又称为已知样校正法。设样品中 i 组分含量为 $P_i\%$,用纯 i 组分配制一个已知含量为 $P_{is}\%$ 的标准样,在同样操作条件下对二者准确地等量进样,根据峰面积 A_i 和 A_{is} 可计算:

$$P_i\%=\frac{A_i}{A_{is}}\cdot P_{is}\% \qquad (15-11)$$

或由纯 i 配制成一系列浓度的标准样,预先做出峰面积(或峰高)和浓度的标准曲线(图15-5),根据同样条件下等量进样得到样品中 i 的峰面积(或峰高)值,查出 $P_i\%$。

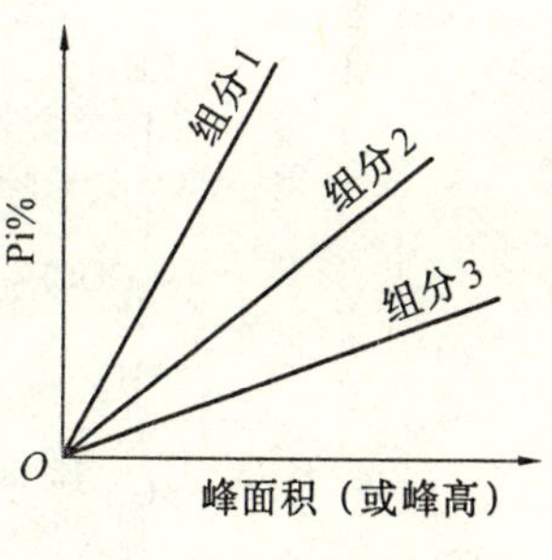

图15-5　定量标准曲线

(3)气相在高聚物研究中的应用　随着高分子材料科学的深入发展和气相色谱方法的普及,气相色谱应用于高聚物方面的重要性日趋增加。目前几乎所有的高聚物单体和溶剂纯度的分析都由气相色谱方法来取代,它对杂质浓度的检测可在ppm至ppb级;利用气相色谱测定聚合体系中单体浓度随时间的变化,可以了解聚合反应进程,测定聚合反应速率等动力学参数。尤其当单体在低浓度(稀溶液)下时,采用气相色谱监测比其他方法更为有效;利用气相色谱分析高聚物在不同温度下的热降解产物及其量的变化,可以测定高聚物的热稳定性和热降解机理;高聚物材料中含有的有机添加剂(如增塑剂、抗氧化剂等)及聚合物中残留的单体、溶剂、低聚物等挥发性物质,当受热或长时间放置后会逐渐释放出来,影响高聚物质量和造成污染(特别是用这类高聚物作食物和药物材料包装时),因此对这类化合物的测定也相当重要,采用气相色谱可以对它们在高聚物中的含量进行快速分析。

15.1.2 裂解色谱的原理、特点及其设备

1.裂解色谱基本原理

裂解色谱法(Pyrolysis Gas Chromatography,简称 PGC)实质上是试样的裂解与气相色谱的联用。裂解装置首先把不挥发的聚合物样品变成“碎片”(小分子),然后再用气相色谱进行分析。有机化合物键(链)的断裂可以视作该化合物的特性,其断裂方式主要取决于分子结构所吸收的能量。因此当不同的化合物在一确定的裂解色谱条件下裂解时,它们的裂解产物必然也各不相同,即得到的裂解色谱图,或称裂解谱图(Pyrogram)各异。通过分析裂解谱图中各色谱峰(裂解产物)定性,定量数据,我们便可以反过来鉴识各化合物,并确定它们的组成及结构。

这样,对于那些粉末、薄膜、纤维、弹性体及粘液状聚合物试样都可直接用该方法进行分析。对于聚合物中含有的无机填料和少量小分子,如残留单体、增塑剂之类添加剂以及溶剂和杂质等,一般可不必分离而直接进样。这些特点是其他方法所不具备的。

2.聚合物的热裂解

聚合物的热裂解过程是十分复杂的。因为样品受热分解后,会发生分解产物之间的二次反应,可能有化合、分解、歧化、环化等等。但在一定条件下,聚合物按其结构不同,它的热裂解是遵循某种反应规律来进行的。所得裂解产物具有一定的特性和统计性,这是裂解色谱研究聚合物的基础。聚合物热裂解机理会因聚合物种类不同而各异:

(1)烯烃高聚物的裂解机理　烯烃高聚物的热裂解大致有三种途径:

①解聚　对于大分子链节结构中含有季碳原子(例如聚甲基丙烯酸甲酯、聚 α－甲基苯乙烯)或者是大分子主链上很少含有氢原子(例如聚四氟乙烯)这类高分子受热后首先是链的引发断裂而生成自由基。由于自由基不发生链转移,而按自由基连锁反应的方式迅速解聚,裂解产物几乎全是单体。

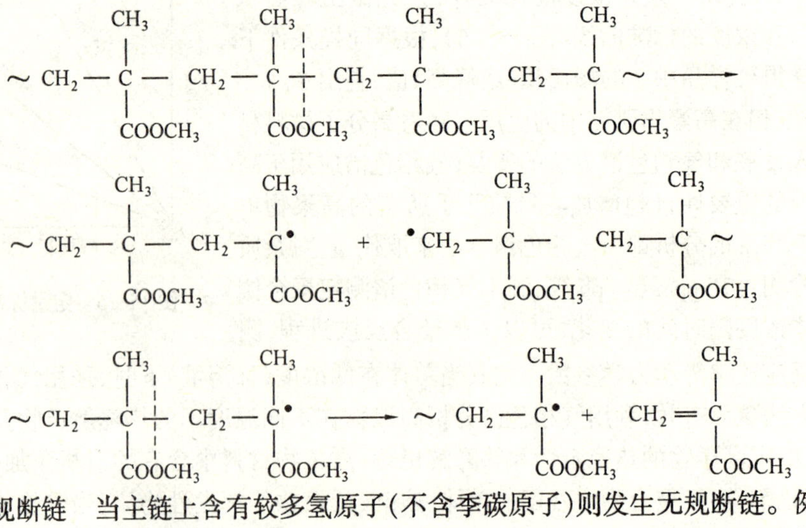

②无规断链　当主链上含有较多氢原子(不含季碳原子)则发生无规断链。例如聚乙烯(PE)、聚丙烯(PP)等都属此种类型的断裂。PE 在断链时,由于链转移的结果产生新的自由基和活性链,并生成其他小分子物质,裂解产物的分子量从 16(CH_4)到 1000,非常分散,故称无规断链。

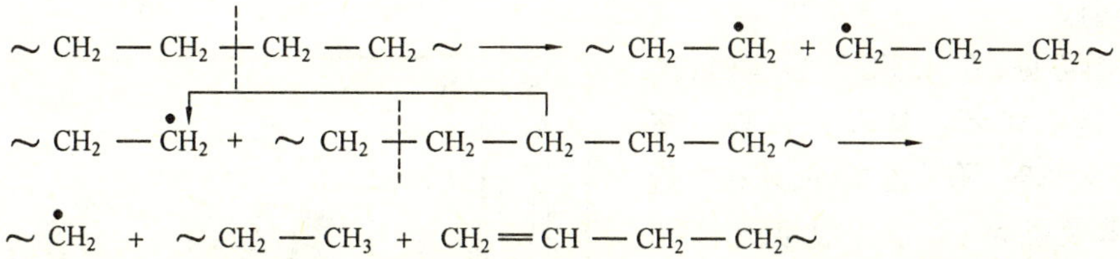

③无链断裂　聚合物侧链上具有双取代基时，由于其键能较小，在主链 C—C 键未发生断裂时就已发生消除反应，形成非链断裂。然后不饱和的共轭分子链环化断裂生成苯或环状化合物。如聚氯乙烯（PVC）、聚醋酸乙烯酯（PVAc）和聚乙烯醇（PVA）等都属这种裂解途径。

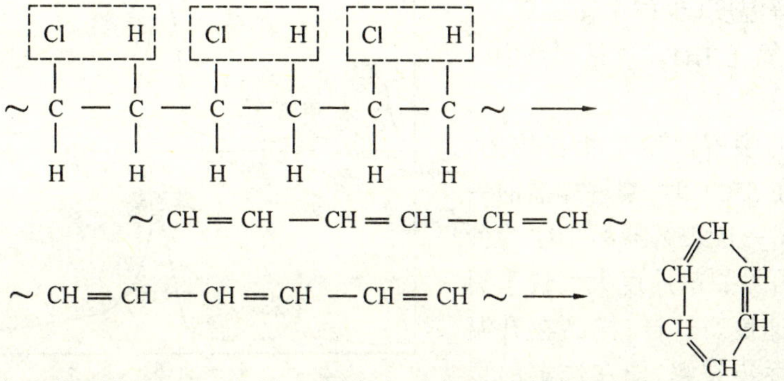

（2）杂链高聚物裂解机理　杂链高聚物由于主链上存在着其他原子，它们与碳原子之间的键能小，成为主链上的弱点，裂解时首先在此处发生断链。如尼龙、涤纶、聚砜等，它们的主链上分别含有 N、O、S，热裂解时先在这些部位断开。尼龙—6 受热时在 C—N 键处断链生成单体已内酰胺。

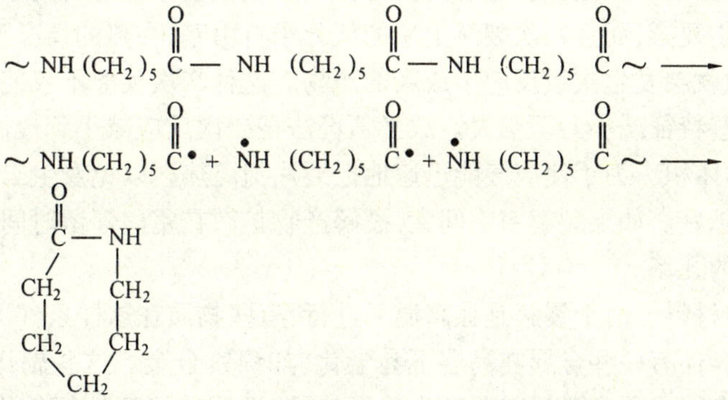

共聚物的热裂解，基本上符合上述规律，但由于分子链排列方式不同（嵌段、接枝、交替、无规），受热裂解的途径也各不一样，都比均聚物复杂得多。

3.影响裂解反应的因素

由于热裂解反应十分复杂，影响裂解反应的因素很多，使得裂解色谱法的重复性差，不能得到像 IR 谱图那样的通用标准谱。在这种情况下，弄清影响裂解反应的因素，对 PGC 谱的解析和方法的改进都是十分重要的。

（1）裂解温度与升温时间　高聚物的裂解是通过加热来实现的。所以温度不同，裂解产物的分布也不一样。例如聚苯乙烯在不同温度下裂解产物的分布是有明显差别的（见

图 15-6)。

由图可见,在 425℃下裂解时,产物主要是单体苯乙烯及二聚体。在 825℃下裂解时,除苯乙烯外,还有少量甲苯、苯及乙烯、乙炔。温度升高到 1025℃时,生成大量的苯、乙烯、乙炔和一定量的苯乙烯。

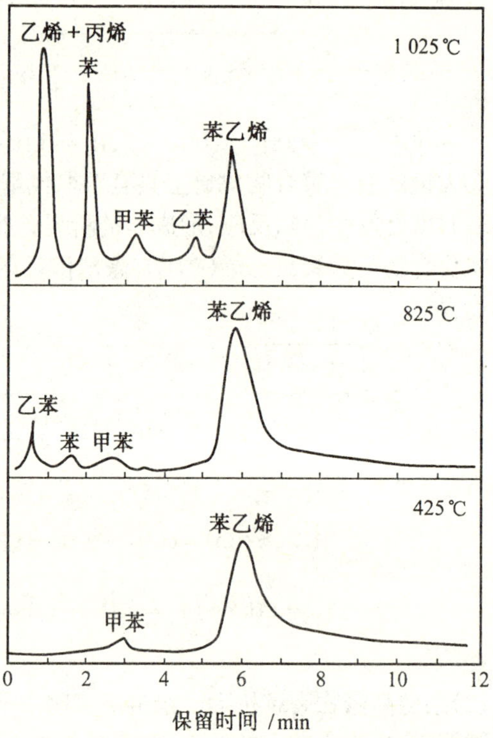

图 15-6　PS 在三种温度下的裂解色谱图

升温时间对裂解过程也有强裂的影响。所以谓升温时间,就是使样品达到某一裂解温度(也称平衡温度)所需要的时间,简记 TRT。这是裂解中的一个重要参数。

高聚物的裂解速度是相当快的。如聚苯乙烯在 550℃时,裂解样品的一半仅需 10^{-4}s,一般裂解器的 TRT 为秒至毫秒级。可见裂解速度大大快于裂解器的升温速度。这样,样品在升温的过程中已逐步裂解,即在选定的裂解温度以下的一系列温度下发生热裂解。这就使得裂解得到的产物极为复杂,如果加热方式和加热过程不能严格控制一致的话,实验结果是难以重复的。这是裂解气相色谱的重要问题。

不仅裂解产物复杂,而且初次裂解出来的低分子自由基,在热的情况下有相当高的化学活性,相互碰撞就会发生次级反应生成新的产物。这种二次反应不仅使谱图复杂化,而且也会使谱的某些特征减小乃至消失。故必须设法把二次反应减小到最低程度。

(2)裂解室的体积　为了使载气能迅速地把裂片扫离热区以免发生二次反应,所以裂解室的体积越小越好。如果裂解室空间大,裂解产物扩散在室内停留时间就长,这样必然会增加二次反应的几率。

(3)裂解室的材料　由于裂解是在高温下进行,有些物质在这样条件下会产生催化作用,如铁、石英等。还有一些金属在高温下易老化,如镍铬合金。这些副作用都会直接影响裂解产物的分布。为了避免材料所产生的影响,要选用热稳定性好的物质作为裂解室的材料。常用金、铂作为直接接触样品的部件。

(4)试样的用量及厚度　试样的用量要少,一般在 0.1~3 mg。如果试样量太多,加热不易均匀。样品的厚度要严格控制。Barlow 等发现当样品的厚度小于 2.5×10^{-8}m 时,样品的厚度与试样的热解无关。他指出,当厚度超过 2.5×10^{-8}m 时,有三种效应:①厚层限制了扩散到表面;②厚层引起试样的温度梯度,因而最终温度不能实现;③厚层影响到达需要温度的 TRT。

4.裂解色谱的特点

裂解色谱综合了裂解和气相色谱两者的特点,因此气相色谱各个特点均在裂解色谱技术中可以得到充分的反映。就裂解方法而言,它使得本来对气相色谱无法适用的不具挥发性物质成为可供气相色谱分析的对象。

(1)快速灵敏　所谓快速是指分析周期短,一般半小时内即可完成一次裂解色谱分析;所谓灵敏是指样品用量极少,由于气相色谱的检测器灵敏度高,故样品一次裂解量一般在微克至毫克级。

(2)操作方法　裂解色谱适用于各种物理状态的样品。

(3)装置简单　裂解色谱装置简单,将一台普通气相色谱仪汽化室与裂解器相连,或裂解器直接连色谱柱入口,载汽流路稍作改动(先经过裂解室),即成为一台裂解色谱仪。

5.热裂解流程及设备

聚合物裂解色谱法的流程是:将聚合物样品放入裂解器内加热,使之迅速裂解成可挥发的小分子(称裂解碎片),立即由流速恒定的惰性载气带入色谱柱。柱内装有涂渍的固定液的载体作固定相(载体常用 102 白色担体,固定液用聚乙二醇)。由于固定液对各类裂解碎片有不同的吸附和溶解能力,使之各种热裂解碎片在柱内的保留时间不同,然后各碎片按着顺序进入检测器,输出的电信号经放大后被记录下来,得到裂片的色谱图,根据谱图特征来分析推断高聚物的组成、结构和其他性质。这是一种化学方法。图 15－7 是该方法的流程示意图。

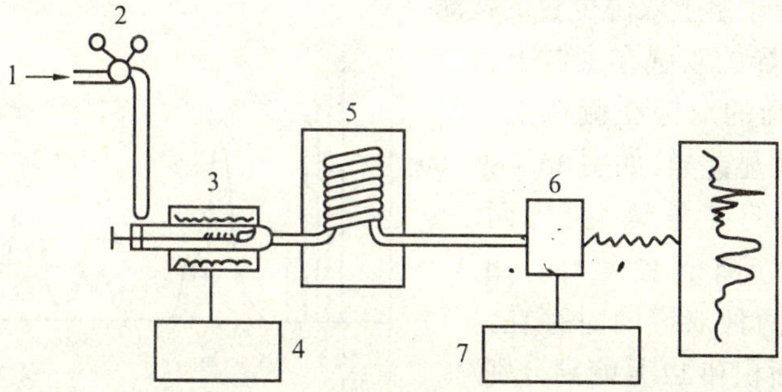

图 15－7　裂解色谱法流程示意图

1—载气;2—调节阀;3—裂解器;4—控温系统;5—色谱柱;6—检测器;7—联用设备;8—记录仪

裂解器是 PGC 法的一个关键部件。它的构造和性能直接关系到热裂解反应的结果。要求裂解器升温要快,二次反应要少;裂解室的材料要稳定,不能起催化作用或引起副反应;裂解装置有足够的温度调节范围且易于控制和测量。根据这些要求,人们设计制造了各种各样的裂解装置。常用的有下列几种:

(1)炉式裂解器　在内径 5～8mm 石英玻璃管外,套一管式加热炉。样品置于小舟内推入石英管,裂解产物由载气带进色谱柱进行分离鉴识。该装置构造简单,炉温可连续调节并易于控制和测量。但这种外热式裂解室造成的二次反应突出。主要用于定性、定量分析,不适于进行聚合物微观结构的研究。

(2)热丝裂解器　将样品涂到电热丝上,在热丝的加热电源上并一个电容放电电路。

这样大大提高了升温速度，样品瞬间裂解，死体积小，减少了二次反应。该方法重复性差。

(3)居里点裂解器　发热元件是用铁磁物质做成的丝、箔或管，将样品涂在上面，再放入高频线圈中，通电后样品被迅速加热裂解。铁磁性物质加热到居里点温度时会失磁，自动停止加热，选择不同铁磁体就会产生不同居里点温度。控温准确，但不能连续调节，仅能用于可溶性样品。虽然有不足之处，但目前仍是一种理想的裂解器。

(4)激光裂解器　样品在激光照射下升温裂解，升温快，系统死体积小，二次反应最少。装置复杂，温度不易控制和测量，且与样品色泽、形状及表面状态有关。

15.1.3　裂解色谱在高聚物研究中的应用

PGC 法目前尚无标准谱图，须用已知高聚物作出指纹图，用以与未知高聚物的 PGC 谱图对照比较，进行定性分析。每种高聚物都有自己的特征裂解色谱图，称为指纹图。例如聚氯乙烯树脂在炉式裂解器中，裂解温度 600℃，它的热裂解过程按非链断裂进行，图 15－8 为 PVC 树脂的 PGC 指纹图。

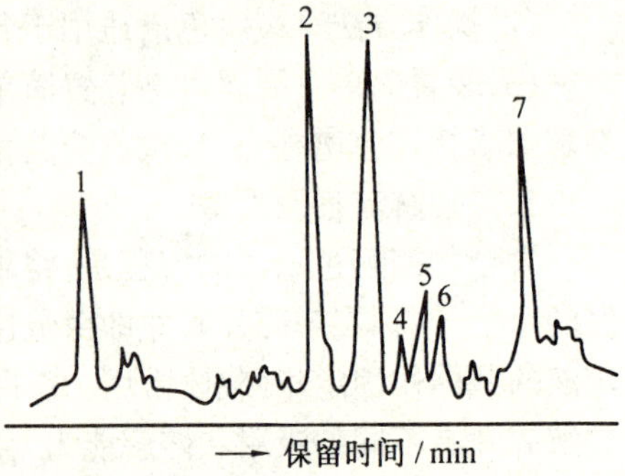

图 15－8　PVC 树脂的 PGC 指纹图

1—氯化氢、丙烯、丙烷；2—苯；3—甲苯；4—氯苯；5—二甲苯；6—丙烯基苯；7—萘

有了这种指纹图，可用整个谱图与未知样品对照进行定性分析。也可以找出某个有明显变化的特征峰，通过对峰的面积或高度的计算进行定量分析。

1.对高聚物分子链上双键位置的检测

1,4－聚丁二烯的双键在主链上；而 1,2－聚丁二烯的双键在侧链上。二者的指纹图有明显差异，如图 15－9 所示。1,4－PB 的 6 号峰突出，而 1,2－PB的指纹图上有个 12 号峰。如果在聚丁二烯中两种双键同时存在，则可利用 6 号峰面积和 12 号峰高分别计算两种结构的含量。12 号峰为氢化 1,8－二甲菲。

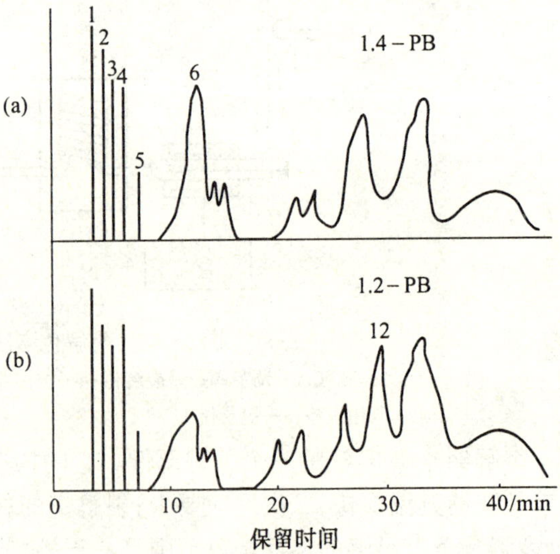

图 15－9　1,4－PB 和 1,2－PB 的 PGC 谱图

(炉式裂解器，400℃)

2.立构规整性的测定

对全同、间同、无规三种不同空间立构的聚丙烯，在管式炉裂解器中裂解，从得到的 PGC 谱图可鉴定出裂解产物有异、正丁烷，从其相对含量(峰面积之比)可鉴别各种立构规整性。图 15－10 是聚丙烯裂解温度与(异 C_4/正 C_4)的关系图。由图 15－10 可见，两个峰面积之比(异 C_4/正 C_4)随裂解温度的升高而下降的为全同立构，而间同与无规与之相反。以(异 C_4－正 C_4/)/C_4 峰面积对等规度作图可得一良好线性关系，利用这一线性关系可定量分析 PP 的等规定(见图 15－11)。

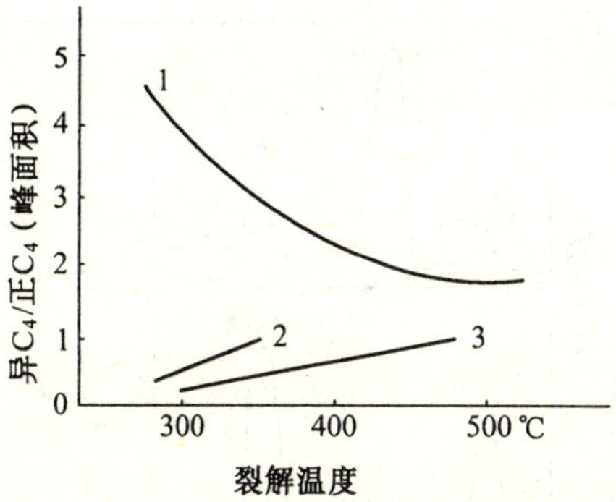

图 15－10　PP 的裂解温度与（异 C_4/正 C_4）关系图

1—全同 PP；2—无规 PP；3—间同 PP

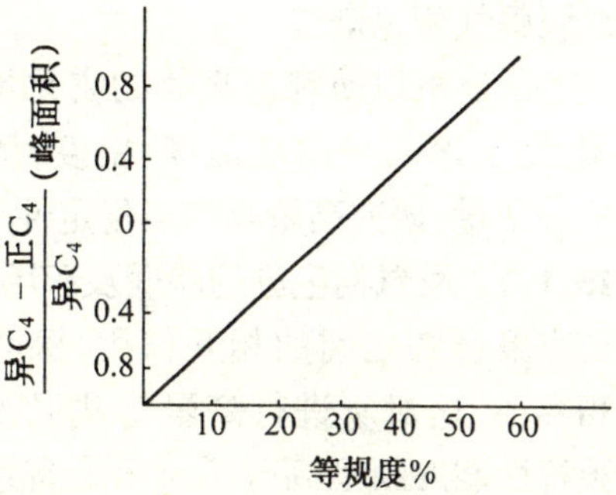

图 15－11　PP 的等规度与[（异 C_4—正 C_4）/异 C_4]关系图

3.共聚物结构分析

甲基丙烯酸——氯乙烯共聚体系，它的无规共聚物、嵌段共聚物和二单体均聚物的共混物，其裂解所产生的裂片：HCl 和 MMA 的量各不相同，有明显的规律（见图 15－12 和 15－13）。

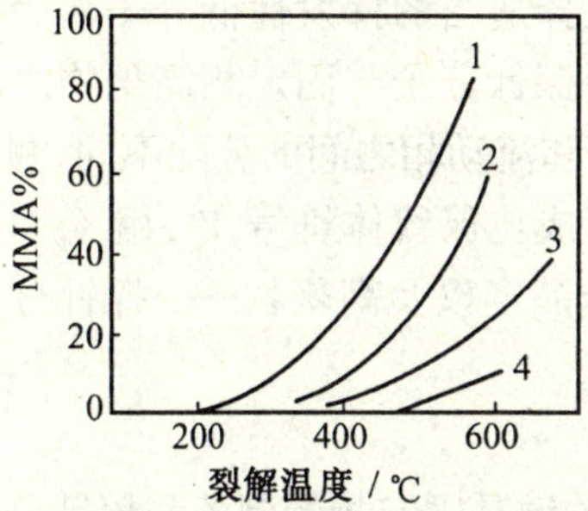

图 15－12　MMA%与 T 的关系

1—PMMA；2—混合物；3—嵌段共聚物；4—无规共聚物

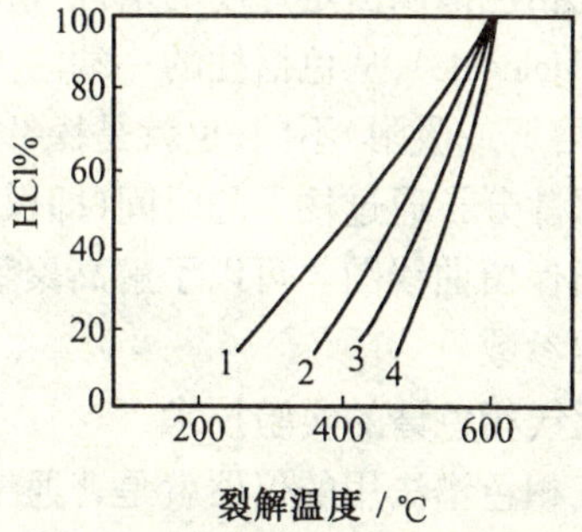

图 15－13　HCl%与 T 的关系

1—无规共聚物；2—共混物；3—嵌段共聚物；4—PVC

按照这些规律，可清楚地鉴别共聚物结构。关于共聚物和均聚物共混物的判别，在实际生产中是很有意义的。它们具有相同组成，但性能却不一样。利用裂解气相色谱法进行这方面的研究是比较方便的。例如 80% 甲基丙烯酸甲酯（MMA）与 20% 丙烯酸甲酯（MA）的共聚物，同 80% 聚甲基丙烯酸甲酯（PMMA）与 20% 聚丙烯酸甲酯（PMA）的混合物，它们的裂解色谱图是不相同的（见图 15－14）。共混物生成的甲醇（MeOH）裂片远比共聚物多。

4.共聚物组成分析

首先用已知组成比的系列共聚物样品作裂解色谱图，用图中随共聚组成比的改变而明显变化的特征峰的面积或高度对组成比作图得到工作曲线。当测未知组成比的共聚物样品时，可由相应的特征峰到工作曲线上查得组成。

5.裂解气相色谱法

该谱法还可以研究高聚物的支化情况和交联结构;测定聚乙烯的结晶度、密度;测定聚碳酸酯的分子量;研究高聚物的热稳定性等。

15.1.4 反气相色谱的原理及应用

研究聚合物之间的相互作用,探明它们之间的相容性,这对于进行高聚物共混改性获得具有独特性能的新型高分子材料是有重要实际意义的。反气相色谱法在这方面的应用独具特色,因此越来越受到人们的重视。

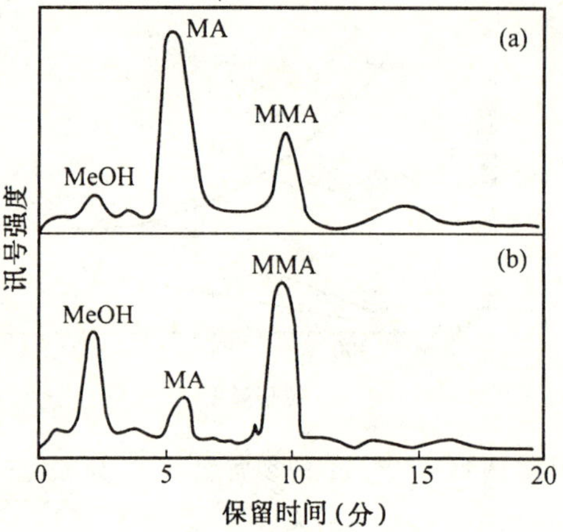

图 15-14 MMA、MA 共聚物与均聚共混物的裂解色谱图

(a) 80%MMA 与 20%MA 共聚;
(b) 80%PMMA 与 20%PMA 共混

1.反气相色谱的基本原理

反气相色谱(Inverse Gas Chromatography,简记 IGC)用来研究聚合物仅有十几年的历史。它是由气相色谱发展而来的,可用普通气相色谱仪进行实验。不同点是,反气相色谱法将欲研究的高聚物装入色谱柱作为固定相,而气相色谱法的被测样品存在于流动相中。

反气相色谱以恒定速度的惰性气体为流动相,选择适当的挥发性低分子作为探针分子(Pobe Molecule),从色谱柱的一端注入流动相,由于探针分子与固定相高聚物之间的相互作用(溶解或吸附)不同,也就是探针分子在高聚物和流动相之间的分配不同,测定不同温度下探针分子通过柱子的时间(即保留时间),换算成比保留体符号 V_g,用 $V_g \sim 1/T$ 划出 Z 字形保留曲线图。可以了解高聚物的热转变、结晶度以及高聚物——探针分子系统的热力学参数。

2.反气相色谱的实验技术

反气相色谱法用的仪器就是普通气相色谱仪。关键是固定相的制备和探针分子的选择。

(1)固定相的制备　根据欲研究的高聚物样品的性质可采用两种方法,一是将高聚物溶解成溶液均匀地涂渍在惰性担体的表面,然后装入色谱柱;二是将粉状高聚物样品混以一定量的担体(如石英粉)装入色谱柱作为固定相。

(2)探针分子的选择　一般选用 9~11 个碳的正烷烃,要求探针分子与高聚物之间的作用要适当,如作用太强,则保留时间过长,谱图上不易找偏离点。如作用太小,则流出太快,误差大。

(3)测定死本积和保留时间　取 1μl 不被高聚物溶解或吸附的气体(如空气或甲烷气),从进样器打入色谱柱,待记录仪上出现强度极大信号时,记下这个时间为死时间 τ_d。

(4)数据处理　实验记录的数据是柱温 T,死时间 t_r^0,保留时间 t_r,流量 u(ml/s),样品重量 W。以 V_g 表示比保留体积,则 0℃时每克高聚物的净保留体积为

$$V_g = \frac{273}{T} \cdot \frac{V_r - V^\circ_r}{W} \ (\text{ml/g}) \tag{15-12}$$

因为

$$V_r = u \cdot t_r, V^\circ_r = u \cdot t_r^0$$

所以 $$V_g = \frac{273}{T} \cdot \frac{u(t_r - t_r^0)}{W} \tag{15-13}$$

在普通气相色谱中，探针分子在固定相中的溶解或吸附能力，总是随温度升高而下降的。$\lg V_g$ 与 $1/T$ 呈下列关系

$$\frac{\partial \lg V_g}{\partial \frac{1}{T}} = \frac{-\Delta H}{R} \tag{15-14}$$

式中，$-\Delta H$ 为溶解热或吸附热；R 为气体常数。以 $\lg V_g$ 对 $1/T$ 作图称为保留曲线图。对于低分子来说是一直线，而高聚物的保留图是 Z 字形曲线，分别如图 15－15 和 15－16 所示。

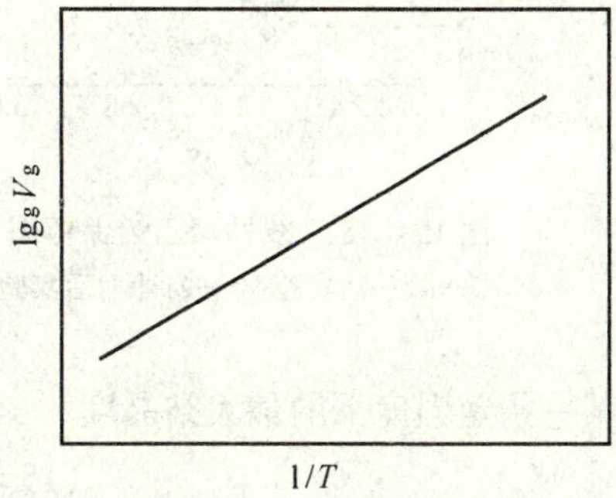

图 15－15　低分子保留图

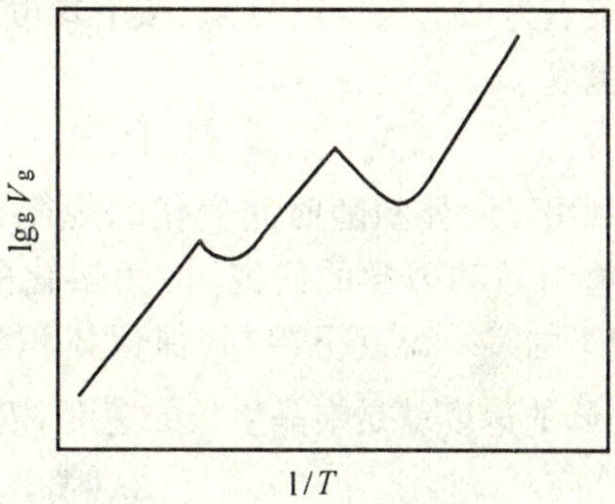

图 15－16　高聚物保留图

3. 反气相色谱在高聚物研究中的应用

(1) 研究聚合物的热转变　以结晶性聚合物为固定相，得到的 IGC 保留图为"Z"字形曲线，如图 15－17 所示。保留曲线上每一转折都标志着随温度的改变而高分子链的运动形式在发生着改变。在 AB 段是处于 T_g 以下的温度区，链段处于"冻结"状态，探针分子只能吸附于高聚物的表面，这时的保留机理与吸附和脱附平衡有关。在这一段其比保留体积随温度的升高而下降。B 点即为高聚物的玻璃化转变温度，在保留图上，这一点是直线与曲线之间的转折点，并不是曲线的最低点。在 B 点，高聚物链段开始运动，探针分子开始由高聚物表面的内部扩散，保留机理由表面吸附转变成本体吸附。由于高聚物的粘度较大，探针分子渗入(扩散) 速度较慢，来不及建立平衡，以致比保留体积反而随温度的升高而增加。当温度升高到 C 点，扩散速度已足够大，使溶解与解析达到平衡，因此 CD 段的比保留体积又随温度的升高而下降了。对于部分结晶的高聚物，在低于熔点时，探针分子只能溶解在非晶区，当温度超过 D 点，晶区开始熔化，探针分子溶解范围增大，所以比保留体积也增大。到 F 点，晶区已全部熔化，此点即为该高聚物的熔点 T_m。温度再上升，得到 FG 段线形保留图与探针分子在完全非晶态高聚均中的溶解情况一样，类似于 CD 段。总之，利用高聚物的

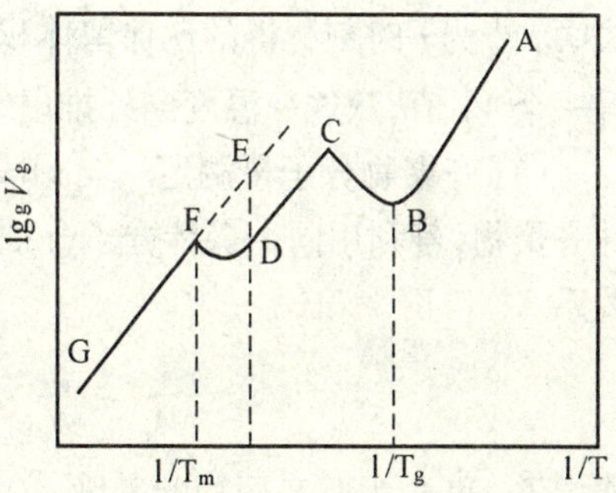

图 15－17　结晶性聚合物的 IGC 保留图

反气相色谱法可研究高聚物的热转变，测定 T_g 和 T_m。

(2) 研究高聚物的结晶　用反气相色谱法测定高聚物的结晶度是比较方便的，测定时不必知道柱子中高聚物的重量以及载气的速度，因为计算结晶度只用保留体积这个参数。对于结晶性高聚物，由于晶区的存在，探针分子在晶区的溶解远比非晶区小，因此，在 T_g 以下测得的 V_g 值与在同一温度下的外推值 V_g 之比例可计算出聚合物的结晶度(见图 15－18)。在 T_m 以下最低点划一竖线，与外推虚线相交点为 V'_g，最低点为 V_g，按下式可求得该样品的结晶度

$$X_c = 1 - V_g/V'_g \qquad (15-15)$$

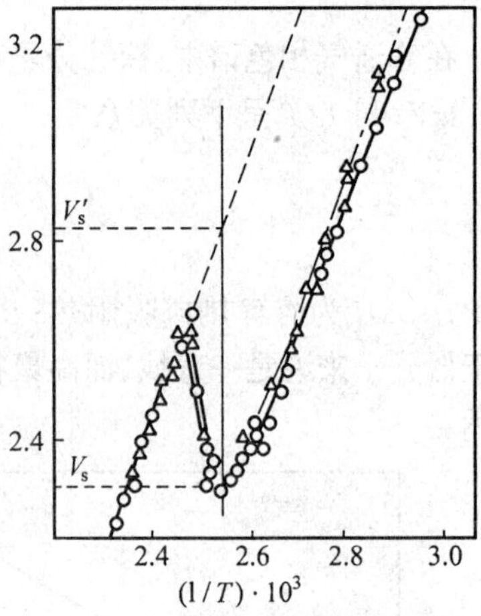

图 15－18　线性聚乙烯保留图

○— 第一次实验；△—24 小时后实验

利用保留体积随时间变化的规律还可以进行高聚物结晶动力学的研究。因为熔化的高聚物在 T_m 以下的某一温度下冷却，保留体积随时间而下降，下降的速度就是结晶生长的速度。按下式可求某一指定温度下的最大结晶度

$$(X_c)_{\max} = 1 - V_g^c/V'_g \qquad (15-16)$$

式中，V_g^c 为高聚物的晶相与非晶相达平衡时的比保留体积。在 t 时刻的结晶度为

$$X_c = (V'_g - V_g^t)/(V'_g - V_g^c) \qquad (15-17)$$

式中，V_g^t 为 t 时刻测得的比保留体积。平衡值都是采用外推法获得的，在 T_m 以下 t 时刻测得一个 V_g^t 值，从这一温度到外推虚线上的交点即为 V_g^c 平衡值。

(3) 齐聚物分子量测定　Martire 指出，对于结构相同，而分子量分别为 M_x 和 M_y 的两种齐聚物，若利用同一探针分子分别测它们的比保留体积 V_{gx} 和 V_{gy}，则它们之间存在下列关系

$$\frac{1}{M_x} = \frac{\rho_y}{\rho_x}\cdot\frac{1}{M_y} + \left(\lg\frac{V_{gx}}{V_{gy}} + \lg\frac{\rho_x}{\rho_y}\right)\Big/\rho_x\tilde{V}_1 \qquad (15-18)$$

式中，ρ_x 和 ρ_y 为两齐聚物的密度；$\tilde{V}_1$ 为探针分子在常温常压下的摩尔体积。当两齐聚物的密度已知时，只要知道其中一种齐聚物的分子量 M_x，就可根据测得的 V_{gx} 和 V_{gy} 计算出另一种齐聚物分子量 M_y。

如果用两种结构相似的探针分子 a 和 b 同时对两齐聚物测定比保留体积，得 $(V_{gx})_a$ 和 $(V_{gx})_b$ 及 $(V_{gy})_a$ 和 $(V_{gy})_b$，求出两齐聚物的相对保留值 R_x 和 R_y

$$R_x = (V_{gx})_a/(V_{gx})_b \qquad (15-19)$$

$$R_y = (V_{gy})_a/(V_{gy})_b \qquad (15-20)$$

则可用相对保留值代替比保留体积，以消除用载气和柱温波动带来的误差，使实验的准确性和重现性更好，此时公式 15－18 可改写成

$$\frac{1}{M_x} = \frac{\rho_y}{\rho_x}\cdot\frac{1}{M_y} - (\lg R_x - \ln R_y)/\rho_x\Delta\tilde{V}_1 \qquad (15-21)$$

$\Delta \tilde{V}_1$ 是两种探针分子 a 和 b 的摩尔体积之差，Martire 用正庚烷和正辛烷为探针分子，测定了聚丙二醇的分子量。已知分子量等于 400 的高聚物，测得另一聚丙二醇的分子量为 1220，此与冰点下降法测得同一聚丙二醇分子量为 1260 的数据很接近。

(4) 反气相色谱在高聚物研究中的其他应用　反气相色谱还可以测定高聚物的其它物理化学数据，例如比表面，探针分子在高聚物中的扩散系数、活度系数、分配系数和热焓、熵等。反气相色谱还可测探针分子与高聚物相互作用关系的“相互作用参数”(χ) 和“溶解度参数”(δ)。前者对于研究高聚物溶解很有意义；后者在涂料工业中用来预测高聚物在某单一溶剂或混合溶剂中的溶解度具有实用价值。粘合剂的固化问题也能由反气相色谱测定。

反气相色谱设备简单、操作方便是其优点，但由于影响因素较多，数据处理时比较麻烦，在对高聚物物化性质的表征上亦有它的局限性，故在实际应用中要多加注意。

15.2　薄层色谱的原理及应用

众所周知，分离技术中色谱是一种最重要的方法，近年来发展起来的凝胶渗透色谱(Gel Permeation Chromatography，简称 GPC) 和薄层色谱(Thin Layer Chromatography，简称 TLC) 对于高聚物同系物、异构体的分离以及对高分子材料中某些配合剂的分析鉴定都是十分有效的手段，而且它是一种微量、简便、快速的色谱技术，由于凝胶渗透色谱在《高分子物理》课程中有详细介绍，故本节主要介绍薄层色谱分析技术。

15.2.1　薄层色谱的基本原理

为了解释薄层层析的实验事实，人们提出了两种机理：

1. 吸附机理

固体吸附剂与溶液接触时，即可吸附溶剂分子也可吸附溶质分子，二者为了占据吸附剂表面位置就会产生相互竞争。在静态下，它们之间的竞争会达到暂时的平衡，但是在层析过程中，溶剂不断供给，因而平衡就会不断变更。溶质分子 A 和溶剂分子 S 之间对固体表面的竞争可表达为

$$A(\text{移}) + nS(\text{吸}) = A(\text{吸}) + nS(\text{移})$$

式中，A(移) 为移动相中的溶质分子；S(移) 为移动相中的溶剂分子；A(吸) 为吸附剂表面上的溶质分子；S(吸) 为吸附剂表面上的溶剂分子；n 为竞争过程中，被溶质分子顶替出来的已吸附的溶剂分子数目。溶质和移动相相互竞争所建立的平衡可表示为：

$$K = \frac{[A_{\text{吸}}][S_{\text{移}}]}{[A_{\text{移}}][S_{\text{吸}}]} \tag{15-22}$$

当不断输送新鲜溶剂时，由于平衡常数 K 不变，则必然有一部分溶质被顶替出来，溶剂分子的吸附量增多，溶质分子的吸附量大大减少，这就是溶质的解吸过程。

如果溶液中有两种以上的溶质，那么固体吸附剂首先吸附和它亲合力大的溶质，吸附的量多，结合得牢。反之，与它亲合力弱的溶质分子在竞争过程中被吸附的少，结合得不牢。这种不同溶质的竞争能力的差别，便是吸附剂能将混合组分分离的基础。当一滴混合物的样品溶液滴于薄层板上的时候，全部溶质和溶剂都吸附于原点上，它用溶剂展开

时，由于溶剂与其竞争的结果，此时吸附物部分地解吸，解吸过程也遵循竞争规律，亲合力小的吸附物容易解吸，当展开剂带着解吸后的溶质向前移动时又遇到新的吸附剂，于是又重新被吸附，这时仍遵循竞争规则，展开过程如图 15－19 所示。因为不断供给新鲜的展开剂，它带着解吸后的溶质不断前移，随着吸附——解吸——吸附过程的反复进行，其结果必然是亲合力大的溶质移动得慢一些，容易解吸的移动得快些，这样不同的物质就被分开了。

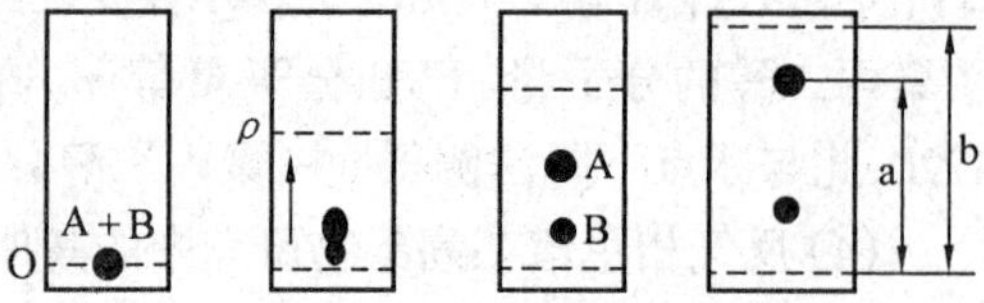

图 15－19　TLC 法展开过程示意图

O—原点位置；P—展开剂前沿位置

TLC 法的基本参数是比移值 R_f，它是样品的移动速率与溶剂（移动相）移动速率的比值。

$$R_f = \frac{\text{原点到斑点中心的距离}}{\text{原点到溶剂前沿的距离}} = \frac{a}{b} \qquad (15-23)$$

2.分子筛机理

吸附机理用于按组成进行分离，与分子量的大小关系不大，而分子筛机理与分子量大小有关，与组成无关，它适用于 GPC 分离。展开剂必须有聚合物的良溶剂和沉淀剂所组成。

例如用 $CHCl_3 + CH_3OH$ 为展形剂作 PMMA 的 TLC 实验。若单纯用氯仿去展开，则样品 PMMA 不移动，$R_f=0$。因为氯仿是 PMMA 的良溶剂，它的极性很弱，它与吸附剂之间的作用比聚合物与吸附剂之间的作用弱。这样，吸附剂上所有的活性点都被聚合物所占据，而且聚合物与吸附剂之间的作用很强，所以，展开剂 $CHCl_3$ 不能带走 PMMA（见图 15－20）。当加入沉淀剂 CH_3OH 时，CH_3OH 极性强，与吸附剂之间作用很强，它不断占据吸附剂上的活性位置而把聚合物解析下来。当加入的 CH_3OH 体积分数 ϕ_2 达到 0.15 时，全部聚合物分子都被解吸下来，样品很快移到溶剂（展开剂）前沿，$a=b$，$R_f=1$。这一过程用吸附—解吸机理解释。当 ϕ_2 大于 0.6 小于 0.8 时，$CHCl_3$ 就不再是 PMMA 的良溶剂了，这时样品产生沉淀，即发生相分离，见图 15－20。比移值 R_f 由 1 减小到 0（见图 15－21）。在 $0.6<\phi_2<0.8$ 的情况下用相分离机理解释。不同实验现象可用不同机理进行解释。

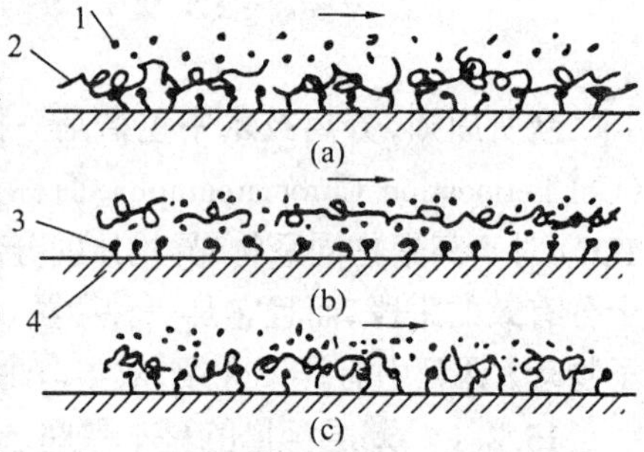

图 15－20　展开剂携带大分子示意图

1—$CHCl_3$ 分子；2—PMMA 分子；3—活性点；4—薄板

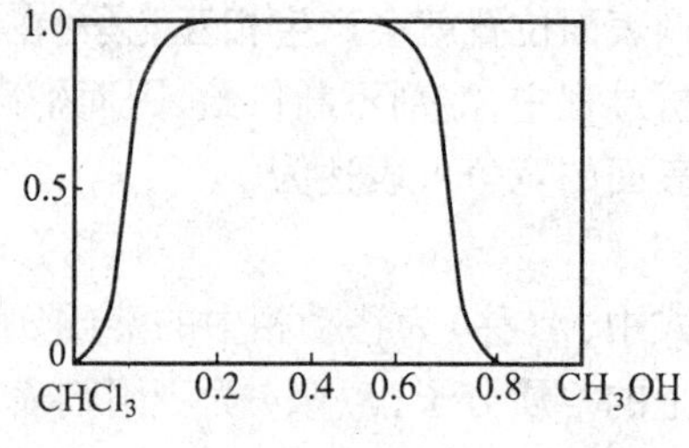

图 15－21　R_f 随展开剂组成的变化曲线

15.2.2　薄层色谱的实验技术

1.制板

在无机玻璃板上涂布一层吸附剂作固定相。涂布要均匀，厚度一般在 0.25 mm 为宜。常用的吸附剂有硅胶，小于 200 目，加入（5～15）% 的石膏作为粘合剂。氧化铝，200～300 目，由于它本身呈微碱性，故可用于碱性物质、脂肪族物质以及硅胶不能很好分离的中性物质。氧化铝可单独用,也可加(5~50)%的石膏作成固定板使用。此外,硅藻土和纤维素粉等也可作吸附剂。1966年以后又发展起来一种新的聚酰胺薄膜层析法,用适当浓度的聚酰胺涂于玻璃片上。涂布方法如图15-22所示。涂好吸附剂的玻璃板于室温下干燥后,置于110~120℃的烘箱中活化1~2 h,取出放于干燥器备用。对于活化后的薄层板要测定吸附剂的活度。

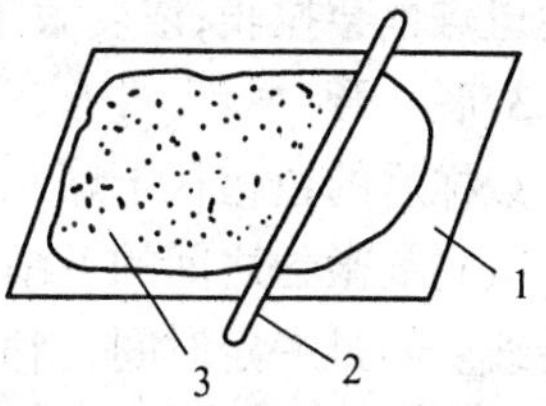

图15-22 制板时涂布吸附剂的方法

1—玻璃板;2—玻璃棒;3—吸附剂

(1)氧化铝粘合薄层活度测定法 称取偶氮苯30 mg,对甲氧基偶氮苯,苏丹黄、苏丹红及对氨基偶氮苯各20 mg,分别溶于50 mL的CCl_4中,将五种染料各0.02 mL点于氧化铝薄层上,即用CCl_4展开,根据表15-2的R_f值确定该吸附剂的活度级别。

表15-2 氧化铝活性和偶氮染料比值的关系

R_f×100 / 活性级别 / 偶氮染料	Brookmann活性级及R_f值			
	Ⅱ	Ⅲ	Ⅳ	Ⅴ
偶氮苯	59	74	85	95
对甲基偶氮苯	16	49	69	89
苏丹黄	1	25	57	78
苏丹红	0	10	33	56
对氨基偶氮苯	0	3	0	19

(2)硅胶粘合薄层活度测定法 称取二甲黄、苏丹红、靛酚蓝各40mg,溶于100ml苯中,将此混合液点加于薄层上,用石油醚展开10cm,混合物应不移动;如用苯展开,则应分成三个斑点,其R_f值分别为:二甲黄0.58;苏丹红0.19;靛酚蓝0.08。展开时间约为30~45min。经本法测定合格的硅胶薄层其活度与前面吸附剂定级活度中Ⅱ—Ⅲ级活度相当。薄层板的活性随含水量的升高而下降。

表15-3 对照表

含水量 Al_2O_3(%)	含水量 硅胶(%)	活性级别
0	0	Ⅰ
3	5	Ⅱ 强
6	15	Ⅲ ↓
10	25	Ⅳ 弱
15	38	Ⅴ

2.点 样

把样品配成浓度为1~5(mg/mL)的溶液,用内径小于1mm的毛细管或微量注射器在离板边2cm处点一滴圆点。板要放在密闭容器中点加样品,以免吸附剂在空气中吸湿而降低活性。点样量要适当,如太多则斑点太大且尾巴拖得长,使R_f偏低。甚至使具有相近R_f值的化合物斑点连到一起分不开;点得太少,斑点不清楚,难以观察。样品溶液浓度太大斑点也会拉长;浓度太小,则会引起斑点扩散。

3.展　开

点样后的色谱板干燥几分钟后就可以放入盛有溶剂(展开剂)的展开槽中进行展开。由于吸附剂微粒之间的毛细作用,使展开剂均匀上升,在薄板上形成清晰的界线称为溶剂前沿线。经过一定时间,当前沿线距起始线 15cm 左右时即可停止展开。

展开方式有多种,可单向展开也可双向展开,可上行展开也可下行展开;还可用浓度梯度展开,在展开剂中加入第二种溶剂使混合剂成分不断改变。

展开剂的选择是 TLC 法的重要问题。选择的原则是:a)展形剂必须是高聚物样品的良溶剂。假如用 CH_3OH 去作 PS 的展开剂那是办不到的,因为 PS 在 CH_3OH 中沉淀。b)展开剂的极性范围与样品的极性范围要相当。如果展开剂的极性小于高聚物,则高聚物被吸附得很牢,固定在原点不能被展开,$R_f=0$。如果溶剂的极性大于高聚物则高聚物几乎全部移动 $R_f=1$。这两种情况都达不到分离的目的。

4.显　色

经展开后的高聚物斑点本身并无颜色,这样难以确定它的位置,所以,要进行显色处理使高聚物斑点显色。常用的显色剂有:

(1)碘蒸汽和碘的甲醇溶液,用于 PMMA,St-MMA 共聚物体系;

(2)乙醇/水(体积比 1:1)麝香草酚酞共饱和溶液,用于丁苯共聚物体系;

(3)其他显色剂,如 5% $KMnO_4$—8N H_2SO_4 溶液,用含有荧光指示剂的硅胶在紫外线下观察,用 3N H_2SO_4 喷洒,随后在 120℃碳化显色等等。对展开后的色谱板可用 TLC 扫描仪直接测出 R_f 值及斑点面积,可同时测出化学组成、质量组分和分子量分布。图 15-23 是薄层色谱扫描仪的示意图。

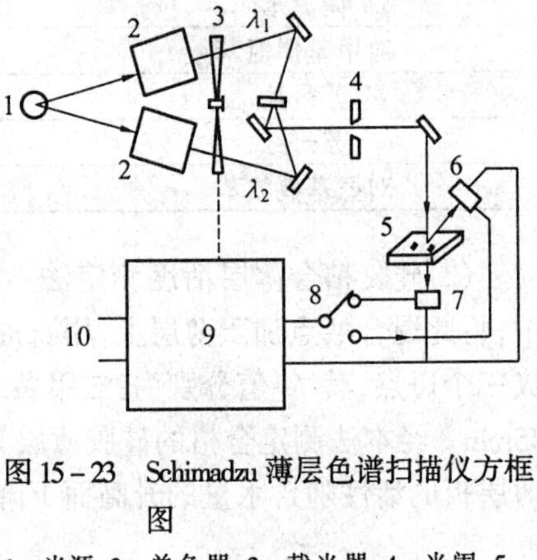

图 15-23　Schimadzu 薄层色谱扫描仪方框图

1—光源;2—单色器;3—截光器;4—光阑;5—TLC 板;6、7—光电位增管;8—转换开关;9—电路系统;10—外记录仪

光电倍增管 6 收集反射光,光电倍增管 7 收集透过 TLC 板的光。它们的输出均由对数放大器转换成吸收率线性信号。当记录器与扫描方式同步时,便得到相当于每一色谱斑点的轮廓的输出,纵模拟求积仪可记录下每一斑点的峰面积。

第二个办法是,经显色的 TLC 板,可用高反差底片对显色的样品斑点照像,然后用光密度计对斑点进行强度测定,可作出斑点黑度~聚合物量的校正曲线。例如,R_f~分子量或组成曲线。

15.2.3　薄层色谱在高聚物研究中的应用

1.测定均聚物的分子量分布

E.P.Otocka 对八个不同分子量的 PS 样品在 Al_2O_3 板上用梯度淋洗展开——丙酮为第一溶剂,四氢呋喃为第二溶剂,作出 R_f~M 校正曲线。还用荧光指示剂法作出了光密度。聚合物重量的校正曲线(见图 15-24)对 PS 分子量分布用 TLC 扫描仪记录和 GPC 测得的结果一致。

2.立体异构体的分离

用 TLC 法可以把无规聚丁二烯中的 Trans - 1,4,Cis - 1,4 和 1,2 - 结构这三种异构体分开,PBD 的这三种异构体在不同的薄层板上 R_f 值见表 15 - 4。此表说明,用 CCl_4 和氯戊烷作展剂时薄层层析法可以分离 T - 1,4、C - 1,4 和 1,2 这三种 PBD 的异构体。采用两向展开,先用 CCl_4 作展开剂,C - 1,4 留在原点,而 T - 1,4 和 1,2 - 移在一起,这是吸附—解吸机理。第二步用氯戊烷作展开剂沿另一方向展开,$T_{1,4}$ 留在原点,1,2 - 被移开。在 40℃以下的室温条件下,氯戊烷只能溶解 C - 1,4 和 1,2 - 结构的 PBD,因为这时只有 T - 1,4 和 1,2 - 在一起,C - 1,4 已被分离出去了,所以用氯戊烷展开就把 T - 1,4 和 1,2 - 分开了。这一过程用萃取机理解释,展开情况如图 15 - 25 所示。

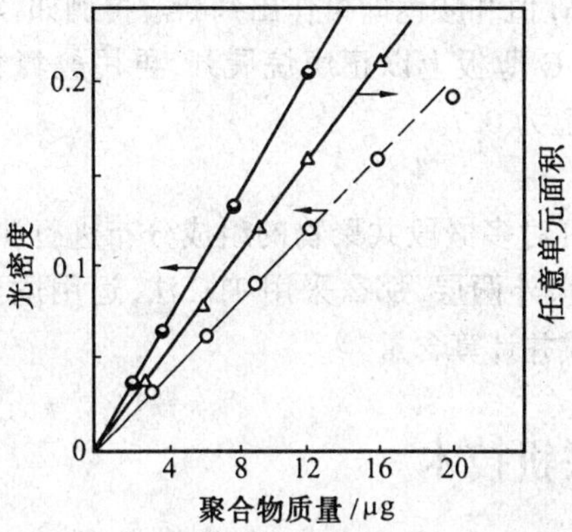

图 15 - 24 荧光指示物和高氯酸目测定法的校正曲线

● = $HClO_4$ CHAR 400Mμ

○,△ = 荧光指示剂 265Mμ

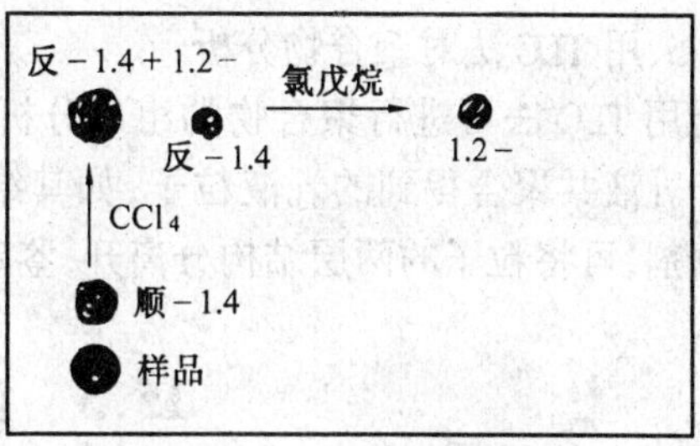

图 15 - 25 PBD 的两向展开图

表 15 - 4 PBD 异构体在硅胶和氧化铝上的 R_f 值

溶剂	介电常数	强度参数 ε°(Al_2O_3)	R_f(SiO_2)			R_f(Al_2O_3)		
			T - 1,4	C - 1,4	1,2 -	T - 1,4	C - 1,4	1,2 -
环己烷	2	0.04	0	0	0	0	0	0
CS_2	2.64	0.15	0	0	0	0	0	0
CCl_4	2.2	0.18	0.8 ~ 0.9	0	1	1	0 ~ 0.1	1
氯戊烷	6.6	0.26	0	1	1	0	1	1
对二甲苯	2.27	0.26	1	1	1	1	1	1
苯	2.28	0.32	1	1	1	1	1	1
$CHCl_3$	4.8	0.40	1	1	1	1	1	1
THF	7.42	0.45	1	1	1	1	1	1

3.鉴定硫化胶胶型

橡胶制品的种类敏多。用TLC法鉴定硫化胶的胶型,需先将待鉴定的硫化胶裂解,热解产物用4%醋酸汞甲醇液吸收,所获得的凝结物再用氯仿溶解滴到薄板上,用适当展开剂和显色剂进行薄层层析试验,根据所得 R_f 值和呈现的颜色,在已知数据表上可以查出胶型。

4.橡胶中某些配合剂的分析鉴定

橡胶中采用的配合剂种类十分庞杂。它们在制品的加工成型过程中和使用环境中会发生复杂的化学反应,这常常是影响产品质量的原因所在。而对它们的分析鉴定又是很困难的事情。采用薄层色谱法是较方便和有效的。例如,对橡胶中防老剂和促进剂的分析,须先用已知的各种防老剂、促进剂在薄板上用选定的展开剂展开得到 R_f 值。待鉴定的防老剂和促进剂,用相同方法展开,根据所得 R_f 值和颜色即可作出判断。再例如,对硫化剂的鉴定。常用的硫化剂为硫(S),它在硅胶G薄板上以正庚烷展开,再用叠氮化钠——碘显色,则在棕色背景上出现白色斑点,R_f 值为0.7。

5.用TLC法对聚合物分析

用TLC法可进行聚合物的组成分析,并且可对多嵌段共聚物的组成分布进行测定。对于乳液共聚合得到的乳液粒子,如其结构呈内、外两层,那么采用TLC法,运用适当的展开剂,可将粒子的两层结构分离开,鉴定其组成并计算含量。

15.3 色质联机技术

由于高聚物结构极为复杂,常常需要用多种手段协同分析,20世纪60年代发展起来的色谱与质谱联用分析系统便是这样一种有效的研究方法。它是对色谱技术应用在高聚物研究中的进一步完善和发展。对于含有多种添加剂的高分子体系及耐高温、难溶解的高分子材料,用该方法分析研究是简便有效的。

按照质谱分析对象不同,可分为有机质谱、无机质谱和同位素质谱。在高聚物分析中,主要用有机质谱。在色谱与质谱联用中,可分为气相色谱与质谱联用和液相色谱与质谱联用。本节主要介绍气相色谱与质谱联用(GC-MS)技术的基本原理和应用。

15.3.1 气相色谱与质谱联机技术的基本原理

色质联机是由色谱和质谱两大部分组成,一个多组分的样品先经裂解器打成“碎片”,再经色谱进行分离,各单一组分按其在柱中的不同保留时间随载气依次离开色谱柱,经过两仪器间的连接装置然后进入质谱仪,经快速扫描即得相应的质谱图,根据质谱图进行结构分析。图15-26是色质联机的示意图。

色谱部分主要起分离作用,不论哪种气相色谱仪均可与质谱仪联机,在高聚物表征方面常用裂解气相色谱。

色谱与质谱中间连接装置叫接口,它有两个作用:一是调节两仪器的操作压力,色谱柱出口一般处于常压,而质谱仪则是在高真空度下工作,两者压力相差8个数量级,所以必须有这样一个过渡装置;第二个作用是把从色谱来的载气通过真空系统抽走,而留下聚合物“碎片”进入质谱仪的离子室,故接口又是一个分离器。常用的接口装置有二级喷射

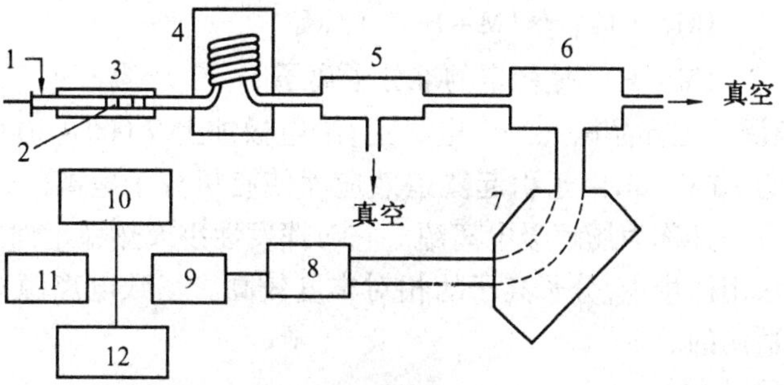

图 15-26 色质联机示意图

1—载气;2—样品;3—裂解器;4—色谱柱;5—分子分离器;6—离子源;
7—磁场;8—电子倍增器;9—数据处理系统;11—计算机;12—记录仪

式分子分离器和微孔玻璃管式分子分离器两种。

质谱是色质联机分析的最重要部分,所谓质谱是把气、液或固体样品首先变成蒸汽,运用离子源的作用使其电离成离子,离子在电磁场的综合作用下,按照质量和电荷的比值大小分为若干离子来排列成的谱线,谱图横座标是质荷比(简记 m/e),纵座标为离子束强度,这样的谱称为质谱。

质谱仪主要由以下几个部分组成:

1.离子源

它的作用是把有机分子电离成离子,并使其成为有一定几何形状和一定能量的离子束,以便进行质量分析。常用的离子源有以下三种类型:

(1)电子轰击离子源　基本原理是由直接式阴极发射的电子在前进过程中与样品分子相碰撞,导致样品分子电离。

$$M + e \longrightarrow M^{+} + 2e$$

有机物的电离能大都在 7~15eV,常用轰击电子的能量为 70eV,这样高的能量除使样品生成分子离子外,还会使有机分子断键而生成许多碎片。带正电荷的分子离子和裂片均能出现质谱峰,得到信息多。此外,该法较简单,稳定性好。这些是电子轰击源的优点,但它不能辩别异构体,而且离子源的本底(载气带入的杂质,抽剩的空气)也同时被电离,使质谱图无法识别。此外,当样品分子量太大或不稳定时,用电子轰击源不易得到分子离子,因而无法测定分子量,这些是它的缺点。

(2)化学电离源　它是为了克服电子轰击源存在的问题而发展起来的一种新技术。把一种反应气加到载气里一起进入离子室受到电子轰击,由于样品气浓度很低,实际上使反应气受到初级电离,电离后的反应气又与本身分子反应生成稳态等离子体,这些等离子体再与样品分子进行化学电离反应,产生出未知样品的特征准分子离子峰。它的丰度很高,碎片大大减少,这种方法谱图简单,用于色质联机时,反应气即可作载气,能给出异构体信息。

反应气以 CH_4 为例,M 是被测样品分子,则:

$$CH_4 + e \longrightarrow CH_4^{+}\cdot CH_3^{+}\ CH_2^{+}\ CH^{+}\ (CH_4^{+}\cdot\text{量最多})$$

$$CH_4^{+}\cdot + CH_4 \longrightarrow CH_5^{+} + CH_3\cdot$$

$$CH_5^+ + M \longrightarrow (M+H)^+ + CH_4$$

$(M+H)^+$是稳定的准分子离子

(3)场致电离源　把样品涂在一个电极上,给电极加上 7 000 ~ 10 000V 的电压,则产生的电位梯度约为 10^8V/cm,由于引起隧道效应而使有机分子电离。这种不经过加热气化而直接电离的方法又称为场解吸电离源。它对挥发性小或热稳定性差的样品的分析十分有利。而且该法用样量少,分子离子的相对丰度较高。场致电离源对于高聚物和生物大分子的分析是适用的。

2.质量分析器

它是质谱仪中的重要组成部分,也称离子分析器,由它把离子源产生的离子按 m/e 的不同分开,质谱仪中用的质量分析器有十多种,最简单常用的是单聚焦质量分析器,双聚焦质量分析器和四极滤质器在常用的单聚焦质谱仪中,当样品气体经离子源生成带正电荷的离子后,若生存时间大于 10^{-6}s,则就能被电场加速而检出。在只有加速电场存在的情况下,离子的动能等于它在加速电场中的位能

$$\frac{1}{2}mu^2 = eV \tag{15-24}$$

式中,m 为离子质量;u 为离子速度;e 为离子电荷;V 为加速电压。加速后的离子是作直线运动的,当它进入分析器的磁场后,受到洛伦兹力的影响,运动轨迹偏转为弧形,其运动的离心力等于磁场力

$$HeV = mv^2/r \tag{15-25}$$

式中,H 为磁场强度;r 为离子轨道半径。由式(15-23)、(15-24)可以求得

$$m/e = H^2r^2/2V \tag{15-26}$$

式(15-25)是质谱的基本公式。它指出:当 r 值固定时,m/e 与磁场强度平方成正比,反比于加速电压。通过连续改变磁场强度或加速电压,就可以使不同 m/e 的离子依次地穿过收集狭缝进入检测系统,经放大、记录得到相应的质谱图。

15.3.2　裂解气相色谱与质谱联机技术的实验方法

一般有机混合物样品,先加热汽化后由载气带入色谱柱,各组分被分离后,经中间连接部分进入质谱仪进行电离、检测。由于聚合物不能汽化,在运用色质联机分析方法时,通常采取先用裂解器将被测高聚物样品打成碎片,然后通过色谱柱将碎片分离后进入质谱仪检出。这一过程可表示为 P_y - GS - MS。检出部分采用质谱,克服了裂解气相色谱有二次反应和定性困难的缺点,但是用色谱柱进行分离时,碎片会停留在柱中,不利检测分析。可不用气相色谱柱分离,裂解后的碎片用电子轰击的方法打出离子,再用质谱分析。这一过程可表示为 P_y - EI - MS。用这种方法碎片在极短的时间内便离开热区经离子室进入质谱仪,这就大大减少了二次反应。还有一种方法是在适当温度下把高聚物变成齐聚物,然后用电子轰击成碎片离子或分子离子再进行质谱分析。

15.3.3　气相色谱与质谱联用的谱图表示方法

1.总离子流色谱图(TIC)

在离子源出口处,测定离子强度随时间的变化,由于在质量分析器之前测定,测得的总离子流强度随时间的变化相当于一张色谱图。

2.重建离子流色谱图(RIC)

不在离子源出口处测定总离子流,而是依靠计算机每次扫描得到的质谱图上离子强度的总和重新绘制这些总离子强度随扫描次数或分析时间变化的曲线,成为重建离子流色谱图。

3.质量色谱图

只选择一种或几种(m/e)离子,测定这些离子强度随分析时间的变化曲线即为质量色谱图。

15.3.4 气相色谱与质谱联机技术在高聚物研究中的应用

1.高聚物的定性鉴定

图 15-27 为某未知物的 PGC-MS 谱图,根据重建离子流色谱图(图 15-27a)中可见 16#,51# 和 155# 峰为主要峰,从这三个峰的质谱图,如图 15-27(b)、图 15-27(c)、图 15-27(d),可知分别为丁二烯、甲基丙烯酸甲酯和苯乙烯,由此可推测该共聚物为丁二烯—甲基丙烯酸甲酯—苯乙烯三元共聚物(BMS)。

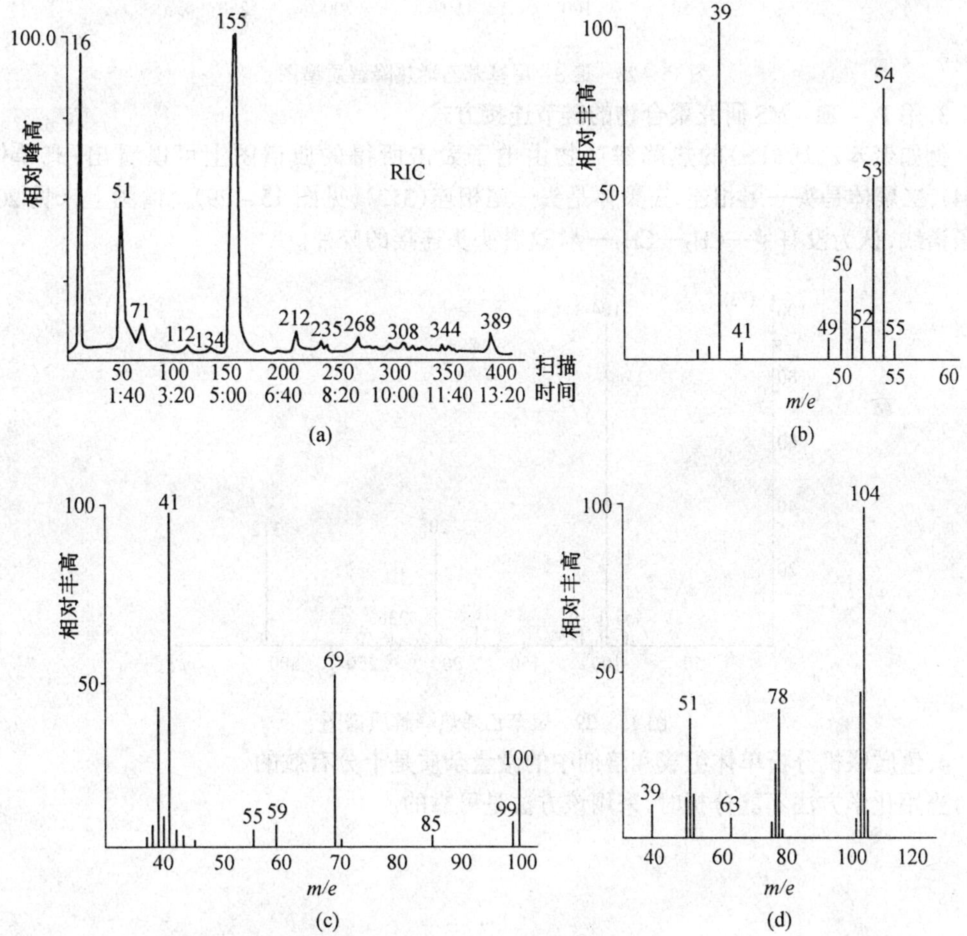

图 15-27 某未知三元共聚物的 PGC-MS 谱图

2.高聚物的热降解机制的研究

例如图 15－28 是聚 α－甲基苯乙烯的热降解质谱图。通过对谱图解析得知,该样品热降解的主要产物是单体(118)峰,此外还有少量的二聚体(238)及更少量的端基碎片($M+CH_2$)132 和($M-CH_2$)104。这一实验结果表明,聚 α－甲基苯乙烯的热降解产物主要是单体,属于“Zip”机制。

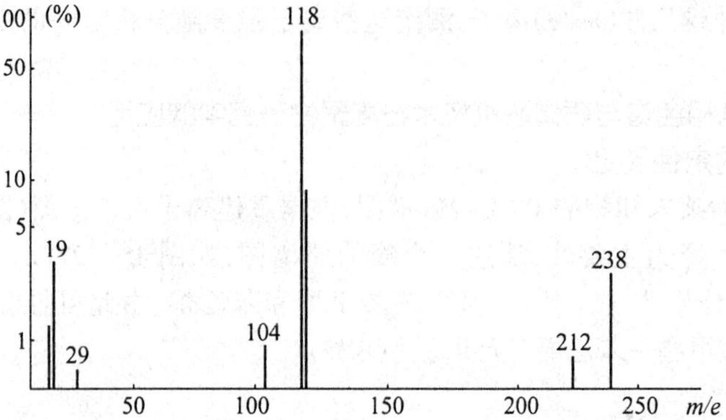

图 15－28　聚 α－甲基苯乙烯热降解质谱图

3.用 P_γ－EI－MS 研究聚合物的链节连接方式

例如聚苯乙烯(PS)的热降解产物由电子轰击所得的质谱图上可以看出,有单体(104),二聚体是头—尾相连,三聚体是头—尾相连(312)(见图 15－29)。谱图上未见 204 这条谱线,认为没有 $\phi—CH_2—CH_2—\phi^+$ 这种头头连接的碎片。

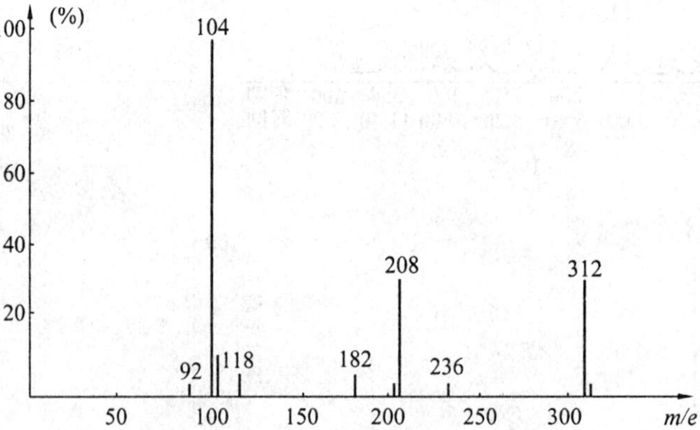

图 15－29　聚苯乙烯热降解质谱图

4.色质联机分析单体组成和溶剂中的微量杂质是十分有效的

当用化学方法不能分析时,采用该方法是可靠的。

附　　录

附录 1　物理常数

元电荷	$e = 1.602 \times 10^{-19}\mathrm{C}$
电子[静]质量	$m_e = 9.10904 \times 10^{-28}\mathrm{g} = 9.109 \times 10^{-31}\mathrm{kg}$
原子质量单位	$u = 1.66054 \times 10^{24}\mathrm{g} = 1.661 \times 10^{-27}\mathrm{kg}$
光速	$c = 2.997925 \times 10^{10}\mathrm{cm/s} = 2.998 \times 10^{8}\ \mathrm{m/s}$
普朗克常数	$h = 6.626 \times 10^{-34}\ \mathrm{J \cdot s}$
玻耳兹曼常数	$k = 1.380 \times 10^{-23}\mathrm{J/K}$
阿伏加德罗常量	$N_A = 6.023 \times 10^{23}\ \mathrm{mol}^{-1}$

附录2　质量吸收系数 μ_l/ρ

元素	原子序数	密度 ρ $(g\cdot cm^{-3})$	质量吸收系数/$(cm^2\cdot g^{-1})$				
			Mo - K_α $\lambda=0.071\ 07nm$	Cu - K_α $\lambda=0.154\ 18nm$	Co - K_α $\lambda=0.179\ 03nm$	Fe - K_α $\lambda=0.193\ 73nm$	Cr - K_α $\lambda=0.229\ 09nm$
B	5	2.3	0.45	3.06	4.67	5.80	9.37
C	6	2.22(石墨)	0.70	5.50	8.05	10.73	17.9
N	7	1.1649×10^{-3}	1.10	8.51	13.6	17.3	27.7
O	8	1.3318×10^{-3}	1.50	12.7	20.2	25.2	40.1
Mg	12	1.74	4.38	40.6	60.0	75.7	120.1
Al	13	2.70	5.30	48.7	73.4	92.8	149
Si	14	2.33	6.70	60.3	94.1	116.3	192
P	15	1.82(黄)	7.98	73.0	113	141.1	223
S	16	2.07(黄)	10.03	91.3	139	175	273
Ti	22	4.54	23.7	204	304	377	603
V	23	6.0	26.5	227	339	422	77.3
Cr	24	7.19	30.4	259	392	490	99.9
Mn	25	7.43	33.5	284	431	63.6	99.4
Fe	26	7.87	38.3	324	59.5	72.8	114.6
Co	27	8.9	41.6	354	65.9	80.6	125.8
Ni	28	8.90	47.4	49.2	75.1	93.1	145
Cu	29	8.96	49.7	52.7	79.8	98.8	154
Zn	30	7.13	54.8	59.0	88.5	109.4	169
Ga	31	5.91	57.3	63.3	94.3	116.5	179
Ge	32	5.36	63.4	69.4	104	128.4	196
Zr	40	6.5	17.2	143	211	260	391
Nb	41	8.57	18.7	153	225	279	415
Mo	42	10.2	20.2	164	242	299	439
Rh	45	12.44	25.3	198	293	361	522
Pd	46	12.0	26.7	207	308	376	545
Ag	47	10.49	28.6	223	332	402	585
Cd	48	8.65	29.9	234	352	417	608
Sn	50	7.30	33.3	265	382	457	681
Sb	51	6.62	35.3	284	404	482	727
Ba	56	3.5	45.2	359	501	599	819
La	57	6.19	47.9	378	—	632	218
Ta	73	16.6	100.7	164	246	305	440
W	74	19.3	105.4	171	258	320	456
Ir	77	22.5	117.9	194	292	362	498
Au	79	19.32	128	214	317	390	537
Pb	82	11.34	141	241	354	429	585

附录 3　原子散射因数 f

轻原子或离子	$\lambda^{-1}\sin\theta/nm^{-1}$												
	0.0	1.0	2.0	3.0	4.0	5.0	6.0	7.0	8.0	9.0	10.0	11.0	12.0
B	5.0	3.5	2.4	1.9	1.7	1.5	1.4	1.2	1.2	1.0	0.9	0.7	
C	6.0	4.6	3.0	2.2	1.9	1.7	1.6	1.4	1.3	1.16	1.0	0.9	
N	7.0	5.8	4.2	3.0	2.3	1.9	1.65	1.54	1.49	1.39	1.29	1.17	
Mg	12.0	10.5	8.6	7.25	5.95	4.8	3.85	3.15	2.55	2.2	2.0	1.8	
Al	13.0	11.0	8.95	7.75	6.6	5.5	4.5	3.7	3.1	2.65	2.3	2.0	
Si	14.0	11.35	9.4	8.2	7.15	6.1	5.1	4.2	3.4	2.95	2.6	2.3	
P	15.0	12.4	10.0	8.45	7.45	6.5	5.65	4.8	4.05	3.4	3.0	2.6	
S	16.0	13.6	10.7	8.95	7.85	6.85	6.0	5.25	4.5	3.9	3.35	2.9	
Ti	22	19.3	15.7	12.8	10.9	9.5	8.2	7.2	6.3	5.6	5.0	4.6	4.2
V	23	20.2	16.6	13.5	11.5	10.1	8.7	7.6	6.7	5.9	5.3	4.9	4.4
Cr	24	21.1	17.4	14.2	12.1	10.6	9.2	8.0	7.1	6.3	5.7	5.1	4.6
Mn	25	22.1	18.2	14.9	12.7	11.1	9.7	8.4	7.5	6.6	6.0	5.4	4.9
Fe	26	23.1	18.9	15.6	13.3	11.6	10.2	8.9	7.9	7.0	6.3	5.7	5.2
Co	27	24.1	19.8	16.4	14.0	12.1	10.7	9.3	8.3	7.3	6.7	6.0	5.5
Ni	28	25.0	20.7	17.2	14.6	12.7	11.2	9.8	8.7	7.7	7.0	6.3	5.8
Cu	29	25.9	21.6	17.9	15.2	13.3	11.7	10.2	9.1	8.1	7.3	6.6	6.0
Zn	30	26.8	22.4	18.6	15.8	13.9	12.2	10.7	9.6	8.5	7.6	6.9	6.3
Ga	31	27.8	23.3	19.3	16.5	14.5	12.7	11.2	10.0	8.9	7.9	7.3	6.7
Ge	32	28.8	24.1	20.0	17.1	15.0	13.2	11.6	10.4	9.3	8.3	7.6	7.0
Nb	41	37.3	31.7	26.8	22.8	20.2	18.1	16.0	14.3	12.8	11.6	10.6	9.7
Mo	42	38.2	32.6	27.6	23.5	20.3	18.6	16.5	14.8	13.2	12.0	10.9	10.0
Rh	45	41.0	35.1	29.9	25.4	22.5	20.2	18.0	16.1	14.5	13.1	12.0	11.0
Pd	46	41.9	36.0	30.7	26.2	23.1	20.8	18.5	16.6	14.9	13.6	12.3	11.3
Ag	47	42.8	36.9	31.5	26.9	23.8	21.3	19.0	17.1	15.3	14.0	12.7	11.7
Cd	48	34.7	37.7	32.2	27.5	24.4	21.8	19.6	17.6	15.7	14.3	13.0	12.0
In	49	44.7	38.6	33.0	28.1	25.0	22.4	20.1	18.0	16.2	14.7	13.4	12.3
Sn	50	45.7	39.5	33.8	28.7	25.6	22.9	20.6	18.5	16.6	15.1	13.7	12.7
Sb	51	46.7	40.4	34.6	29.5	26.3	23.5	21.1	19.0	17.0	15.5	14.1	13.0
La	57	52.6	45.6	39.3	33.8	29.8	26.9	24.3	21.9	19.7	17.0	16.4	15.0
Ta	73	67.8	59.5	52.0	45.3	39.9	36.2	32.9	29.8	27.1	24.7	22.6	20.9
W	74	68.8	60.4	52.8	46.1	40.5	36.8	33.5	30.4	27.6	25.2	23.0	21.3
Pt	78	72.6	64.0	56.2	48.9	43.1	39.2	35.6	32.5	29.5	27.0	24.7	22.7
Pb	82	76.5	67.5	59.5	51.9	45.7	41.6	37.9	34.6	31.5	28.8	26.4	24.5

附录 4　各种点阵的结构因数 F^2HKL

<table>
<tr><th>点阵类型</th><th>简单点阵</th><th>底心点阵</th><th>体心立方点阵</th><th>面心立方点阵</th><th>密积六方点阵</th></tr>
<tr><td rowspan="4">结构因数 F^2_{HKL}</td><td rowspan="4">f^2</td><td rowspan="2">$H+K=$ 偶数时 $4f^2$</td><td rowspan="2">$H+K+L=$ 偶数时 $4f^2$</td><td rowspan="2">H,K,L 为同性数时 $16f^2$</td><td>$H+2K=3n$ （n 为整数），$L=$ 奇数时，0</td></tr>
<tr><td>$H+2K=3n$ $L=$ 偶数时 $4f^2$</td></tr>
<tr><td rowspan="2">$H+K=$ 奇数时 0</td><td rowspan="2">$H+K+L=$ 奇数时 0</td><td rowspan="2">$H,K,L,$ 为异性数时 0</td><td>$H+2K=3n+1$ $L=$ 奇数时，$3f^2$</td></tr>
<tr><td>$H+2K=3n+1$ $L=$ 偶数时 f^2</td></tr>
</table>

附录 5　粉末法的多重性因数 P_{hkl}

晶系　指数	$h00$	$0k0$	$00l$	hhh	$hh0$	$hk0$	$0kl$	$h0l$	hhl	hkl
立方晶系	6			8	12	24①			24	48①
六方和菱方晶系	6		2		6	12①	12①		12①	24①
正方晶系	4		2		4	8①	8		8	16①
斜方晶系系	2	2	2			4	4	4		8
单斜晶系	2	2	2			4	4	2		4
三斜晶系	2	2	2			2	2	2		2

①系指通常的多重性因数。在某些晶体中具有此种指数的两族晶面，其晶面间距相同，但结构因数不同，因而每族晶面的多重性因数应为上列数值的一半。

附录 6　角因数 $\frac{1+\cos^2 2\theta}{\sin^2\theta\cos\theta}$

$\theta/(°)$	0.0	0.1	0.2	0.3	0.4	0.5	0.6	0.7	0.8	0.9
2	1639	1486	1354	1239	1138	1048	968.9	898.3	835.1	778.4
3	727.2	680.9	638.8	600.5	565.6	533.6	504.3	477.3	452.3	429.3
4	408.0	388.2	369.9	352.7	336.8	321.9	308.0	294.9	282.6	271.1
5	260.3	250.1	240.5	231.4	222.9	214.7	207.1	199.8	192.9	186.3
6	180.1	174.2	168.5	163.1	158.0	153.1	148.4	144.0	139.7	135.6
7	131.7	128.0	124.4	120.9	117.6	114.4	111.4	108.5	105.6	102.9
8	100.3	97.80	95.37	93.03	90.78	88.60	86.51	84.48	82.52	80.63
9	78.79	77.02	75.31	73.66	72.05	70.49	68.99	67.53	66.12	64.74

续附录6

θ/(°)	0.0	0.1	0.2	0.3	0.4	0.5	0.6	0.7	0.8	0.9
10	63.41	62.12	60.87	59.65	58.46	57.32	56.20	55.11	54.06	53.03
11	52.04	51.06	50.12	49.19	48.30	47.43	46.58	45.75	44.94	44.16
12	43.39	42.64	41.91	41.20	40.50	39.82	39.16	38.51	37.88	37.27
13	36.67	36.08	35.50	34.94	34.39	33.85	33.33	32.81	32.31	31.82
14	31.34	30.87	30.41	29.96	29.51	29.08	28.66	28.24	27.83	27.44
15	27.05	26.66	26.29	25.92	25.56	25.21	24.86	24.52	24.19	23.86
16	23.54	23.23	22.92	22.61	22.32	22.02	21.74	21.46	21.18	20.91
17	20.64	20.38	20.12	19.87	19.62	19.38	19.14	18.90	18.67	18.44
18	18.22	18.00	17.78	17.57	17.36	17.15	16.95	16.75	16.56	16.38
19	16.17	15.99	15.80	15.62	15.45	15.27	15.10	14.93	14.76	14.60
20	14.44	14.28	14.12	13.97	13.81	13.66	13.52	13.37	13.23	13.09
21	12.95	12.81	12.68	12.54	12.41	12.28	12.15	12.03	11.91	11.78
22	11.66	11.54	11.43	11.31	11.20	11.09	10.98	10.87	10.76	10.65
23	10.55	10.45	10.35	10.24	10.15	10.05	9.951	9.857	9.763	9.671
24	9.579	9.489	9.400	9.313	9.226	9.141	9.057	8.973	8.891	8.819
25	8.730	8.651	8.573	8.496	8.420	8.345	8.271	8.198	8.126	8.054
26	7.984	7.915	7.846	7.778	7.711	7.645	7.580	7.515	7.452	7.389
27	7.327	7.266	7.205	7.145	7.086	7.027	6.969	6.912	6.856	6.800
28	6.745	6.692	6.637	6.584	6.532	6.480	6.429	6.379	6.329	6.279
29	6.230	6.183	6.135	6.088	6.042	5.995	5.950	5.905	5.861	5.817
30	5.774	5.731	5.688	5.647	5.605	5.564	5.524	5.484	5.445	5.406
31	5.367	5.329	5.292	5.254	5.218	5.181	5.145	5.110	5.075	5.049
32	5.006	4.972	4.939	4.906	4.873	4.841	4.809	4.777	4.746	4.715
33	4.685	4.655	4.625	4.959	4.566	4.538	4.509	4.481	4.453	4.426
34	4.399	4.372	4.346	4.320	4.294	4.268	4.243	4.218	4.193	4.169
35	4.145	4.121	4.097	4.074	4.052	4.029	4.006	3.984	3.962	3.941
36	3.919	3.898	3.877	3.857	3.836	3.816	3.797	3.777	3.758	3.739
37	3.720	3.701	3.683	3.665	3.647	3.629	3.612	3.594	3.577	3.561
38	3.544	3.527	3.513	3.497	3.481	3.465	3.449	3.434	3.419	3.404
39	3.389	3.375	3.361	3.347	3.333	3.320	3.306	3.293	3.280	3.268
40	3.255	3.242	3.230	3.218	3.206	3.194	3.183	3.171	3.160	3.149
41	3.138	3.127	3.117	3.106	3.096	3.086	3.076	3.067	3.057	3.048
42	3.038	3.029	3.020	3.012	3.003	2.994	2.986	2.978	2.970	2.962
43	2.954	2.946	2.939	2.932	2.925	2.918	2.911	2.904	2.897	2.891
44	2.884	2.876	2.872	2.866	2.860	2.855	2.849	2.844	2.838	2.833
45	2.828	2.824	2.819	2.814	2.810	2.805	2.801	2.797	2.793	2.789
46	2.785	2.782	2.778	2.775	2.772	2.769	2.766	2.763	2.760	2.757
47	2.755	2.752	2.750	2.748	2.746	2.744	2.742	2.740	2.738	2.737
48	2.736	2.735	2.733	2.732	2.731	2.730	2.730	2.729	2.729	2.728
49	2.728	2.728	2.728	2.728	2.728	2.728	2.729	2.729	2.730	2.730
50	2.731	2.732	2.733	2.734	2.735	2.737	2.738	2.740	2.741	2.743
51	2.745	2.747	2.749	2.751	2.753	2.755	2.758	2.760	2.763	2.766
52	2.769	2.772	2.775	2.778	2.782	2.785	2.788	2.792	2.795	2.799
53	2.803	2.807	2.811	2.815	2.820	2.824	2.828	2.833	2.838	2.843
54	2.848	2.853	2.858	2.863	2.868	2.874	2.879	2.885	2.890	2.896

续附录6

θ/(°)	0.0	0.1	0.2	0.3	0.4	0.5	0.6	0.7	0.8	0.9
55	2.902	2.908	2.914	2.921	2.927	2.933	2.940	2.946	2.953	2.960
56	2.967	2.974	2.981	2.988	2.996	3.004	3.011	3.019	3.026	3.034
57	3.042	3.050	3.059	3.067	3.075	3.084	3.092	3.101	3.110	3.119
58	3.128	3.137	3.147	3.156	3.166	3.175	3.185	3.195	3.205	3.215
59	3.225	3.235	3.246	3.256	3.267	3.278	3.289	3.300	3.311	3.322
60	3.333	3.345	3.356	3.368	3.380	3.392	3.404	3.416	3.429	3.441
61	3.454	3.466	3.479	3.492	3.505	3.518	3.532	3.545	3.559	3.573
62	3.587	3.601	3.615	3.629	3.643	3.658	3.673	3.688	3.703	3.718
63	3.733	3.749	3.764	3.780	3.796	3.812	3.828	3.844	3.861	3.878
64	3.894	3.911	3.928	3.946	3.963	3.980	3.998	4.016	4.034	4.052
65	4.071	4.090	4.108	4.127	4.147	4.166	4.185	4.205	4.225	4.245
66	4.265	4.285	4.306	4.327	4.348	4.369	4.390	4.412	4.434	4.456
67	4.478	4.500	4.523	4.546	4.569	4.592	4.616	4.640	4.664	4.688
68	4.712	4.737	4.762	4.787	4.812	4.838	4.864	4.890	4.916	4.943
69	4.970	4.997	5.024	5.052	5.080	5.109	5.137	5.166	5.195	5.224
70	5.254	5.284	5.315	5.345	5.376	5.408	5.440	5.471	5.504	5.536
71	5.569	5.602	5.636	5.670	5.705	5.740	5.775	5.810	5.846	5.883
72	5.919	5.956	5.994	6.032	6.071	6.109	6.149	6.189	6.229	6.270
73	6.311	6.352	6.394	6.437	6.480	6.524	6.568	6.613	6.658	6.703
74	6.750	6.797	6.844	6.892	6.941	6.991	7.041	7.091	7.142	7.194
75	7.247	7.300	7.354	7.409	7.465	7.521	7.578	7.636	7.694	7.753
76	7.813	7.874	7.936	7.999	8.063	8.128	8.193	8.259	8.327	8.395
77	8.465	8.536	8.607	8.680	8.754	8.829	8.905	8.982	9.061	9.142
78	9.223	9.305	9.389	9.474	9.561	9.649	9.739	9.831	9.924	10.02
79	10.12	10.21	10.31	10.41	10.52	10.62	10.73	10.84	10.95	11.06
80	11.18	11.30	11.42	11.54	11.67	11.80	11.93	12.06	12.20	12.34
81	12.48	12.63	12.78	12.93	13.08	13.24	13.40	13.57	13.74	13.92
82	14.10	14.28	14.47	14.66	14.86	15.07	15.28	15.49	15.71	15.94
83	16.17	16.41	16.66	16.91	17.17	17.44	17.72	18.01	18.31	18.61
84	18.93	19.25	19.59	19.94	20.30	20.68	21.07	21.47	21.89	22.32
85	22.77	23.24	23.73	24.24	24.78	25.34	25.92	26.52	27.16	27.83
86	28.53	29.27	30.04	30.86	31.73	32.64	33.60	34.63	35.72	36.88
87	38.11	39.43	40.84	42.36	44.00	45.76	47.68	49.76	52.02	54.50

附录7 德拜函数$\frac{\phi(x)}{x}+\frac{1}{4}$之值

x	$\frac{\phi(x)}{x}+\frac{1}{4}$	x	$\frac{\phi(x)}{x}+\frac{1}{4}$
0.0	∞	3.0	0.411
0.2	5.005	4.0	0.347
0.4	2.510	5.0	0.314 2
0.6	1.683	6.0	0.295 2
0.8	1.273	7.0	0.283 4
1.0	1.028	8.0	0.275 6
1.2	0.867	9.0	0.270 3
1.4	0.753	10	0.266 4
1.6	0.668	12	0.261 4
1.8	0.604	14	0.258 14
2.0	0.554	16	0.256 44
2.5	0.466	20	0.254 11

附录 8　某些物质的特征温度 Θ

物　质	Θ/K	物　质	Θ/K	物　质	Θ/K	物　质	Θ/K
Ag	210	Cr	485	Mo	380	Sn(白)	130
Al	400	Cu	320	Na	202	Ta	245
Au	175	Fe	453	Ni	375	Tl	96
Bi	100	Ir	285	Pb	88	W	310
Ca	230	K	126	Pd	275	Zn	235
Cd	168	Mg	320	Pi	230	金刚石	~2000
Co	410						

附录 9　$\frac{1}{2}\left(\frac{\cos^2\theta}{\sin\theta}+\frac{\cos^2\theta}{\theta}\right)$的数值

θ/(°)	0.0	0.1	0.2	0.3	0.4	0.5	0.6	0.7	0.8	0.9
10	5.572	5.513	5.456	5.400	5.345	5.291	5.237	5.185	5.134	5.084
1	5.034	4.986	4.939	4.892	4.846	4.800	4.756	4.712	4.669	4.627
2	4.585	4.544	4.504	4.464	4.425	4.386	4.348	4.311	4.274	4.238
3	4.202	4.167	4.133	4.098	4.065	4.032	3.999	3.967	3.935	3.903
4	3.872	3.842	3.812	3.782	3.753	3.724	3.695	3.667	3.639	3.612
5	3.584	3.558	3.531	3.505	3.479	3.454	3.429	3.404	3.379	3.355
6	3.331	3.307	3.284	3.260	3.237	3.215	3.192	3.170	3.148	3.127
7	3.105	3.084	3.063	3.042	3.022	3.001	2.981	2.962	2.942	2.922
8	2.903	2.884	2.865	2.847	2.828	2.810	2.792	2.774	2.756	2.738
9	2.721	2.704	2.687	2.670	2.653	2.636	2.620	2.604	2.588	2.572
20	2.556	2.540	2.525	2.509	2.494	2.479	2.464	2.449	2.434	2.420
1	2.405	2.391	2.376	2.362	2.348	2.335	2.321	2.307	2.294	2.280
2	2.267	2.254	2.241	2.228	2.215	2.202	2.189	2.177	2.164	2.152
3	2.140	2.128	2.116	2.104	2.092	2.080	2.068	2.056	2.045	2.034
4	2.022	2.011	2.000	1.980	1.978	1.967	1.956	1.945	1.934	1.924
5	1.913	1.903	1.892	1.882	1.872	1.861	1.851	1.841	1.831	1.821
6	1.812	1.802	1.792	1.782	1.773	1.763	1.754	1.745	1.735	1.726
7	1.717	1.708	1.699	1.690	1.681	1.672	1.663	1.654	1.645	1.637
8	1.628	1.619	1.611	1.602	1.594	1.586	1.577	1.569	1.561	1.553
9	1.545	1.537	1.529	1.521	1.513	1.505	1.497	1.489	1.482	1.474
30	1.466	1.459	1.451	1.444	1.436	1.429	1.421	1.414	1.407	1.400
1	1.392	1.385	1.378	1.371	1.364	1.357	1.350	1.343	1.336	1.329
2	1.323	1.316	1.309	1.302	1.296	1.289	1.282	1.276	1.269	1.263
3	1.256	1.250	1.244	1.237	1.231	1.225	1.218	1.212	1.206	1.200
4	1.194	1.188	1.182	1.176	1.170	1.164	1.158	1.152	1.146	1.140
5	1.134	1.128	1.123	1.117	1.111	1.106	1.100	1.094	1.088	1.083
6	1.078	1.072	1.067	1.061	1.056	1.050	1.045	1.040	1.034	1.029
7	1.024	1.019	1.013	1.008	1.003	0.998	0.993	0.988	0.982	0.977
8	0.972	0.967	0.962	0.958	0.953	0.948	0.943	0.938	0.933	0.928
9	0.924	0.919	0.914	0.909	0.905	0.900	0.895	0.891	0.886	0.881
40	0.877	0.872	0.868	0.863	0.859	0.854	0.850	0.845	0.841	0.837
1	0.832	0.828	0.823	0.819	0.815	0.810	0.806	0.802	0.798	0.794
2	0.789	0.785	0.781	0.777	0.773	0.769	0.765	0.761	0.757	0.753
3	0.749	0.745	0.741	0.737	0.733	0.729	0.725	0.721	0.717	0.713
4	0.709	0.706	0.702	0.698	0.694	0.690	0.687	0.683	0.679	0.676

续附录9

θ/(°)	0.0	0.1	0.2	0.3	0.4	0.5	0.6	0.7	0.8	0.9
5	0.672	0.668	0.665	0.661	0.657	0.654	0.650	0.647	0.643	0.640
6	0.636	0.632	0.629	0.625	0.622	0.619	0.615	0.612	0.608	0.605
7	0.602	0.598	0.595	0.591	0.588	0.585	0.582	0.578	0.575	0.572
8	0.569	0.565	0.562	0.559	0.556	0.553	0.549	0.546	0.543	0.540
9	0.537	0.534	0.531	0.528	0.525	0.522	0.518	0.515	0.512	0.509
50	0.506	0.504	0.501	0.498	0.495	0.492	0.489	0.486	0.483	0.480
1	0.477	0.474	0.472	0.469	0.466	0.463	0.460	0.458	0.455	0.452
2	0.449	0.447	0.444	0.441	0.439	0.436	0.433	0.430	0.428	0.425
3	0.423	0.420	0.417	0.415	0.412	0.410	0.407	0.404	0.402	0.399
4	0.397	0.394	0.392	0.389	0.387	0.384	0.382	0.379	0.377	0.375
5	0.372	0.370	0.367	0.365	0.363	0.360	0.358	0.356	0.353	0.351
6	0.349	0.346	0.344	9.342	0.339	0.337	0.335	0.333	0.330	0.328
7	0.326	0.324	0.322	0.319	0.317	0.315	0.313	0.311	0.309	0.306
8	0.304	0.302	0.300	0.298	0.296	0.294	0.292	0.290	0.288	0.286
9	0.284	0.282	0.280	0.278	0.276	0.274	0.272	0.270	0.268	0.266
60	0.264	0.262	0.260	0.258	0.256	0.254	0.252	0.250	0.249	0.247
1	0.245	0.243	0.241	0.239	0.237	0.236	0.234	0.232	0.230	0.229
2	0.227	0.225	0.223	0.221	0.220	0.218	0.216	0.215	0.213	0.211
3	0.209	0.208	0.206	0.204	0.203	0.201	0.199	0.198	0.196	0.195
4	0.193	0.191	0.190	0.188	0.187	0.185	0.184	0.182	0.180	0.179
5	0.177	0.176	0.174	0.173	0.171	0.170	0.168	0.167	0.165	0.164
6	0.162	0.161	0.160	0.158	0.157	0.155	0.154	0.152	0.151	0.150
7	0.148	0.147	0.146	0.144	0.143	0.141	0.140	0.139	0.138	0.136
8	0.135	0.134	0.132	0.131	0.130	0.128	0.127	0.126	0.125	0.123
9	0.122	0.121	0.120	0.119	0.117	0.116	0.115	0.114	0.112	0.111
70	0.110	0.109	0.108	0.107	0.106	0.104	0.103	0.102	0.101	0.100
1	0.099	0.098	0.097	0.096	0.095	0.094	0.092	0.091	0.090	0.089
2	0.088	0.087	0.086	0.085	0.084	0.083	0.082	0.081	0.080	0.079
3	0.078	0.077	0.076	0.075	0.075	0.074	0.073	0.072	0.071	0.070
4	0.069	0.068	0.067	0.066	0.065	0.065	0.064	0.063	0.062	0.061
5	0.060	0.059	0.059	0.058	0.057	0.056	0.055	0.055	0.054	0.053
6	0.052	0.052	0.051	0.050	0.049	0.048	0.048	0.047	0.046	0.045
7	0.045	0.044	0.043	0.043	0.042	0.041	0.041	0.040	0.039	0.039
8	0.038	0.037	0.037	0.036	0.035	0.035	0.034	0.034	0.033	0.032
9	0.032	0.031	0.031	0.030	0.029	0.029	0.028	0.028	0.027	0.027
80	0.026	0.026	0.025	0.025	0.024	0.023	0.023	0.023	0.022	0.022
1	0.021	0.021	0.020	0.020	0.019	0.019	0.018	0.018	0.017	0.017
2	0.017	0.016	0.016	0.015	0.015	0.015	0.014	0.014	0.013	0.013
3	0.013	0.012	0.012	0.012	0.011	0.011	0.010	0.010	0.010	0.010
4	0.009	0.009	0.009	0.008	0.008	0.003	0.007	0.007	0.007	0.007
5	0.006	0.006	0.006	0.006	0.005	0.005	0.005	0.005	0.005	0.004
6	0.004	0.004	0.004	0.003	0.003	0.003	0.003	0.003	0.003	0.002
7	0.002	0.002	0.002	0.002	0.002	0.002	0.001	0.001	0.001	0.001
8	0.001	0.001	0.001	0.001	0.001	0.001	0.001	0.000	0.000	0.000

附录 10　立方系晶面间夹角

{HKL}	{hkl}	HKL 与 hkl 晶面(或晶向)间夹角的数值(度)								
100	100	0	90							
	110	45	90							
	111	54.73								
	210	26.57	64.43	90						
	211	35.27	65.90							
	221	48.19	70.53							
	310	18.44	71.56	90						
	311	25.24	72.45							
	320	33.69	56.31	90						
	321	36.70	57.69	74.50						
	322	43.31	60.98							
	410	14.03	75.97	90						
	411	19.47	76.37							
110	110	0	60	90						
	111	35.27	90							
	210	18.44	50.77	71.56						
	211	30	54.73	73.22	90					
	221	19.47	45	73.37	90					
	310	26.57	47.87	63.43	77.08					
	311	31.48	64.76	90						
	320	11.31	53.96	66.91	78.69					
	321	19.11	40.89	55.46	67.79	79.11				
	322	30.97	46.69	80.13	90					
	410	30.97	46.69	59.03	80.13					
	411	33.55	60	79.53	90					
	331	13.27	49.56	71.07	90					
111	111	0	70.53							
	210	39.23	75.04							
	211	19.47	61.87	90						
	221	15.81	54.73	78.90						
	310	43.10	68.58							
	311	29.50	58.52	79.98						
	320	36.81	80.79							
	321	22.21	51.89	72.02	90					
	322	11.42	65.16	81.95						
	410	45.57	65.16							
	411	35.27	57.02	74.21						
	331	21.99	48.53	82.39						
210	210	0	36.87	53.13	66.42	78.46	90			
	211	24.09	43.09	56.79	79.43	90				
	221	26.57	41.81	53.40	63.43	72.65	90			
	310	8.13	31.95	45	64.90	73.57	81.87			
	311	19.29	47.61	66.14	82.25					
	320	7.12	29.75	41.91	60.25	68.15	75.64	82.88		
	321	17.02	33.21	53.30	61.44	68.99	83.13	90		
	322	29.80	40.60	49.40	64.29	77.47	83.77			
	410	12.53	29.80	40.60	49.40	64.29	77.47	83.77		
	411	18.43	42.45	50.57	71.57	77.83	83.95			
	331	22.57	44.10	59.14	72.07	84.11				
211	211	0	33.56	48.19	60	70.53	80.41			
	221	17.72	35.26	47.12	65.90	74.21	82.18			
	310	25.35	49.80	58.91	75.04	82.59				
	311	10.02	42.39	60.50	75.75	90				
	320	25.07	37.57	55.52	63.07	83.50				
	321	10.90	29.21	40.20	49.11	56.94	70.89	77.40	83.74	90

续附录 10

{*HKL*}	{*hkl*}	*HKL* 与 *hkl* 晶面(或晶向)间夹角的数值(度)									
	322	8.05	26.98	53.55	60.33	72.72	78.58	84.32			
	410	26.98	46.13	53.55	60.33	72.72	78.58				
	411	15.80	39.67	47.66	54.73	61.24	73.22	84.48			
	331	20.51	41.47	68.00	79.20						
221	221	0	27.27	38.94	63.61	83.62	90				
	310	32.51	42.45	58.19	65.06	83.95					
	311	25.24	45.29	59.83	72.45	84.23					
	320	22.41	42.30	49.67	68.30	79.34	84.70				
	321	11.49	27.02	36.70	57.69	63.55	74.50	79.74	84.89		
	322	14.04	27.21	49.70	66.16	71.13	75.96	90			
	410	36.06	43.31	55.53	60.98	80.69					
	411	30.20	45	51.06	56.64	66.87	71.68	90			
	331	6.21	32.73	57.64	67.52	85.61					
310	310	0	25.84	36.86	53.13	72.54	84.26	90			
	311	17.55	40.29	55.10	67.58	79.01	90				
	320	15.25	37.87	52.13	58.25	74.76	79.90				
	321	21.62	32.31	40.48	47.46	53.73	59.53	65.00	75.31	85.15	90
	322	32.47	46.35	52.15	57.53	72.13	76.70				
	410	4.40	23.02	32.47	57.53	72.13	76.70	85.60			
	411	14.31	34.93	58.55	72.65	81.43	85.73				
311	311	0	35.10	50.48	62.97	84.78					
	320	23.09	41.18	54.17	65.28	75.47	85.20				
	321	14.77	36.31	49.86	61.08	71.20	80.73				
	322	18.08	36.45	48.84	59.21	68.55	85.81				
	410	18.08	36.45	59.21	68.55	77.33	85.81				
	411	5.77	31.48	44.72	55.35	64.76	81.83	90			
	331	25.95	40.46	51.50	61.04	69.77	78.02				
320	320	0	22.62	46.19	62.51	67.38	72.08	90			
	321	15.50	27.19	35.38	48.15	53.63	58.74	68.25	77.15	85.75	90
	322	29.02	36.18	47.73	70.35	82.27	90				
	410	19.65	36.18	47.73	70.35	82.27	90				
	411	23.77	44.02	49.18	70.92	86.25					
	331	17.37	45.58	55.07	63.55	79.00					
321	321	0	21.79	31.00	38.21	44.42	50.00	60	64.62	73.40	85.90
	322	13.52	24.84	32.58	44.52	49.59	63.02	71.08	78.79	82.55	86.28
	410	24.84	32.58	44.52	49.59	54.31	63.02	67.11	71.08	82.55	86.28
	411	19.11	35.02	40.89	46.14	50.95	55.46	67.79	71.64	79.11	86.39
	331	11.18	30.87	42.63	52.18	60.63	68.42	75.80	82.95	90	
322	322	0	19.75	58.03	61.93	76.39	86.63				
	410	34.56	49.68	53.97	69.33	72.90					
	411	23.85	42.00	46.99	59.04	62.78	66.41	80.13			
	331	18.93	33.42	43.97	59.95	73.85	80.39	86.81			
410	410	0	19.75	28.07	61.93	76.39	86.63	90			
	411	13.63	30.96	62.78	73.39	80.13	90				
	331	33.42	43.67	52.26	59.95	67.08	86.81				
411	411	0	27.27	38.94	60	67.12	86.82				
	331	30.10	40.80	57.27	64.37	77.51	83.79				
331	331	0	26.52	37.86	61.73	80.91	86.98				

参考文献

1 李树堂.晶体X射线衍射学基础.北京:冶金工业出版社,1990
2 周玉,武高辉.材料分析测试技术.哈尔滨:哈尔滨工业大学出版社,1998
3 谭延昌.金属材料物理性能测量及研究方法.北京:冶金工业出版社,1989
4 X射线探伤技术编写组.X射线探伤.北京:机械工业出版社,1987
5 石井勇五郎.无损检测学.北京:机械工业出版社,1986
6 何崇智,郗秀荣.X射线衍射实验技术.上海:上海科学技术出版社,1988
7 杨于兴.X射线衍射分析.上海:上海交通大学出版社,1989
8 刘尚萱.金属断裂与失效分析.武汉:武汉水利电力学院出版社,1992
9 显微分析编辑组.显微分析资料汇编.北京:科学出版社,1965
10 洪班德,崔约贤.电子显微术在热处理质量检验中的应用.北京:机械工业出版社,1990
11 马维,R·K·韦伯斯特.材料工艺中的现代物理技术.北京:科学出版社,1984
12 内山郁.电子探针X射线显微分析仪.北京:国防工业出版社,1982
13 赵伯麟.薄晶体电子显微像的衬度理论.上海:上海科学技术出版社,1980
14 陈梦谪.金属物理研究方法.北京:冶金工业出版社,1982
15 J·F·拉贝克.高分子科学实验方法:物理原理与应用.吴世康,漆宗能译.北京:科学出版社,1987
16 何曼君,阵维孝,董西侠.高分子物理(修订版).上海:复旦大学出版社,1990
17 复旦大学高分子科学系,高分子科学研究所.高分子实验技术(修订版).上海:复旦大学出版社,1996
18 北京大学化学系高分子教研室.高分子实验与专论.北京:北京大学出版社,1990
19 沈其丰.核磁共振波谱.北京:北京大学出版社,1988
20 宋宏.高分子材料的研究与测定.大连:大连理工大学出版社,1988
21 吴人洁.现代分析技术在高聚物中的应用.上海:上海科学技术出版社,1987
22 董炎明.高分子材料实用剖析技术.北京:中国石化出版社,1997
23 陈成钧著.扫描隧道显微镜引论.华中一.朱昂如,金晓峰译.北京:中国轻工业出版社,1996
24 Binnig G, Rohrer H, Gerber, et al. Appl. Phys. Lett., 1982, 49(57):726
25 Binnig G, Quate C F and Gerber C. Phys. Rev. Lett., 1986, 56:930
26 白春礼.扫描隧道显微术及其应用.上海:上海科技出版社,1992,91
27 Bienias M, Hasche K, Seemann R. 计量型原子力显微镜.赵克功,高思田译.计量学报,1998,19(1):1~8
28 方鸿生等.贝氏体相变.北京:科学出版社,1999